U0857540

河南省威特消防设备有限公司

河南省威特消防设备有限公司位于河南省新乡市，是专注消防产品研究开发、生产销售的科技型企业，是中石油、中石化、中海油、中燃油、中航油等央企的二级入网单位、指定供应商。多年来，我公司和多家科研单位合作取得了多项科技成果及一系列的荣誉：

2008年公司和核工业第五研究设计院联合成立了新能源工程项目部；同年公司自主研发的计量注入式泡沫比例混合装置通过了国家鉴定，获得专利（200820148141.8）；

2012年、2013年分别和河南理工大学安全科学与工程学院、辽宁工程技术大学合作成立了学生实习基地及科研合作单位；

2014年公司的商标"威消"被河南省工商局认定为"河南省著名商标"；并对空气泡沫产生器进行技术改进，解决了原来的玻璃易碎、密封不严等缺陷，获得专利（ZL2014 2 0584104.7）；

2015年和赛鼎工程公司成立了联合创新工作站并被河南省科学技术厅评为"科技型企业"；

2016年我公司和公安部天津消防科研所研究解决储罐中取消泡沫跌落槽的技术难题，获得专利（ZL 2016 2 1099179.1）；

2017年我公司和中国石油天然气股份有限公司大港油田分公司为中国石油天然气集团公司起草并制定《石油储罐泡沫灭火系统检测技术规范》。

公司技术人员多次参加国家《泡沫灭火系统施工及验收规范》的编制工作……

多次和大庆油田、玉门油田、冀东油田等多个油田合作；

产品多次出口印度、巴基斯坦、缅甸、安哥拉、纳米比亚等。

多年来，深感我们选择的产业是拯救生命、拯救财产、责任重大的产业！我们将一如既往地为客户提供性能可靠的产品和优质周全的服务！

感谢新老客户的支持和信任！我们期待着——在更广阔的时代空间中，和您携手创造更加辉煌灿烂的明天！

威特消防，为您的事业保驾护航！

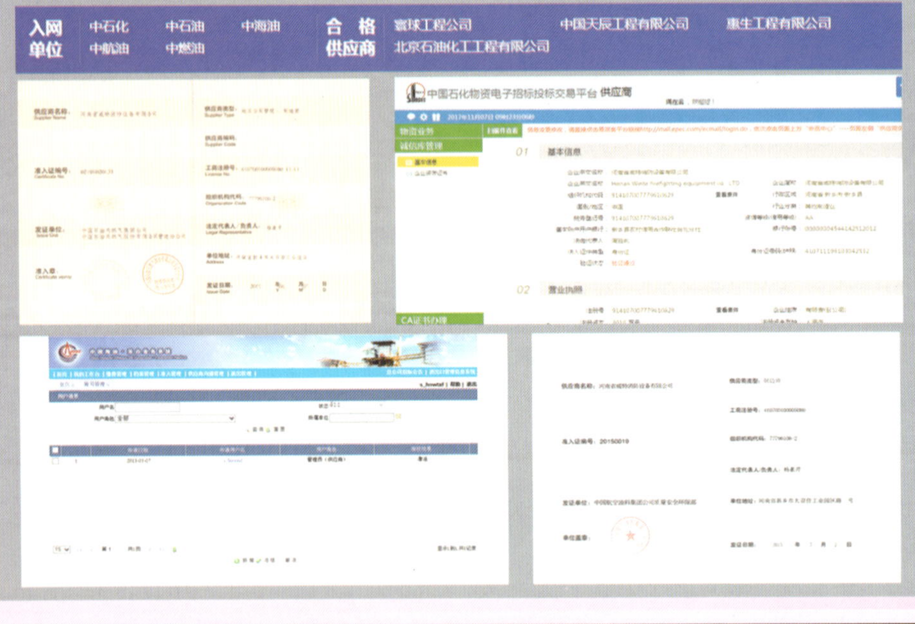

一电一水平衡式比例混合器

柴油机消防泵

科学技术成果登记证书

压力式比例混合装置

消防集成块

喷淋环管

平衡式比例混合装置

炮塔和各种消防炮

干粉灭火装置

消防器材间

泡沫喷雾装置

移动式干粉灭火装置

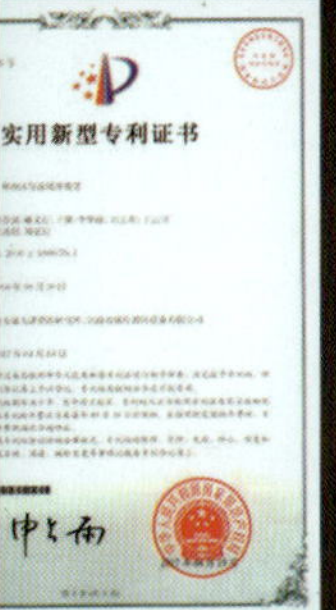

河南省威特消防设备有限公司

地址：河南新乡大召营工业区

邮编：453700

电话：0373-5461198 0373-5467119

传真：0373-5466119

邮箱：hnwtxf@163.com

网址：http://www.hnwtxf.com

手机网 :http://wap.hnwtxf.com

沈阳金威智能消防设备有限公司

SHENYANGJINWEI SMART FIRE EQUIPMENT CO.LTD.

公司简介

沈阳金威智能消防设备有限公司是一家以大空间智能消防产品为主导的集科研、开发、生产、销售服务于一体的行业领先的高科技企业。

沈阳金威智能消防设备有限公司坐落于东北中心城市沈阳市沈北新区，公司拥有占地面积1000多平方米，空间高度15米的大空间实验中心，公司配置了国内最先进的科研检测设备和现代化的生产装配线。

沈阳金威智能消防设备有限公司获得了《消防类产品强制认证实施规则自动跟踪定位射流灭火装置产品》认证证书。公司通过了ISO 9001、ISO 14001、OHSAS 18001等国际体系认证，并获得两项发明专利和十多项实用新型发明专利以及六项外观发明专利。在消防行业评比中获得“十大新锐企业”“十大创新企业”“十大知名自动灭火企业”等荣誉称号。

沈阳金威智能消防设备有限公司自身拥有强大的技术研发实力和持续创新能力，公司先后与海事大学等国内知名高校博士团队建立良好的合作机制，公司着眼于行业尖端技术与标准，与时俱进地开发新技术和新产品。

沈阳金威智能消防设备有限公司的产品现在已经遍布全国各地并且在韩国，蒙古和东盟国家有成功安装案例。公司热忱欢迎广大客户前来考察、指导，并邀请社会各界有识之士加盟，携手共进，开创消防大空间灭火事业的美好未来！

资质证书

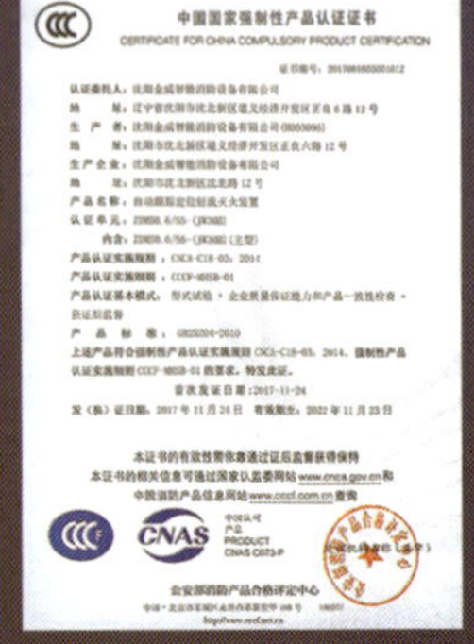

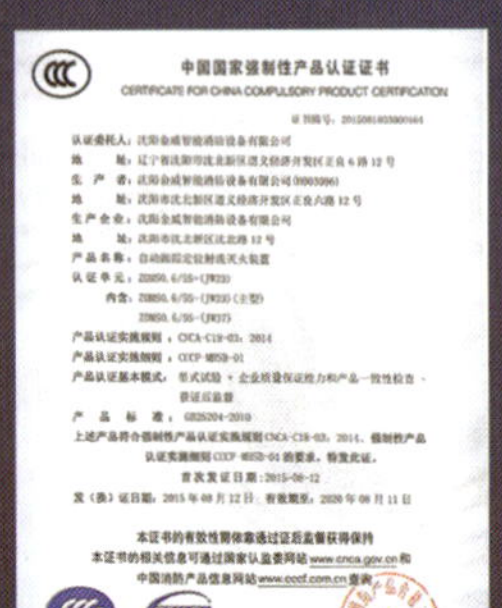

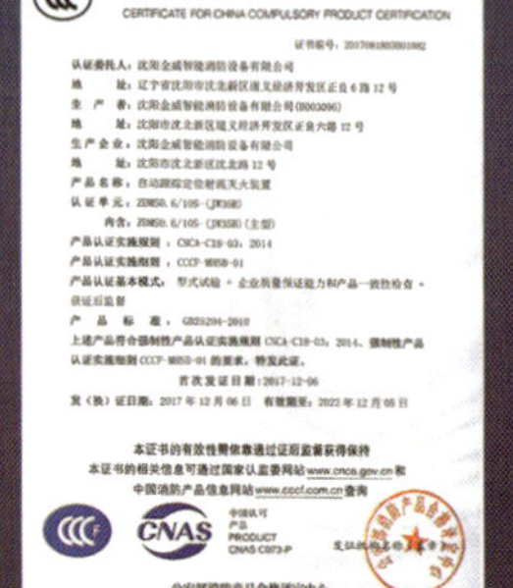

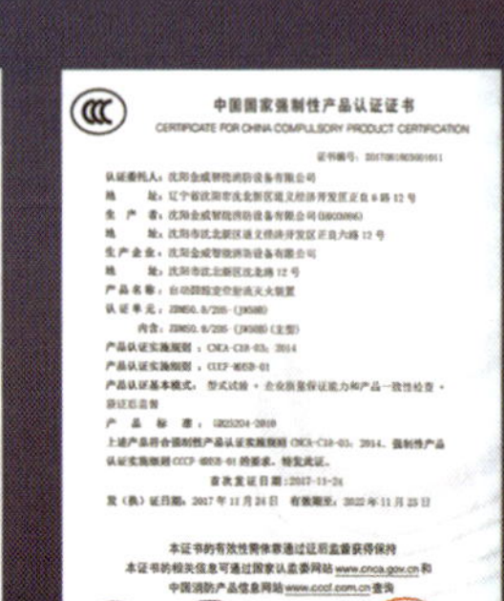

主要产品

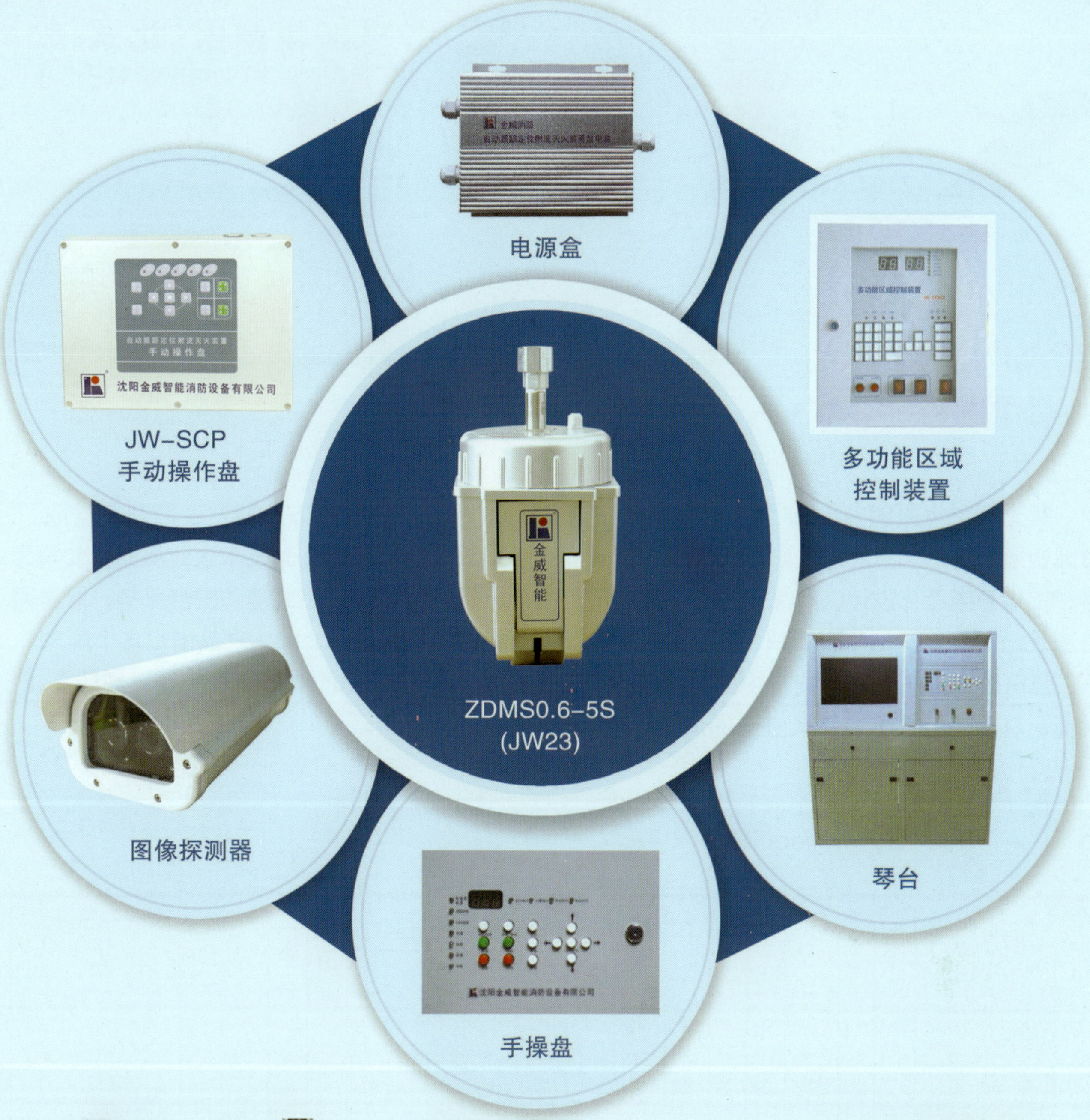

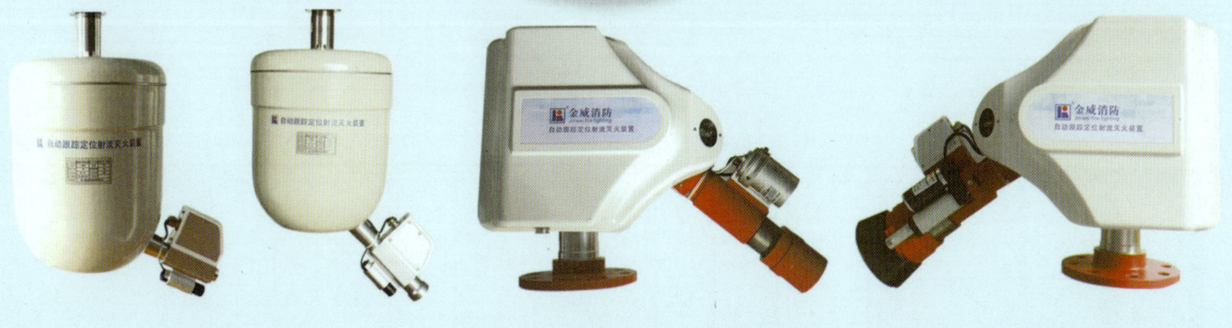

电源盒

JW-SCP
手动操作盘

多功能区域
控制装置

ZDMS0.6-5S
(JW23)

图像探测器

琴台

手操盘

自动跟踪定位射流灭火装置

沈阳金威智能消防设备有限公司
SHENYANGJINWEI SMART FIRE EQUIPMENT CO.LTD.

地址：沈阳市沈北新区沈北路 12 号
电话：024-89725119
传真：024-89796119
网址：www.syjwxf.com

经典案例

Classic case

毛主席纪念堂

故宫博物院

总参指挥中心

水立方

此外，紫光新锐服务于奥运大厦、总参指挥中心、最高人民检察院、大同电厂、北京同仁医院、首都机场、沪昆高铁等多项项目当中，并获得用户的高度认可。

核心产品

Core product

TH-F数字智能
消防巡检设备

电气火灾监控系统

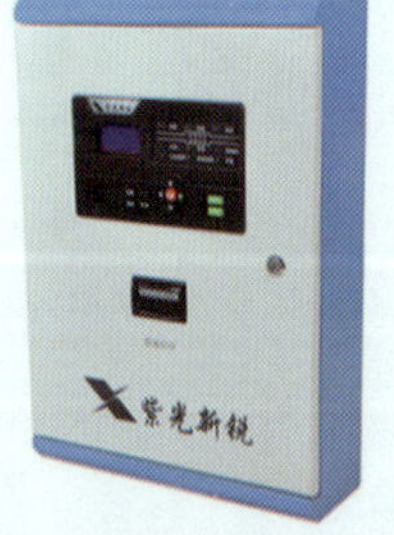

消防设备电源监控系统

智能疏散控制系统

防火门监控系统

消防屋顶增压稳压控制系统

防排烟风机控制系统

末端试水系统

北京东霖消防科技有限公司

一、东霖简介

北京东霖消防科技有限公司成立于 2013 年 3 月，注册资金 1.24 亿元，位于北京经济技术开发区。

作为一家旨在申报 IPO 的企业，旗下设立了北京东霖消防工程公司、北京东霖消防技术开发公司、北京众合平安消防培训学校，东霖消防（河北）科技有限公司。2019 年拟成立城市安全产业评估公司和智慧中国安全产业物联网研究院。公司是具有独立法人资格的现代化双高新技术企业、双软认定企业。

公司主要从事智慧消防城市物联网系统的研发、设计、生产制造、销售与运营服务。

智慧消防物联网系统的研发方面，作为行业入围的民营企业，参与了由公安部消防局牵头的“国家十三五智慧应急指挥系统平台”的标准制定，并承接了平台的部分设计和开发工作。

新型灭火产品的研发方面，联合中国科学院长春应用化学研究所，共同进行高分子凝胶灭火剂产品和水基型灭火剂产品的深度研发升级。

二、智慧消防概述

东霖科技改变传统消防模式，让传统消防插上互联网的翅膀。让消防静态设施、动态设施、可移动设施、城市其他相关联设施联动，物业管理，消防维保等数据“慧”说话。

“感”·“传”·“知”·“用”

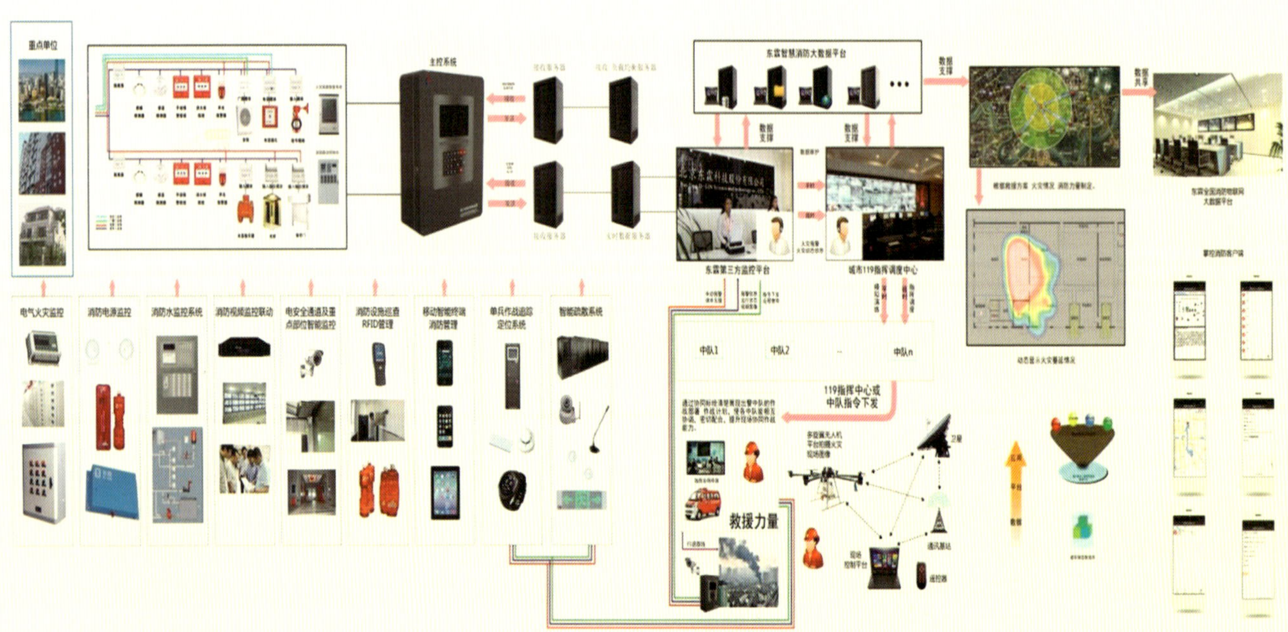

建设智慧消防的意义

1. 消防部队防火监督无难题，减少火灾发生；
2. 消防作战部队有了准确数据支撑，提高救援效率，减少救援人员伤亡；
3. 物业、维保公司减员增效，提高效率；
4. 物业公司巡检管理，隐患排查，实现智能化、信息化，为消防维保公司，提高设备维护效率。

智慧消防物联网组成：四大平台

（一）消防总队及消防支队监控平台

防火监督“一张图” 分为消防两级监控，一级监控主要为消防总队和消防支队提供管辖区域内的消防数据统计，为消防总队和支队指导下级消防大队和中队防火监督工作提供数据支撑和工作方向指导。

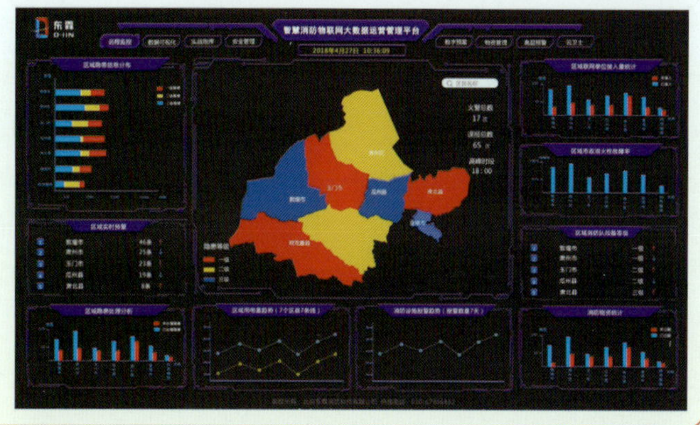

（二）消防大队及消防中队监控平台

二级防火监督主要为大队和中队提供数据支撑，为大队和中队在日常针对联网单位管理提供数据支撑，为大队和中队在督查工作中提供方向引导；以 GIS 地图为主，展示该区域内所有联网单位坐标信息，统计结合静态数据、半动态数据、动态数据等，经过大数据分析计算该区域内联网单位的整体情况。最终形成防火监督“一张图”。

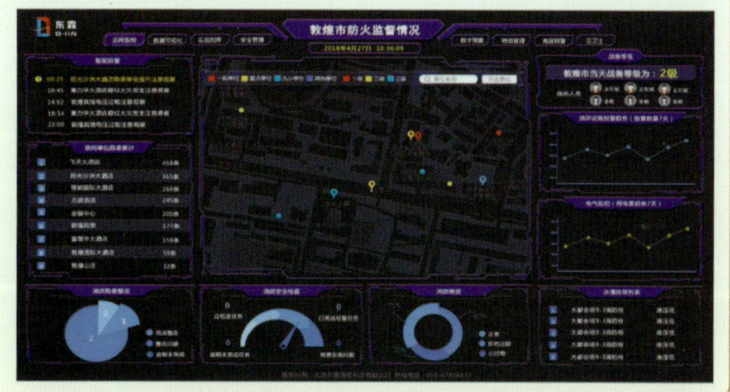

（三）物业公司监控平台

物业公司三级管理数据展示信息，据此消防管理人员能更加直观地查看联网单位数据，同时针对联网单位自身的消防工作提供防火防范，为巡检、整改以及设施的监控起到督促作用。

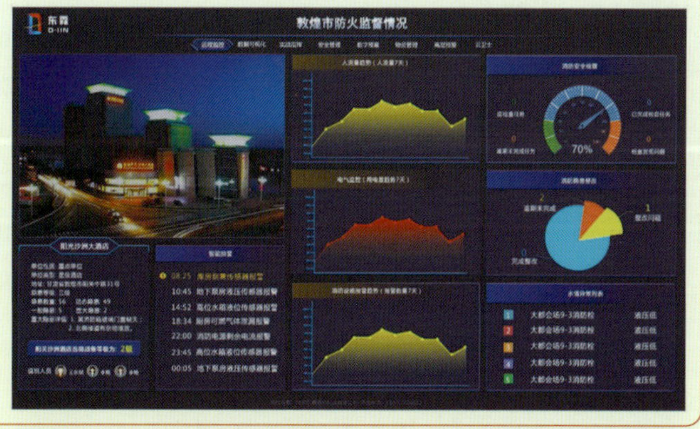

（四）维保单位监控平台

灭火救援“一张图”，确认真实火情以后，通过全文检索关键词，整合警情数据信息，为自动生成消防救援预案提供数据支撑；同时依据警情地理位置信息，调取灭火资源信息，周边视频等数据信息情况；结合历史录入数据信息，以及日常监控数据情况，计算警情的火势蔓延趋势，为救援工作提供及时、实时救援状态。

北京东霖消防科技有限公司

三、公司产品

（一）投掷型水系灭火逃生瓶简介

便携式灭火瓶　　壁挂式灭火瓶

北京东霖消防科技有限公司自主研发的投掷型水系灭火逃生瓶具有以下特点：绿色环保、节能、无污染、操作方便、易碎等特点，在扑灭初期火源时，人员无需经过严格培训均可使用，不用对准火源中心，只需像投掷矿泉水瓶一样投掷，即可打开求生通道，具有直接破碎灭火、不复燃、无毒无害等优点。

（二）简易式水基型灭火器简介

北京东霖科技公司通过1年时间的市场调查及实验室研究，最终研制成该款产品，由于其具有体积小巧、携带方便、喷射距离远、保压时间长、适用范围广等特点，我们称之为远距离手持式多功能灭火喷剂。该产品采用标准的SUS304材质，通过一体成型工艺加工而成，可用于喷灭A、B、E、F类火灾的简易式水基型灭火器。

（三）手提式水基型灭火器（3L、6L）

MSZ/3 型　　MSZ/6 型

东霖科技公司研制并生产的MSZ/3、MSZ/6型手提式水基型灭火器中充装的各种型号（3%、6%或100%）水系灭火剂，该款手提式水基型灭火器是经国家消防装备质量监督检验中心型式试验检验合格的环保型产品；该款灭火器筒体内、外壁分别采用滚塑喷涂和静电喷涂的方式生产加工而成，具有外观平整、颜色鲜亮，发生器采用特制的水雾式喷头，是可扑救A、B、E、F类火灾的新型绿色环保灭火器。

（四）独立式火灾报器

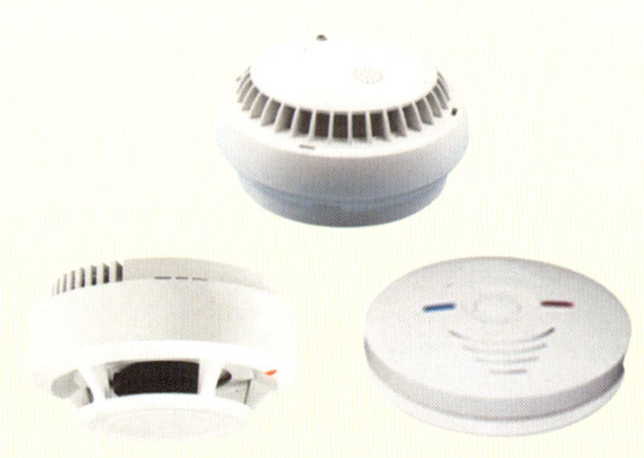

独立式烟感火灾报警器区别于有线联动式烟感报警器，无需外部供电，单独电池供电，每一个独立烟感报警器都是一个微小的系统，探测到火灾后会现场声光报警，提醒人们。独立传感器主要应用于居家、店铺等小面积的场所，最好每10～20平方米的空间安装一个，如果是单独的房间，每个房间都必须安装一个。正常情况下，探测器自动检测周围环境中的烟雾浓度，并根据使用环境状况进行灵敏度自动补偿。当烟雾浓度接近报警值，探测器加快对烟雾浓度趋势进行智能运算，同时报警指示灯开始闪亮，发出蜂鸣器报警声音。

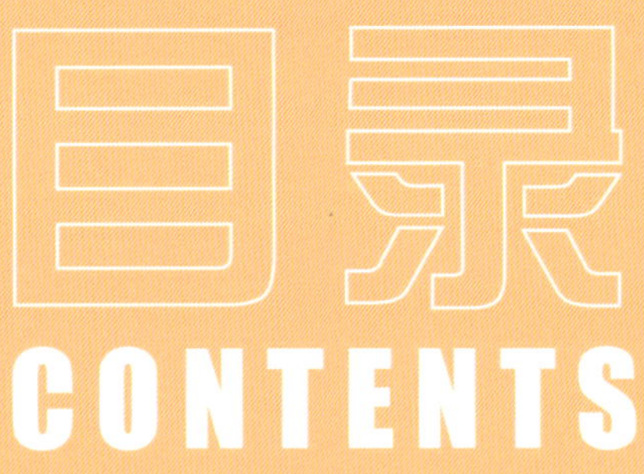

CONTENTS

第三卷：消防电子卷（上）

鸣谢单位　冠名权

北大青鸟环宇消防设备股份有限公司	王国强　孙广智
郑州金特莱电子有限公司	陈小辉　陈志刚
深圳市赋安安全系统有限公司	何亚兴　郑春华
秦皇岛尼特智能科技有限公司	赵建斗　张新忠
北京东霖消防科技有限公司	晋宝生
深圳市电利通科技有限公司	乔翼生　艾东红
河南省威特消防设备有限公司	周延钊　周在云
紫光新锐集团	任胜利
沈阳金威智能消防设备有限公司	于俊淼　宋　乾　李志公
中消恒安（北京）科技有限公司	张　晋

消防标准汇编

消防电子卷(上)

(第3版)

中国标准出版社　编

中国标准出版社

北　京

图书在版编目(CIP)数据

消防标准汇编. 消防电子卷. 上/中国标准出版社编.
—3版. —北京:中国标准出版社,2018. 11
ISBN 978-7-5066-8940-3

Ⅰ. ①消… Ⅱ. ①中… Ⅲ. ①消防—标准—汇编—中国②电子技术—应用—消防—标准—汇编—中国
Ⅳ. ①TU998. 1-65

中国版本图书馆 CIP 数据核字(2018)第 070451 号

中国标准出版社出版发行
北京市朝阳区和平里西街甲 2 号(100029)
北京市西城区三里河北街 16 号(100045)
网址 www.spc.net.cn
总编室:(010)68533533 发行中心:(010)51780238
读者服务部:(010)68523946
中国标准出版社秦皇岛印刷厂印刷
各地新华书店经销

*

开本 880×1230 1/16 印张 24.75 字数 741 千字
2018 年 11 月第三版 2018 年 11 月第三次印刷

*

定价 140.00 元

出版说明

基于对消防的重视，建国以来我国先后制定和颁布了各类消防法律、法规——包括《中华人民共和国消防法》、消防法规、消防规定、消防技术规范、消防技术标准等，初步形成了法律、法规相结合，行政法规与技术规范、技术标准相配套的消防法制体系。基本上实现了各行各业开展消防工作有法可依、有章可循；将我国的消防监督管理工作纳入了“依法治火”和“依法管火”的法制轨道。

随着国家标准化体制的不断改革，我国消防领域的标准也在不断制修订，以适应科学技术的发展，新技术、新设备及新工艺的应用以及城市生活的现代化。为解决因标准制修订产生的标准供需矛盾，进一步推动消防标准的贯彻实施，加强消防技术监督和消防产品的质量检测工作，中国标准出版社选编了《消防标准汇编》(第3版)。

本汇编是一套内容丰富、方便实用的消防行业应用工具书，不仅可供消防产品科研、设计、生产、维修、检验等人员学习使用，还可为从事消防安全工作的各地公安消防监督机关、标准化部门、工程设计单位、大专院校的专业人员提供良好的借鉴与参考。本汇编分13卷出版，分别为：基础卷、固定灭火卷(上、下)、消防电子卷(上、下)、防火材料卷、耐火构件卷、消防装备卷(上、下)、消防规范卷(上、下)、灭火救援卷及火灾调查卷。本卷为消防电子卷(上)，收集了截至2018年8月底发布的国家标准18项。

鉴于本汇编收集的标准发布年代不尽相同，汇编时对标准中所用计量单位、符号未做改动。本汇编收集的国家标准的属性已在目录上标明(GB或GB/T)，年号用四位数字表示。鉴于部分国家标准是在国家清理整顿前出版的，故正文部分仍保留原样；读者在使用这些标准时，其属性以目录上标明的为准(标准正文“引用标准”中标注的属性请读者注意查对)。行业标准类同。

编　者

2018年8月

目　录

ICS 13.220.20
C 81

中华人民共和国国家标准

GB 4715—2005
代替 GB 4715—1993

点型感烟火灾探测器

Smoke detectors—Point detectors using scattered light, transmitted light or ionization

2005-09-01 发布 2006-06-01 实施

中华人民共和国国家质量监督检验检疫总局
中国国家标准化管理委员会 发布

前　言

本标准的第3、4、5、6章内容为强制性，其余为推荐性。

本标准参考了ISO 7240-7:2003(E)《火灾探测报警系统　第7部分:使用散射光、透射光工作原理的点型光电感烟火灾探测器和电离原理的点型离子感烟火灾探测器》和EN54-7《火灾探测报警系统　第7部分:使用散射光、透射光工作原理的点型光电感烟火灾探测器和电离原理的点型离子感烟火灾探测器》。

本标准代替GB 4715—1993《点型感烟火灾探测器技术要求及试验方法》，与GB 4715—1993相比较主要变化如下：

1. 本标准在技术要求方面引入了国际较先进的要求，修改了对点型感烟火灾探测器响应阈值、响应阈值的一致性、在试验火条件下的响应性能以及对环境的适应性和耐受性的要求，与国际标准一致；

2. 本标准采用了最新版本的电磁兼容国际标准，选择了适当的严酷等级，便于与国际接轨；

3. 本标准增加了检验规则和使用说明书的要求，有利于产品的规模化生产。

本标准自实施之日起，同时代替GB 4715—1993。

本标准的附录A、B、C、E、F、G、H、I、J为规范性附录。

本标准的附录D为资料性附录。

本标准由中华人民共和国公安部提出。

本标准由全国消防标准化技术委员会第六分技术委员会归口。

本标准负责起草单位:公安部沈阳消防研究所。

本标准参加起草单位:中国人民武装警察部队学院、辽宁省消防局、西安盛赛尔电子有限公司。

本标准主要起草人:宋希伟、丁宏军、张颖琮、杨隽、李宁、马莉、刘美华。

本标准所代替标准的历次版本发布情况为：

—— GB 4715—1984；

—— GB 4715—1993。

点型感烟火灾探测器

1 范围

本标准规定了点型感烟火灾探测器的一般要求、要求和试验方法、检验规则和标志。

本标准适用于一般工业与民用建筑中安装的使用散射光、透射光工作原理的点型光电感烟火灾探测器和电离原理的点型离子感烟火灾探测器。其他环境中安装的或使用其他工作原理的点型感烟火灾探测器,除特殊技术要求应由有关标准另行规定外,亦应执行本标准。

2 规范性引用文件

下列文件中的条文通过本标准的引用而成为本标准的条文。凡是注日期的引用文件,其随后所有的修改单(不包括勘误的内容)或修订版均不适用于本标准,然而,鼓励根据本标准达成协议的各方研究是否可使用这些文件的最新版本。凡是不注日期的引用文件,其最新版本适用于本标准。

GB 9969.1 工业产品使用说明书 总则

GB 12978 消防电子产品检验规则

GB 16838 消防电子产品环境试验方法及严酷等级

GB/T 17626.2—1998 电磁兼容 试验和测量技术 静电放电抗扰度试验(idt IEC 61000-4-2:1995)

GB/T 17626.3—1998 电磁兼容 试验和测量技术 射频电磁场辐射抗扰度试验(idt IEC 61000-4-3:1995)

GB/T 17626.4—1998 电磁兼容 试验和测量技术 电快速瞬变脉冲群抗扰度试验(idt IEC 61000-4-4:1995)

GB/T 17626.5—1998 电磁兼容 试验和测量技术 浪涌(冲击)抗扰度试验(idt IEC 61000-4-5:1995)

GB/T 17626.6—1998 电磁兼容 试验和测量技术 射频场感应的传导骚扰抗扰度(idt IEC 61000-4-6:1996)

3 一般要求

3.1 总则

点型感烟火灾探测器(以下称探测器)若要符合本标准,应首先满足本章要求,然后按第4章规定进行试验,并满足试验要求。

3.2 报警确认灯

每个探测器上应有红色报警确认灯。当被监视区域烟参数符合报警条件时,探测器报警确认灯应点亮,并保持至被复位。通过报警确认灯显示探测器其他工作状态时,被显示状态应与火灾报警状态有明显区别。可拆卸探测器的报警确认灯可安装在探头或其底座上。确认灯点亮时在其正前方6 m处,在光照度不超过500 lx的环境条件下,应清晰可见。

3.3 辅助设备连接

探测器连接其他辅助设备(例如远程确认灯,控制继电器等)时,与辅助设备间连接线开路和短路不应影响探测器的正常工作。

3.4 可拆卸探测器

可拆卸探测器在探头与底座分离时,应为监控装置发出故障信号提供识别手段。

3.5 出厂设置

除非使用特殊手段(如专用工具或密码)或破坏封条,否则探测器的出厂设置不应被改变。

3.6 响应性能现场设置

探测器的响应性能如果可在探测器或在与其相连的控制和指示设备上进行现场设置,则应满足以下要求:

a) 当制造商声明所有设置均满足本标准的要求时,探测器在任意设置的条件下均应满足本标准的要求,且只能通过专用工具、密码或探头与底座分离等手段实现现场设置。

b) 当制造商声明某一设置不满足本标准的要求时,该设置应只能通过专用工具、密码手段实现,且应在探测器上或有关文件中明确标明该项设置不能满足标准的要求。

3.7 防止外界物体侵入性能

探测器应能防止直径为(1.3±0.05) mm 的球形物体侵入探测室。

3.8 慢速发展火灾响应性能

3.8.1 探测器的漂移补偿功能不应使探测器对慢速发展火灾的响应性能产生明显影响。

3.8.2 当无法用模拟烟气浓度缓慢增加的方法评估探测器对慢速发展火灾响应性能时,可以通过物理试验和模拟试验对电路和/或软件分析确定。

3.8.3 探测器评估应满足以下要求:

a) 对于任意一种大于 $A/4$ h(A 为探测器不加补偿时的初始响应阈值)的升烟速率 R,探测器发出报警的时间应小于($1.6\times A/R+100$) s;

b) 探测器的漂移补偿设定在一定范围内时,在该范围内探测器的响应阈值与该只探测器不加补偿时的初始响应阈值之比不应超过 1.6。

注:有关评估方法的进一步说明见附录 D。

3.9 使用说明书

探测器应有相应的中文说明书。说明书的内容应满足 GB 9969.1 的要求。

3.10 控制软件要求

3.10.1 总则

对于依靠软件控制而符合本标准要求的探测器,应满足 3.10.2、3.10.3 和 3.10.4 的要求。

3.10.2 软件文件

3.10.2.1 制造商应提交软件设计资料,资料应有充分的内容证明软件设计符合标准要求并应至少包括以下内容:

a) 主程序的功能描述(如流程图或结构图),包括:

1) 各模块及其功能的主要描述;

2) 各模块相互作用的方式;

3) 程序的全部层次;

4) 软件与探测器硬件相互作用的方式;

5) 模块调用的方式,包括中断过程。

b) 存储器地址分配情况(如程序、特定数据和运行数据)。

c) 软件及其版本唯一识别标识。

3.10.2.2 若检验需要,制造商应能提供至少包含以下内容的详细设计文件:

a) 系统总体配置概况,包括所有软件和硬件部分。

b) 程序中每个模块的描述,包括:

1) 模块名称;

2) 执行任务的描述;

3) 接口的描述,包括数据传输方式、有效数据的范围和验证。

c) 全部源代码清单，包括全局变量和局部变量、常量和注释、充分的程序流程说明。

d) 设计和执行过程中使用的应用软件。

3.10.3 软件设计

为确保探测器的可靠性，软件设计应满足下述要求：

a) 软件应为模块化结构；

b) 手动和自动产生数据接口的设计应禁止无效数据导致程序运行错误；

c) 软件设计应避免产生程序锁死。

3.10.4 程序和数据的存贮

3.10.4.1 满足本标准要求的程序和出厂设置等预置数据应存贮在不易丢失信息的存储器中。改变上述存储器内容应通过特殊工具或密码实现，并且不允许在探测器正常运行时进行。

3.10.4.2 现场设置的数据应被存贮在探测器无外部供电情况下信息至少能保存 14d 的存储器中，除非有措施在探测器电源恢复后 1 h 内对该数据进行恢复。

4 要求和试验方法

4.1 总则

4.1.1 试验的大气条件

除有关条文另有说明外，各项试验均在下述大气条件下进行：

—— 温度：15℃～35℃；

—— 湿度：25%RH～75%RH；

—— 大气压力：86 kPa～106 kPa。

4.1.2 试验的正常监视状态

若试验方法要求探测器在正常监视状态下工作，应将试样与制造商提供的控制和指示设备连接；在有关条文中没有特殊要求时，应保证探测器的工作电压为额定工作电压，并在试验期间保持工作电压稳定。

注：探测器的检测报告应注明试验期间探测器配接的控制和指示设备的型号、制造商等内容。

4.1.3 探测器安装

探测器应按制造商规定的正常安装方式安装。如果说明书给出多种安装方式，试验中应采用对探测器工作最不利的安装方式。

4.1.4 容差

除有关条文另有说明外，各项试验数据的容差均为±5%；环境条件参数偏差应符合 GB 16838 要求。

4.1.5 响应阈值的测量

4.1.5.1 探测器响应阈值的测量应在标准烟箱(以下简称烟箱)中进行，烟箱应符合附录 A 的规定，并满足方位、电压波动、气流、高温、环境光线等试验的要求。

4.1.5.2 探测器按正常监视状态安装在烟箱中。在有关条文中没有特殊要求时，探测器的方位应为最不利方位，探测器周围的气流应为(0.2±0.04)m/s，气流温度应为(23±5)℃。

4.1.5.3 试验烟应符合附录 B 的规定。

4.1.5.4 试验前，烟箱和探测器内部不应有试验烟存在。在有关条文中没有特殊要求时，探测器应在正常监视状态下稳定工作 15 min。

4.1.5.5 试验烟应按下述升烟速率要求注入烟箱：

—— 光电探测器为 $0.015\ \mathrm{dBm^{-1}\ min^{-1}} \leqslant \Delta m/\Delta t \leqslant 0.1\ \mathrm{dBm^{-1}\ min^{-1}}$；

—— 离子探测器为 $0.05\ \mathrm{min^{-1}} \leqslant \Delta y/\Delta t \leqslant 0.3\ \mathrm{min^{-1}}$。

注：m、y 的计算公式和测量方法见附录 A。

4.1.5.6 离子探测器的响应阈值为探测器发出火灾报警信号时烟浓度的 y 值，光电探测器的响应阈值为探测器发出火灾报警信号时烟浓度的 m 值(dBm^{-1})。

4.1.6 试验样品

试验前，制造商应提供下列试验样品：

a) 对于可拆卸式探测器，应提供 20 只探头和 20 只底座；

b) 对于不可拆卸探测器，应提供 20 只探测器。

4.1.7 试验前检查

4.1.7.1 探测器在试验前进行外观检查，应符合下述要求：

a) 表面无腐蚀、涂覆层脱落和起泡现象，无明显划伤、裂痕、毛刺等机械损伤；

b) 紧固部位无松动。

4.1.7.2 探测器在试验前应按第 3 章要求对试样进行检查，符合要求后方可进行试验。

4.1.8 试验程序

探测器应按表 1 规定的程序进行试验。一致性试验后，响应阈值最大的四只探测器按 17 号～20 号顺序编号，其他探测器随机按 1 号～16 号编号。

表 1 试验程序

序号	章条	试验项目	探测器编号
1	4.2	重复性试验	随机选一只
2	4.3	方位试验	随机选一只
3	4.4	一致性试验	20 只
4	4.5	电压波动试验	1
5	4.6	气流试验	2
6	4.7	环境光线试验(适用于光电探测器)	3
7	4.8	高温试验	4
8	4.9	低温(运行)试验	5
9	4.10	恒定湿热(运行)试验	6
10	4.11	恒定湿热(耐久)试验	7
11	4.12	腐蚀试验	8
12	4.13	冲击试验	9
13	4.14	碰撞试验	10
14	4.15	振动(正弦)(运行)试验	11
15	4.16	振动(正弦)(耐久)试验	11
16	4.17	射频电磁场辐射抗扰度试验	12
17	4.18	射频场感应的传导骚扰抗扰度试验	13
18	4.19	静电放电抗扰度试验	14
19	4.20	电快速瞬变脉冲群抗扰度试验	15
20	4.21	浪涌(冲击)抗扰度试验	16
21	4.22	火灾灵敏度试验	17～20

4.2 重复性试验

4.2.1 目的

检验单只探测器多次报警时响应阈值的一致性。

4.2.2 试验方法

4.2.2.1 按 4.1.5 的要求在试样正常工作位置的任意一个方位上连续测量 6 次响应阈值。

4.2.2.2 6 个响应阈值中的最大值用 y_{max} 或 m_{max} 表示，最小值用 y_{min} 或 m_{min} 表示。

4.2.3 要求

4.2.3.1 响应阈值的比值 $y_{max}:y_{min}$ 或 $m_{max}:m_{min}$ 不应大于 1.6。

4.2.3.2 最小响应阈值 y_{min} 不应小于 0.2 或 m_{min} 不应小于 0.05 dBm^{-1}。

4.3 方位试验

4.3.1 目的

检验探测器在不同方位上的进烟性能，并确定探测器响应的最有利和最不利方位。

4.3.2 试验方法

4.3.2.1 按 4.1.5 的要求测量响应阈值。每测完 1 次，试样应按同一方向绕其垂直轴线旋转 45°，共测量 8 次。

4.3.2.2 记录试样最大响应阈值和最小响应阈值对应的方位。在以后的试验中，这两个方位分别称为最不利和最有利方位。

4.3.2.3 最大响应阈值用 y_{max} 或 m_{max} 表示，最小响应阈值用 y_{min} 或 m_{min} 表示。

4.3.3 要求

4.3.3.1 响应阈值的比值 $y_{max}:y_{min}$ 或 $m_{max}:m_{min}$ 不应大于 1.6。

4.3.3.2 最小响应阈值 y_{min} 不应小于 0.2 或 m_{min} 不应小于 0.05 dBm^{-1}。

4.4 一致性试验

4.4.1 目的

检验多只探测器响应阈值的一致性。

4.4.2 试验方法

4.4.2.1 按 4.1.5 的要求，依次测量 20 只试样的响应阈值。

4.4.2.2 计算出 20 只试样响应阈值的平均值，用 y_{rep} 或 m_{rep} 表示。

4.4.2.3 20 只试样中，最大响应阈值用 y_{max} 或 m_{max} 表示，最小响应阈值用 y_{min} 或 m_{min} 表示。

4.4.3 要求

4.4.3.1 $y_{max}:y_{rep}$ 或 $m_{max}:m_{rep}$ 的比值不应大于 1.33，$y_{rep}:y_{min}$ 或 $m_{rep}:m_{min}$ 的比值不应大于 1.5。

4.4.3.2 最小响应阈值 y_{min} 不应小于 0.2 或 m_{min} 不应小于 0.05 dBm^{-1}。

4.5 电源参数波动试验

4.5.1 目的

检验探测器在电源参数波动条件下响应阈值的稳定性。

4.5.2 试验方法

4.5.2.1 供电电源为直流恒压的探测器

按制造商规定的供电参数上、下限值（如未规定，则上、下限参数分别为额定参数 110%和 85%）给试样供电，按 4.1.5 的要求分别测量响应阈值。与该试样在一致性试验中的响应阈值相比较，三者中最大响应阈值用 y_{max} 或 m_{max} 表示，最小响应阈值用 y_{min} 或 m_{min} 表示。

4.5.2.2 供电电源为脉动电压的探测器

将试样通过长度为 1 000 m，截面积为 1.0 mm^2 的铜质双绞导线（或按照制造商提供的条件）与配套的控制和指示设备连接，使其处于正常监视状态。调节试验装置，使控制和指示设备的输入电压分别为 187 V(50 Hz)、242 V(50 Hz)，按 4.1.5 的要求分别测量试样响应阈值。与该试样在一致性试验中的响应阈值相比较，三者中最大响应阈值用 y_{max} 或 m_{max} 表示，最小响应阈值用 y_{min} 或 m_{min} 表示。

4.5.3 要求

4.5.3.1 响应阈值的比值 $y_{max}:y_{min}$ 或 $m_{max}:m_{min}$ 不应大于 1.6。

4.5.3.2 最小响应阈值 y_{min}不应小于 0.2 或 m_{min}不应小于 0.05 dBm^{-1}。

4.6 气流试验

4.6.1 目的

检验探测器抗气流干扰的能力和在气流干扰条件下响应阈值的稳定性。

4.6.2 试验方法

4.6.2.1 响应性能检验

在试样周围气流速度为(0.2±0.04) m/s 条件下，按 4.1.5 的要求，分别在试样的最不利和最有利方位上测量响应阈值，并分别用 $y_{(0.2)max}$(1) 和 $y_{(0.2)min}$ 或 $m_{(0.2)max}$ 和 $m_{(0.2)min}$ 表示。在试样周围气流速度为(1.0±0.2) m/s 条件下，重做上述试验，响应阈值分别用 $y_{(1.0)max}$(2) 和 $y_{(1.0)min}$ 或 $m_{(1.0)max}$ 和 $m_{(1.0)min}$ 表示。

注 1：下标 0.2 表示气流速度为(0.2±0.04) m/s。

注 2：下标 1.0 表示气流速度为(1.0±0.2) m/s。

4.6.2.2 离子探测器误报检验

试样按 4.1.3 的要求安装，取最有利方位，安装在无试验烟的烟箱中，按 4.1.2 的要求使试样处于正常监视状态，调节烟箱中气流速度，使之为(5.0±0.5) m/s，持续 5 min～7 min，观察试样工作状态；至少 10 min 后，将气流速度增大到(10.0±1.0) m/s，持续 2 s～4 s，观察试样工作状态。

4.6.3 要求

4.6.3.1 离子探测器

4.6.3.1.1 试样响应阈值应满足以下要求：

$$0.625 \leqslant (y_{(0.2)max} + y_{(0.2)min}) / (y_{(1.0)max} + y_{(1.0)min}) \leqslant 1.6$$

4.6.3.1.2 试样在 4.6.2.2 规定的条件下均不应发出火灾报警信号或故障信号。

4.6.3.2 光电探测器

4.6.3.2.1 试样响应阈值应满足以下要求：

$$0.625 \leqslant (m_{(0.2)max} + m_{(0.2)min}) / (m_{(1.0)max} + m_{(1.0)min}) \leqslant 1.6$$

4.7 环境光线试验

4.7.1 目的

检验光电探测器抗环境光线干扰的能力。

4.7.2 试验方法

4.7.2.1 试样按 4.1.3 的要求并取最不利方位安装在烟箱中，按 4.1.2 的要求使试样处于正常监视状态。将闪光装置按附录 C 的规定安装在烟箱内。

4.7.2.2 先使闪光装置的每只灯依次按“通电(10 s)—断电(10 s)”的固定程序，连续通断 10 次。再使相对安装的每对灯依次重复同样过程。然后，使 4 只灯同时通电，至少持续时间 1 min。试验期间，观察并记录试样的工作状态。然后，在此条件下按 4.1.5 的要求测量响应阈值。

4.7.2.3 将试样绕其垂直轴线任一方向旋转 90°，重复上述试验过程。

4.7.2.4 将测得的响应阈值与该试样在一致性试验中的响应阈值相比较，其中最大响应阈值用 m_{max} 表示，最小响应阈值用 m_{min} 表示。

4.7.3 要求

4.7.3.1 试样在闪光装置产生的环境光线作用下，不应发出火灾报警信号或故障信号；

4.7.3.2 响应阈值的比值 $m_{max} : m_{min}$ 不应大于 1.6。

4.8 高温试验

4.8.1 目的

检验探测器在高温环境下工作的适应性。

4.8.2 试验方法

4.8.2.1 试样按 4.1.3 的要求安装，取最不利方位安装在烟箱中，按 4.1.2 的要求使试样处于正常监视状态，烟箱中的初始温度为(23±5)℃。调节烟箱中的温度，以不大于1℃/min的升温速率使温度升到(55±2)℃，保持2 h，观察并记录试样的工作状态。然后，在此高温下按4.1.5的要求测量响应阈值。

4.8.2.2 与该试样在一致性试验中的响应阈值相比较，其中大的响应阈值用 y_{max} 或 m_{max} 表示，小的响应阈值用 y_{min} 或 m_{min} 表示。

4.8.3 要求

4.8.3.1 升温和温度保持期间，试样不应发出火灾报警信号或故障信号。

4.8.3.2 响应阈值的比值 $y_{max}:y_{min}$ 或 $m_{max}:m_{min}$ 不应大于1.6。

4.9 低温(运行)试验

4.9.1 目的

检验探测器在低温环境下工作的适应性。

4.9.2 试验方法

4.9.2.1 将试样放置到低温试验箱内，按4.1.2条要求使试样处于正常监视状态。在正常大气条件下保持1 h，然后以不大于1℃/min的降温速率将温度降到(−10±3)℃，在此条件下稳定16 h，观察并记录试样的工作状态。

4.9.2.2 低温环境结束后，关断控制和指示设备，以不大于1℃/min的升温速率将温度恢复到正常大气温度。取出试样，在正常大气条件下恢复1 h以上。

4.9.2.3 按4.1.5的要求测量响应阈值，并与该试样在一致性试验中的响应阈值相比较，其中大的响应阈值用 y_{max} 或 m_{max} 表示，小的响应阈值用 y_{min} 或 m_{min} 表示。

4.9.3 要求

4.9.3.1 降温及温度保持期间，试样不应发出火灾报警信号或故障信号。

4.9.3.2 响应阈值的比值 $y_{max}:y_{min}$ 或 $m_{max}:m_{min}$ 不应大于1.6。

4.9.4 试验设备

试验设备应满足国家标准GB 16838的要求。

4.10 恒定湿热(运行)试验

4.10.1 目的

检验探测器在高相对湿度(无凝露)环境下正常工作的能力。

4.10.2 试验方法

4.10.2.1 将试样在温度为(40±2)℃的试验箱中放置2 h后，按4.1.2条要求使试样处于正常监视状态。

4.10.2.2 调节试验箱，使试样在温度为(40±2)℃、相对湿度为(93±3)%的条件下持续工作4 d，观察并记录试样工作状态。

4.10.2.3 恒定湿热环境后，将试样由试验箱内取出，在正常大气条件下放置至少1 h，然后按4.1.5的要求测量响应阈值。

4.10.2.4 将测得的响应阈值与该试样在一致性试验中的响应阈值相比较，其中大的响应阈值用 y_{max} 或 m_{max} 表示，小的响应阈值用 y_{min} 或 m_{min} 表示。

4.10.3 要求

4.10.3.1 恒定湿热环境期间，试样不应发出火灾报警信号或故障信号。

4.10.3.2 响应阈值比值 $y_{max}:y_{min}$ 或 $m_{max}:m_{min}$ 不应大于1.6。

4.10.4 试验设备

试验设备应满足国家标准GB 16838的要求。

4.11 恒定湿热(耐久)试验

4.11.1 目的

检验探测器在使用环境中承受湿度长期影响的能力。

4.11.2 **试验方法**

4.11.2.1 将试样在温度为(40±5)℃的试样箱内放置2 h后。调节试验箱,使试验箱在温度为(40±2)℃,相对湿度(93±3)%的条件下连续保持21 d。湿热环境期间,试样不通电。

4.11.2.2 湿热环境结束后,将试样由湿热试验箱内取出,在正常大气条件放置至少1 h。然后接通控制和指示设备,观察试样工作情况。若试样能处于正常监视状态,按4.1.5的要求测量响应阈值。

4.11.2.3 将测得的响应阈值与该试样在一致性试验中的响应阈值相比较,其中大的响应阈值用y_{max}或m_{max}表示,小的响应阈值用y_{min}或m_{min}表示。

4.11.3 **要求**

4.11.3.1 接通控制和指示设备后,试样不应发出故障信号。

4.11.3.2 响应阈值的比值y_{max} : y_{min}或m_{max} : m_{min}不应大于1.6。

4.11.4 **试验设备**

试验设备应满足国家标准GB 16838的要求。

4.12 **腐蚀试验**

4.12.1 **目的**

检验探测器抗腐蚀的能力。

4.12.2 **试验方法**

4.12.2.1 试样连接足够长的非镀锡铜导线,以保证腐蚀环境后可直接测量响应阈值;腐蚀环境期间试样不通电。

4.12.2.2 将试样按4.1.3的要求安装在温度为(25±2)℃、SO_2浓度为(25±5)×10^{-6}(体积比)、相对湿度为(93±3)%的试验箱内,保持21 d。

4.12.2.3 腐蚀环境后,将试样在温度为(40±2)℃、相对湿度低于50%的试验箱内放置16 h。

4.12.2.4 将试样取出,在正常大气条件放置至少1 h。接通控制和指示设备,观察试样工作情况。若试样能处于正常监视状态,按4.1.5的要求测量响应阈值。

4.12.2.5 将测得的响应阈值与该试样在一致性试验中的响应阈值相比较,其中大的响应阈值用y_{max}或m_{max}表示,小的响应阈值用y_{min}或m_{min}表示。

4.12.3 **要求**

4.12.3.1 接通控制和指示设备后,试样不应发出故障信号。

4.12.3.2 响应阈值的比值y_{max} : y_{min}或m_{max} : m_{min}不应大于1.6。

4.12.4 **试验设备**

试验设备应满足国家标准GB 16838的要求。

4.13 **冲击试验**

4.13.1 **目的**

检验探测器经受非多次重复性冲击的适应性及其结构的完好性。

4.13.2 **试验方法**

4.13.2.1 将试样按4.1.3条要求刚性安装在冲击试验台上,按4.1.2的要求使试样处于正常监视状态,启动冲击试验台,对质量为M(kg)的试样,以峰值加速度为$(100-20\times M)\times 10\ m/s^2$,脉冲持续时间为6 ms的半正弦波脉冲,对试样的3个相互垂直的轴线中的每个方向连续冲击3次,总计18次。冲击期间以及冲击结束后的2 min内,观察并记录试样的工作状态。

4.13.2.2 冲击结束后,立即检查试样外观及紧固部位。然后按4.1.5的要求测量响应阈值。将测得的响应阈值与该试样在一致性试验中的响应阈值相比较,其中大的响应阈值用y_{max}或m_{max}表示,小的响应阈值用y_{min}或m_{min}表示。

注:该项试验仅适用于质量不大于4.75 kg的探测器。

4.13.3 要求

4.13.3.1 冲击期间及结束后 2 min 内,试样不应发出火灾报警信号或故障信号。

4.13.3.2 冲击结束后,试样不应有机械损伤和紧固部位松动现象。

4.13.3.3 响应阈值的比值 y_{max} : y_{min} 或 m_{max} : m_{min} 不应大于 1.6。

4.13.4 试验设备

试验设备应满足国家标准 GB 16838 的要求。

4.14 碰撞试验

4.14.1 目的

检验探测器承受机械碰撞的适应性。

4.14.2 试验方法

4.14.2.1 将试样按 4.1.3 的要求刚性安装在碰撞试验设备(见附录 E)的水平板上,按 4.1.2 的要求使试样处于正常监视状态。

4.14.2.2 调整碰撞试验设备,使锤头碰撞面的中心能够从水平方向碰撞试样,并对准使试样最易遭受破坏的部位。然后,以(1.5±0.125) m/s 的锤头速度、(1.9±0.1) J 的碰撞动能碰撞试样。碰撞期间以及碰撞结束后的 2 min 内,观察并记录试样的工作状态。

4.14.2.3 碰撞结束后,立即检查试样外观及紧固部位。然后按 4.1.5 的要求测量响应阈值。将测得的响应阈值与该试样在一致性试验中的响应阈值相比较,其中大的响应阈值用 y_{max} 或 m_{max} 表示,小的响应阈值用 y_{min} 或 m_{min} 表示。

4.14.3 要求

4.14.3.1 碰撞期间以及碰撞结束后的 2 min 内,试样不应发出火灾报警信号或故障信号。

4.14.3.2 碰撞结束后,试样不应有机械损伤和紧固部位松动现象。

4.14.3.3 响应阈值的比值 y_{max} : y_{min} 或 m_{max} : m_{min} 不应大于 1.6。

4.15 振动(正弦)(运行)试验

4.15.1 目的

检验探测器在使用环境中承受振动的能力。

4.15.2 试验方法

4.15.2.1 将试样按 4.1.3 的要求刚性安装在振动台上,按 4.1.2 的要求使试样处于正常监视状态。依次在三个互相垂直的轴线上,在 10 Hz～150 Hz 的频率循环范围内,以 4.905 m/s^2 的加速度幅值、1 倍频程/分钟的扫频速率,分别在试样三个互相垂直的轴线上进行 1 次扫频循环。振动期间,观察并记录试样的工作状态。

4.15.2.2 振动结束后,立即检查试样外观及紧固部位。然后按 4.1.5 的要求测量响应阈值。将测得的响应阈值与该试样在一致性试验中的响应阈值相比较,其中大的响应阈值用 y_{max} 或 m_{max} 表示,小的响应阈值用 y_{min} 或 m_{min} 表示。

4.15.3 要求

4.15.3.1 振动期间,试样不应发出火灾报警信号或故障信号。

4.15.3.2 振动结束后,试样不应有机械损伤和紧固部位松动现象。

4.15.3.3 响应阈值的比值 y_{max} : y_{min} 或 m_{max} : m_{min} 不应大于 1.6。

4.15.4 试验设备

试验设备应满足国家标准 GB 16838 的要求。

4.16 振动(正弦)(耐久)试验

4.16.1 目的

检验探测器长时间承受振动影响的能力。

4.16.2 **试验方法**

4.16.2.1 将试样按4.1.3的要求刚性安装在振动台上。试验期间,试样不通电。依次在三个互相垂直的轴线上,在10 Hz～150 Hz的频率循环范围内,以9.810 m/s^2的加速度幅值、1倍频程/分钟的扫频速率,分别在试样三个互相垂直的轴线上进行20次扫频循环。

4.16.2.2 振动结束后,立即检查试样外观及紧固部位。然后接通控制和指示设备,观察并记录试样工作情况。若试样恢复到正常监视状态,按4.1.5的要求测量响应阈值。将测得的响应阈值与该试样在一致性试验中的响应阈值相比较,其中大的响应阈值用y_{max}或m_{max}表示,小的响应阈值用y_{min}或m_{min}表示。

4.16.3 **要求**

4.16.3.1 接通控制和指示设备后,试样不应发出故障信号。

4.16.3.2 振动结束后,试样不应有机械损伤和紧固部位松动现象。

4.16.3.3 响应阈值的比值$y_{max}:y_{min}$或$m_{max}:m_{min}$不应大于1.6。

4.16.4 **试验设备**

试验设备应满足国家标准GB 16838的要求。

4.17 **射频电磁场辐射抗扰度试验**

4.17.1 **目的**

检验探测器在射频电磁场辐射环境下工作的适应性。

4.17.2 **试验方法**

4.17.2.1 将试样安放在不导电支座上,按4.1.2的要求使试样处于正常监视状态,保持15 min。

4.17.2.2 按GB/T 17626.3—1998的要求,对试样施加以下条件的电磁干扰:

—— 频率范围为80 MHz～1000 MHz;

—— 电磁场场强为10 V/m;

—— 幅度调制为用1 kHz的正弦波对信号进行80%调制。

4.17.2.3 干扰期间,观察并记录试样工作状态。

4.17.2.4 干扰环境结束后,按4.1.5的要求测量响应阈值。将测得的响应阈值与该试样在一致性试验中的响应阈值相比较,其中大的响应阈值用y_{max}或m_{max}表示,小的响应阈值用y_{min}或m_{min}表示。

4.17.3 **要求**

4.17.3.1 干扰期间,试样不应发出火灾报警信号或故障信号。

4.17.3.2 响应阈值的比值$y_{max}:y_{min}$或$m_{max}:m_{min}$不应大于1.6。

4.17.4 **试验设备**

试验设备应满足国家标准GB/T 17626.3—1998的要求。

4.18 **射频场感应的传导骚扰抗扰度试验**

4.18.1 **目的**

检验探测器在来自射频发射机产生的电磁骚扰环境下工作的适应性。

4.18.2 **试验方法**

4.18.2.1 将试样安放在绝缘台上,按4.1.2的要求使试样处于正常监视状态,保持15 min。

4.18.2.2 按GB/T 17626.6—1998的要求,对试样施加以下条件的电磁干扰:

—— 频率范围为150 kHz～100 MHz;

—— 试验电压为140 dBμV;

—— 幅度调制为用1 kHz的正弦波对信号进行80%调制。

4.18.2.3 干扰期间,观察并记录试样工作状态。

4.18.2.4 干扰环境结束后,按4.1.5的要求测量响应阈值。将测得的响应阈值与该试样在一致性试验中的响应阈值相比较,其中大的响应阈值用y_{max}或m_{max}表示,小的响应阈值用y_{min}或m_{min}表示。

4.18.3 **要求**

4.18.3.1 干扰期间，试样不应发出火灾报警信号或故障信号。

4.18.3.2 响应阈值的比值 y_{max} ：y_{min}或 m_{max} ：m_{min}不应大于 1.6。

4.18.4 **试验设备**

试验设备应满足 GB/T 17626.6—1998 的规定。

4.19 **静电放电抗扰度试验**

4.19.1 **目的**

检验探测器对带静电人员、物体造成的静电放电的适应性。

4.19.2 **试验方法**

4.19.2.1 将试样放在距接地参考平面 0.8m 的支架上。按 4.1.2 的要求使试样处于正常监视状态，保持 15 min。

4.19.2.2 对绝缘体外壳的试样，实施空气放电；对导体外壳的试样，实施接触放电。

4.19.2.3 按 GB/T 17626.2—1998 的要求，对试样施加以下条件的电磁干扰：

—— 空气放电电压为 8 kV；

—— 接触放电电压为 6 kV；

—— 极性为正、负。

4.19.2.4 干扰期间，观察并记录试样工作状态。

4.19.2.5 干扰结束后，按 4.1.5 的要求测量响应阈值。将测得的响应阈值与该试样在一致性试验中的响应阈值相比较，其中大的响应阈值用 y_{max}或 m_{max}表示，小的响应阈值用 y_{min}或 m_{min}表示。

4.19.3 **要求**

4.19.3.1 干扰期间，试样不应发出火灾报警信号或故障信号。

4.19.3.2 响应阈值的比值 y_{max} ：y_{min}或 m_{max} ：m_{min}不应大于 1.6。

4.19.4 **试验设备**

试验设备应满足 GB/T 17626.2—1998 的规定。

4.20 **电快速瞬变脉冲群抗扰度试验**

4.20.1 **目的**

检验探测器抗电快速瞬变脉冲群干扰的能力。

4.20.2 **试验方法**

4.20.2.1 将试样安放在绝缘台上，按 4.1.2 的要求使试样处于正常监视状态，保持 15 min。

4.20.2.2 按 GB/T 17626.4—1998 的要求，对试样的外接连线施加以下条件的电磁干扰：

—— 电压 1×(1±0.1) kV；

—— 频率 5×(1±0.2) kHz；

—— 极性正、负。

4.20.2.3 干扰期间，观察并记录试样工作状态。

4.20.2.4 干扰结束后，按 4.1.5 的要求测量响应阈值。将测得的响应阈值与该试样在一致性试验中的响应阈值相比较，其中大的响应阈值用 y_{max}或 m_{max}表示，小的响应阈值用 y_{min}或 m_{min}表示。

4.20.3 **要求**

4.20.3.1 干扰期间，试样不应发出火灾报警信号或故障信号。

4.20.3.2 响应阈值的比值 y_{max} ：y_{min}或 m_{max} ：m_{min}不应大于 1.6。

4.20.4 **试验设备**

试验设备应满足国家标准 GB/T 17626.4—1998 的要求。

4.21 **浪涌(冲击)抗扰度试验**

4.21.1 目的

检验探测器对附近闪电或供电系统的电源切换及低电压网络、包括大容性负载切换等产生的电压瞬变(电浪涌)干扰的适应性。

4.21.2 试验方法

4.21.2.1 将试样安放在绝缘台上,按4.1.2的要求使试样处于正常监视状态,保持15 min。

4.21.2.2 按GB/T 17626.5—1998的要求,对试样的外接连线按线一地的方式施加以下条件的电磁干扰:

—— 电压1×(1±0.1) kV;

—— 极性正、负;

—— 在正极性和负极性各施加5次。

4.21.2.3 干扰期间,观察并记录试样工作状态。干扰结束后,按4.1.5的要求测量响应阈值。将测得的响应阈值与该试样在一致性试验中的响应阈值相比较,其中大的响应阈值用y_{max}或m_{max}表示,小的响应阈值用y_{min}或m_{min}表示。

4.21.3 要求

4.21.3.1 干扰环境期间,试样不应发出火灾报警信号或故障信号。

4.21.3.2 响应阈值的比值$y_{max}:y_{min}$或$m_{max}:m_{min}$不应大于1.6。

4.21.4 试验设备

试验设备应满足国家标准GB/T 17626.5—1998的要求。

4.22 火灾灵敏度试验

4.22.1 目的

检验探测器在模拟真实火灾条件下的响应性能。

4.22.2 试验方法

4.22.2.1 按附录F要求将4只试样安装在燃烧试验室的顶棚表面上,按4.1.2的要求使试样处于正常监视状态。应依据制造商的说明对试样进行安装和调试,对具有可变响应阈值的试样,应将其阈值设在最大极限值上。

4.22.2.2 对于附录G~J要求的每种试验火,在试验前,应使试样稳定工作15 min,试验室内应通风换气,直至热电偶、光学烟密度计和离子烟浓度计分别指示温度为(23±5)℃、烟浓度m值小于0.02 dB/m和y值小于0.05为止。

4.22.2.3 按附录G~J的要求对每种试验火进行点火。点火后,试验人员应立即离开试验室,并要注意防止空气流动影响试验火。所有门、窗或其他开口均应关闭。试验期间应随时测量ΔT、m、y等火灾参数。

4.22.3 要求

试样在每种试验火结束前均应发出火灾报警信号。

5 检验规则

5.1 产品出厂检验

企业在产品出厂前应对探测器进行下述试验项目的检验:

a) 一致性试验;

b) 重复性试验;

c) 碰撞试验;

d) 低温(运行)试验;

e) 恒定湿热(运行)试验;

f) 电压波动试验。

制造商应规定抽样方法、检验和判定规则。

5.2 型式检验

5.2.1 型式检验项目为本标准4.2～4.22规定的试验项目。检验样品在出厂检验合格的产品中抽取。

5.2.2 有下列情况之一时，应进行型式检验：

a) 新产品或老产品转厂生产时的试制定型鉴定；

b) 正式生产后，产品的结构、主要部件或元器件、生产工艺等有较大的改变可能影响产品性能或正式投产满5年；

c) 产品停产一年以上，恢复生产；

d) 出厂检验结果与上次型式检验结果差异较大；

e) 发生重大质量事故。

5.2.3 检验结果按GB 12978中规定的型式检验结果判定方法进行判定。

6 标志

6.1 总则

6.1.1 产品标志应在探测器安装维护过程中清晰可见。

6.1.2 产品标志不应贴在螺丝或其他易被拆卸的部件上。

6.2 产品标志

6.2.1 每只探测器均应清晰地标注下列信息：

a) 产品名称；

b) 本标准标准号；

c) 制造商名称或商标；

d) 型号；

e) 接线柱标注；

f) 制造日期、产品编号、产地和探测器内软件版本号。

对于可拆卸探测器，探头上的标志应包括上述a)、b)、c)、d)和f)，底座上的标志应至少包括d)和e)。

6.2.2 产品标志信息中如使用不常用符号或缩写时，应在探测器说明书中说明。

6.3 质量检验标志

每只探测器均应有质量检验合格标志。

附　录　A
（规范性附录）
阈值检验烟箱

A.1　试验设备

A.1.1　测量区、试验仪器及探测器的布置见图A.1和图A.2：

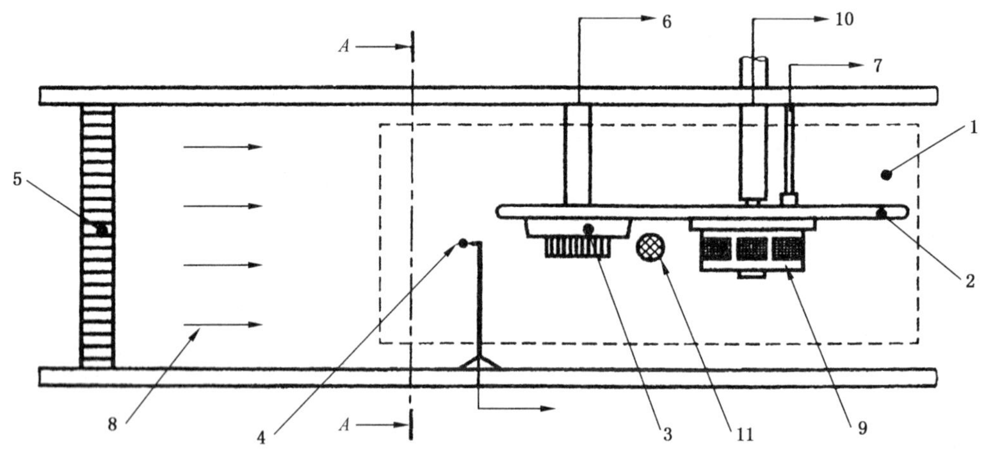

1——测量工作区；
2——测量平台；
3——探测器；
4——温度传感器；
5——整流栅；
6——控制和指示设备连接处；
7——烟箱控制指示设备连接处；
8——气流；
9——离子浓度计；
10——离子浓度计抽气装置连接处；
11——光学密度计。

图 A.1　测量区、试验仪器及探测器的布置图

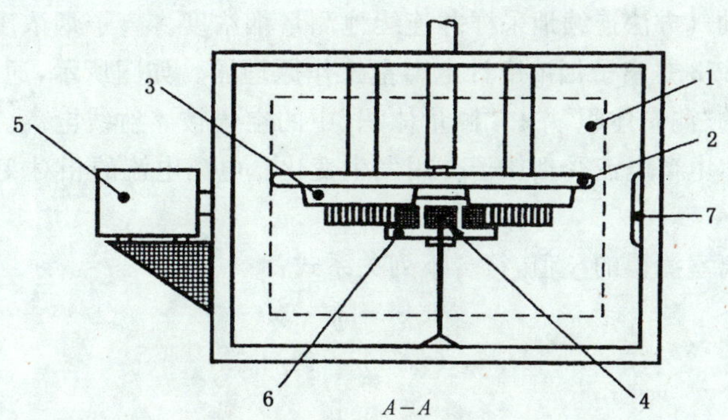

1——测量工作区；

2——测量平台；

3——探测器；

4——温度传感器；

5——光学密度计；

6——离子浓度计；

7——光学密度计的反射器。

图 A.2 测量区、试验仪器及探测器的布置图

A.1.2 测量工作区应能容下环境光线试验的专用闪光装置(见附录 C)。探测器的边缘离测量平台的边缘尺寸不应小于 20 mm。

A.1.3 烟箱应能保证测量工作区内的气流速度满足试验要求。

A.1.4 烟箱应能以不大于 1℃/min 的升温速率将测量工作区内的温度升到(55±2)℃。

A.2 光学方法测量响应阈值

A.2.1 工作原理

光电探测器的响应阈值，即用减光系数 m 值(单位为 dB/m)表示的探测器报警时刻的烟浓度，用光学密度计测量。光学密度计利用光束受烟粒子作用后，光辐射能按指数规律衰减的原理测量烟浓度。

减光系数用下式表示：

$$m = (10/d)\lg(P_0/P)$$

式中：

m——减光系数，dBm^{-1}；

d——试验烟的光学测量长度，m；

P_0——无烟时接收的辐射功率，W；

P——有烟时接收的辐射功率，W。

A.2.2 技术要求

A.2.2.1 光学测量长度不大于 1.1 m。

A.2.2.2 光学系统的安装，要使光电接收器不能接收到被试验烟粒子散射的散射角大于 3°的光线。

A.2.2.3 光束波长在 800 nm～950 nm 的范围内，其有效辐射功率应大于 50%，波长低于 800 nm 的范围内，其有效辐射功率应小于 10%，波长高于 1 050 nm 范围内，其有效辐射功率亦应小于 10%。

A.2.2.4 测量误差：在 0～2 dB/m 之间的烟浓度，测量误差不应大于(m×5%+0.02) dB/m。每次测量前，测量仪器的读数须与洁净空气中的读数(零点)相比较，测量偏差不应大于 0.02 dB/m。

A.3 离子方法测量响应阈值

A.3.1 工作原理

离子探测器的响应阈值，即用 y 值(无量纲)表示的探测器报警时刻的烟浓度，用离子烟浓度计测量。离子烟浓度计利用抽气方法连续地采样并连续地测量烟浓度。离子烟浓度计是由电离室、电流放大器及抽气泵组成。图 A.3 是离子烟浓度计电离室工作原理图。如图所示，通过抽气泵使含有烟粒子的空气扩散到电离室内的"测量体积"中。"测量体积"中的空气被 α 射线电离。因此，当两电极间加上电压时，便产生电离电流，电离电流受烟粒子作用发生变化。电离电流的相对变化作为衡量烟浓度的一个尺度。

离子烟浓度计的电离室测得的 y 值，符合下列关系式：

$$d \times z = \eta \times y$$

$$y = (I_0/I) - (I/I_0)$$

式中：

I_0——空气中无烟粒子时的电离电流；

I——空气中含烟粒子时的电离电流；

d——烟粒子的平均粒径，m；

z——烟粒子数浓度，1/m³；

η——电离室常数，1/m²。

A.3.2 结构

电离室的机械结构如图 A.4 所示，其零件名称、规格特征等见表 A.1。其主要尺寸标出公差，未标注公差的是建议尺寸，不作硬性规定。

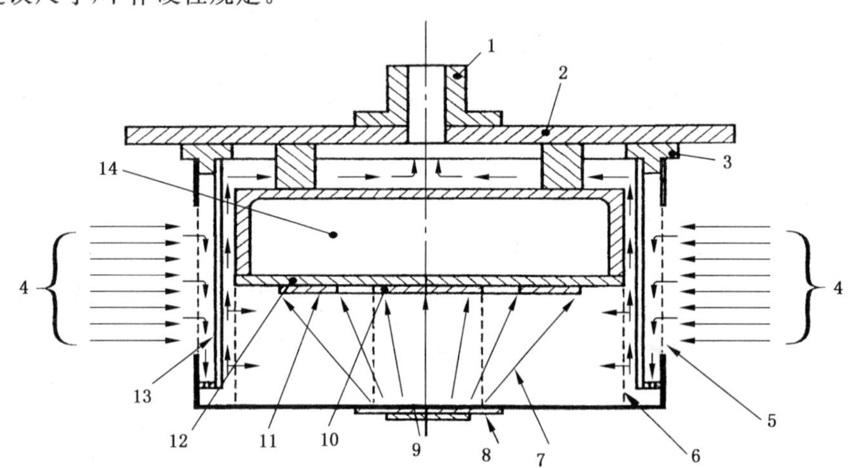

1——抽气嘴；
2——装配盘；
3——绝缘圈；
4——空气和烟；
5——外栅网；
6——内栅网；
7——α 射线；
8——α 发射源；
9——测量体积；
10——测量电极；
11——保护环；
12——绝缘环；
13——挡风罩；
14——电子装置。

图 A.3 离子烟浓度计电离室工作原理

单位为毫米

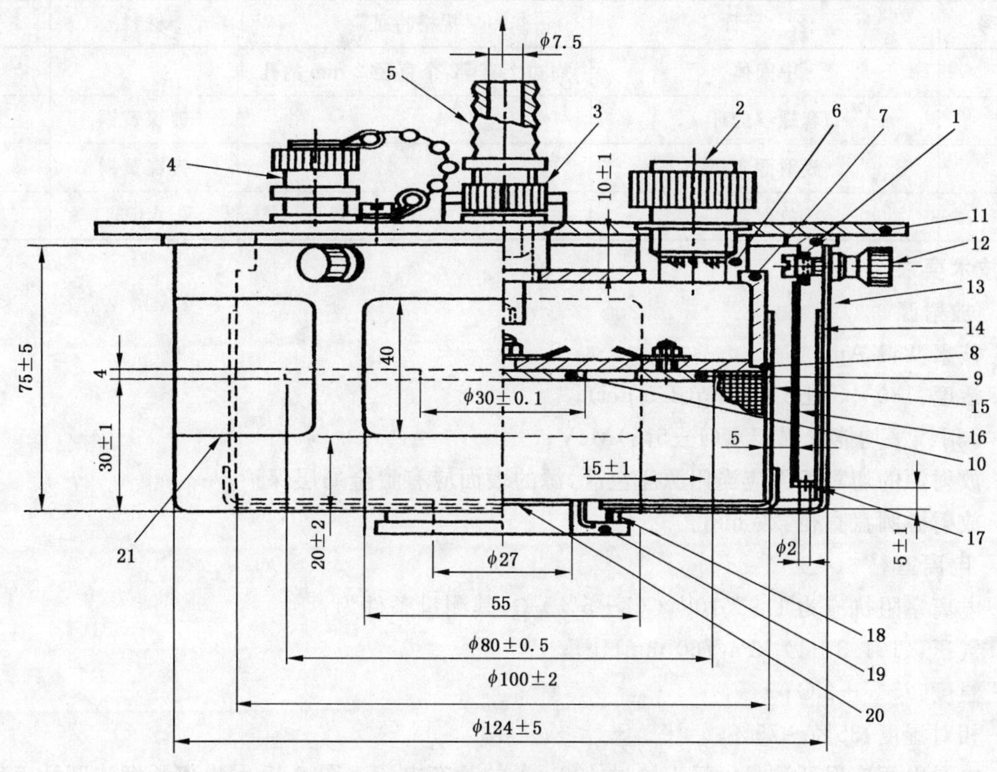

图 A.4 电离室结构图

表 A.1 零件名称和规格特征

零件序号	名　　称	规格特征	材料	数量
1	绝缘环		聚酰胺	1
2	多脚插座	10 个脚		1
3	测量电极端子	接电离室电源		1
4	测量电极端子	接放大器或电流测量装置		1
5	抽气嘴		黄铜	1
6	导座		聚酰胺	1
7	壳体		铝	1
8	绝缘板		聚四氟乙烯	1
9	保护环		不锈钢	1
10	测量电极		不锈钢	1
11	装配板		铝	1
12	带周缘滚花螺母的固定螺丝	M3	镀镍黄铜	3
13	盖板	有 6 个气孔	不锈钢	1
14	外栅网	金属丝直径 0.2 mm 内眼宽 0.8 mm	不锈钢	1
15	内栅网	金属丝直径 0.4 mm	不锈钢	1
16	挡风罩	内眼宽 1.6 mm	不锈钢	1

表 A.1（续）

零件序号	名　　称	规格特征	材料	数量
17	中间体	周边上有 72 个直径 2 mm 的孔		1
18	套螺纹的环		镀镍黄铜	1
19	放射源底座		镀镍黄铜	1
20	放射源	直径 27 mm 密封	见 A3.3.1	1

A.3.3　技术要求

A.3.3.1　放射源

——核素：241 Am；

——活度：130×(1±5%)kBq(3.5 μci)；

——α 射线平均能量：4.5×(1±5%)MeV；

——放射源的切割断面应当用源座包严，源的表面应有贵金属层保护；

——放射源圆盘直径：27 mm。

A.3.3.2　电离室

——电离室阻抗应为 $1.9\times10^{11}\times(1\pm5\%)$ Ω，其测量条件为：

——气压：(101.3±1) kPa(760 mmHg)；

——温度：25℃±2℃；

——相对湿度：35%～75%；

——电源电压应保证测量电极上流过 100 pA 的静态电流。图 A.5 示出离子烟浓度计工作电路。

A.3.3.3　电流放大器

——输入电阻：$R_i<10^9$ Ω。

A.3.3.4　抽气泵

——气流量：30×(1±10%) L/min。

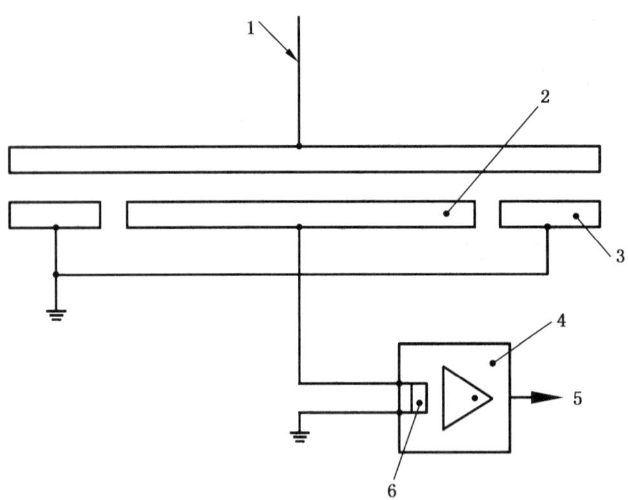

1——对地电压；

2——测量电极；

3——保护环；

4——电流测量放大器；

5——电压输出与电离室电流成正比；

6——输入电阻。

图 A.5　离子烟浓度计工作电路

附 录 B
（规范性附录）
试 验 烟

B.1 试验烟中烟粒子的粒径应分布在 0.5 μm～1.0 μm 之间，选用的试验烟应在所有项目试验过程中始终使用。

B.2 试验烟在粒径分布、粒径大小、粒径结构、光学特性等方面应有再现性和稳定性。

B.3 可通过监视 m 与 y 的比值的稳定来保证试验烟的稳定。

附 录 C
（规范性附录）
闪光装置

C.1 试验设备是一种形如正六面体的专用闪光装置(见图C.1)。4个闭合面的内侧衬有光洁的铝箔。4只环形荧光灯分别固定在4个闭合面内侧，每只荧光灯功率为30 W，色温为3 200 K～4 200 K，直径约为380 mm。荧光灯管的安装位置不得影响响应阈值的测量。探测器装在正六面体顶面的中心部位，使光线能从上下及两侧照射到探测器上。荧光灯的电气线路不得对探测器产生干扰。为使输出光线稳定，灯管应老化100 h，使用2 000 h后灯管应报废。

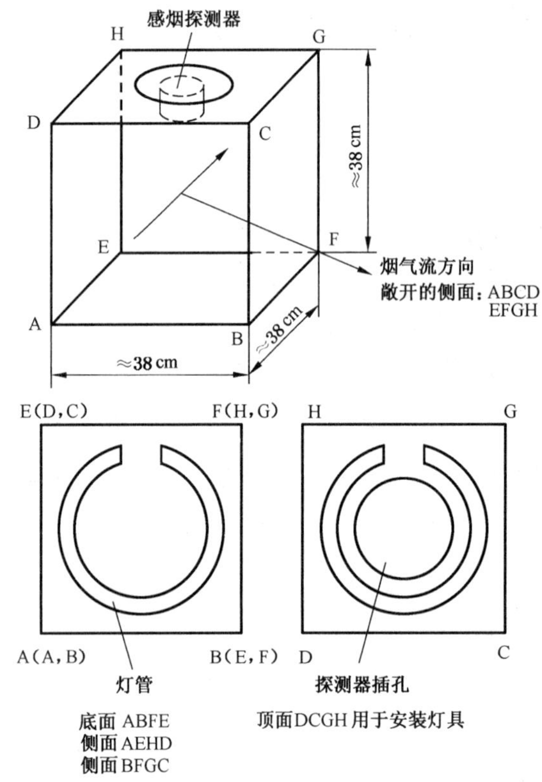

图 C.1 闪光装置图

附 录 D
(资料性附录)
有关慢速发展火灾的响应性能的评估方法

D.1 探测器的"漂移补偿"

D.1.1 普通探测器在正常监视状态下，将传感器上的信号与一个固定的响应阈值不断比较来判断是否应该报警。当传感器信号达到响应阈值时，探测器就会发出火灾报警信号。报警时的烟气浓度就是该只探测器的响应阈值。因此，普通探测器的响应阈值是固定的，不能随着传感器信号和时间的变化速率而进行漂移补偿。

D.1.2 通常，洁净空气中的传感器信号在探测器的寿命周期中会不断变化。例如探测室中的灰尘或元器件的老化都会影响传感器的信号变化，从而使探测器的灵敏度提高，容易产生误报警。

D.1.3 为了保证探测器灵敏度的稳定，减少上述因素对其的影响，有必要对上述受影响的传感器信号进行补偿。本附录讨论的前提就是该补偿已经实现，并已经部分或全部抵消传感器信号所受的上述影响。

D.1.4 任何"漂移补偿"都会降低探测器对传感器信号缓慢变化的敏感度。若这些变化是真实的，却是缓慢发展的火灾时，探测器的灵敏度就会降低。本标准3.8条规定，就是要求探测器的"漂移补偿"使探测器对缓慢发展的火灾的灵敏度降低的范围不能超出标准的规定。

D.1.5 本标准认为任何对生命或财产构成危险的火灾发展的速率，至少要大于每小时A/4，其中A为探测器在没有实现补偿条件下的正常响应阈值。因此本标准未规定小于每小时A/4的传感器信号变化速率，也就是说本标准不要求探测器对低于该变化速率响应。

D.1.6 本标准3.8条未规定补偿的实现方式，只要求探测器对于任意一种大于每小时$A/4$(A为探测器不加补偿的初始响应阈值)的升烟速率R，探测器发出的报警的时间应大于100 s且不应超出$1.6\times A/R$；且探测器的漂移补偿应设定在一定范围内，且在该范围内不应导致探测器的响应阈值与该只探测器不加补偿时的初始响应阈值之比超过1.6。

D.2 线性"漂移补偿"

D.2.1 若探测器的补偿线性的，也就是探测器信号的增加随时间而线性变化，而且对补偿范围不加限定。则要求补偿速率最大不能大于每小时$0.094\times A$的变化速率(见图D.1)，且在该补偿速率下，探测器应在6.4 h内达到火灾报警状态。

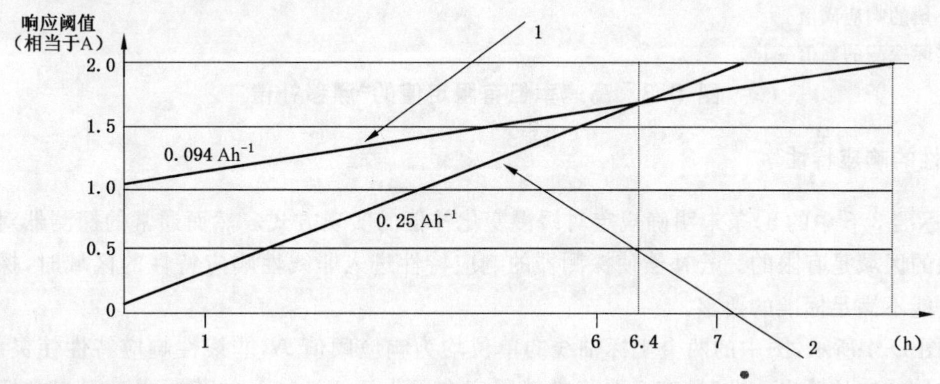

注1：补偿的响应阈值。

注2：实际探测的阈值变化。

图D.1 线性"漂移补偿"

D.3 阶梯式的“漂移补偿”

D.3.1 若探测器的补偿为阶梯式变化，传感器信号应在 6.4 h 内达到响应阈值。例如图 D.2 所示的曲线，传感器应在 6 h 达到响应阈值。

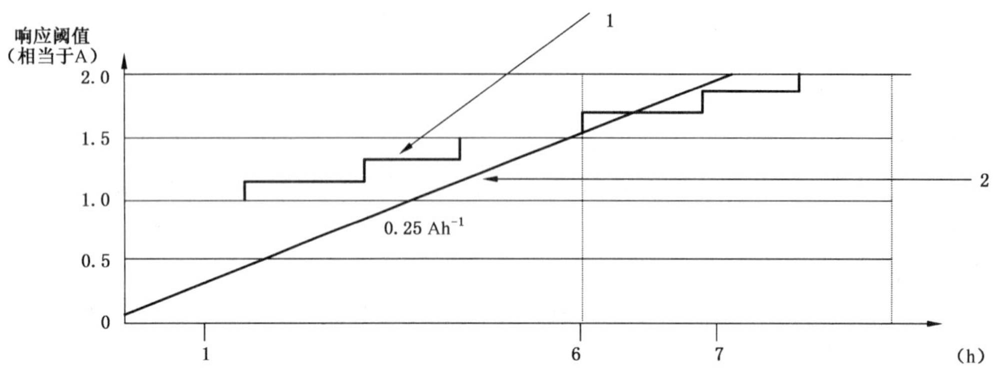

注 1：补偿的响应阈值。

注 2：实际探测的阈值变化。

图 D.2 阶梯式“漂移补偿

D.4 高速率但有限定值的“漂移补偿”

D.4.1 若探测器的补偿速率不限于每小时 $0.094\times A$，但补偿的限定值不大于 $0.6\times A$。如图 D.3 所示，探测器应在 6.4 h 内达到火灾报警状态。该类型探测器的最大补偿速率可根据试验火的具体条件限定。

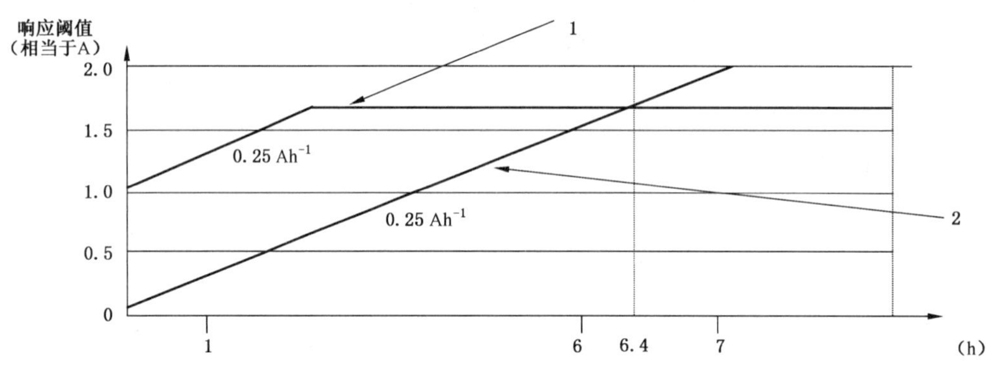

注 1：补偿的响应阈值。

注 2：实际探测的阈值变化。

图 D.3 高速率但有限定值的“漂移补偿”

D.5 非线性的响应特性

D.5.1 本标准 3.8 中的 a)条未明确规定对缓慢变化补偿的实现方式。然而通常的探测器对烟尘的线性响应特性的区域是有限的。若补偿使探测器的响应特性进入非线性响应特性的区域时，探测器的灵敏度就有可能不满足标准的要求。

D.5.2 如图 D.4 所示，图中的两个坐标轴线的单位均为响应阈值 A，非线性响应特性使灵敏度提高，从而大大增加响应的输出。此时，有必要将补偿限定在不大于 1.1×A 的范围内。因为本标准 3.8 中的 b)条规定，补偿不应导致探测器的响应阈值与该只探测器不加补偿时的初始响应阈值之比超过 1.6；而外界的烟尘浓度必须在 1.1×A～2.7×A 的范围内增加到一定值，才能响应输出变化增加到 A。

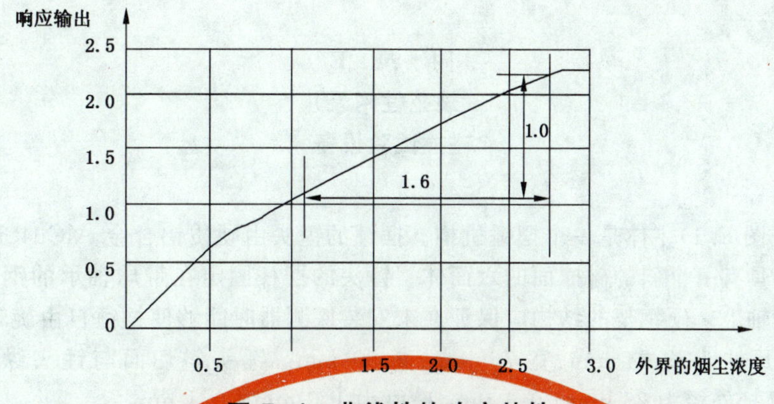

图 D.4 非线性的响应特性

附 录 E
（规范性附录）
碰撞试验设备

E.1 试验设备（见图 E.1）主体是一个摆锤机构。摆锤的锤头由硬质铝合金 AlCu4SiMg（经固溶、时效处理）制成，外形为具有一个斜的碰撞面的六面体。锤头的摆杆固定在带球轴承的钢轮毂上，球轴承装在硬钢架的固定钢轴上。硬钢架的结构应保证在未安装探测器时能够使摆锤自由旋转。

E.2 锤头的外形尺寸为长 94 mm、宽 76 mm、高 50 mm。锤头斜切面与锤头纵轴之间的夹角为 (60±1)°，锤头的摆杆外径为 25 mm±0.1 mm，壁厚为 1.6 mm±0.1 mm。

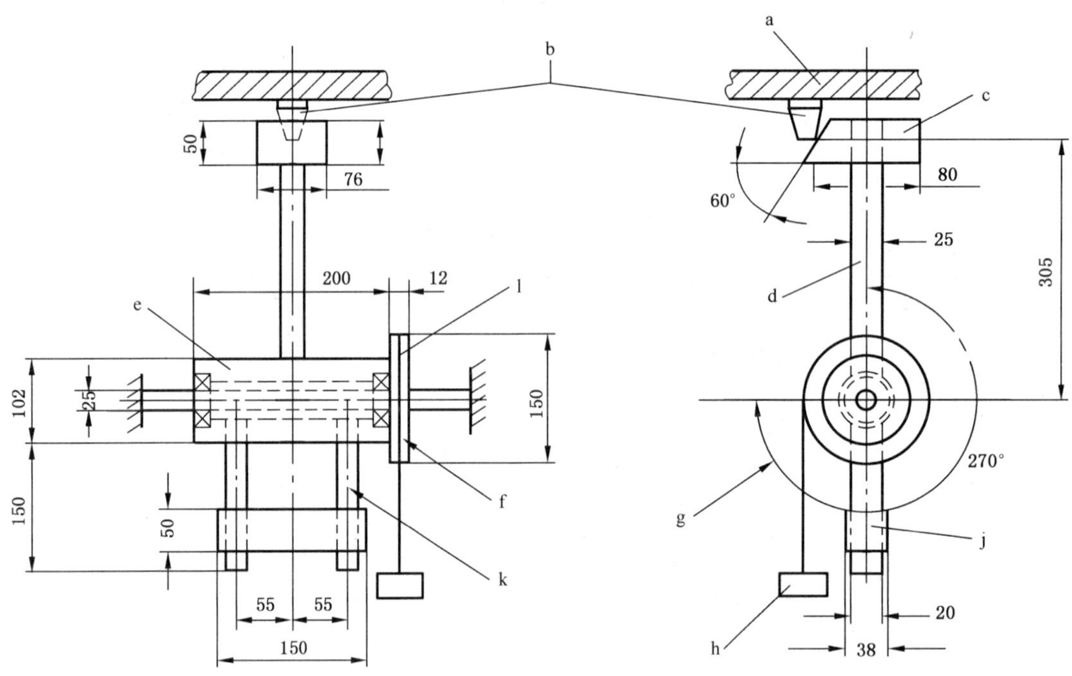

a——安装板；
b——探测器；
c——锤头；
d——摆杆；
e——钢轮毂；
f——球轴承；
g——转动 270°；
h——工作重锤；
j——配重块；
k——配重臂；
l——滑轮。

图 E.1 碰撞试验设备图

E.3 锤头的纵轴距旋转轴线的径向距离为 305 mm，锤头的摆杆轴线要保证与旋转轴线垂直。外径为 102 mm，长为 200 mm 的钢轮毂同心组装在直径为 25 mm 的钢轴上。钢轴直径的精度取决于所用的轴承尺寸公差。在钢轮毂与摆杆相对的方向上装有两个外径为 20 mm、长为 185 mm 的钢质配重臂，其伸出长度为 150 mm。在两个配重臂上装一个位置可调的配重块，以便使锤头与配重臂平衡。在钢轮毂的一端上装一个厚 12 mm、直径为 150 mm 的铝合金滑轮，在滑轮上缠绕一条缆绳，缆绳的一端固定在滑轮上,另一端系上工作重锤。

E.4 安装探测器的水平安装板由钢架支撑着。安装板可以上下调整,以便使锤头的碰撞面中心从水平方向碰撞探测器,如图 E.1 所示。在使用试验设备时,首先要按图 E.1 调整探测器和安装板的位置,调好后,把安装板固紧在钢架上,然后摘下工作重锤,通过调整配重块平衡摆锤机构。调整平衡后,把摆杆拉到水平位置上,系上工作重锤,当摆锤机构释放时,工作重锤将使锤头旋转 3π/2 rad 碰撞探测器。工作重锤的质量为:

$$0.388/3\pi r \text{ kg}$$

式中:

r——滑轮的有效半径 m。当 r 为 0.075 m 时,工作重锤质量约为 0.55 kg,锤头质量约为 0.79 kg。

附 录 F
（规范性附录）
燃烧试验室

F.1 燃烧试验室

燃烧试验室尺寸为长 9m～11m、宽 6m～8m、高 3.8m～4.2m。顶棚为水平平面，用耐热隔热材料制成。试验室应具有通风设备，并满足火灾试验所要求的环境条件。试验火点火前试验室内不允许有气流流动。

F.2 试验布置

火源设在地面中心处，探测器和测量仪器应安装在以顶栅中心为圆心、半径为 3m、圆心角为 60°的圆弧上，如图 F.1 所示。

F.3 测量仪器

F.3.1 光学密度计应符合附录 A 条规定。

F.3.2 离子烟浓度计应符合附录 A 条规定。

F.3.3 温度传感器

F.3.4 电子秤：测量误差为±(2+0.01×G_0)g，其中 G_0 为燃料初始质量。

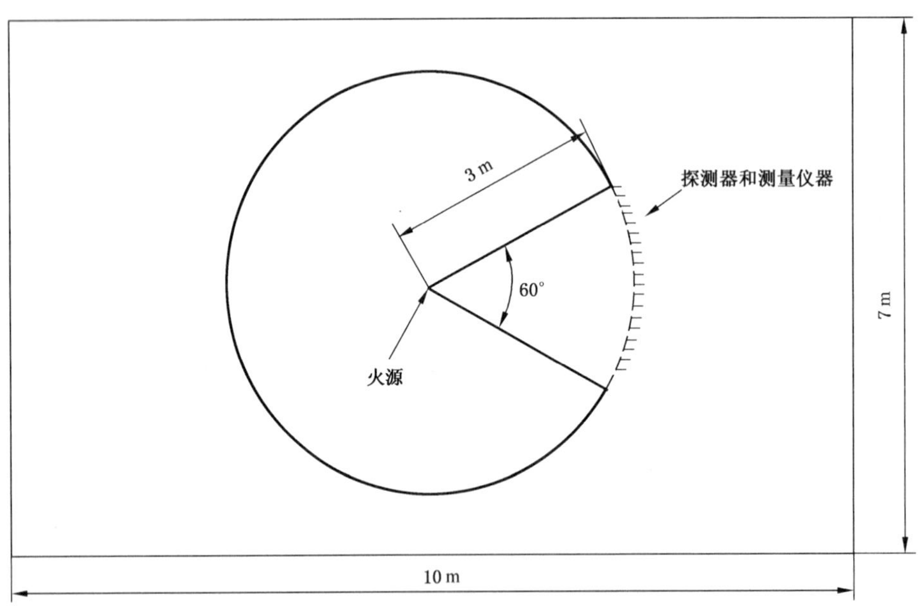

图 F.1 试验布置图

附　录　G
（规范性附录）
试验火 SH1-木材热解阴燃火

G.1　燃料:10 根 75 mm×25 mm×20 mm 的山毛榉木棍(含水量约等于 5%)。

G.2　布置:如图 G.1 所示,木棍呈辐射状放置于加热功率为 2 kW(额定功率),直径为 220 mm 的加热盘上面。加热盘表面有 8 个同心槽,槽宽度为 5 mm,深度为 2 mm,槽与槽之间距离 3 mm,槽与加热盘边距离 4 mm。试验开始时,先给加热盘通电,加热盘的温度应在 11 min 内升到 600℃并能稳定保持。

G.3　试验结束的判据:$m = 2\ \mathrm{dBm^{-1}}$。

G.4　试验结束时火灾参数应满足下列要求:

——试验火的 m 与 y 的比值以及 m 与试验时间的比值关系应在图 G.2 和 G.3 图的实线范围内,且在试验结束前或探测器发出火灾报警信号前不能产生火焰;

——对于离子探测器,如果在试验结束时,m 值已经达到 $2\ \mathrm{dBm^{-1}}$,但探测器还没有发出报警信号,判定试验火是否有效的唯一判据是 y 值是否已经达到 1.6。

1——加热盘;
2——温度传感器;
3——木棍。

图 G.1　试验火 SH1

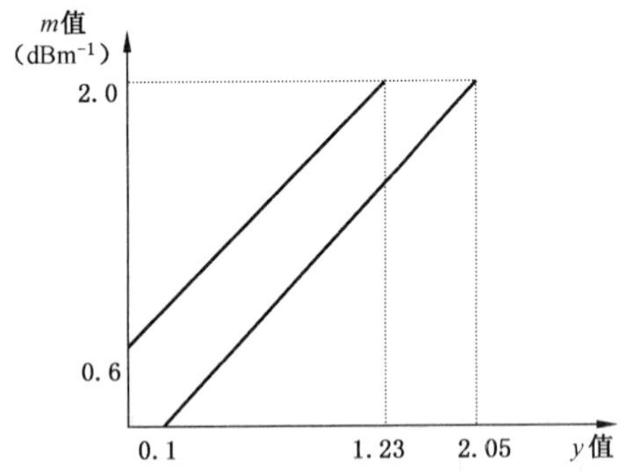

图 G.2 *m* 值与 *y* 值的比值

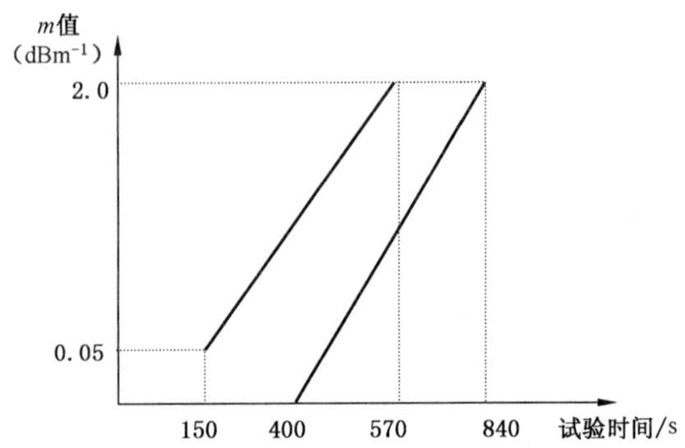

图 G.3 *m* 值与试验时间的比值

附　录　H
（规范性附录）
试验火 SH2-棉绳阴燃火

H.1　燃料：洁净、干燥的棉绳。

H.2　布置：将 90 根长为 80 cm，重 3 g 的棉绳固定在直径为 10 cm 的金属圆环上，然后悬挂在支架上（见图 H.1）。

H.3　点火：在棉绳下端点火，点燃后立即熄灭火焰，保持连续冒烟。试验必须在所有棉绳被点燃后才能开始。

H.4　试验结束的判据：$m = 2\ \mathrm{dBm^{-1}}$。

H.5　试验结束时火灾参数应满足下列要求：

——试验火的 m 与 y 的比值以及 m 与试验时间的比值关系应在图 H.2 和 H.3 图的实线范围内，且在 $m = 2\ \mathrm{dBm^{-1}}$ 或探测器发出火灾报警信号后结束。

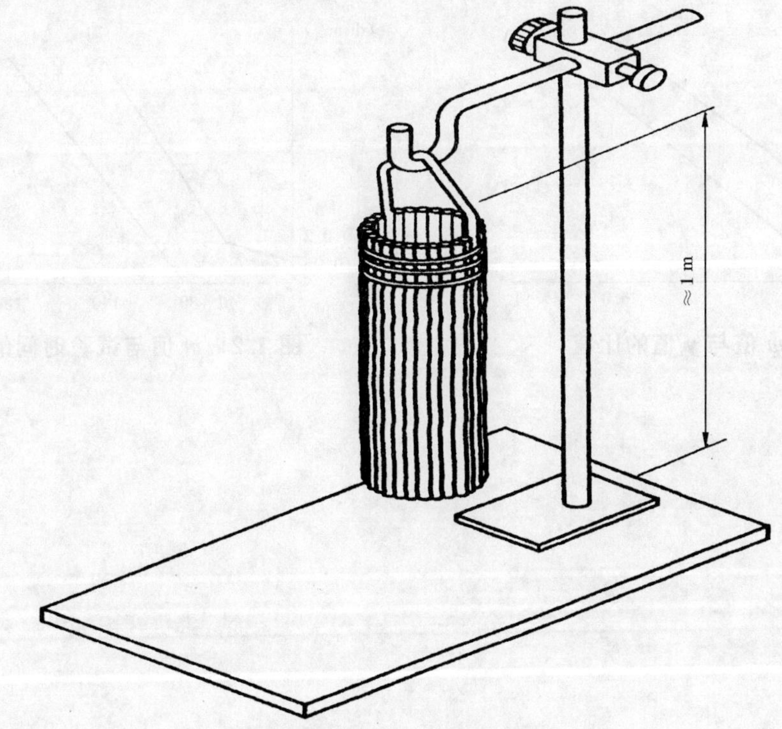

图 H.1　试验火 SH2

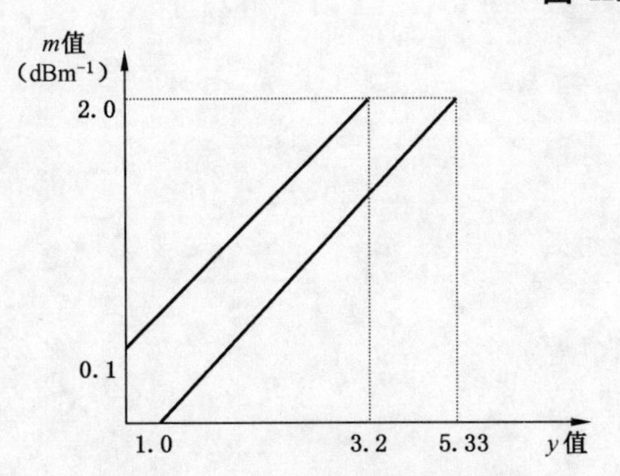

图 H.2　m 值与 y 值的比值

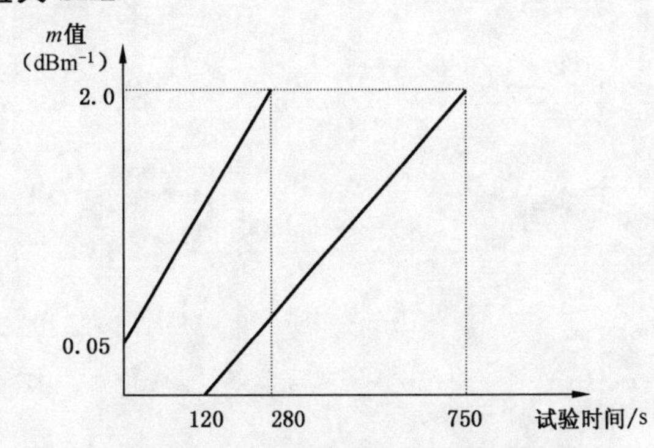

图 H.3　m 值与试验时间的比值

附 录 I
（规范性附录）
试验火 SH3-聚氨脂塑料火

I.1 燃料：质量密度约 20 kg/m³ 的无阻燃剂软聚氨脂泡沫塑料。

I.2 布置：3 块 50 cm×50 cm×2 cm 的垫块迭在一起。底板为铝箔，其边缘向上卷起。

I.3 点火燃料：在直径为 5 cm 的盘中，装入 5 mL 甲基化酒精。

I.4 点火部位：最下面垫块的一角。

I.5 试验结束的判据：$y = 6$。

I.6 试验结束时火灾参数应满足下列要求：

—— 试验火的 m 与 y 的比值以及 m 与试验时间的比值关系应在图 I.1 和 I.2 图的实线范围内，且在 $y=6$ 或探测器发出火灾报警信号后结束。

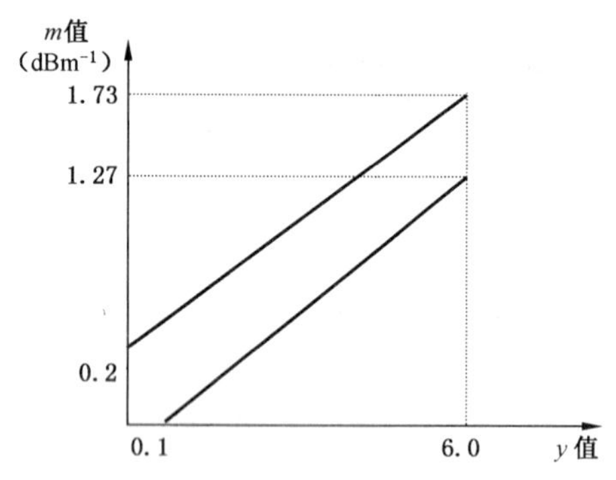

图 I.1 m 值与 y 值的比值

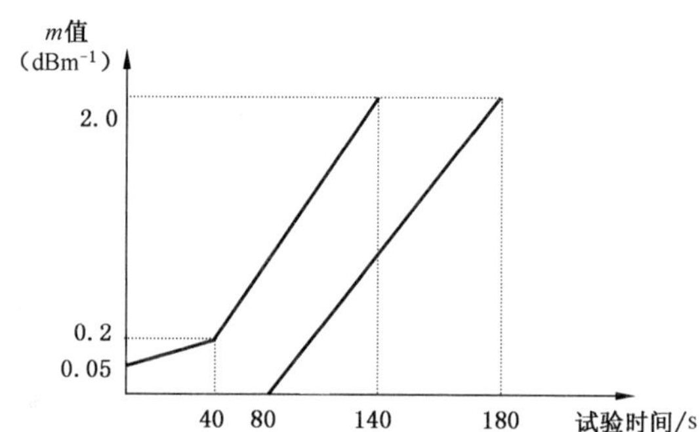

图 I.2 m 值与试验时间的比值

附 录 J
（规范性附录）
试验火 SH4-正庚烷火

J.1 燃料：正庚烷（纯度＞＝99%）加 3%的甲苯（纯度＞＝99%）。

J.2 布置：将燃料放置于用 2 mm 厚的钢板制成的底面积为 1 100 cm^2（33 cm×33 cm）、高为 5 cm 的容器中。

J.3 质量：G_0＝650 g。

J.4 点火方式：火焰或电火花。

J.5 试验结束的判据：y＝6。

J.6 试验结束时火灾参数应满足下列要求：

——试验火的 m 与 y 的比值以及 m 与试验时间的比值关系应在图 J.1 和 J.2 图的实线范围内，且在 y＝6 或探测器发出火灾报警信号后结束；

——如果在试验结束时，y 值已经达到 6，但探测器还没有发出报警信号，判定试验火是否有效的唯一判据是 m 值是否已经达到 1.1 dBm^{-1}。

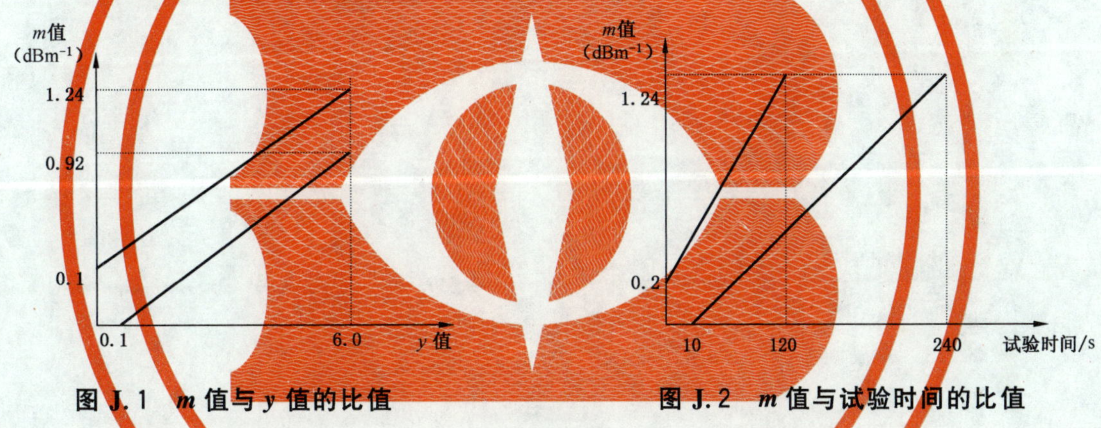

图 J.1 m 值与 y 值的比值　　图 J.2 m 值与试验时间的比值

ICS 13.220.20
C 81

中华人民共和国国家标准

GB 4716—2005
代替 GB 4716—1993

点型感温火灾探测器

Point type heat fire detectors

2005-09-01 发布　　　　2006-06-01 实施

中华人民共和国国家质量监督检验检疫总局
中国国家标准化管理委员会　发布

前　言

本标准的第3、4、5和6章内容为强制性，其余为推荐性。

本标准参考了EN 54-5：2000《火灾探测报警系统　第5部分：点型感温火灾探测器》和ISO 7240-5：2003《火灾探测报警系统　第5部分：点型感温火灾探测器》。

本标准代替GB 4716—1993《点型感温火灾探测器技术要求及试验方法》，与GB 4716—1993相比主要变化如下：

——修改了点型感温火灾探测器分类方法，各类感温火灾探测器响应时间及其测量方法相应改变；

——对采用软件控制的点型感温火灾探测器提出控制软件要求；

——增加了高温(耐久)试验、恒定湿热(耐久)试验、振动(正弦)(耐久)试验、射频场感应的传导骚扰抗扰度试验和浪涌(冲击)抗扰度试验，取消了绝缘电阻试验和耐压试验；

——增加了检验规则。

本标准自实施之日起，同时代替GB 4716—1993。

本标准的附录A为规范性附录。

本标准由中华人民共和国公安部提出。

本标准由全国消防标准化技术委员会第六分技术委员会归口。

本标准负责起草单位：公安部沈阳消防研究所。

本标准参加起草单位：西安盛赛尔电子有限公司。

本标准主要起草人：窦保东、张德成、王艳娥、王学来、康卫东、廉钰、张雄飞。

本标准所代替标准的历次版本发布情况为：

——GB 4716—1993；

——GB 4716—1984。

点型感温火灾探测器

1 范围

本标准规定了点型感温火灾探测器的一般要求、要求与试验方法、检验规则和标志。

本标准适用于一般工业与民用建筑中安装使用的点型感温火灾探测器。其他环境中安装的、具有特殊性能的点型感温火灾探测器,除特殊要求应由有关标准另行规定外,亦应执行本标准。

2 规范性引用文件

下列文件中的条款通过本标准的引用而成为本标准的条款。凡是注日期的引用文件,其随后所有的修改单(不包括勘误的内容)或修订版均不适用于本标准,然而,鼓励根据本标准达成协议的各方研究是否可使用这些文件的最新版本。凡是不注日期的引用文件,其最新版本适用于本标准。

GB 9969.1 工业产品使用说明书 总则

GB 12978 消防电子产品检验规则

GB 16838 消防电子产品环境试验方法及严酷等级

GB/T 17626.2—1998 电磁兼容 试验和测量技术 静电放电抗扰度试验(idt IEC 61000-4-2:1995)

GB/T 17626.3—1998 电磁兼容 试验和测量技术 射频电磁场辐射抗扰度试验(idt IEC 61000-4-3:1995)

GB/T 17626.4—1998 电磁兼容 试验和测量技术 电快速瞬变脉冲群抗扰度试验(idt IEC 61000-4-4:1995)

GB/T 17626.5—1999 电磁兼容 试验和测量技术 浪涌(冲击)抗扰度试验(idt IEC 61000-4-5:1995)

GB/T 17626.6—1998 电磁兼容 试验和测量技术 射频场感应的传导骚扰抗扰度(idt IEC 61000-4-6:1996)

3 一般要求

3.1 总则

点型感温火灾探测器(以下简称探测器)若要符合本标准,应首先满足本章要求,然后按第4章规定进行试验,并满足试验要求。

3.2 分类

探测器应符合表1中划分的A1、A2、B、C、D、E、F和G中的一类或多类。

可通过在上述类别符号的后面附加字母S或R的形式(如A1S、BR等)标示S型或R型探测器。对于S型或R型的各类探测器,除进行4.2~4.22规定的试验外,还应分别进行4.23或4.24规定的试验并满足试验要求。

注1:S型探测器即使对较高升温速率在达到最小动作温度前也不能发出火灾报警信号。

注2:R型探测器具有差温特性,对于高升温速率,即使从低于典型应用温度以下开始升温也能满足响应时间要求。

注3:对于可现场设置类别的探测器,在其产品标志中用P表示类别,并应标出所有可设置的类别,其当前设置类别应能清晰识别。

表 1 探测器分类

探测器类别	典型应用温度 ℃	最高应用温度 ℃	动作温度下限值 ℃	动作温度上限值 ℃
A1	25	50	54	65
A2	25	50	54	70
B	40	65	69	85
C	55	80	84	100
D	70	95	99	115
E	85	110	114	130
F	100	125	129	145
G	115	140	144	160

3.3 感温元件的位置

探测器的感温元件(辅助功能的元件除外)与探测器安装表面的距离不应小于 15 mm。

3.4 报警确认灯

A1、A2、B、C 和 D 类探测器应具有红色报警确认灯。当被监视区域温度参数符合报警条件时,探测器报警确认灯应点亮,并保持至报警状态被复位。通过报警确认灯显示探测器其他工作状态时,被显示状态应与火灾报警状态有明显区别。可拆卸探测器的报警确认灯可安装在探头或其底座上。确认灯点亮时在其正前方 6m 处,光照度不超过 500lx 的环境条件下,应清晰可见。

E、F 和 G 类探测器应有红色报警确认灯或有现场分体的探测器火灾报警状态其他指示方式。

3.5 辅助设备连接

探测器连接其他辅助设备(例如远程确认灯,控制继电器等)时,与辅助设备之间的连接线断路和短路不应影响探测器的正常工作。

3.6 可拆卸探测器监视

可拆卸探测器在探头与底座分离时,应为电源和监视设备发出故障信号提供识别手段。

3.7 出厂设置改变

除非使用特殊手段(如专用工具或密码)或破坏封条,否则探测器的出厂设置不应被改变。

3.8 现场设置

探测器的响应性能如可在探测器或在与其相连的电源和监视设备上进行现场设置,则应满足以下要求:

a) 当制造商声明所有设置均满足本标准的要求时,探测器在任意设置的条件下均应满足本标准的要求,且只能通过专用工具、密码或探头与底座分离等手段改变现场设置。

b) 当制造商声明某一设置不满足本标准的要求时,该设置应只能通过专用工具、密码手段实现,且应在探测器上或有关文件中明确标明该项设置不能满足本标准的要求。

3.9 控制软件要求

3.9.1 总则

对于依靠软件控制而符合本标准要求的探测器,应满足 3.9.2、3.9.3 和 3.9.4 要求。

3.9.2 软件文件

3.9.2.1 制造商应提交软件设计文件,文件应有充分的内容证明软件设计符合标准要求并应至少包括以下内容:

a) 主程序的功能描述(如流程图或结构图),包括:

1) 各模块及其功能的描述;

2） 各模块相互作用的方式；

3） 程序的全部层次；

4） 软件与探测器硬件相互作用的方式；

5） 模块调用的方式，包括中断过程。

b） 存储器地址分配情况。

c） 软件及其版本唯一识别标识。

3.9.2.2 若检验需要，制造商应能提供至少包含以下内容的详细设计文件：

a） 系统总体配置概况，包括所有软件和硬件部分。

b） 程序中每个模块的描述，包括：

1） 模块名称；

2） 执行任务的描述；

3） 接口的描述，包括数据传输方式、有效数据的范围和验证。

c） 全部源代码清单，包括全局变量和局部变量、常量和注释、充分的程序流程的说明。

d） 设计和执行过程中使用的应用软件。

3.9.3 软件设计

为确保探测器的可靠性，软件设计应满足下述要求：

a） 软件应为模块化结构；

b） 手动和自动产生数据的接口设计应禁止无效数据导致程序运行错误；

c） 软件设计应避免产生程序锁死。

3.9.4 程序和数据的存贮

满足本标准要求的程序和出厂设置等预置数据应存贮在不易丢失信息的存储器中。改变上述存储器内容应通过特殊工具或密码实现，并且不应在探测器正常运行时进行。

现场设置的数据应被存贮在探测器无外部供电情况下，信息至少能保存 14 d 的存储器中，除非有措施保证在探测器电源恢复后 1 h 内对该数据进行恢复。

3.10 使用说明书

探测器应有相应的中文说明书。说明书应满足 GB 9969.1 的要求。

4 要求与试验方法

4.1 总则

4.1.1 试验大气条件

如在有关条文中没有说明，则各项试验均在下述大气条件下进行：

——温度：15℃～35℃；

——湿度：25％RH～75％RH；

——大气压力：86 kPa～106 kPa。

4.1.2 试验正常监视状态

如试验时要求试样处于正常监视状态，应将试样与制造商提供的电源和监视设备连接。

4.1.3 试样安装

试验时，应按制造商规定的正常安装方式安装。如说明书给出多种安装方式，试验中应采用对试样工作最不利的安装方式。

4.1.4 容差

如在有关条文中没有说明，则各项试验数据的容差均为±5％。环境条件参数偏差应符合 GB 16838要求。

4.1.5 **响应时间测量**

4.1.5.1 测量试样响应时间前，应按4.1.3规定将试样安装在符合附录A规定的标准温箱(以下简称温箱)中，并按4.1.2规定使试样处于正常监视状态。如无特殊要求，应在试样的最大响应时间方位上进行响应时间的测量。

4.1.5.2 调节温箱内气流温度至规定的初始温度，如在有关条文中没有特殊指明，温箱的初始温度为表1规定的相应类别探测器的典型应用温度，按制造商规定的稳定时间进行稳定(如未规定，稳定10 min)。然后以规定的升温速率升温至试样动作，记录试样的响应时间(从开始升温到试样动作的时间间隔)。试验过程中，保持温箱中的气流速度为0.8 m/s±0.1 m/s(25℃时测得)，温度误差为±2℃。

4.1.6 **试样**

试样数量应符合下述要求：

a) 可复位探测器为15只；

b) 不可复位探测器为62只；

c) 不可复位S型探测器为63只；

d) 不可复位R型探测器为68只。

4.1.7 **试验前检查**

4.1.7.1 试验前对试样进行外观检查，应符合下述要求：

a) 表面无腐蚀、涂覆层脱落和起泡现象，无明显划伤、裂痕、毛刺等机械损伤；

b) 紧固部位无松动。

4.1.7.2 试验前应按第3章要求对试样进行检查，符合要求后方可进行试验。

4.1.8 **试验程序**

4.1.8.1 试验前对试样予以编号。

4.1.8.2 可复位探测器试验程序见表2。对于可以现场调整类别的探测器，按下述方式进行试验：

a) 4.3、4.4、4.5、4.6、4.8、4.23和4.24项试验应分别设置在每种类别上进行；

b) 4.10项试验应设置在最高温度类别上进行；

c) 其他试验应设置在任一类别进行。

4.1.8.3 不可复位探测器试验程序见表3。

表2 可复位探测器试验程序

试验程序			探测器编号							
			升温速率/(℃/min)							其他
序号	条款	试验项目	≤0.2	1	3	5	10	20	30	
1	4.2	方位试验					1			
2	4.3	动作温度试验	1、2							
3	4.4	响应时间试验		1、2	1、2	1、2	1、2	1、2	1、2	
4	4.5	25℃起始响应时间试验			1			1		
5	4.6	高温响应试验			1			1		
6	4.7	电源参数波动试验			1、2			1、2		
7	4.8	环境试验前响应时间试验			3～14			3～14		
8	4.9	低温(运行)试验			3			3		
9	4.10	高温(耐久)试验			4			4		
10	4.11	交变湿热(运行)试验			5			5		

表 2（续）

试验程序			探测器编号							
			升温速率/(℃/min)							其他
序号	条款	试验项目	≤0.2	1	3	5	10	20	30	
11	4.12	恒定湿热(耐久)试验			6			6		
12	4.13	SO_2 腐蚀(耐久)试验			7			7		
13	4.14	冲击(运行)试验			8			8		
14	4.15	碰撞(运行)试验			9			9		
15	4.16	振动(正弦)(运行)试验			10			10		
16	4.17	振动(正弦)(耐久)试验			10			10		
17	4.18	静电放电抗扰度试验			11			11		
18	4.19	射频电磁场辐射抗扰度试验			12			12		
19	4.20	射频场感应的传导骚扰抗扰度试验			13			13		
20	4.21	电快速瞬变脉冲群抗扰度试验			14			14		
21	4.22	浪涌(冲击)抗扰度试验			15			15		
22	4.23	S 型探测器附加试验								1
23	4.24	R 型探测器附加试验					1、2	1、2	1、2	

表 3　不可复位探测器试验程序

试验程序			探测器编号							
			升温速率/(℃/min)							其他
序号	条款	试验项目	≤0.2	1	3	5	10	20	30	
1	4.2	方位试验					1～8			
2	4.3	动作温度试验	9、10							
3	4.4	响应时间试验		11、12	13、14	15、16	17、18	19、20	21、22	
4	4.5	25℃起始响应时间试验			23			24		
5	4.6	高温响应试验			25			26		
6	4.7	电源参数波动试验			27、28			29、30		
7	4.8	环境试验前响应时间试验			31、32			33、34		
8	4.9	低温(运行)试验			35			36		
9	4.10	高温(耐久)试验			37			38		
10	4.11	交变湿热(运行)试验			39			40		
11	4.12	恒定湿热(耐久)试验			41			42		
12	4.13	SO_2 腐蚀(耐久)试验			43			44		
13	4.14	冲击(运行)试验			45			46		
14	4.15	碰撞(运行)试验			47			48		
15	4.16	振动(正弦)(运行)试验			49			50		
16	4.17	振动(正弦)(耐久)试验			51			52		

表 3（续）

试验程序			探测器编号							
			升温速率/(℃/min)							其他
序号	条款	试验项目	≤0.2	1	3	5	10	20	30	
17	4.18	静电放电抗扰度试验			53			54		
18	4.19	射频电磁场辐射抗扰度试验			55			56		
19	4.20	射频场感应的传导骚扰抗扰度试验			57			58		
20	4.21	电快速瞬变脉冲群抗扰度试验			59			60		
21	4.22	浪涌(冲击)抗扰度试验			61			62		
22	4.23	S型探测器附加试验								63
23	4.24	R型探测器附加试验					63、64	65、66	67、68	

4.2 方位试验

4.2.1 目的

检验探测器周围气流方向对其性能的影响。

4.2.2 方法

4.2.2.1 按4.1.5规定，以10℃/min的升温速率测量试样的响应时间。试验共进行8次，每试验1次，试样应按同一方向绕其垂直轴线旋转45°。记录试样8个方位上的响应时间。

4.2.2.2 记录试样的最大和最小响应时间方位。

4.2.3 要求

A1类试样8个方位上的响应时间应在1 min 0 s和4 min 20 s之间。

A2、B、C、D、E、F和G类试样8个方位上的响应时间应在2 min 0 s和5 min 30 s之间。

4.3 动作温度试验

4.3.1 目的

检验探测器在低升温速率条件下，对温度正确响应的能力。

4.3.2 方法

试验用两只试样，一只在最大响应时间方位、另一只在最小响应时间方位上进行。按4.1.5规定，以1℃/min的升温速率升温至表1规定的相应类别探测器的最高应用温度。然后，以不大于0.2℃/min的升温速率升温至试样动作，记录试样的动作温度。

4.3.3 要求

试样动作温度应在表1规定的动作温度上、下限值之间。

4.4 响应时间试验

4.4.1 目的

检验探测器稳定在典型应用温度环境下时，对一定升温速率范围的响应能力。

4.4.2 方法

试验用两只试样，一只在最大响应时间方位、另一只在最小响应时间方位上进行。按照4.1.5规定，分别以1℃/min、3℃/min、5℃/min、10℃/min、20℃/min和30℃/min的升温速率升温至试样动作，记录试样在各升温速率下的响应时间。

4.4.3 要求

试样在各升温速率下的响应时间应符合表4规定。

4.5 25℃起始响应时间试验

4.5.1 目的

检验典型应用温度高于25℃的各类探测器在温度正常上升时不发生非正常快速响应的性能(A1

和 A2 类探测器不进行此项试验)。

4.5.2 方法

试验用试样应在最小响应时间方位上进行。温箱中气流的初始温度为 25℃，按 4.1.5 规定，分别以 3℃/min 和 20℃/min 的升温速率升温至试样动作。记录试样在各升温速率下的响应时间。

4.5.3 要求

试样以 3℃/min 和 20℃/min 的升温速率升温测量的响应时间应分别大于 7 min 13 s 和 1 min 0 s。

表 4 探测器响应时间

升温速率 ℃/min	A1 类探测器				A2、B、C、D、E、F、G 类探测器			
	响应时间下限值		响应时间上限值		响应时间下限值		响应时间上限值	
	min	s	min	s	min	s	min	s
1	29	00	40	20	29	00	46	00
3	7	13	13	40	7	13	16	00
5	4	09	8	20	4	09	10	00
10	1	00	4	20	2	00	5	30
20		30	2	20	1	00	3	13
30		20	1	40		40	2	25

4.6 高温响应试验

4.6.1 目的

检验探测器在高温条件下工作的适应性。

4.6.2 方法

以不大于 1℃/min 的升温速率升温至表 1 规定的相应类别试样的最高应用温度，稳定 2 h。然后按 4.1.5 条，分别以 3℃/min 和 20℃/min 的升温速率升温至试样动作。记录试样在各升温速率下的响应时间。

4.6.3 要求

a) 稳定前和稳定期间，试样不应发出火灾报警或故障信号；

b) 试样的响应时间应符合表 5 规定。

表 5 探测器高温响应时间

探测器类别	响应时间下限值				响应时间上限值			
	升温速率 3℃/min		升温速率 20℃/min		升温速率 3℃/min		升温速率 20℃/min	
	min	s	min	s	min	s	min	s
A1	1	20		12	13	40	2	20
其他	1	20		12	16	00	3	13

4.7 电源参数波动试验

4.7.1 目的

检验探测器在电源参数波动条件下工作的适应性。

4.7.2 方法

4.7.2.1 按制造商规定的供电参数上、下限值(如未规定，则上、下限参数分别为额定参数 110% 和 85%)给试样供电，按 4.1.5 规定，分别以 3℃/min 和 20℃/min 的升温速率升温至试样动作，记录试样在各升温速率下的响应时间。

4.7.2.2 如试样采用脉动电压供电，将试样通过长度为 1 000 m、截面积为 1.0 mm^2 的铜质双绞导线

(或按照制造商提供的条件)与电源和监视设备连接,使其处于正常监视状态。分别将电源和监视设备的输入电压调至 187 V(50 Hz)和 242 V(50 Hz),按 4.1.5 规定,分别以 3℃/min 和 20℃/min 的升温速率升温至试样动作,记录试样在各升温速率下的响应时间。

4.7.3 要求

试样的响应时间应符合表 4 规定。

4.8 环境试验前响应时间试验

4.8.1 目的

检验探测器环境试验前响应时间,以比较环境试验前、后响应时间的变化。

4.8.2 方法

按 4.1.5 规定,分别以 3℃/min 和 20℃/min 的升温速率升温至试样动作,记录试样在各升温速率下的响应时间。

4.8.3 要求

试样的响应时间应符合表 4 规定。

4.9 低温(运行)试验

4.9.1 目的

检验探测器在低温条件下工作的适应性。

4.9.2 方法

4.9.2.1 将试样放入试验箱内,按 4.1.2 规定使试样处于正常监视状态。在正常大气条件下保持 1 h,然后以不大于 1℃/min 的降温速率将温度降到 −10℃±3℃,在此条件下稳定 16 h,观察并记录试样状态。

4.9.2.2 关断电源和监视设备,以不大于 1℃/min 的升温速率升温至环境温度,取出试样,在正常大气条件下恢复 1h 以上。然后按 4.1.5 规定,分别以 3℃/min 和 20℃/min 的升温速率升温至试样动作,记录试样在各升温速率下的响应时间。

4.9.3 要求

a) 降温及温度保持期间,试样不应发出火灾报警或故障信号;

b) 可复位探测器试样对 3℃/min 升温速率的响应时间不应小于 7 min 13 s,且与环境试验前响应时间相比变化不应超过 2 min 40 s;对 20℃/min 升温速率的响应时间 A1 类探测器不应小于 30 s,除 A1 类外其他类探测器不应小于 1 min 0 s,且与环境试验前响应时间相比变化不应超过 30 s;

c) 不可复位探测器试样的响应时间应符合表 4 规定。

4.9.4 试验设备

试验设备应满足 GB 16838 的相关规定。

4.10 高温(耐久)试验

4.10.1 目的

检验探测器耐受高温的能力(A1、A2 和 B 类探测器不进行此项试验)。

4.10.2 方法

4.10.2.1 将试样放入表 6 所示温度的试验箱内持续 21d。高温环境期间试样不通电。

4.10.2.2 将试样由试验箱中取出,在正常大气条件下恢复 1h 以上,按 4.1.2 规定连接,并接通电源,观察并记录试样状态。若试样能处于正常监视状态,按 4.1.5 规定,分别以 3℃/min 和 20℃/min 的升温速率升温至试样动作。记录试样在各升温速率下的响应时间。

4.10.3 要求

a) 高温环境后,接通电源和监视设备,试样不应发出故障信号;

b) 可复位探测器试样对 3℃/min 升温速率的响应时间不应小于 7 min 13 s,且与环境试验前响应时间相比变化不应超过 2 min 40 s；对 20℃/min 升温速率的响应时间不应小于 1 min 0 s，且与环境试验前响应时间相比变化不应超过 30 s；

c) 不可复位探测器试样的响应时间应符合表 4 规定。

表 6 高温(耐久)试验条件

探测器类别	温度/℃
C	80±2
D	95±2
E	110±2
F	125±2
G	140±2

4.10.4 试验设备

试验设备应满足 GB 16838 的相关规定。

4.11 交变湿热(运行)试验

4.11.1 目的

检验探测器在温度循环变化、表面产生凝露的湿热条件下正常工作的能力。

4.11.2 方法

4.11.2.1 将试样放入试验箱内，按 4.1.2 规定使试样处于正常监视状态。

4.11.2.2 按 GB 16838 中相应条款规定的试验方法，对试样进行高温温度为 40℃±2℃、2 个循环周期的交变湿热(运行)试验。期间观察并记录试样状态。

4.11.2.3 关断电源和监视设备，取出试样，在正常大气条件下恢复 1h 以上。然后按 4.1.5 规定，分别以 3℃/min 和 20℃/min 的升温速率升温至试样动作。记录试样在各升温速率下的响应时间。

4.11.3 要求

a) 湿热环境期间，试样不应发出火灾报警或故障信号；

b) 可复位探测器试样对 3℃/min 升温速率的响应时间不应小于 7 min 13 s，且与环境试验前响应时间相比变化不应超过 2 min 40 s；对 20℃/min 升温速率的响应时间 A1 类探测器不应小于 30 s，除 A1 类外其他类探测器不应小于 1 min 0 s，且与环境试验前响应时间相比变化不应超过 30 s；

c) 不可复位探测器试样的响应时间应符合表 4 规定。

4.11.4 试验设备

试验设备应满足 GB 16838 的相关规定。

4.12 恒定湿热(耐久)试验

4.12.1 目的

检验探测器在使用环境中承受湿度长期影响的能力。

4.12.2 方法

4.12.2.1 将试样在温度为 40℃±2℃的试验箱中放置 2 h 后，调节试验箱，使试样在温度为 40℃±2℃、相对湿度为 93%±3%的条件下持续 21 d。湿热环境期间试样不通电。

4.12.2.2 取出试样，在正常大气条件下恢复 1 h 以上，按 4.1.2 规定连接，并接通电源，观察并记录试样状态。若试样能处于正常监视状态，按 4.1.5 规定，分别以 3℃/min 和 20℃/min 的升温速率升温至试样动作。记录试样在各升温速率下的响应时间。

4.12.3 要求

a) 湿热环境后，接通电源和监视设备，试样不应发出故障信号；

b) 可复位探测器试样对 3℃/min 升温速率的响应时间不应小于 7 min 13 s，且与环境试验前响应时间相比变化不应超过 2 min 40 s;对 20℃/min 升温速率的响应时间 A1 类探测器不应小于 30 s,除 A1 类外其他类探测器不应小于 1 min 0 s,且与环境试验前响应时间相比变化不应超过 30 s;

c) 不可复位探测器试样的响应时间应符合表 4 规定。

4.12.4 试验设备

试验设备应满足 GB 16838 的相关规定。

4.13 SO_2 腐蚀(耐久)试验

4.13.1 目的

检验探测器抗 SO_2 腐蚀的能力。

4.13.2 方法

4.13.2.1 试样连接足够长的非镀锡铜导线,以保证腐蚀环境后可直接测量响应时间;腐蚀环境期间试样不通电。

4.13.2.2 将试样按 4.1.3 规定安装在一个温度为 25℃±2℃、SO_2浓度为(25±5)×10^{-6}(体积比)、相对湿度为 93%±3%的试验箱中,持续 21 d。

4.13.2.3 腐蚀环境后,将试样放置在温度为 40℃±2℃、相对湿度低于 50%的试验箱中干燥 16 h 后,再将试样取出,在正常大气条件下恢复 1 h 以上。按 4.1.2 规定连接,并接通电源,观察并记录试样状态。若试样能处于正常监视状态,按 4.1.5 规定,分别以 3℃/min 和 20℃/min 的升温速率升温至试样动作。记录试样在各升温速率下的响应时间。

4.13.3 要求

a) 腐蚀环境后,接通电源和监视设备,试样不应发出故障信号;

b) 可复位探测器试样对 3℃/min 升温速率的响应时间不应小于 7 min 13 s,且与环境试验前响应时间相比变化不应超过 2 min 40 s;对 20℃/min 升温速率的响应时间 A1 类探测器不应小于 30 s,除 A1 类外其他类探测器不应小于 1 min 0 s,且与环境试验前响应时间相比变化不应超过 30 s;

c) 不可复位探测器试样的响应时间应符合表 4 规定。

4.13.4 试验设备

试验设备应满足 GB 16838 的相关规定。

4.14 冲击(运行)试验

4.14.1 目的

检验探测器经受非多次重复性冲击的适应性及其结构的完好性。

注:质量大于 4.75 kg 的试样不进行此项试验。

4.14.2 方法

4.14.2.1 将试样按 4.1.3 规定刚性安装在冲击试验台上,按 4.1.2 规定使试样处于正常监视状态。

4.14.2.2 启动冲击试验台,对质量为 M (kg)的试样,以峰值加速度为(100−20M)×10 m/s^2,脉冲持续时间为 6 ms 的半正弦波脉冲,对试样的 3 个相互垂直的轴线中的每个方向连续冲击 3 次,总计 18 次。冲击结束后,保持 2 min。观察并记录试样状态。

4.14.2.3 检查试样外观及紧固部位。然后按 4.1.5 规定,分别以 3℃/min 和 20℃/min 的升温速率升温至试样动作。记录试样在各升温速率下的响应时间。

4.14.3 要求

a) 冲击期间及其后 2 min 内,试样不应发出火灾报警或故障信号;

b) 试验后,试样不应有机械损伤和紧固部位松动现象;

c) 可复位探测器试样对 3℃/min 升温速率的响应时间不应小于 7 min 13 s,且与环境试验前响应时间相比变化不应超过 2 min 40 s;对 20℃/min 升温速率的响应时间 A1 类探测器不应小于 30 s,除 A1 类外其他类探测器不应小于 1 min 0 s,且与环境试验前响应时间相比变化不应超过 30 s；

d) 不可复位探测器试样的响应时间应符合表 4 规定。

4.14.4 试验设备

试验设备应满足 GB 16838 的相关规定。

4.15 碰撞(运行)试验

4.15.1 目的

检验探测器承受机械碰撞的适应性。

4.15.2 方法

4.15.2.1 将试样按 4.1.3 规定刚性安装在碰撞试验设备的水平安装板上，按 4.1.2 规定使试样处于正常监视状态。

4.15.2.2 调整碰撞试验设备，使锤头碰撞面能够从水平方向碰撞试样，并对准试样最易遭受破坏的部位。然后，以 1.5 m/s±0.13 m/s 的锤头速度、1.9 J±0.1 J 的碰撞动能碰撞试样。碰撞后，保持 2 min。观察并记录试样状态。

4.15.2.3 检查试样外观及紧固部位。然后按 4.1.5 规定，分别以 3℃/min 和 20℃/min 的升温速率升温至试样动作，记录试样在各升温速率下的响应时间。

4.15.3 要求

a) 碰撞期间及其后 2 min 内，试样不应发出火灾报警或故障信号；

b) 试验后，试样不应有机械损伤和紧固部位松动现象；

c) 可复位探测器试样对 3℃/min 升温速率的响应时间不应小于 7 min 13 s，且与环境试验前响应时间相比变化不应超过 2 min 40 s；对 20℃/min 升温速率的响应时间 A1 类探测器不应小于 30 s，除 A1 类外其他类探测器不应小于 1 min 0 s，且与环境试验前响应时间相比变化不应超过 30 s；

d) 不可复位探测器试样的响应时间应符合表 4 规定。

4.15.4 试验设备

试验设备应满足 GB 16838 的相关规定。

4.16 振动(正弦)(运行)试验

4.16.1 目的

检验探测器经受振动的适应性及其结构的完好性。

4.16.2 方法

4.16.2.1 将试样按 4.1.3 规定刚性安装在振动台上，按 4.1.2 规定使试样处于正常监视状态。

4.16.2.2 启动振动试验台，使其在 10 Hz～150 Hz～10 Hz 的频率循环范围内，以 4.905 m/s^2 的加速度幅值、1 倍频程每分的扫频速率，分别在 X、Y、Z 三个互相垂直的轴线上进行 1 次扫频循环。观察并记录试样状态。

4.16.2.3 检查试样外观及紧固部位。然后按 4.1.5 规定，分别以 3℃/min 和 20℃/min 的升温速率升温至试样动作。记录试样在各升温速率下的响应时间。

4.16.3 要求

a) 振动期间，试样不应发出火灾报警或故障信号；

b) 试验后，试样不应有机械损伤和紧固部位松动现象；

c) 可复位探测器试样对 3℃/min 升温速率的响应时间不应小于 7 min 13 s，且与环境试验前响应时间相比变化不应超过 2 min 40 s；对 20℃/min 升温速率的响应时间 A1 类探测器不应小于 30 s，除 A1 类外其他类探测器不应小于 1 min 0 s，且与环境试验前响应时间相比变化不应超过 30 s；

d) 不可复位探测器试样的响应时间应符合表 4 规定。

4.16.4 试验设备

试验设备应满足 GB 16838 的相关规定。

4.17 振动(正弦)(耐久)试验

4.17.1 目的

检验探测器长时间承受振动影响的能力。

4.17.2 方法

4.17.2.1 将试样按 4.1.3 规定刚性安装在振动台上。振动期间试样不通电。

4.17.2.2 启动振动试验台,使其在 10 Hz～150 Hz～10 Hz 的频率循环范围内,以 9.810 m/s^2 的加速度幅值、1 倍频程每分的扫频速率,分别在 X、Y、Z 三个互相垂直的轴线上进行 20 次扫频循环。

4.17.2.3 检查试样外观及紧固部位。按 4.1.2 规定连接,并接通电源,观察并记录试样状态,若试样能处于正常监视状态,按 4.1.5 规定,分别以 3℃/min 和 20℃/min 的升温速率升温至试样动作。记录试样在各升温速率下的响应时间。

4.17.3 要求

a) 振动后,试样不应有机械损伤和紧固部位松动现象;接通电源和监视设备,试样不应发出故障信号;

b) 可复位探测器试样对 3℃/min 升温速率的响应时间不应小于 7 min 13 s,且与环境试验前响应时间相比变化不应超过 2 min 40 s;对 20℃/min 升温速率的响应时间 A1 类探测器不应小于 30 s,除 A1 类外其他类探测器不应小于 1 min 0 s,且与环境试验前响应时间相比变化不应超过 30 s;

c) 不可复位探测器试样的响应时间应符合表 4 规定。

4.17.4 试验设备

试验设备应满足 GB 16838 的相关规定。

4.18 静电放电抗扰度试验

4.18.1 目的

检验探测器对带静电人员、物体造成的静电放电的适应性。

4.18.2 方法

4.18.2.1 将试样按 GB/T 17626.2 中 7.1.1 规定进行试验布置,按 4.1.2 规定使试样处于正常监视状态。

4.18.2.2 按 GB/T 17626.2 中第 8 章规定的试验方法对试样及耦合板施加表 7 所示条件下的干扰试验,期间观察并记录试样状态。

表 7 静电放电抗扰度试验条件

放电电压/kV	空气放电(外壳为绝缘体试样) 8
	接触放电(外壳为导体试样和耦合板) 6
放电极性	正、负
放电间隔/s	≥1
每点放电次数	10

4.18.2.3 上述试验完成后,按 4.1.5 规定,分别以 3℃/min 和 20℃/min 的升温速率升温至试样动作。记录试样在各升温速率下的响应时间。

4.18.3 要求

a) 干扰环境期间,试样不应发出火灾报警或故障信号;

b) 可复位探测器试样对 3℃/min 升温速率的响应时间不应小于 7 min 13 s,且与环境试验前响应时间相比变化不应超过 2 min 40 s;对 20℃/min 升温速率的响应时间 A1 类探测器不应小于 30 s,除 A1 类外其他类探测器不应小于 1 min 0 s,且与环境试验前响应时间相比变化不应超过 30 s;

c) 不可复位探测器试样的响应时间应符合表 4 规定。

4.18.4 **试验设备**

试验设备应满足 GB/T 17626.2 的相关规定。

4.19 射频电磁场辐射抗扰度试验

4.19.1 **目的**

检验探测器在射频电磁场辐射环境下工作的适应性。

4.19.2 **方法**

4.19.2.1 将试样按 GB/T 17626.3 中 7.1 规定进行试验布置,按 4.1.2 规定使试样处于正常监视状态。

4.19.2.2 按 GB/T 17626.3 中第 8 章规定的试验方法对试样施加表 8 所示条件下的干扰试验,期间观察并记录试样状态。

4.19.2.3 上述试验完成后,按 4.1.5 规定,分别以 3℃/min 和 20℃/min 的升温速率升温至试样动作。记录试样在各升温速率下的响应时间。

表 8 射频电磁场辐射抗扰度试验条件

场强/(V/m)	10
频率范围/MHz	80～1000
扫频速率/十倍频程每秒	≤1.5×10^{-3}
调制幅度	80%(1 kHz,正弦)

4.19.3 **要求**

a) 干扰环境期间,试样不应发出火灾报警或故障信号;

b) 可复位探测器试样对 3℃/min 升温速率的响应时间不应小于 7 min 13 s,且与环境试验前响应时间相比变化不应超过 2 min 40 s;对 20℃/min 升温速率的响应时间 A1 类探测器不应小于 30 s,除 A1 类外其他类探测器不应小于 1 min 0 s,且与环境试验前响应时间相比变化不应超过 30 s;

c) 不可复位探测器试样的响应时间应符合表 4 规定。

4.19.4 **试验设备**

试验设备应满足 GB/T 17626.3 的相关规定。

4.20 射频场感应传导骚扰抗扰度试验

4.20.1 **目的**

检验探测器对射频场感应的传导骚扰的适应性。

4.20.2 **方法**

4.20.2.1 将试样按 GB/T 17626.6 中第 7 章规定进行试验配置,按 4.1.2 规定使试样处于正常监视状态。

4.20.2.2 按 GB/T 17626.6 中第 8 章规定的试验方法对试样施加表 9 所示条件下的干扰试验,期间观察并记录试样状态。

表 9 射频场感应传导骚扰抗扰度试验条件

频率范围/MHz	0.15～100
电压/dBμV	140
调制幅度	80%(1 kHz,正弦)

4.20.2.3 上述试验完成后，按4.1.5规定，分别以3℃/min和20℃/min的升温速率升温至试样动作。记录试样在各升温速率下的响应时间。

4.20.3 要求

a) 干扰环境期间，试样不应发出火灾报警或故障信号；

b) 可复位探测器试样对3℃/min升温速率的响应时间不应小于7 min 13 s，且与环境试验前响应时间相比变化不应超过2 min 40 s；对20℃/min升温速率的响应时间A1类探测器不应小于30 s，除A1类外其他类探测器不应小于1 min 0 s，且与环境试验前响应时间相比变化不应超过30 s；

c) 不可复位探测器试样的响应时间应符合表4规定。

4.20.4 试验设备

试验设备应满足GB/T 17626.6的相关规定。

4.21 电快速瞬变脉冲群抗扰度试验

4.21.1 目的

检验探测器抗电快速瞬变脉冲群干扰的能力。

4.21.2 方法

4.21.2.1 将试样按GB/T 17626.4中7.2规定进行试验配置，按4.1.2规定使试样处于正常监视状态。

4.21.2.2 按GB/T 17626.4中第8章规定的试验方法对试样施加表10所示条件下的干扰试验，期间观察并记录试样状态。

表10 电快速瞬变脉冲群抗扰度试验条件

瞬变脉冲电压/kV	1×(1±0.1)
重复频率/kHz	5×(1±0.2)
极性	正、负
时间	每次1 min

4.21.2.3 上述试验完成后，按4.1.5规定，分别以3℃/min和20℃/min的升温速率升温至试样动作。记录试样在各升温速率下的响应时间。

4.21.3 要求

a) 干扰环境期间，试样不应发出火灾报警或故障信号；

b) 可复位探测器试样对3℃/min升温速率的响应时间不应小于7 min 13 s，且与环境试验前响应时间相比变化不应超过2 min 40 s；对20℃/min升温速率的响应时间A1类探测器不应小于30 s，除A1类外其他类探测器不应小于1 min 0 s，且与环境试验前响应时间相比变化不应超过30 s；

c) 不可复位探测器试样的响应时间应符合表4规定。

4.21.4 试验设备

试验设备应满足GB/T 17626.4的相关规定。

4.22 浪涌(冲击)抗扰度试验

4.22.1 目的

检验探测器对附近闪电或供电系统的电源切换及低电压网络、包括大容性负载切换等产生的电压瞬变(电浪涌)干扰的适应性。

4.22.2 方法

4.22.2.1 将试样按GB/T 17626.5中第7章规定进行试验配置，按4.1.2规定使试样处于正常监视状态。

4.22.2.2 按 GB/T 17626.5 中第 8 章规定的试验方法对试样施加表 11 所示条件下的干扰试验，期间观察并记录试样状态。

表 11 浪涌(冲击)抗扰度试验条件

浪涌(冲击)电压/kV	1×(1±0.1)
极性	正、负
试验次数	5

4.22.2.3 上述试验完成后，按 4.1.5 规定，分别以 3℃/min 和 20℃/min 的升温速率升温至试样动作。记录试样在各升温速率下的响应时间。

4.22.3 要求

a) 干扰环境期间，试样不应发出火灾报警或故障信号；

b) 可复位探测器试样对 3℃/min 升温速率的响应时间不应小于 7 min 13 s，且与环境试验前响应时间相比变化不应超过 2 min 40 s；对 20℃/min 升温速率的响应时间 A1 类探测器不应小于 30 s，除 A1 类外其他类探测器不应小于 1 min 0 s，且与环境试验前响应时间相比变化不应超过 30 s；

c) 不可复位探测器试样的响应时间应符合表 4 规定。

4.22.4 试验设备

试验设备应满足 GB/T 17626.5 的相关规定。

4.23 S 型探测器附加试验

4.23.1 目的

检验 S 型探测器在低于动作温度下限环境下的稳定性。

4.23.2 方法

4.23.2.1 检查试样在 5.2、5.4、5.7 和 5.8 项试验中测得的响应时间是否符合表 12 规定。

4.23.2.2 按 4.1.2 规定使试样处于正常监视状态。针对不同类别探测器，在表 13 规定初始温度环境下稳定后，将试样在 10 s 内按最小响应时间方位放入气流速度为 0.8 m/s±0.1 m/s、温度为表 13 规定气流温度的试验箱内，保持 10 min 以上，观察并记录试样状态。

表 12 S 型探测器响应时间下限

升温速率 ℃/min	响应时间下限值 min	 s
3	9	40
5	5	48
10	2	54
20	1	27
30	0	58

表 13 S 型探测器附加试验温度

探测器类别	初始温度 ℃	气流温度 ℃
A1S	5±2	50±2
A2S	5±2	50±2
BS	20±2	65±2
CS	35±2	80±2

表 13（续）

探测器类别	初始温度 ℃	气流温度 ℃
DS	50±2	95±2
ES	65±2	110±2
FS	80±2	125±2
GS	95±2	140±2

4.23.3 要求

a) 试样的响应时间不应小于表 12 规定的响应时间下限值；

b) 试验期间，试样不应发出火灾报警或故障信号。

4.23.4 试验设备

试验设备应满足 GB 16838 的相关规定。

4.24 R 型探测器附加试验

4.24.1 目的

检验 R 型探测器在温度较低的环境中对快速升温的响应能力。

4.24.2 方法

针对不同类别探测器，一只在最大响应时间方位上、另一只在最小响应时间方位上，从表 14 规定的初始温度，按 4.1.5 规定分别以 10℃/min、20℃/min 和 30℃/min 的升温速率升温至试样动作，记录试样在各升温速率下的响应时间。

表 14 R 型探测器附加试验初始温度

探测器类别	初始温度 ℃
A1R	5±2
A2R	5±2
BR	20±2
CR	35±2
DR	50±2
ER	65±2
FR	80±2
GR	95±2

4.24.3 要求

试样的响应时间应符合表 4 规定。

5 检验规则

5.1 产品出厂检验

5.1.1 制造商在产品出厂前应对探测器至少进行下述试验项目的检验：

a) 响应时间试验；

b) 高温响应试验；

c) 电源参数波动试验；

d) 碰撞(运行)试验；

e) 低温(运行)试验；

f) S型或R型探测器附加试验。

5.1.2 制造商应规定抽样方法、检验和判定规则。

5.2 型式检验

5.2.1 型式检验项目为本标准第4章4.2～4.24规定的试验项目。

5.2.2 有下列情况之一时,应进行型式检验:

a) 新产品或老产品转厂生产时的试制定型鉴定;

b) 正式生产后,产品的结构、主要部件或元器件、生产工艺等有较大的改变可能影响产品性能或正式投产满5年;

c) 产品停产一年以上,恢复生产;

d) 出厂检验结果与上次型式检验结果差异较大;

e) 发生重大质量事故。

5.2.3 检验结果按GB 12978中规定的型式检验结果判定方法进行判定。

6 标志

6.1 总则

6.1.1 标志在探测器安装维护过程中应清晰可见。

6.1.2 标志不应贴在螺丝或其他易被拆卸的部件上。

6.2 产品标志

6.2.1 每只探测器应清晰标志如下信息:

a) 产品名称和类别(如A1、A1R、A1S、A2、B等),如果探测器的类别可以现场设置,则用符号P代替类别标志(见3.8);

b) 本标准标准号;

c) 制造商名称或商标;

d) 型号;

e) 接线端子标注;

f) 制造日期、产品编号、产地和探测器软件版本号。

对于可拆卸探测器,探头上的标志应包含a)、b)、c)、d)和f)项,底座上的标志应至少包含d)和e)项。

6.2.2 产品标志信息中如使用不常用符号或缩写时,应在探测器的使用说明书中说明。

6.3 质量检验标志

探测器应有质量检验合格标志。

附　录　A
（规范性附录）
标准温箱

检验探测器响应时间的试验设备是专用的标准温箱。温箱的风道截面为正方形，并有一个水平工作区域，如图 A.1 所示，探测器安装在风道工作区域的顶板上，并使它与风道的两个侧壁对称。

风道中的气流流速在试验过程中应始终为 0.8 m/s±0.1 m/s（25℃时测量值），并能分别以 0.2℃/min 、1℃/min、3℃/min、5℃/min、10℃/min、20℃/min、30℃/min 的升温速率升温；测温误差为±2℃，响应时间测量误差±1 s。应保证探测器附近的气流不受风道底面和侧壁的影响，探测器不应受到加热器的直接热辐射作用。

测温元件距离风道工作区域风道顶板应大于 25 mm，并且测温元件在水平方向上位于探测器的迎风侧距探测器至少 50 mm。测温元件的时间常数应小于 2 s。

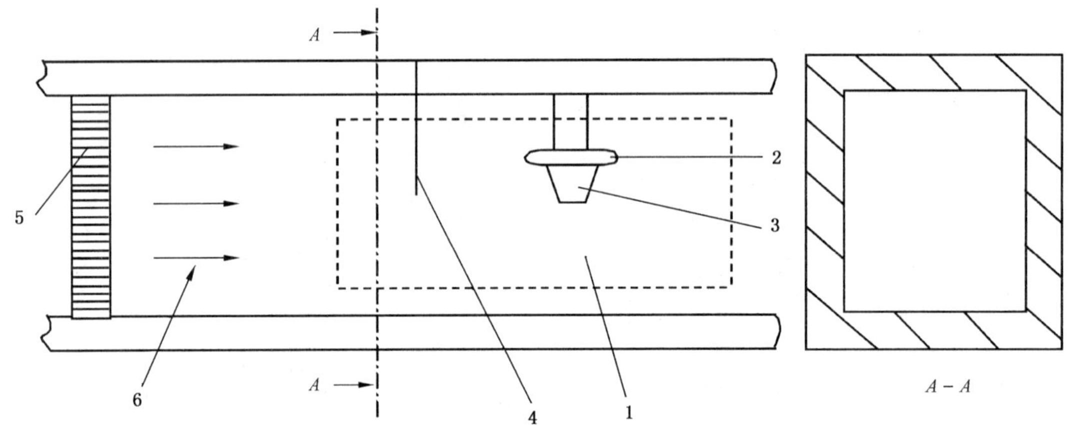

1——工作区；
2——安装板；
3——探测器；
4——测温传感器；
5——导流装置；
6——气流方向。

图 A.1　标准温箱工作区域示意图

ICS 13.220.20
C 81

中华人民共和国国家标准

GB 4717—2005
代替 GB 4717—1993

火灾报警控制器

Fire alarm control units

2005-09-01 发布　　　　2006-06-01 实施

中华人民共和国国家质量监督检验检疫总局
中国国家标准化管理委员会　发布

前　言

本标准的第 5、6、7、8 章内容为强制性，其余为推荐性。

本标准参考了 ISO 7240-2:2003《火灾探测报警系统　第 2 部分：控制和指示设备》。

本标准代替 GB 4717—1993《火灾报警控制器通用技术条件》，与 GB 4717—93 相比较，主要变化如下：

1. 本标准在技术要求方面引入了国际标准 ISO/FDIS 7240-2:2002 中提出的最新要求，将火灾报警控制器的基本功能试验改为火灾报警功能、火灾报警控制功能、故障报警功能、屏蔽功能、监管功能、自检功能、信息显示与查询功能、系统兼容功能、电源功能、软件控制功能等项试验；

2. 本标准采用了最新版本的电磁兼容国际标准，增加了射频场感应的传导骚扰抗扰度、浪涌（冲击）抗扰度、电压暂降、短时中断和电压变化抗扰度等项试验，选择了适当的严酷等级，与国际标准对应；

3. 本标准中关于产品安全性的要求增加泄漏电流试验；

4. 对软件控制的产品提出了软件文件要求；

5. 本标准增加了检验规则和使用说明书的要求，有利于产品的规模化生产。

本标准自实施之日起，代替 GB 4717—1993。

本标准由中华人民共和国公安部提出。

本标准由全国消防标准化技术委员会第六分技术委员会归口。

本标准负责起草单位：公安部沈阳消防研究所。

本标准参加起草单位：中国人民武装警察部队学院；辽宁省消防局；深圳市赋安安全系统有限公司。

本标准主要起草人：厉剑、宋希伟、丁宏军、郭铁南、费春祥、张德成、郭树林、张学军、李丁、李宁、孙宇。

本标准所代替标准的历次版本发布情况为：

——GB 4717—1984

——GB 4717—1993。

火灾报警控制器

1 范围

本标准规定了火灾报警控制器(以下简称控制器)的分类、术语和定义、技术要求、试验、检验规则、标志和使用说明书。

本标准适用于一般工业与民用建筑中安装使用的控制器,其他环境中安装的具有特殊性能的控制器,除特殊要求应由有关标准另行规定外,亦应执行本标准。

2 规范性引用文件

下列文件中的条款通过本标准的引用而成为本标准的条款。凡是注日期的引用文件,其随后所有的修改单(不包括勘误的内容)或修订版均不适用于本标准,然而,鼓励根据本标准达成协议的各方研究是否可使用这些文件的最新版本。凡是不注日期的引用文件,其最新版本适用于本标准。

GB 156—1993 标准电压

GB 12978 消防电子产品检验规则

GB 9969.1 工业产品使用说明书 总则

GB 16838 消防电子产品环境试验方法及严酷等级

GB 16806 消防联动控制设备通用技术条件

GB 4706.1—1998 家用和类似用途用电器的安全 第一部分:通用要求(eqv IEC 60335-1:1991)

GB/T 17626.2—1998 电磁兼容 试验和测量技术 静电放电抗扰度试验(idt IEC 61000-4-2:1995)

GB/T 17626.3—1998 电磁兼容 试验和测量技术 射频电磁场辐射抗扰度试验(idt IEC 61000-4-3:1995)

GB/T 17626.4—1998 电磁兼容 试验和测量技术 电快速瞬变脉冲群抗扰度试验(idt IEC 61000-4-4:1995)

GB/T 17626.5—1998 电磁兼容 试验和测量技术 浪涌(冲击)抗扰度试验(idt IEC 61000-4-5:1995)

GB/T 17626.6—1998 电磁兼容 试验和测量技术 射频场感应的传导骚扰抗扰度(idt IEC 61000-4-6:1996)

3 分类

控制器按应用方式分为:

a) 独立型(不具有向其他控制器传递信息功能的控制器);

b) 区域型(具有向其他控制器传递信息功能的控制器);

c) 集中型;

d) 集中区域兼容型。

4 术语和定义

本标准采用下列术语和定义:

4.1

屏蔽状态 disabled condition

控制器在屏蔽功能启动后所处的状态。

4.2

监管信号　supervisory signal

控制器监视的除火灾报警、故障信号之外的其他输入信号。

4.3

监管报警状态　supervisory signal condition

控制器发出监管报警信号时所处的状态。

4.4

自检状态　test condition

控制器进行自检功能时所处的状态。

4.5

正常监视状态　quiescent condition

控制器接通电源后，无火灾报警、故障报警、屏蔽、监管报警、自检等发生时所处的状态。

5　一般要求

5.1　总则

控制器应满足本标准 5.2 整机性能、5.3 软件文件、5.4 主要部(器)件性能及试验、标志、使用说明书中的各项要求，否则不能声称其符合本标准。

5.2　整机性能

5.2.1　一般要求

5.2.1.1　控制器主电源应采用 220 V，50 Hz 交流电源，电源线输入端应设接线端子。

5.2.1.2　控制器应设有保护接地端子。

5.2.1.3　控制器能为其连接的部件供电，直流工作电压应符合国家标准 GB 156 规定，可优先采用直流 24 V。

5.2.1.4　控制器应具有中文功能标注和信息显示。

5.2.2　火灾报警功能

5.2.2.1　控制器应能直接或间接地接收来自火灾探测器及其他火灾报警触发器件的火灾报警信号，发出火灾报警声、光信号，指示火灾发生部位，记录火灾报警时间，并予以保持，直至手动复位。

5.2.2.2　当有火灾探测器火灾报警信号输入时，控制器应在 10 s 内发出火灾报警声、光信号。对来自火灾探测器的火灾报警信号可设置报警延时，其最大延时不应超过 1 min，延时期间应有延时光指示，延时设置信息应能通过本机操作查询。

5.2.2.3　当有手动火灾报警按钮报警信号输入时，控制器应在 10 s 内发出火灾报警声、光信号，并明确指示该报警是手动火灾报警按钮报警。

5.2.2.4　控制器应有专用火警总指示灯(器)。控制器处于火灾报警状态时，火警总指示灯(器)应点亮。

5.2.2.5　火灾报警声信号应能手动消除，当再有火灾报警信号输入时，应能再次启动。

5.2.2.6　控制器采用字母(符)-数字显示时，还应满足下述要求：

5.2.2.6.1　应能显示当前火灾报警部位的总数。

5.2.2.6.2　应采用下述方法之一显示最先火灾报警部位：

a)　用专用显示器持续显示；

b)　如未设专用显示器，应在共用显示器的顶部持续显示。

5.2.2.6.3　后续火灾报警部位应按报警时间顺序连续显示。当显示区域不足以显示全部火灾报警部位时，应按顺序循环显示；同时应设手动查询按钮(键)，每手动查询一次，只能查询一个火灾报警部位及相关信息。

5.2.2.7 控制器需要接收来自同一探测器(区)两个或两个以上火灾报警信号才能确定发出火灾报警信号时,还应满足下述要求:

5.2.2.7.1 控制器接收到第一个火灾报警信号时,应发出火灾报警声信号或故障声信号,并指示相应部位,但不能进入火灾报警状态。

5.2.2.7.2 接收到第一个火灾报警信号后,控制器在60 s内接收到要求的后续火灾报警信号时,应发出火灾报警声、光信号,并进入火灾报警状态。

5.2.2.7.3 接收到第一个火灾报警信号后,控制器在30 min内仍未接收到要求的后续火灾报警信号时,应对第一个火灾报警信号自动复位。

5.2.2.8 控制器需要接收到不同部位两只火灾探测器的火灾报警信号才能确定发出火灾报警信号时,还应满足下述要求:

5.2.2.8.1 控制器接收到第一只火灾探测器的火灾报警信号时,应发出火灾报警声信号或故障声信号,并指示相应部位,但不能进入火灾报警状态。

5.2.2.8.2 控制器接收到第一只火灾探测器火灾报警信号后,在规定的时间间隔(不小于5 min)内未接收到要求的后续火灾报警信号时,可对第一个火灾报警信号自动复位。

5.2.2.9 控制器应设手动复位按钮(键),复位后,仍然存在的状态及相关信息均应保持或在20 s内重新建立。

5.2.2.10 控制器火灾报警计时装置的日计时误差不应超过30 s,使用打印机记录火灾报警时间时,应打印出月、日、时、分等信息,但不能仅使用打印机记录火灾报警时间。

5.2.2.11 具有火灾报警历史事件记录功能的控制器应能至少记录999条相关信息,且在控制器断电后能保持信息14 d。

5.2.2.12 通过控制器可改变与其连接的火灾探测器响应阈值时,对探测器设定的响应阈值应能手动可查。

5.2.2.13 除复位操作外,对控制器的任何操作均不应影响控制器接收和发出火灾报警信号。

5.2.3 火灾报警控制功能

5.2.3.1 控制器在火灾报警状态下应有火灾声和/或光警报器控制输出。

5.2.3.2 控制器可设置其他控制输出(应少于6点),用于火灾报警传输设备和消防联动设备等设备的控制,每一控制输出应有对应的手动直接控制按钮(键)。

5.2.3.3 控制器在发出火灾报警信号后3 s内应启动相关的控制输出(有延时要求时除外)。

5.2.3.4 控制器应能手动消除和启动火灾声和/或光警报器的声警报信号,消声后,有新的火灾报警信号时,声警报信号应能重新启动。

5.2.3.5 具有传输火灾报警信息功能的控制器,在火灾报警信息传输期间应有光指示,并保持至复位,如有反馈信号输入,应有接收显示。对于采用独立指示灯(器)作为传输火灾报警信息显示的控制器,如有反馈信号输入,可用该指示灯(器)转为接收显示,并保持至复位。

5.2.3.6 控制器发出消防联动设备控制信号时,应发出相应的声光信号指示,该光信号指示不能被覆盖且应保持至手动恢复;在接收到消防联动控制设备反馈信号10 s内应发出相应的声光信号,并保持至消防联动设备恢复。

5.2.3.7 如需要设置控制输出延时,延时应按下述方式设置:

a) 对火灾声和/或光警报器及对消防联动设备控制输出的延时,应通过火灾探测器和/或手动火灾报警按钮和/或特定部位的信号实现;

b) 控制火灾报警信息传输的延时应通过火灾探测器和/或特定部位的信号实现;

c) 延时应不超过10 min,延时时间变化步长不应超过1 min;

d) 在延时期间,应能手动插入或通过手动火灾报警按钮而直接启动输出功能;

e) 任一输出延时均不应影响其他输出功能的正常工作，延时期间应有延时光指示。

5.2.3.8 当控制器要求接收来自火灾探测器和/或手动火灾报警按钮的1个以上火灾报警信号才能发出控制输出时，当收到第一个火灾报警信号后，在收到要求的后续火灾报警信号前，控制器应进入火灾报警状态；但可设有分别或全部禁止对火灾声和/或光警报器、火灾报警传输设备和消防联动设备输出操作的手段。禁止对某一设备输出操作不应影响对其他设备的输出操作。

5.2.3.9 控制器在机箱内设有消防联动控制设备时，即火灾报警控制器(联动型)，还应满足GB 16806相关要求，消防联动控制设备故障应不影响控制器的火灾报警功能。

5.2.4 故障报警功能

5.2.4.1 控制器应设专用故障总指示灯(器)，无论控制器处于何种状态，只要有故障信号存在，该故障总指示灯(器)应点亮。

5.2.4.2 当控制器内部、控制器与其连接的部件间发生故障时，控制器应在100 s内发出与火灾报警信号有明显区别的故障声、光信号，故障声信号应能手动消除，再有故障信号输入时，应能再启动；故障光信号应保持至故障排除。

5.2.4.3 控制器应能显示下述故障的部位：

a) 控制器与火灾探测器、手动火灾报警按钮及完成传输火灾报警信号功能部件间连接线的断路、短路(短路时发出火灾报警信号除外)和影响火灾报警功能的接地，探头与底座间连接断路；

b) 控制器与火灾显示盘间连接线的断路、短路和影响功能的接地；

c) 控制器与其控制的火灾声和/或光警报器、火灾报警传输设备和消防联动设备间连接线的断路、短路和影响功能的接地。

其中a)、b)两项故障在有火灾报警信号时可以不显示，c)项故障显示不能受火灾报警信号影响。

5.2.4.4 控制器应能显示下述故障的类型：

a) 给备用电源充电的充电器与备用电源间连接线的断路、短路；

b) 备用电源与其负载间连接线的断路、短路；

c) 主电源欠压。

5.2.4.5 控制器应能显示所有故障信息。在不能同时显示所有故障信息时，未显示的故障信息应手动可查。

5.2.4.6 当主电源断电，备用电源不能保证控制器正常工作时，控制器应发出故障声信号并能保持1h以上。

5.2.4.7 对于软件控制实现各项功能的控制器，当程序不能正常运行或存储器内容出错时，控制器应有单独的故障指示灯显示系统故障。

5.2.4.8 控制器的故障信号在故障排除后，可以自动或手动复位。复位后，控制器应在100 s内重新显示尚存在的故障。

5.2.4.9 任一故障均不应影响非故障部分的正常工作。

5.2.4.10 当控制器采用总线工作方式时，应设有总线短路隔离器。短路隔离器动作时，控制器应能指示出被隔离部件的部位号。当某一总线发生一处短路故障导致短路隔离器动作时，受短路隔离器影响的部件数量不应超过32个。

5.2.5 屏蔽功能(仅适于具有此项功能的控制器)

5.2.5.1 控制器应有专用屏蔽总指示灯(器)，无论控制器处于何种状态，只要有屏蔽存在，该屏蔽总指示灯(器)应点亮。

5.2.5.2 控制器应具有对下述设备进行单独屏蔽、解除屏蔽操作功能(应手动进行)：

a) 每个部位或探测区、回路；

b) 消防联动控制设备；

c) 故障警告设备；

d) 火灾声和/或光警报器;

e) 火灾报警传输设备。

5.2.5.3 控制器应在屏蔽操作完成后 2s 内启动屏蔽指示。在有火灾报警信号时,5.2.5.2 中 a)、b)、c)三项的屏蔽信息可以不显示,d)、e)二项屏蔽信息显示不能受火灾报警信号影响。

5.2.5.4 控制器应能显示所有屏蔽信息,在不能同时显示所有屏蔽信息时,则应显示最新屏蔽信息,其他屏蔽信息应手动可查。

5.2.5.5 控制器仅在同一个探测区内所有部位均被屏蔽的情况下,才能显示该探测区被屏蔽,否则只能显示被屏蔽部位。

5.2.5.6 控制器在同一个回路内所有部位和探测区均被屏蔽的情况下,才能显示该回路被屏蔽。

5.2.5.7 屏蔽状态应不受控制器复位等操作的影响。

5.2.6 监管功能(仅适于具有此项功能的控制器)

5.2.6.1 控制器应设专用监管报警状态总指示灯(器),无论控制器处于何种状态,只要有监管信号输入,该监管报警状态总指示灯(器)应点亮。

5.2.6.2 当有监管信号输入时,控制器应在 100 s 内发出与火灾报警信号有明显区别的监管报警声、光信号;声信号仅能手动消除,当有新的监管信号输入时应能再启动;光信号应保持至手动复位。如监管信号仍存在,复位后监管报警状态应保持或在 20s 内重新建立。

5.2.6.3 控制器应能显示所有监管信息。在不能同时显示所有监管信息时,未显示的监管信息应手动可查。

5.2.7 自检功能

5.2.7.1 控制器应能检查本机的火灾报警功能(以下称自检),控制器在执行自检功能期间,受其控制的外接设备和输出接点均不应动作。控制器自检时间超过 1 min 或其不能自动停止自检功能时,控制器的自检功能应不影响非自检部位、探测区和控制器本身的火灾报警功能。

5.2.7.2 控制器应能手动检查其面板所有指示灯(器)、显示器的功能。

5.2.7.3 具有能手动检查各部位或探测区火灾报警信号处理和显示功能的控制器,应设专用自检总指示灯(器),只要有部位或探测区处于检查状态,该自检总指示灯(器)均应点亮,并满足下述要求:

a) 控制器应显示(或手动可查)所有处于自检状态中的部位或探测区。

b) 每个部位或探测区均应能单独手动启动和解除自检状态。

c) 处于自检状态的部位或探测区不应影响其他部位或探测区的显示和输出,控制器的所有对外控制输出接点均不应动作(检查声和/或光警报器警报功能时除外)。

5.2.8 信息显示与查询功能

控制器信息显示按火灾报警、监管报警及其他状态顺序由高至低排列信息显示等级,高等级的状态信息应优先显示,低等级状态信息显示不应影响高等级状态信息显示,显示的信息应与对应的状态一致且易于辨识。当控制器处于某一高等级状态显示时,应能通过手动操作查询其他低等级状态信息,各状态信息不应交替显示。

5.2.9 系统兼容功能(仅适用于集中、区域和集中区域兼容型控制器)

5.2.9.1 区域控制器应能向集中控制器发送火灾报警、火灾报警控制、故障报警、自检以及可能具有的监管报警、屏蔽、延时等各种完整信息,并应能接收、处理集中控制器的相关指令。

5.2.9.2 集中控制器应能接收和显示来自各区域控制器的火灾报警、火灾报警控制、故障报警、自检以及可能具有的监管报警、屏蔽、延时等各种完整信息,进入相应状态,并应能向区域控制器发出控制指令。

5.2.9.3 集中控制器在与其连接的区域控制器间连接线发生断路、短路和影响功能的接地时应能进入故障状态并显示区域控制器的部位。

5.2.9.4 集中区域兼容型控制器应满足 5.2.9.1～5.2.9.3 要求。

5.2.10 电源功能

5.2.10.1 控制器的电源部分应具有主电源和备用电源转换装置。当主电源断电时，能自动转换到备用电源；主电源恢复时，能自动转换到主电源；应有主、备电源工作状态指示，主电源应有过流保护措施。主、备电源的转换不应使控制器产生误动作。

5.2.10.2 控制器至少一个回路按设计容量连接真实负载，其他回路连接等效负载，主电源容量应能保证控制器在下述条件下连续正常工作 4 h：

a) 控制器容量不超过 10 个报警部位时，所有报警部位均处于报警状态；

b) 控制器容量超过 10 个报警部位时，百分之二十的报警部位(不少于 10 个报警部位，但不超过 32 个报警部位)处于报警状态。

5.2.10.3 控制器至少一个回路按设计容量连接真实负载，其他回路连接等效负载。备用电源在放电至终止电压条件下，充电 24 h，其容量应可提供控制器在监视状态下工作 8 h 后，在下述条件下工作 30 min：

a) 控制器容量不超过 10 个报警部位时，所有报警部位均处于报警状态；

b) 控制器容量超过 10 个报警部位时，十五分之一的报警部位(不少于 10 个报警部位，但不超过 32 个报警部位)处于报警状态。

5.2.10.4 当交流供电电压变动幅度在额定电压(220 V)的 110%和 85%范围内，频率为 50 Hz±1 Hz 时，控制器应能正常工作。在 5.2.10.2 条件下，其输出直流电压稳定度和负载稳定度应不大于 5%。

5.2.10.5 采用总线工作方式的控制器至少一个回路按设计容量连接真实负载(该回路用于连接真实负载的导线为长度 1 000 m，截面积 1.0 mm^2 的铜质绞线，或生产企业声明的连接条件)，其他回路连接等效负载，同时报警部位的数量应不少于 10 个。

5.2.11 软件控制功能(仅适于软件实现控制功能的控制器)

5.2.11.1 控制器应有程序运行监视功能，当其不能运行主要功能程序时，控制器应在 100 s 内发出系统故障信号。

5.2.11.2 在程序执行出错时，控制器应在 100 s 内进入安全状态。

5.2.11.3 控制器应设有对其存储器内容(包括程序和指定区域的数据)以不大于 1 h 的时间间隔进行监视的功能，当存储器内容出错时，应在 100 s 内发出系统故障信号。

5.2.11.4 手动或程序输入数据时，不论原状态如何，都不应引起程序的意外执行。

5.2.11.5 控制器采用程序启动火灾探测器的确认灯时，应在发出火灾报警信号的同时，启动相应探测器的确认灯，确认灯可为常亮或闪亮，且应与正常监视状态下确认灯的状态有明显区别。

5.2.12 操作级别

控制器的操作级别应符合表 1 要求。

表 1 控制器操作级别划分表

序 号	操作项目	Ⅰ	Ⅱ	Ⅲ	Ⅳ
1	查询信息	O	M	M	
2	消除控制器的声信号	O	M	M	
3	消除和手动启动声和/或光警报器的声信号	P	M	M	
4	复位	P	M	M	
5	进入自检状态	P	M	M	
6	调整计时装置	P	M	M	
7	屏蔽和解除屏蔽	P	O	M	
8	输入或更改数据	P	P	M	

表 1(续)

序 号	操作项目	Ⅰ	Ⅱ	Ⅲ	Ⅳ
9	分区编程	P	P	M	
10	延时功能设置	P	P	M	
11	接通、断开或调整控制器主、备电源	P	P	M	M
12	修改或改变软、硬件	P	P	P	M

注 1：P—禁止本级操作；O—可选择是否由本级操作；M—可进行本级及本级以下操作。

注 2：进入Ⅱ、Ⅲ级操作功能状态应采用钥匙、操作号码，用于进入 III 级操作功能状态的钥匙或操作号码可用于进入Ⅱ级操作功能状态，但用于进入Ⅱ级操作功能状态的钥匙或操作号码不能用于进入 III 级操作功能状态。

注 3：Ⅳ级操作功能不能仅通过控制器本身进行。

5.3 软件文件(仅适于软件实现控制功能的控制器)

5.3.1 制造商应提交软件设计资料，资料应有充分的内容证明软件设计符合标准要求并应至少包括以下内容：

a) 主程序的功能描述(如流程图或结构图)，包括：

1) 各模块及其功能的主要描述；

2) 各模块相互作用的方式；

3) 程序的全部层次；

4) 软件与控制器硬件相互作用的方式；

5) 模块调用的方式，包括中断过程。

b) 存储器地址分配情况(如程序、特定数据和运行数据)。

c) 软件及其版本唯一识别标识。

5.3.2 若检验需要，制造商应能提供至少包含以下内容的详细设计文件：

a) 系统总体配置概况，包括所有软件和硬件部分。

b) 程序中每个模块的描述，包括：

1) 模块名称；

2) 执行任务的描述；

3) 接口的描述，包括数据传输方式、有效数据的范围和验证。

c) 全部源代码清单，包括全局变量和局部变量、常量和注释、充分的程序流程说明。

d) 设计和执行过程中使用的应用软件。

5.3.3 软件设计

为确保控制器的可靠性，软件设计应满足下述要求：

a) 软件应为模块化结构；

b) 手动和自动产生数据接口的设计应禁止无效数据导致程序运行错误；

c) 软件设计应避免产生程序锁死。

5.3.4 程序和数据的存贮

5.3.4.1 满足本标准要求的程序和出厂设置等预置数据应存贮在不易丢失信息的存储器中。改变上述存储器内容应通过特殊工具或密码实现，并且不允许在控制器正常运行时进行。

5.3.4.2 现场设置的数据应被存贮在控制器无外部供电情况下信息至少能被保存 14 d 的存储器中，除非有措施在控制器电源恢复后 1 h 内对该数据进行恢复。

5.4 主要部(器)件性能

5.4.1 控制器的主要部(器)件，应采用符合相关标准的定型产品。

5.4.2 指示灯(器)

5.4.2.1 应以红色指示火灾报警状态、监管状态、向火灾报警传输设备传输信号和向消防联动设备输出控制信号;黄色指示故障、屏蔽、自检状态;绿色表示电源工作状态。

5.4.2.2 指示灯(器)功能应有标注。

5.4.2.3 在不大于500 lx环境光条件下,在正前方22.5度视角范围内,状态指示灯(器)和电源指示灯(器)应在3 m处清晰可见;其他指示灯(器)应在0.8 m处清晰可见。

5.4.2.4 采用闪亮方式的指示灯(器)每次点亮时间应不小于0.25 s,其火警指示灯(器)闪动频率应不小于1 Hz,故障指示灯(器)闪动频率应不小于0.2 Hz。

5.4.2.5 用一个指示灯(器)显示具体部位的故障、屏蔽和自检状态时,应能明确分辨。

5.4.3 在100 lx～500 lx环境光线条件下,字母(符)-数字显示器,显示字符应在正前方22.5度视角内,0.8 m处可读。

5.4.4 音响器件

5.4.4.1 在正常工作条件下,音响器件在其正前方1 m处的声压级(A计权)应大于65 dB,小于115 dB。

5.4.4.2 在控制器额定工作电压85%条件下音响器件应能正常工作。

5.4.5 熔断器

用于电源线路的熔断器或其他过电流保护器件,其额定电流值一般应不大于控制器最大工作电流的2倍。当最大工作电流大于6 A时,熔断器电流值可取其1.5倍。在靠近熔断器或其他过电流保护器件处应清楚地标注其参数值。

5.4.6 接线端子

每一接线端子上都应清晰、牢固地标注其编号或符号,相应用途应在有关文件中说明。

5.4.7 充电器及备用电源

5.4.7.1 电源正极连接导线为红色,负极为黑色或蓝色。

5.4.7.2 充电电流应不大于电池生产厂规定的额定值。

5.4.8 开关和按键

开关和按键应在其上或靠近的位置清楚地标注出其功能。

6 要求与试验方法

6.1 总则

6.1.1 试验程序见表2。

6.1.2 试样为控制器2台(集中区域兼容型控制器为4台),试样应在试验前予以编号。

6.1.3 如在有关条文中没有说明,则各项试验均在下述大气条件下进行:

温度:15℃～35℃;

湿度:25%RH～75%RH;

大气压力:86 kPa～106 kPa。

6.1.4 如在有关条文中没有说明时,各项试验数据的容差均为±5%。

6.1.5 试样在试验前均应进行外观及主要部(器)件检查,对于软件实现控制功能的控制器,还应进行软件文件检查,符合下述要求时方可进行试验。

a) 文字、符号和标志清晰齐全,使用说明书满足相关要求;

b) 试样表面无腐蚀、涂覆层脱落和起泡现象,无明显划伤、裂痕、毛刺等机械损伤;

c) 紧固部位无松动;

d) 提交的软件文件应满足5.3的规定;

e) 主要部(器)件性能应能满足5.4的要求。

表 2

序号	章条	试验项目	控制器编号	
			1	2
1	6.1.5	外观检查	√	√
2	6.1.5	主要部(器)件检查	√	√
3	6.2	火灾报警功能试验	√	√
4	6.3	火灾报警控制功能试验	√	√
5	6.4	故障报警功能试验	√	√
6	6.5	屏蔽功能试验(选择性)	√	√
7	6.6	监管功能试验(选择性)	√	√
8	6.7	自检功能试验	√	√
9	6.8	电源功能试验	√	√
10	6.9	信息显示与查询功能试验	√	√
11	6.10	系统兼容功能试验(选择性)	√	√
12	6.11	软件控制功能试验(选择性)	√	√
13	6.12	绝缘电阻试验	√	
14	6.13	泄漏电流试验	√	
15	6.14	电气强度试验	√	
16	6.15	射频电磁场辐射抗扰度试验	√	
17	6.16	射频场感应的传导骚扰抗扰度试验	√	
18	6.17	静电放电抗扰度试验	√	
19	6.18	电快速瞬变脉冲群抗扰度试验	√	
20	6.19	浪涌(冲击)抗扰度试验	√	
21	6.20	电源瞬变试验	√	
22	6.21	电压暂降、短时中断和电压变化的抗扰度试验	√	
23	6.22	低温(运行)试验	√	
24	6.23	恒定湿热(运行)试验	√	
25	6.24	恒定湿热(耐久)试验		√
26	6.25	振动(正弦)(运行)试验	√	
27	6.26	振动(正弦)(耐久)试验	√	
28	6.27	碰撞试验	√	

6.2 火灾报警功能试验

6.2.1 目的

检验控制器的火灾报警功能。

6.2.2 要求

试样的火灾报警功能应满足5.2.2的要求。

6.2.3 方法

6.2.3.1 将试样同一报警回路中至少两个部位或探测区接上火灾探测器、两个部位或探测区接上手动火灾报警按钮,多回路的试样还应至少在另一个回路上按上述要求接上火灾探测器和手动火灾报警按钮,其他回路可分别接上等效负载,接通电源,使试样处于正常监视状态。

6.2.3.2 使一只火灾探测器发出火灾报警信号,测量从火灾探测器发出火灾报警信号至试样发出火灾报警信号的时间间隔,观察并记录试样发出火灾报警声、光信号(包括火警总指示、部位或探测区指示等)情况及计时、打印情况。

6.2.3.3 手动消除火灾报警声信号,并使另一火灾部位发出火灾报警信号。检查试样消音功能、火灾报警声信号再启动功能和火灾报警信息显示功能。

6.2.3.4 使一个手动火灾报警按钮发出火灾报警信号,记录从手动火灾报警按钮发出火灾报警信号至试样发出火灾报警信号的时间间隔,检查手动火灾报警按钮报警的指示情况。

6.2.3.5 观察并记录首火警显示情况。

6.2.3.6 观察并记录后续报警部位或探测区显示情况。对采用字母(符)-数字显示的试样,如后续报警部位都能在显示区域内显示,应增加报警部位数,直至所有的后续报警部位不能同时在显示区域内显示;操作手动查询按钮,观察并记录每个火灾报警信号的显示情况和火警总数显示情况及火灾报警事件记录情况。

6.2.3.7 手动复位试样,20 s后观察并记录试样的指示情况。

6.2.3.8 撤除所有火灾探测器和手动火灾报警按钮的火灾报警信号,手动复位试样,20 s后观察并记录试样的指示情况。

6.2.3.9 对可设置火灾探测器延时功能的试样,使试样处于正常监视状态,设置火灾探测器延时功能后,修改延时时间,使该火灾探测器发出火灾报警信号,记录其火灾报警延时时间和修改时可改变的时间步长。

6.2.3.10 使试样处于正常监视状态,通过相应操作,检查试样对手动火灾报警按钮报警信号是否有报警延时功能。

6.2.3.11 对具有可改变与其连接探测器响应阈值功能的试样,使试样处于正常监视状态,设定与其相连接的可改变响应阈值(响应时间)火灾探测器的响应阈值(响应时间)并退出设置功能,再手动查询响应阈值(响应时间)的设定值。

6.2.3.12 对接收同一只火灾探测器或探测区的两个或两个以上火灾报警信号才能确定发出火灾报警信号的试样,连接需配接的探测器,进行下述试验,观察并记录试样火灾报警情况:

a) 使火灾探测器发出第一次火灾报警信号,至少保持10 s,60 s内再使火灾探测器发出要求的后续火灾报警信号,观察并记录试样火灾报警情况;
b) 复位试样后,再使火灾探测器发出第一次火灾报警信号,至少保持30 min,观察并记录试样火灾报警情况。

6.2.3.13 对具有接收不同部位的两只火灾探测器发出的火灾报警信号才能确定发出火灾报警信号功能的试样,进行下述试验:

a) 使一只火灾探测器发出火灾报警信号,再按制造商规定的后续报警时间要求,使另一只火灾探测器发出火灾报警信号,观察并记录试样报警情况。
b) 复位后,使一只火灾探测器发出火灾报警信号,至少保持规定的时间间隔(不少于5 min),观察并记录试样火灾报警情况。

6.3 火灾报警控制功能试验

6.3.1 目的

检验控制器火灾报警控制功能。

6.3.2 要求

试样的火灾报警控制功能应满足5.2.3的要求。

6.3.3 **方法**

6.3.3.1 检查并记录试样控制输出点数及手动直接控制按钮(键)的设置情况。手动启动相应设备,观察并记录试样的状态。

6.3.3.2 将试样接上火灾声和/或光警报器和火灾报警传输设备(如具备),可用模拟装置,在任一报警回路接入两只火灾探测器和一只手动火灾报警按钮,其他回路可分别接上等效负载,接通电源,使试样处于正常监视状态,并确认控制逻辑。

6.3.3.3 使相应的火灾探测器发出火灾报警信号,记录火灾声和/或光警报器输出启动时间,对连接火灾报警传输设备的试样,观察火灾声和/或光警报器火灾报警传输的指示情况,对于采用独立指示灯(器)显示传输火灾报警反馈信息的试样,观察有反馈时指示灯(器)的变化情况。

6.3.3.4 手动消除火灾声和/或光警报器声警报信号,再手动启动声警报信号,消音后,再使相应的火灾探测器发出火灾报警信号,记录声警报信号的情况。

6.3.3.5 对具有联动控制编程功能的试样,将其任一组控制消防联动设备的输出端接入消防联动设备(或模拟负载),分别完成下列控制操作:

a) 对相应的火灾探测器或手动火灾报警按钮编程,使试样启动该消防联动设备,并手动恢复,检查并记录试样声光信号指示和消防联动执行情况;
b) 使消防联动设备动作并产生反馈,观察并记录试样反馈声光信号的指示及声光指示发出的时间;将消防联动设备的反馈撤销,观察并记录试样反馈声光信号指示情况。

6.3.3.6 对具有输出延时和/或火灾报警信号传输控制延时的试样,通过对火灾探测器和/或手动火灾报警按钮和/或特定部位的信号编程设置火灾声、光报警器及消防联动设备输出的延时;通过对火灾探测器和/或特定部位的信号的编程,设置火灾报警信号传输的输出控制延时并按下述进行试验:

a) 分别使相应的火灾探测器和/或手动火灾报警按钮和/或特定部位的信号启动,记录试样发出火灾报警信号到火灾声和/或光警报器、消防联动设备和火灾报警信号传输的输出控制启动的时间间隔及延时指示情况;
b) 观察并记录试样的控制输出最大延时及延时设置步长情况;
c) 处于延时阶段时,通过手动火灾报警按钮启动输出控制,观察并记录输出控制的指示情况;
d) 检查其他未设置延时功能的输出,观察并记录相应的输出情况。

6.3.3.7 如试样要求接收来自火灾探测器和/或手动火灾报警按钮的1个以上火灾报警信号才能控制输出时,连接要求的火灾探测器和/或手动火灾报警按钮,并逻辑编程,进行下述操作:

a) 使任一火灾探测器或手动火灾报警按钮动作,发出第一个报警信号,观察并记录试样状态及控制输出的禁止情况;
b) 启动其他未禁止的控制输出,观察并记录试样控制输出情况;
c) 按要求启动相应的火灾探测器或手动火灾报警按钮,发出要求的确认信号,观察并记录试样状态及控制输出的禁止情况。

6.4 **故障报警功能试验**

6.4.1 **目的**

检验控制器的故障报警功能。

6.4.2 **要求**

试样的故障报警功能应满足5.2.4的要求。

6.4.3 **方法**

6.4.3.1 将试样同一报警回路中至少两个部位或探测区接上火灾探测器、两个部位或探测区接上手动火灾报警按钮,多回路的试样还应至少在另一个回路按上述要求接上火灾探测器和手动火灾报警按钮,其他回路可分别接上等效负载,接通电源,使试样处于正常监视状态。

6.4.3.2 分别按5.2.4.3中a)~c)和5.2.4.4中a)~c)的要求,对试样各项故障功能进行测试,观察并记录试样故障声、光信号、故障总指示灯(器)、故障时间及部位和类型区分情况。

6.4.3.3 手动消除故障声信号,并使另一部位发出故障信号,检查试样消音功能、故障声信号再启动功能和故障信号显示功能。

6.4.3.4 手动复位试样,记录试样发出尚未排除故障信号的时间;排除所有输入的故障信号,手动复位试样后(故障自动恢复时不复位),观察并记录试样的指示情况。

6.4.3.5 当5.2.4.3中c)故障发生时,使另一非故障部位发出火灾报警信号,观察并记录试样故障显示情况。

6.4.3.6 当备用电源单独工作至不足以保证试样正常工作时,观察并记录试样故障声信号及其保持时间。

6.4.3.7 对由程序实现各项功能的试样,使程序不能正常运行或存储器内容出错,检查试样故障指示情况。

6.4.3.8 使任一部件或部位处于故障状态,检查并记录试样非故障部分工作状态。

6.4.3.9 对采用总线工作方式的试样,使总线某点处于短路故障状态,观察并记录隔离器动作及隔离部件的指示情况。

6.5 屏蔽功能试验(选择性试验)

6.5.1 目的

检验控制器的屏蔽功能。

6.5.2 要求

试样的屏蔽功能应满足5.2.5的要求。

6.5.3 方法

6.5.3.1 将试样的任一组控制输出接上火灾声和/或光警报器,另一组控制输出(如具备)接上火灾报警传输设备(可用模拟装置),任一报警回路接入两只火灾探测器和一个手动火灾报警按钮,其他回路(或报警部位)可分别接上等效负载,接通电源,使试样处于正常监视状态。

6.5.3.2 手动操作试样的屏蔽功能,分别对5.2.5.2中a)~e)的要求的部位进行屏蔽,观察并记录试样屏蔽指示灯(器)启动情况、屏蔽完成并启动屏蔽指示的时间及屏蔽信息显示和手动查询情况。

6.5.3.3 操作处于屏蔽状态试样的手动复位机构,观察并记录试样显示情况。

6.5.3.4 手动操作试样屏蔽解除功能,分别解除所有屏蔽操作,观察并记录试样显示情况。

6.5.3.5 对5.2.5.2中d)、e)中规定的设备设置屏蔽,再使另一非屏蔽部位发出火灾报警信号,观察并记录试样屏蔽显示情况。

6.6 监管功能试验(选择性试验)

6.6.1 目的

检验控制器的监管功能。

6.6.2 要求

试样的监管功能应满足5.2.6的要求。

6.6.3 方法

6.6.3.1 将试样接入制造商声明具有此项功能的设备,接通电源,使试样处于正常监视状态。

6.6.3.2 使任一设备发出监管信号,观察并记录试样监管报警声、光信号、监管总指示灯(器)及监管信号发出时间。

6.6.3.3 手动消除监管报警声信号,再使另一设备发出监管信号,观察并记录试样监管报警声、光信号情况及信息显示和手动查询功能情况。

6.6.3.4 对处于监管状态的试样,操作手动复位机构,观察并记录试样监管报警声、光信号情况。

6.6.3.5 排除所有设备的监管信号,操作手动复位机构,观察并记录试样显示情况。

6.7 自检功能试验

6.7.1 目的

检查控制器的自检功能。

6.7.2 要求

试样的自检功能应满足5.2.7的要求。

6.7.3 方法

6.7.3.1 将试样的任一组控制输出接上火灾声和/或光警报器，另一组控制输出(如具备)接上火灾报警传输设备(可用模拟装置)，任一回路接入两只火灾探测器和一只手动火灾报警按钮，其他回路(或部位)可分别接上等效负载，接通电源，使试样处于正常监视状态。

6.7.3.2 手动操作试样自检机构，观察并记录试样火灾报警声、光信号及输出接点动作情况；对于自检时间超过1 min或不能自动停止自检功能的试样，在自检期间，使任一非自检回路处于火灾报警状态，观察并记录试样火灾报警显示情况。

6.7.3.3 手动操作试样指示灯、显示器自检功能，观察并记录所有指示灯(器)和显示器的指示情况。

6.7.3.4 对于具有能检查各部位或探测区火灾报警信号处理和显示功能的试样，使任一部位或探测区处于自检状态，检查并记录试样自检总指示灯(器)的设置、点亮情况及处于自检状态部位或探测区显示或手动查询情况。

6.7.3.5 手动操作解除正在进行的任一部位或探测区的自检状态，观察并记录试样状态。

6.7.3.6 使任一部位或探测区处于自检状态，检查并记录试样其他非自检部位或探测区显示、输出及外控接点动作情况。

6.8 信息显示及查询功能试验

6.8.1 目的

检验控制器信息显示及查询功能。

6.8.2 要求

试样的信息显示及查询功能应满足5.2.8的要求。

6.8.3 方法

使试样分别在火灾报警状态、故障状态、自检状态及试样可能具有的监管报警状态、屏蔽状态，观察并记录试样信息的显示及查询情况。

6.9 系统兼容功能试验(选择性试验)

6.9.1 目的

检验控制器兼容功能。

6.9.2 要求

试样的兼容功能应满足5.2.9的要求。

6.9.3 方法

6.9.3.1 将区域试样及其负载与集中试样相连并处于正常监视状态(集中区域兼容型试样将其中一台设为区域，另一台设为集中)。使区域试样发出火灾报警、故障报警信号以及试样可能具有的火灾报警控制、监管报警信号，观察并记录区域试样和集中试样的状态。

6.9.3.2 使区域试样处于自检状态以及试样可能具有的屏蔽、延时状态，观察并记录区域试样和集中试样的状态。

6.9.3.3 复位试样，使其处于正常监视状态。分别使集中试样与区域试样间的连接线发生断路、短路、接地，检验并记录集中试样的显示情况。

6.10 电源功能试验

6.10.1 目的

检验控制器对交流电网供电电压波动和负载变化的适应能力以及电源的容量。

6.10.2 要求

试样的电源功能应满足5.2.10的要求。

6.10.3 方法

6.10.3.1 在试样处于正常监视状态下，切断试样的主电源，使试样由备用电源供电，再恢复主电源，检查并记录试样主、备电源的转换、状态的指示情况及其主电源过流保护情况。

6.10.3.2 主电源试验

6.10.3.2.1 将试样一个回路按设计容量连接真实负载，其他回路连接等效负载。

6.10.3.2.2 按5.2.10.2中a)、b)的要求，使试样处于火灾报警状态4 h，观察并记录试样工作情况，然后使试样恢复到正常监视状态，按6.2～6.9进行功能试验。

6.10.3.2.3 对于输出电压为直流电压的试样，将试样一个回路按设计容量连接真实负载，其他回路连接等效负载：

a) 按5.2.10.2中a)、b)的要求，使试样处于报警状态。使试样的输入电压为220 V(50 Hz)。测量并记录试样输出直流电压值U_0。

b) 使试样的输入电压为187 V(50 Hz)，在试样输出直流电压达到稳定后，测量并记录该电压值U_{01}。使试样的输入电压为242 V(50 Hz)，在试样输出直流电压达到稳定后，测量并记录该电压值U_{01}。

c) 将试样复位，使其处于正常监视状态，重复6.10.3.2.3b)试验。

按下式计算出试样输出直流电压的相对变化量，取其最大值。

$$S_0 = |\Delta U_0 / U_0|$$

式中：$\Delta U_0 = U_0 - U_{01}$

d) 按5.2.10.2中a)、b)的要求，使试样处于报警状态。使试样的输入电压为242 V(50 Hz)，在试样输出直流电压达到稳定后，测量并记录该电压值U_0。然后使试样的等效负载阶跃变化到监视状态下的数值，在试样输出直流电压达到稳定后，测量并记录该电压值U_{01}。

e) 使试样的输入电压为187 V(50 Hz)，重复6.10.3.2.3d)试验。

按下式计算出电压的相对变化量，取其最大值。

$$S_1 = |\Delta U_0 / U_0|$$

式中：$\Delta U_0 = U_0 - U_{01}$

6.10.3.2.4 对于采用总线控制方式的试样进行下述试验：

a) 将试样一个回路按设计容量连接真实负载(该回路连接线长度为1 000 m，截面积为1.0 mm^2的铜质绞线，或生产企业声明的条件)，回路末端连接10只火灾探测器(容量少于10只按实际数量)，其他回路连接等效负载，使其处于正常监视状态。

b) 使试样的输入电压分别为220 V(50 Hz)、187 V(50 Hz)、242 V(50 Hz)，使末端的10只火灾探测器(容量少于10只按实际数量)处于报警状态。观察并记录火灾探测器确认灯的状态及试样接收和发出火灾报警信号的情况。

6.10.3.3 备用电源试验

a) 将试样一个回路按设计容量连接真实负载，其他回路连接等效负载。将试样的备用电源放电至终止电压，再对其进行24 h充电。

b) 关闭试样主电源，8 h后观察并记录试样的状态。

c) 按5.2.10.3中a)、b)的要求，使试样处于火灾报警状态30 min，观察并记录试样工作情况，然后使试样恢复到正常监视状态，按6.2～6.9进行功能试验。

6.11 软件功能试验

6.11.1 目的

检验控制器的软件功能。

6.11.2 要求

试样的软件控制功能应满足 5.2.11 的要求。

6.11.3 方法

6.11.3.1 将试样主要功能程序置于不能工作状态,观察并记录试样的状态及发出故障的时间。

6.11.3.2 对试样进行手动和程序输入数据,观察并记录试样的状态。

6.11.3.3 对采用程序启动火灾探测器确认灯的试样,观察并记录探测器确认灯的点亮情况。

6.11.3.4 检查并记录程序存储器种类、标识情况及其软件防护措施。

6.11.3.5 使试样的存储器(包括程序和指定区域的数据)的内容出错,观察并记录试样的状态及发出故障的时间。

6.12 绝缘电阻试验

6.12.1 目的

检验控制器的绝缘性能。

6.12.2 要求

试样有绝缘要求的外部带电端子与机壳间的绝缘电阻值应不小于 20 MΩ;试样的电源输入端与机壳间的绝缘电阻值应不小于 50 MΩ。

6.12.3 方法

通过绝缘电阻试验装置,分别对试样的下述部分施加 500 V±50 V 直流电压,持续 60 s±5 s 后,测量其绝缘电阻值。

a) 有绝缘要求的外部带电端子与机壳之间;

b) 电源插头(或电源接线端子)与机壳之间(电源开关置于接通位置,但电源插头不接入电网)。

试验时,应保证接触电有可靠的接触,引线间的绝缘电阻应足够大,以保证读数准确。

6.12.4 试验设备

满足下述技术要求的绝缘电阻试验装置(也可用兆欧表或摇表测试):

试验电压:500 V±50 V;

测量范围:0 MΩ～500 MΩ;

最小分度:0.1 MΩ;

记时:60 s±5 s。

6.13 泄漏电流试验

6.13.1 目的

检验控制器抗泄漏电流的能力。

6.13.2 要求

试样在 1.06 倍额定电压工作时,泄漏电流应不超过 0.5 mA。

6.13.3 方法

将试样处于正常监视状态,调节主电供电电压为试样额定电压的 1.06 倍,测量并记录其总泄漏电流值。

6.13.4 试验设备

符合 GB 4706.1—1998 附录 G 中规定的测量泄漏电流的电路。

6.14 电气强度试验

6.14.1 目的

检验控制器的电气强度。

6.14.2 要求

试样的电源插头与机壳间应能耐受频率为 50 Hz,有效值电压为 1 250 V 的交流电压历时 1 min 的电气强度试验,试验期间试样不应发生击穿现象,试验后其性能应满足 5.2.2～5.2.9 的要求。

6.14.3 方法

试验前,将试样的接地保护元件拆除。通过试验装置,以 100 V/s～500 V/s 的升压速率,对试样的电源线与机壳间施加 50 Hz,1 250 V 的试验电压。持续 60 s±5 s,观察并记录试验中所发生的现象。试验后,以 100 V/s～500 V/s 的降压速率使电压降至低于额定电压值后,方可断电。接通试样电源,按 6.2～6.9 进行功能试验。

6.14.4 试验设备

满足下述条件的试验装置:

a) 试验电压:电压 0～1 250 V(有效值)连续可调,频率 50 Hz,短路电流 10 A(有效值);

b) 升、降压速率:100 V/s～500 V/s;

c) 计时:60 s±5 s。

6.15 射频电磁场辐射抗扰度试验

6.15.1 目的

检验控制器在射频电磁场辐射环境下工作的适应性。

6.15.2 要求

试验期间,试样应保持正常监视状态;试验后,试样性能应满足 5.2.2～5.2.9 的要求。

6.15.3 方法

6.15.3.1 将试样按 GB/T 17626.3 中第 7 章规定进行试验布置,接通电源,使试样处于正常监视状态 20 min。

6.15.3.2 按 GB/T 17626.3 中第 8 章规定的试验方法对试样施加表 3 所示条件的电磁干扰试验。试验期间观察并记录试样状态。试验后,按 6.2～6.9 进行功能试验。

表 3 射频电磁场辐射抗扰度试验条件

场强/(V/m)	10
频率范围/MHz	1～1 000
扫频速率/十倍频程每秒	$\leqslant 1.5\times 10^{-3}$
调制幅度	80%(1 kHz,正弦)

6.15.4 试验设备

试验设备应满足 GB/T 17626.3 的相关规定。

6.16 射频场感应的传导骚扰抗扰度试验

6.16.1 目的

检验控制器对射频场感应的传导骚扰的适应性。

6.16.2 要求

试验期间,试样应保持正常监视状态;试验后,试样性能应满足 5.2.2～5.2.9 的要求。

6.16.3 方法

6.16.3.1 将试样按 GB/T 17626.6 中第 7 章规定进行试验配置,接通电源,使试样处于正常监视状态 20 min。

6.16.3.2 按 GB/T 17626.5 中第 8 章规定的试验方法对试样施加表 4 所示条件的电磁干扰试验。试验期间观察并记录试样状态。试验后,按 6.2～6.9 进行功能试验。

表 4 射频场感应传导骚扰抗扰度试验条件

频率范围/MHz	0.15～100
电压/dBμV	140
调制幅度	80%(1 kHz,正弦)

6.16.4 试验设备

试验设备应满足 GB/T 17626.6—1998 的相关规定。

6.17 静电放电抗扰度试验

6.17.1 目的

检验控制器对带静电人员、物体接触造成的静电放电的适应性。

6.17.2 要求

试验期间，试样应保持正常监视状态；试验后，试样性能应满足 5.2.2～5.2.9 的要求。

6.17.3 方法

6.17.3.1 将试样按 GB/T 17626.2 中第 7 章规定进行试验布置，接通电源，使试样处于正常监视状态 20 min。

6.17.3.2 按 GB/T 17626.2 中第 8 章规定的试验方法对试样及耦合板施加表 5 所示条件的电磁干扰试验。试验期间观察并记录试样状态。试验后，按 6.2～6.9 进行功能试验。

表 5 静电放电抗扰度试验条件

放电电压/kV	空气放电(外壳为绝缘体试样) 8
	接触放电(外壳为导体试样和耦合板) 6
放电极性	正、负
放电间隔/s	≥1
每点放电次数	10

6.17.4 试验设备

试验设备应满足 GB/T 17626.2—1998 的相关规定。

6.18 电快速瞬变脉冲群抗扰度试验

6.18.1 目的

检验控制器抗电快速瞬变脉冲群干扰的能力。

6.18.2 要求

试验期间，试样应保持正常监视状态；试验后，试样性能应满足 5.2.2～5.2.9 的要求。

6.18.3 方法

6.18.3.1 将试样按 GB/T 17626.4 中第 7 章规定进行试验配置，接通电源，使其处于正常监视状态 20 min。

6.18.3.2 按 GB/T 17626.4 中第 8 章规定的试验方法对试样施加表 6 所示条件的电磁干扰试验。试验期间观察并记录试样状态。试验后，按 6.2～6.9 进行功能试验。

表 6 电快速瞬变脉冲群抗扰度试验条件

瞬变脉冲电压/kV	AC 电源线 2×(1±0.1)
	其他连接线 1×(1±0.1)
重复频率/kHz	AC 电源线 2.5×(1±0.2)
	其他连接线 5×(1±0.2)
极性	正、负
时间	每次 1 min

6.18.4 试验设备

试验设备应满足 GB/T 17626.4 的相关规定。

6.19 浪涌(冲击)抗扰度试验

6.19.1 目的

检验控制器对附近闪电或供电系统的电源切换及低电压网络、包括大容性负载切换等产生的电压瞬变(电浪涌)干扰的适应性。

6.19.2 要求

试验期间,试样应保持正常监视状态;试验后,试样性能应满足5.2.2～5.2.9的要求。

6.19.3 方法

6.19.3.1 将试样按GB/T 17626.5中第7章规定进行试验配置,接通电源,使其处于正常监视状态20 min。

6.19.3.2 按GB/T 17626.5中第8章规定的试验方法对试样施加表7所示条件的电磁干扰试验。试验期间观察并记录试样状态。试验后,按6.2～6.9进行功能试验。

6.19.4 试验设备

试验设备应满足GB/T 17626.5的相关规定。

表7 浪涌(冲击)抗扰度试验条件

浪涌(冲击)电压/kV	AC电源线	线-线 1×(1±0.1)
		线-地 2×(1±0.1)
	其他连接线	线-地 1×(1±0.1)
极性		正、负
试验次数		5

6.20 电源瞬变试验

6.20.1 目的

检验控制器抗电源瞬变干扰的能力。

6.20.2 要求

试验期间,试样应保持正常监视状态;试验后,试样性能应满足5.2.2～5.2.9的要求。

6.20.3 方法

6.20.3.1 按正常监视状态要求,将试样与等效负载连接,连接试样到电源瞬变试验装置上,使其处于正常监视状态。

6.20.3.2 开启试验装置,使试样主电源按"通电(9 s)～断电(1 s)"的固定程序连续通断500次,试验期间,观察并记录试样的工作状态;试验后,按6.2～6.9进行功能试验。

6.20.4 试验设备

能产生满足6.20.3的要求试验条件的电源装置。

6.21 电压暂降、短时中断和电压变化的抗扰度试验

6.21.1 目的

检验控制器在电压暂降、短时中断和电压变化(如主配电网络上,由于负载切换和保护元件的动作等)情况下的抗干扰能力。

6.21.2 要求

试验期间,试样应保持正常监视状态;试验后,试样性能应满足5.2.2～5.2.9的要求。

6.21.3 方法

6.21.3.1 按正常监视状态要求,将试样与等效负载连接,连接试样到主电压暂降和中断试验装置上,使其处于正常监视状态。

6.21.3.2 使主电压下滑至40%，持续20 ms，重复进行十次；再将使主电压下滑至0 V，持续10 ms，重复进行十次。试验期间，观察并记录试样的工作状态；试验后，按6.2～6.9进行功能试验。

6.21.4 **试验设备**

试验设备应满足GB 16838的相关规定。

6.22 **低温(运行)试验**

6.22.1 **目的**

检验控制器在低温条件下工作的适应性。

6.22.2 **要求**

试验期间，试样应保持正常监视状态；试验后，试样无破坏涂覆和腐蚀现象，其性能应满足5.2.2～5.2.9的要求。

6.22.3 **方法**

6.22.3.1 试验前，将试样在正常大气条件下放置2 h～4 h。然后按正常监视状态要求，将试样与等效负载连接，接通电源。

6.22.3.2 调节试验箱温度，使其在20℃±2℃温度下保持30 min±5 min，然后，以不大于1℃/min的速率降温至0℃±3℃。

6.22.3.3 在0℃±3℃温度下，保持16 h后，立即按6.2～6.9进行功能试验。

6.22.3.4 调节试验箱温度，使其以不大于1℃/min的速率升温至20℃±2℃，并保持30 min±5 min。

6.22.3.5 取出试样，在正常大气条件下放置1 h～2 h后，检查试样表面涂覆情况，并按6.2～6.9进行功能试验。

6.22.4 **试验设备**

试验设备应符合GB 16838的相关规定。

6.23 **恒定湿热(运行)试验**

6.23.1 **目的**

检验控制器在相对湿度高(无凝露)的环境下正常工作的能力。

6.23.2 **要求**

试验期间，试样应保持正常监视状态；试验后，试样无破坏涂覆和腐蚀现象，其性能应满足5.2.2～5.2.9的要求。

6.23.3 **方法**

6.23.3.1 试验前，将试样在正常大气条件下放置2 h～4 h。然后按正常监视状态要求，将试样与等效负载连接，接通电源，使其处于正常监视状态。

6.23.3.2 调节试验箱，使温度为40℃±2℃，相对湿度90%～95%(先调节温度，当温度达到稳定后再加湿)，连续保持4d后，立即按6.2～6.9进行功能试验。

6.23.3.3 取出试样，在正常大气条件下，处于正常监视状态1 h～2 h后，检查试样表面涂覆情况，并按6.2～6.9进行功能试验。

6.23.4 **试验设备**

试验设备应符合GB 16838的相关规定。

6.24 **恒定湿热(耐久)试验**

6.24.1 **目的**

检验控制器长时间承受使用环境中湿度影响的能力。

6.24.2 **要求**

试验期间，试样应保持在该试验要求的工作状态；试验后，试样无破坏涂覆和腐蚀现象，其性能应满足 5.2.2～5.2.9 的要求。

6.24.3 **方法**

6.24.3.1 在不通电的情况下，将试样至于试验箱内。

6.24.3.2 调节试验箱，使温度为 40℃±2℃，相对湿度 90%～95%（先调节温度，当温度达到稳定后再加湿），连续保持 21 d。

6.24.3.3 取出试样，在正常大气条件下，恢复 12 h 后，检查试样表面涂覆情况，并按 6.2～6.9 进行功能试验。

6.24.4 **试验设备**

试验设备应符合 GB 16838 的相关规定。

6.25 **振动(正弦)(运行)试验**

6.25.1 **目的**

检验控制器承受振动影响的能力。

6.25.2 **要求**

试验期间，试样应保持正常监视状态；试验后，试样不应有机械损伤和紧固部位松动现象，其性能应满足 5.2.2～5.2.9 的要求。

6.25.3 **方法**

6.25.3.1 将试样按正常安装方式钢性安装，使同方向的重力作用象其使用时一样（重力影响可忽略时除外），试样在上述安装方式下可放于任何高度，试验期间试样处于正常监视状态。

6.25.3.2 依次在三个互相垂直的轴线上，在 10 Hz～150 Hz 的频率循环范围内，以 0.981 m/s^2 的加速度幅值，1 倍频程每分的扫频速率，各进行 1 次扫频循环。

6.25.3.3 试验后，立即检查试样外观及紧固部位，并按 6.2～6.9 进行功能试验。

6.25.4 **试验设备**

试验设备（振动台及夹具）应符合 GB 16838 的相关规定。

6.26 **振动(正弦)(耐久)试验**

6.26.1 **目的**

检验控制器长时间承受振动影响的能力。

6.26.2 **要求**

试验期间，试样应保持在该试验要求的工作状态；试验后，试样不应有机械损伤和紧固部位松动现象，其性能应满足 5.2.2～5.2.9 的要求。

6.26.3 **方法**

6.26.3.1 将试样按正常安装方式钢性安装（重力影响可忽略时除外），试样在上述安装方式下可放于任何高度，试验期间试样不通电。

6.26.3.2 依次在三个互相垂直的轴线上，在 10 Hz～150 Hz 的频率循环范围内，以 4.905 m/s^2 的加速度幅值，1 倍频程每分的扫频速率，各进行 20 次扫频循环。

6.26.3.3 试验后，立即检查试样外观及紧固部位，并按 6.2～6.9 进行功能试验。

6.26.4 **试验设备**

试验设备（振动台及夹具）应符合 GB 16838 的相关规定。

6.27 **碰撞试验**

6.27.1 **目的**

检验控制器表面部件在经受碰撞时的可靠性。

6.27.2 **要求**

试验期间，试样应保持正常监视状态；试验后，试样不应有机械损伤和紧固部位松动现象，其性能应满足 5.2.2～5.2.9 的要求。

6.27.3 方法

6.27.3.1 按正常监视状态要求，将试样与等效负载连接，接通电源，使其处于正常监视状态。

6.27.3.2 对试样表面上的每个易损部件（如指示灯、显示器等）施加 3 次能量为 0.5 J±0.04 J 的碰撞。在进行试验时应小心进行，以确保上一组（3 次）碰撞的结果不对后续各组碰撞的结果产生影响，在认为可能产生影响时，应不考虑发现的缺陷，取一新的试样，在同一位置重新进行碰撞试验。试验期间，观察并记录试样的工作状态；试验后，按 6.2～6.9 进行功能试验。

6.27.3.3 试验设备

试验设备应符合 GB 16838 的相关规定。

7 检验规则

7.1 产品出厂检验

企业在产品出厂前应对控制器进行下述试验项目的检验：

a) 主要部（器）件检查；
b) 火灾报警功能试验；
c) 火灾报警控制功能试验；
d) 故障报警功能试验；
e) 屏蔽功能试验；
f) 监管功能试验；
g) 自检功能试验；
h) 绝缘电阻试验；
i) 泄漏电流试验。

每台控制器在出厂前均应进行上述试验。以组件形式出厂的控制器，应配接相关部分组成整机，进行上述试验。其中任一项不合格，则判该产品不合格。

7.2 型式检验

7.2.1 型式检验项目为本标准第 6 章 6.1.5、6.2～6.24 规定的实验项目。检验样品在出厂检验合格的产品中抽取。

7.2.2 有下列情况之一时，应进行型式检验：

a) 新产品或老产品转厂生产时的试制定型；
b) 正式生产后，产品的结构、主要部（器）件或元器件、生产工艺等有较大的改变，可能影响产品性能或正式投产满 5 年；
c) 产品停产一年以上，恢复生产；
d) 出厂检验结果与上次型式检验结果差异较大；
e) 发生重大质量事故。

7.2.3 检验结果按 GB 12978 中规定的型式检验结果判定方法进行判定。

8 标志

8.1 产品标志

每台控制器均应有清晰、耐久的产品标志，产品标志应包括以下内容：

a) 产品名称；
b) 本标准标准号；

c) 制造商名称或商标；

d) 型号；

e) 接线柱标注；

f) 制造日期、产品编号、产地和控制器内软件版本号。

8.2 质量检验标志

每只控制器均应有质量检验合格标志。

9 使用说明书

控制器应有相应的中文说明书。说明书的内容应满足 GB 9969.1 的要求。

ICS 13.220.20
C 81

中华人民共和国国家标准

GB 12791—2006
代替 GB 12791—1991

点型紫外火焰探测器

Point type ultraviolet flame detectors

2006-07-17 发布　　2007-04-01 实施

中华人民共和国国家质量监督检验检疫总局
中国国家标准化管理委员会　发布

前　言

本标准的第3章、第4章、第5章、第6章内容为强制性，其余为推荐性。

本标准是对GB 12791—1991《点型紫外火焰探测器性能要求及试验方法》的修订。本标准参考了欧洲标准EN 54-10《自动火灾探测系统——第10部分火焰探测器》。

本标准与GB 12791—1991相比主要变化如下：

——部分采用了欧洲标准EN 54-10的技术要求；

——增加了射频电磁场辐射抗扰度试验、射频场感应的传导骚扰抗扰度试验、静电放电抗扰度试验、电快速瞬变脉冲群抗扰度试验、浪涌（冲击）抗扰度试验、恒定湿热（耐久）试验和振动（正弦）（耐久）试验；

——更改了冲击试验和火灾灵敏度试验的试验方法；

——增加了检验规则和说明书的要求。

本标准自实施之日起，同时代替GB 12791—1991。

本标准由中华人民共和国公安部提出。

本标准由全国消防标准化技术委员会第六分技术委员会归口。

本标准负责起草单位：公安部沈阳消防研究所。

本标准主要起草人：宋希伟、丁宏军、刘程、郭春雷、李惠菁、王泓燕、李克亭、王菲。

点型紫外火焰探测器

1 范围

本标准规定了点型紫外火焰探测器的一般要求、要求和试验方法、检验规则和标志。

本标准适用于一般工业与民用建筑中安装的波长范围低于 300 nm 的点型紫外火焰探测器。对于在其他环境中安装的具有特殊性能的点型紫外火焰探测器，除特殊性能由有关标准另行规定外，也应执行本标准。

2 规范性引用文件

下列文件中的条款通过本标准的引用而成为本标准的条款。凡是注日期的引用文件，其随后所有的修订单(不包括勘误的内容)或修订版均不适用于本标准，然而，鼓励根据本标准达成协议的各方研究是否可使用这些文件的最新版本。凡是不注日期的引用文件，其最新版本适用于本标准。

GB 9969.1 工业产品使用说明书 总则

GB 12978 消防电子产品检验规则

GB 16838 消防电子产品环境试验方法及严酷等级

GB/T 17626.2—1998 电磁兼容 试验和测量技术 静电放电抗扰度试验(idt IEC 61000-4-2:1995)

GB/T 17626.3—1998 电磁兼容 试验和测量技术 射频电磁场辐射抗扰度试验(idt IEC 61000-4-3:1995)

GB/T 17626.4—1998 电磁兼容 试验和测量技术 电快速瞬变脉冲群抗扰度试验(idt IEC 61000-4-4:1995)

GB/T 17626.5—1999 电磁兼容 试验和测量技术 浪涌(冲击)抗扰度试验(idt IEC 61000-4-5:1995)

GB/T 17626.6—1998 电磁兼容 试验和测量技术 射频场感应的传导骚扰抗扰度(idt IEC 61000-4-6:1996)

3 一般要求

3.1 总则

点型紫外火焰探测器(以下称探测器)若要符合本标准，应首先满足本章要求，然后按第 4 章规定进行试验，并满足试验要求。

3.2 报警确认灯

探测器应具有红色报警确认灯。当被监视区域火灾参数符合报警条件时，探测器报警确认灯应点亮，并保持至被复位。通过报警确认灯显示探测器其他工作状态时，被显示状态应与火灾报警指示时的状态有明显区别。可拆卸探测器的报警确认灯可安装在探头或其底座上。确认灯点亮时在其正前方 6 m 处，照度不超过 500 lx 的环境条件下，应清晰可见。

3.3 辅助设备连接

探测器连接其他辅助设备(例如远程确认灯、控制继电器等)时，与辅助设备连接线的开路和短路不应影响探测器的正常工作。

3.4 出厂设置

除非使用特殊手段(如专用工具或密码)或破坏封条,否则探测器的出厂设置不应被改变。

3.5 响应性能现场设置

探测器的响应性能如果可在探测器或在与其相连的控制和指示设备上进行现场设置,则应满足以下要求:

a) 当制造商声明所有设置均满足本标准的要求时,探测器在任意设置的条件下均应满足本标准的要求,且对于现场设置应只能通过专用工具、密码或探头与底座的分离等手段实现。

b) 当制造商声明某一设置不满足本标准的要求时,该设置应只能通过专用工具、密码手段实现,且应在探测器上或有关文件中明确标明该项设置不能满足本标准的要求。

3.6 可拆卸探测器

当可拆卸探测器探头与底座分离时,应为控制和指示设备发出故障信号提供识别手段。

3.7 控制软件要求

3.7.1 总则

对于依靠软件控制而符合本标准要求的探测器,应满足3.7.2、3.7.3和3.7.4的要求。

3.7.2 软件文件

3.7.2.1 制造商应提交软件设计资料。资料应有充分的内容证明软件设计符合本标准要求并应至少包括以下内容:

a) 主程序的功能描述(如流程图或结构图),包括:

——各模块及其功能的主要描述;

——各模块相互作用的方式;

——程序的全部层次;

——软件与探测器硬件相互作用的方式;

——模块调用的方式,包括中断过程。

b) 存储器地址分配情况(如程序、特定数据和运行数据)。

c) 软件及其版本唯一识别标识。

3.7.2.2 若检验需要,制造商应能提供至少包含以下内容的详细的设计文件:

a) 系统总体配置概况,包括所有软件和硬件部分。

b) 程序中每个模块的描述,包括:

——模块名称;

——执行任务的描述;

——接口的描述,包括数据传输方式、有效数据的范围和验证。

c) 全部源代码清单,包括全局变量和局部变量、常量和注释、充分的程序流程的说明。

d) 设计和执行过程中使用的应用软件。

3.7.3 软件设计

为确保探测器的可靠性,软件设计应满足下述要求:

a) 软件应为模块化结构;

b) 手动和自动产生数据接口的设计应禁止无效数据导致程序运行错误;

c) 软件设计应避免产生程序锁死。

3.7.4 程序和数据的存贮

3.7.4.1 满足本标准要求的程序和出厂设置等预置数据应存贮在不易丢失信息的存储器中。改变上述存储器内容应通过特殊工具或密码实现,并且不允许在探测器正常运行时进行。

3.7.4.2 现场设置的数据应被存贮在探测器无外部供电情况下信息至少能保存 14 d 的存储器中，除非有措施在探测器电源恢复后 1 h 内对该数据进行恢复。

3.8 使用说明书

探测器应有相应的中文使用说明书。使用说明书的内容应满足 GB 9969.1 要求，并与产品性能一致。

4 要求与试验方法

4.1 总则

4.1.1 试验的大气条件

除在有关条文另有说明外，则各项试验均在下述大气条件下进行：

——温度：15℃～35℃；

——湿度：25%RH～75%RH；

——大气压力：86 kPa～106 kPa。

4.1.2 试验的正常监视状态

若在试验方法中要求探测器在正常监视状态下工作时，应将试样与制造商提供的控制和指示设备连接；在有关条文中没有特殊要求时，应保证探测器的工作电压为额定工作电压，并在试验期间保持工作电压稳定。

注：探测器的检测报告应注明试验期间探测器配接的控制和指示设备的型号、制造商等内容。

4.1.3 探测器的安装

探测器应按制造商规定的正常安装方式安装。如果使用说明书给出多种安装方式，试验中应采用对探测器工作最不利的安装方式。

4.1.4 容差

除在有关条文另有说明外，各项试验数据的容差均为±5%；环境条件参数偏差应符合 GB 16838 的有关规定。

4.1.5 试验样品(以下称试样)

10 套探测器，并在试验前予以编号。

4.1.6 试验前检查

4.1.6.1 试样在试验前进行外观检查，应符合下述要求：

a) 表面无腐蚀、涂覆层脱落和起泡现象，无明显划伤、裂痕、毛刺等机械损伤；

b) 紧固部位无松动。

4.1.6.2 试样在试验前应按第 3 章要求对试样进行检查，符合要求后方可进行试验。

4.1.7 试验程序

按表 1 规定的程序进行试验。

表 1

序 号	条 目	试验项目	试样编号
1	4.3	一致性试验	1～10
2	4.4	重复性试验	2
3	4.5	方位试验	3
4	4.6	通电试验	1
5	4.7	电源参数波动试验	1

表 1（续）

序　号	条　目	试验项目	试样编号
6	4.8	环境光线干扰试验	4
7	4.9	高温(运行)试验	8
8	4.10	低温(运行)试验	9
9	4.11	恒定湿热(运行)试验	4
10	4.12	恒定湿热(耐久)试验	5
11	4.13	腐蚀试验	2
12	4.14	绝缘电阻试验	6
13	4.15	耐压试验	6
14	4.16	振动(正弦)(运行)试验	10
15	4.17	振动(正弦)(耐久)试验	10
16	4.18	冲击试验	10
17	4.19	碰撞试验	7
18	4.20	射频电磁场辐射抗扰度试验	3
19	4.21	射频场感应的传导骚扰抗扰度试验	3
20	4.22	静电放电抗扰度试验	3
21	4.23	电快速瞬变脉冲群抗扰度试验	3
22	4.24	浪涌(冲击)抗扰度试验	3
23	4.25	火灾灵敏度试验	7～10

4.2　响应阈值测量

4.2.1　目的

测量探测器的响应阈值。

4.2.2　设备

紫外火焰试样检测装置是一台专用设备，它由光学轨道、紫外光源、减光片、快门、调制器、试样支架和其他有关部件组成(如图 1 所示)。该设备应满足 4.2、4.4～4.8 的试验要求。

4.2.2.1　光学轨道

主要技术参数：

长度：2 m；

平直度：小于 0.04 mm。

4.2.2.2　紫外光源

紫外光源采用纯度不低于 99.9%的甲烷燃烧产生的火焰。在试验过程中，光源辐射能的变化量不应大于±5%。

4.2.2.3　减光片

减光片起衰减紫外辐射作用，本检测装置中采用中性紫外减光片，可通过波长大于 200 nm、小于 300 nm 的紫外辐射，其透过率视具体试验要求而定。

4.2.2.4 **调制器(选用)**

调制器由斩光器和直流电动机组成,直流电动机驱动斩光器以所需频率旋转,对火焰燃烧产生的辐射进行调制(如图2所示)。

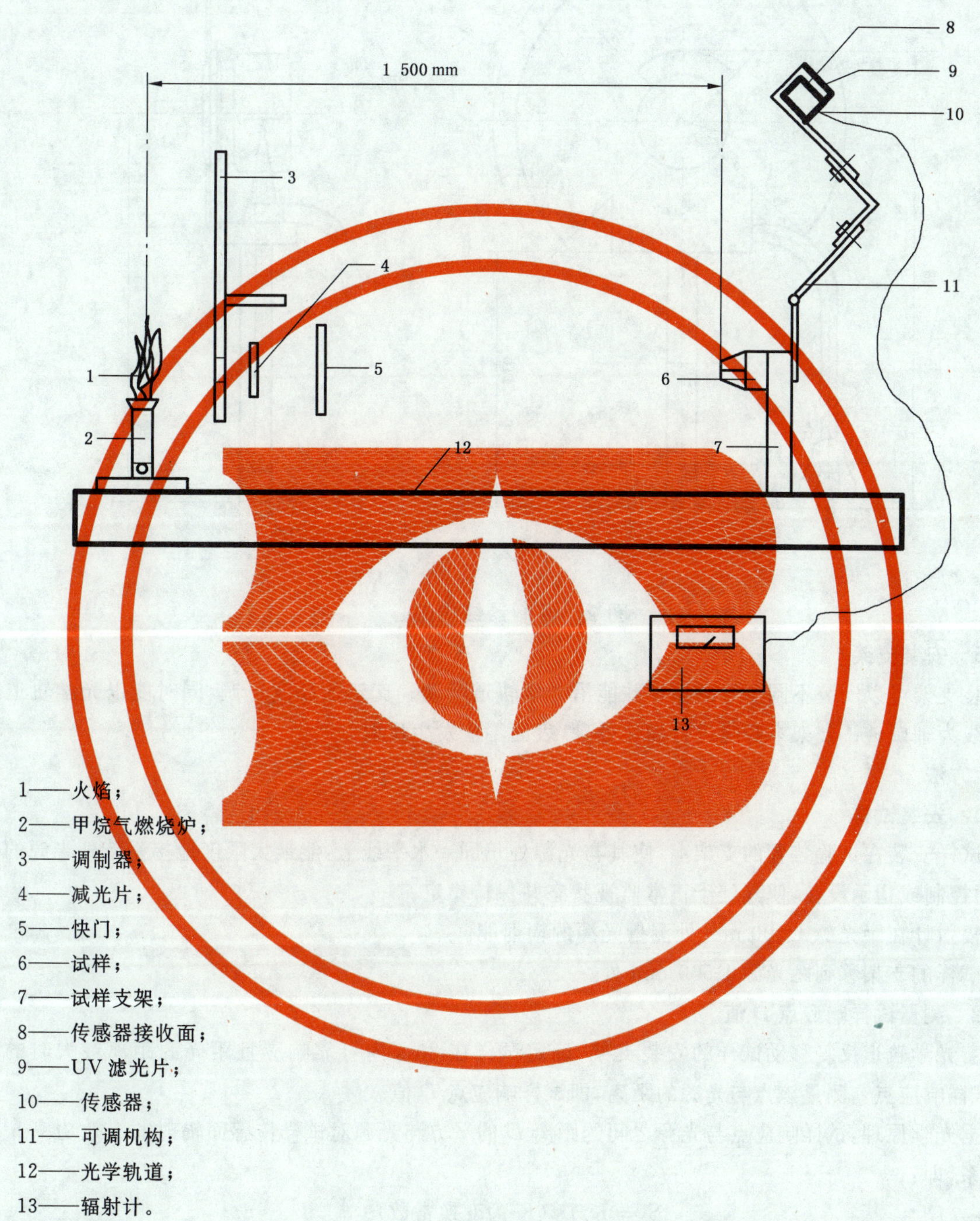

1——火焰;
2——甲烷气燃烧炉;
3——调制器;
4——减光片;
5——快门;
6——试样;
7——试样支架;
8——传感器接收面;
9——UV滤光片;
10——传感器;
11——可调机构;
12——光学轨道;
13——辐射计。

图1 紫外火焰试样检测装置结构图

单位为毫米

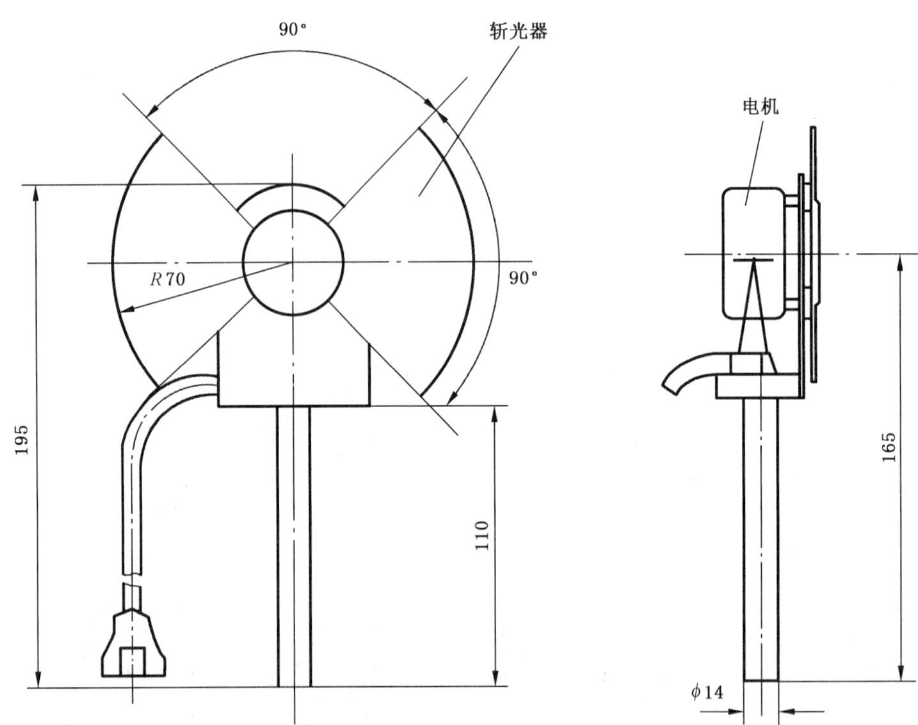

图 2 调制器结构图

4.2.2.5 安装支架

安装支架可以安装不同型号的试样并能沿光学轨道滑动。支架的高度可调，同时能以光学轨道轴心的垂线为轴旋转。支架本身应进行黑化处理，表面不应发生反射。

4.2.3 方法

4.2.3.1 安装试样

将试样安装在试验装置的支架上，使其与光源处于同一水平线上，能最大限度地接受紫外光源的辐射，接通控制或指示设备，使其处于正常监视状态并保持稳定。

用辐射计在距光源 1 500 mm 处测量光源的辐射能。

将试样的支架移到距光源 1 500 mm 处。

4.2.3.2 测量试样响应点 ***D*** 值

沿着光学轨道反复移动试样的安装支架，确定试样在 30 s 内可靠响应且距光源距离最大时的位置，即试样响应点。测量该点与光源的距离，即试样响应点 D 值。

根据光学原理，试样响应点与光源之间的距离 D 的平方与光源对试样传感面辐射的有效功率 S 成反比关系，即：

$$S = K/D^2 \text{（}K\text{ 为变换常数）}$$

对于随机响应特性的试样，必须先反复测量其响应阈值至少 6 次，直至下一次的响应阈值的变化不超出前几次测量的响应阈值平均值的 10%。

对于有闪烁频率要求的试样，必须将调制器调在厂方给定的闪烁频率上（包括 0）。

4.2.3.3 计算响应阈值比

比较两次测量的响应阈值，大者为 S_{max}，小者为 S_{min}，分别对应 D_{max} 和 D_{min}，响应阈值比 $S_{max}:S_{min}=D_{max}^2:D_{min}^2$。

4.3 一致性试验

4.3.1 目的

检验探测器的响应阈值分布的一致性。

4.3.2 试验方法

按4.2.3条规定方法，分别测量10只试样响应点D值，其中最大值为D_{max}，最小值为D_{min}，计算响应阈值比$S_{max}:S_{min}$。

4.3.3 要求

响应阈值比$S_{max}:S_{min}$应不大于2.0。

4.3.4 设备

紫外火焰试样检测装置。

4.4 重复性试验

4.4.1 目的

检验探测器连续工作的稳定性。

4.4.2 方法

按4.2.3条规定方法，在试样正常工作的任意一方位上连续测量6次响应点D值，其中最大值为D_{max}，最小值为D_{min}，计算响应阈值比$S_{max}:S_{min}$。

4.4.3 要求

响应阈值比$S_{max}:S_{min}$应不大于1.3。

4.4.4 试验设备

紫外火焰试样检测装置。

4.5 方位试验

4.5.1 目的

确定探测器视锥角，检验试样在视锥角内不同角度的响应性能。

4.5.2 方法

按4.2.3条规定方法测量试样响应点D值。每测量一次后，将试样转动一个角度，使试样的轴线与光轴的夹角分别为0°、15°、30°、45°、60°。其中最大值为D_{max}，最小值为D_{min}，计算响应阈值比$S_{max}:S_{min}$。

4.5.3 要求

试样视锥角应不小于60°，响应阈值比$S_{max}:S_{min}$应不大于2.0。

4.5.4 设备

紫外火焰试样检测装置。

4.6 通电试验

4.6.1 目的

检验探测器在正常大气条件下工作的稳定性。

4.6.2 试验方法

使试样在正常监视状态下连续运行7 d。试验后，按4.2.3条规定方法测量试样响应点D值，与该试样在一致性试验中的响应点D值相比较，大者为D_{max}，小者为D_{min}，计算响应阈值比$S_{max}:S_{min}$。

4.6.3 要求

试验期间，试样不应发出火灾报警信号或故障信号；试验后，响应阈值比$S_{max}:S_{min}$应不大于1.3。

4.6.4 试验设备

紫外火焰试样检测装置。

4.7 电源参数波动试验

4.7.1 目的

检验探测器对电源参数变化的适应性。

4.7.2 试验方法

分别使试样工作电压比额定电压降低15%和升高10%，按4.2.3条规定方法测量响应点D值。与该试样在一致性试验中的响应点D值相比较，三者中最大值为D_{max}，最小值为D_{min}，计算响应阈值比$S_{max}:S_{min}$。

4.7.3 要求

试验期间，试样不应发出火灾报警信号或故障信号；试验后，响应阈值比$S_{max}:S_{min}$应不大于1.6。

4.7.4 设备

紫外火焰试样检测装置。

4.8 环境光线干扰试验

4.8.1 目的

检验探测器在环境光线作用下性能的稳定性。

4.8.2 试验方法

4.8.2.1 安装试样

将环境光线干扰模拟装置放置在紫外火焰试样检测装置光源与试样之间（如图3所示），使其与试样的距离为500 mm。

单位为毫米

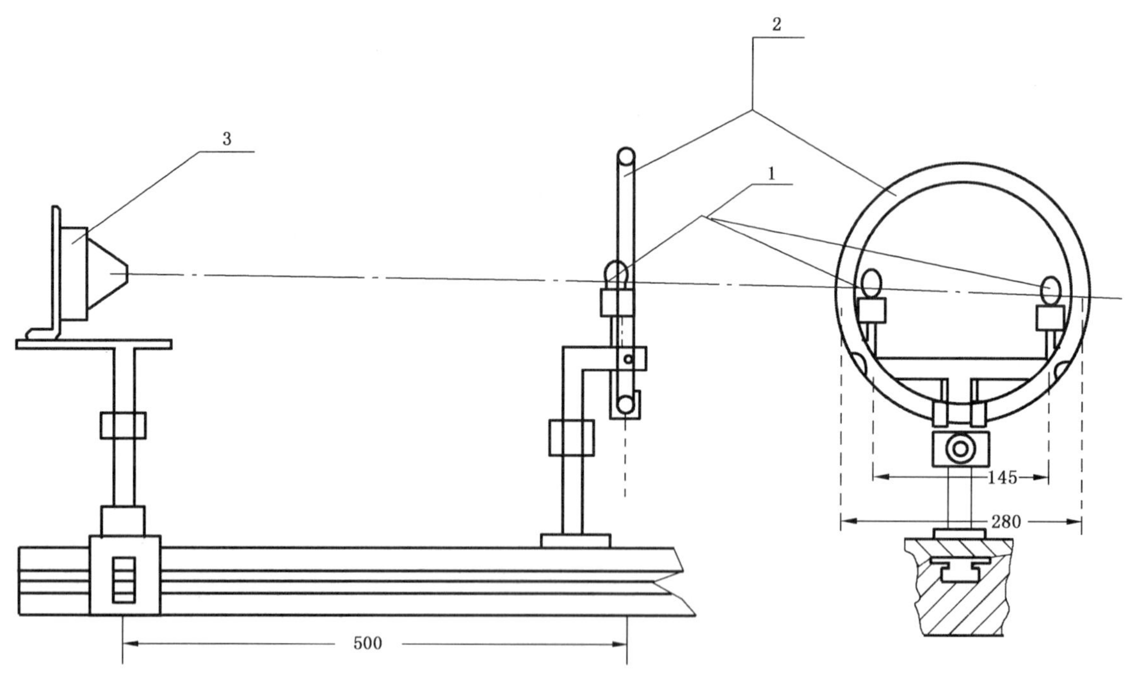

1——白炽灯；

2——环形荧光灯；

3——试样。

图3 环境光线干扰模拟装置结构图

4.8.2.2 **试验步骤**

a) 所有灯不亮。

b) 用两只 25 W 的白炽灯(色温为 2 850 K±100 K),亮 1 s 熄 1 s,共 20 次。

c) 用一只直径 308 mm、30 W 的环形荧光灯,亮 1 s 熄 1 s,共 20 次。

d) 用上述白炽灯和荧光灯,亮 2 h。测量试样响应点 D 值。

e) 所有灯不亮。

f) 测量试样响应点 D 值。

4.8.2.3 **计算响应阈值比**

按 4.2.3 条规定方法测量试样响应点 D 值,与该试样在一致性试验中的 D 值相比较,大者为 D_{max},小者为 D_{min} 值,计算响应阈值比 S_{max}:S_{min}。

4.8.3 **要求**

试验期间,试样不应发出火灾报警信号或故障信号,响应阈值比 S_{max}:S_{min} 应不大于 1.6;试验后,试样响应阈值比 S_{max}:S_{min} 应不大于 1.3。

4.8.4 **试验设备**

紫外火焰试样检测装置、环境光线干扰模拟装置。

4.9 **高温(运行)试验**

4.9.1 **目的**

检验探测器在高温条件下使用的适应性。

4.9.2 **试验方法**

4.9.2.1 将试样及其底座放在高温试验箱中,接通控制和指示设备,使其处于正常监视状态。

4.9.2.2 在温度 23℃±5℃的条件下,以不大于 0.5℃/min 的升温速率,将温度升至 55℃±2℃,在此条件下保持 2 h。试验期间,观察并记录试样的工作状态。

4.9.2.3 试验后,取出试样,在正常大气条件下放置 1 h。然后按 4.2.3 条规定方法测量响应点 D 值,与该试样在一致性试验中的 D 值相比较,大者为 D_{max},小者为 D_{min},计算响应阈值比 S_{max}:S_{min}。

4.9.3 **要求**

试验期间,试样不应发出火灾报警信号或故障信号;试验后,试样应无破坏涂覆和腐蚀现象,响应阈值比 S_{max}:S_{min} 应不大于 1.3。

4.9.4 **试验设备**

试验设备应符合 GB 16838 的有关规定。

4.10 **低温(运行)试验**

4.10.1 **目的**

检验探测器在低温条件下使用的适应性。

4.10.2 **试验方法**

4.10.2.1 将试样及其底座放在低温试验箱中,接通控制和指示设备,使其处于正常监视状态。

4.10.2.2 在温度 15℃～20℃、相对湿度不大于 70%的条件下保持 1 h,然后以不大于 0.5℃/min 的降温速率,将温度降至－10℃±3℃,在此条件下保持 2 h(试样不应有结冰现象)。试验期间,观察并记录试样的工作状态。

4.10.2.3 试验后,取出试样,在正常大气条件下放置 1 h。然后按 4.2.3 条规定方法测量响应点 D 值,与该试样在一致性试验中的 D 值相比较,大者为 D_{max},小者为 D_{min},计算响应阈值比 S_{max}:S_{min}。

4.10.3 **要求**

试验期间,试样不应发出火灾报警信号或故障信号;试验后,试样应无破坏涂覆和腐蚀现象,响应阈

值比 S_{max} : S_{min}应不大于 1.3。

4.10.4 **试验设备**

试验设备应符合 GB 16838 的有关规定。

4.11 **恒定湿热(运行)试验**

4.11.1 **目的**

检验探测器在高湿度环境中使用的适应性。

4.11.2 **试验方法**

4.11.2.1 将试样及其底座放在湿热试验箱中,接通控制和指示设备,使其处于正常监视状态。

4.11.2.2 调节湿热试验箱,使试样在温度为 40℃±2℃、相对湿度为 93%±3%的条件下持续 4 d。试验期间,观察并记录试样的工作状态。

4.11.2.3 试验后,取出试样,在正常大气条件下放置 1 h。然后按 4.2.3 条规定方法测量响应点 D 值,与该试样在一致性试验中的 D 值相比较,大者为 D_{max},小者为 D_{min},计算响应阈值比 S_{max} : S_{min}。

4.11.3 **要求**

试验期间,试样不应发出火灾报警信号或故障信号;试验后,试样应无破坏涂覆和腐蚀现象,响应阈值比 S_{max} : S_{min}应不大于 1.3。

4.11.4 **试验设备**

试验设备应符合 GB 16838 的有关规定。

4.12 **恒定湿热(耐久)试验**

4.12.1 **目的**

检验探测器耐受高湿度环境的能力。

4.12.2 **试验方法**

4.12.2.1 将试样及其底座放在湿热试验箱中。

4.12.2.2 调节湿热试验箱,使试样在温度为 40℃±2℃、相对湿度为 93%±3%的条件下持续 21 d。

4.12.2.3 试验后,取出试样,在正常大气条件下放置 1 h。然后按 4.2.3 条规定方法测量响应点 D 值,与该试样在一致性试验中的 D 值相比较,大者为 D_{max},小者为 D_{min},计算响应阈值比 S_{max} : S_{min}。

4.12.3 **要求**

试样应满足下述要求:

a) 恢复到正常监视状态时,试样不应发出火灾报警信号或故障信号;

b) 试验后,试样应无破坏涂覆和腐蚀现象,响应阈值比 S_{max} : S_{min}应不大于 1.6。

4.12.4 **试验设备**

试验设备应符合 GB 16838 的有关规定。

4.13 **腐蚀试验**

4.13.1 **目的**

检验探测器抗腐蚀的能力。

4.13.2 **试验方法**

4.13.2.1 将试样及其底座放入腐蚀试验箱中。

4.13.2.2 对试样施加下述严酷等级的试验:

a) 温度:25℃±2℃;

b) 相对湿度:90%~96%;

c) SO_2浓度:(25 + 5)$\times10^{-6}$(体积比);

d) 试验周期：21 d。

4.13.2.3 试验后，取出试样，在正常大气条件下放置 7 d。然后按 4.2.3 条规定方法测量响应点 D 值，与该试样在一致性试验中的 D 值相比较，大者为 D_{max}，小者为 D_{min}，计算响应阈值比 $S_{max}:S_{min}$。

4.13.3 要求

试样应满足下述要求：

a) 恢复到正常监视状态时，试样不应发出火灾报警信号或故障信号；

b) 试验后，试样应无破坏涂覆和腐蚀现象，响应阈值比 $S_{max}:S_{min}$ 应不大于 1.6。

4.13.4 试验设备

试验设备应符合 GB 16838 的有关规定。

4.14 绝缘电阻试验

4.14.1 目的

检验探测器的绝缘性能。

4.14.2 试验方法

4.14.2.1 在正常大气条件下，将试样及其底座安装在绝缘电阻试验设备的一块金属板上(电压地端)，将试样的所有接点相互短接，并在该短接处和金属板间施加 500×(1±0.1)V 的直流电压，持续 60 s±5 s，测量绝缘电阻。

4.14.2.2 将试样放置到温度为 40℃±2℃ 的干燥箱内干燥 6 h 后，再放置到温度为 40℃±2℃、相对湿度为 93%±3% 的湿热试验箱内，保持 4 d。然后在正常大气条件下放置 1 h，按上述方法测量绝缘电阻。

4.14.3 要求

试样的外部带电端子与外壳间的绝缘电阻在正常大气条件下应不小于 100 MΩ，在温度为 40℃±2℃、相对湿度为 93%±3% 的湿热环境下应不小于 1 MΩ。

4.14.4 试验设备

绝缘电阻试验装置主要技术参数：

a) 试验电压：直流 500×(1±0.1)V(地端为金属板)；

b) 测量范围：0～500 MΩ；

c) 最小分度：0.1 MΩ；

d) 记时时间：60 s±5 s。

注：在不具备专用试验装置的情况下，也可用兆欧表或摇表测量。

4.15 耐压试验

4.15.1 目的

检验探测器的耐压性能。

4.15.2 试验方法

4.15.2.1 将试样在温度为 25℃±2℃、相对湿度不大于 70% 的湿热试验箱内放置 24 h。

4.15.2.2 取出后，将试样和底座安装在耐压试验设备的一块金属板上(电压地端)，再将试样的所有接点相互短接，并按下述要求在短接处和金属板之间施加试验电压：

a) 试样额定工作电压有效值不超过 50 V 时：试验电压以 100 V/s～500 V/s 的升压速率从 0 V 升到 500×(1±0.1)V，保持 60 s±5 s；

b) 试样额定工作电压有效值超过 50 V 时：试验电压以 100 V/s～500 V/s 的升压速率从 0 V 升到 1 500×(1±0.1)V，保持 60 s±5 s。

4.15.3 要求

试验期间，试样不应发生表面飞弧、扫掠放电、电晕或击穿现象，且泄漏电流应不大于 20 mA。

4.15.4 试验设备

耐压试验装置主要技术参数：

a) 试验电源：50 ×(1±0.01)Hz、0 V～1 500 V(有效值)连续可调；

b) 升压速率：100 V/s～500 V/s；

c) 记时时间：60 s±5 s。

4.16 振动(正弦)(运行)试验

4.16.1 目的

检验探测器长时间承受振动影响的能力。

4.16.2 试验方法

4.16.2.1 将试样及其底座固定在振动试验台上，接通控制和指示设备，使其处于正常监视状态。

4.16.2.2 依次在三个互相垂直的轴线上，在 10 Hz～150 Hz 的频率循环范围内，以 5 m/s^2 的加速度幅值，1 倍频程每分的扫频速率，各进行 1 次扫频循环。

4.16.2.3 振动结束后，按 4.2.3 条规定方法测量响应点 D 值，与该试样在一致性试验中的 D 值相比较，大者为 D_{max}，小者为 D_{min}，计算响应阈值比 $S_{max}:S_{min}$。

4.16.3 要求

试验期间，试样不应发出火灾报警信号或故障信号；试验后，试样不应有机械损伤和紧固部位松动现象；响应阈值比 $S_{max}:S_{min}$ 应不大于 1.3。

4.16.4 试验设备

试验设备应符合 GB 16838 的规定。

4.17 振动(正弦)(耐久)试验

4.17.1 目的

检验探测器长时间承受振动影响的能力。

4.17.2 试验方法

4.17.2.1 将试样及其底座固定在振动试验台上。

4.17.2.2 依次在三个互相垂直的轴线上，在 10 Hz～150 Hz 的频率循环范围内，以 10 m/s^2 的加速度幅值，1 oct/min 的扫频速率，各进行 20 次扫频循环。

4.17.2.3 试验后，按 4.2.3 条规定方法测量响应点 D 值，与该试样在一致性试验中的 D 值相比较，大者为 D_{max}，小者为 D_{min}，计算响应阈值比 $S_{max}:S_{min}$。

4.17.3 要求

试样应满足下述要求：

a) 恢复到正常监视状态时，试样不应发出火灾报警信号或故障信号；

b) 试验后，试样不应有机械损伤和紧固部位松动现象，响应阈值比 $S_{max}:S_{min}$ 应不大于 1.3。

4.17.4 试验设备

试验设备应符合 GB 16838 的规定。

4.18 冲击试验

4.18.1 目的

检验探测器对非经常性机械冲击的抗干扰性。

4.18.2 试验方法

4.18.2.1 将试样及其底座固定在冲击试验台上，接通控制和指示设备，使其处于正常监视状态。

4.18.2.2　对质量为 M(kg)的试样，当 $M\leqslant4.75$ 时，峰值加速度为$(100-20M)\times10\ m/s^2$；当 $M>4.75$ 时，峰值加速度为 0，脉冲时间为 6 ms。启动冲击试验台，对试样的 6 个方向进行冲击。

4.18.2.3　试验后，按 4.2.3 条规定方法测量响应点 D 值，与该试样在一致性试验中的 D 值相比较，大者为 D_{max}，小者为 D_{min}，计算响应阈值比 $S_{max}:S_{min}$。

4.18.3　**要求**

试验后，试样不应有机械损伤和紧固部位松动现象，响应阈值比 $S_{max}:S_{min}$应不大于 1.3。

4.18.4　**试验设备**

试验设备应符合 GB 16838 的规定。

4.19　**碰撞试验**

4.19.1　**目的**

检验探测器承受机械碰撞的适应性。

4.19.2　**试验方法**

4.19.2.1　将试样及其底座按正常的工作位置固定在碰撞试验台的水平安装板上，接通控制和指示设备，使其处于正常监视状态。试样在试验前应至少通电 15 min。

4.19.2.2　调整碰撞试验设备，使锤头碰撞面的中心能够从水平方向碰撞试样，并对准使试样最易遭受破坏的部位。然后以 1.5 m/s±0.125 m/s 的锤头速度、1.9 J±0.1 J 的碰撞动能碰撞试样 1 次。

4.19.2.3　试验后，按 4.2.3 条规定方法测量响应点 D 值，与该试样在一致性试验中的 D 值相比较，大者为 D_{max}，小者为 D_{min}，计算响应阈值比 $S_{max}:S_{min}$。

4.19.3　**要求**

试验后，试样不应有机械损伤和紧固部位松动现象，响应阈值比 $S_{max}:S_{min}$应不大于 1.3。

4.19.4　**试验设备**

碰撞试验装置(如图 4 所示)主体是一个摆锤机构，摆锤的锤头由硬质铝合金 $AlCu_4SiMg$(经固溶、时效处理)制成，外形为具有一个斜的碰撞面的六面体。锤头的摆杆固定在带球轴承的钢轮毂上，球轴承装在硬钢架的固定钢轴上。硬钢架的结构应保证在未安装试样时能够使摆锤自由旋转。

锤头的外形尺寸为长 94 mm、宽 76 mm、高 50 mm，质量约为 0.79 kg。锤头的斜切面与纵轴之间的夹角为 60°±1°。锤头的摆杆外径为 25 mm±0.1 mm，壁厚为 1.6 mm±0.1 mm。

锤头的纵轴距旋转轴线的径向距离为 305 mm，锤头的摆杆轴线要保证与旋转轴线垂直。外径为 102 mm，长为 200 mm 的钢轮毂同心组装在直径为 25 mm 的钢轴上。钢轴直径的精度取决于所用轴承尺寸公差。

在钢轮毂与摆杆相对的方向上装有两个外径为 20 mm、长为 185 mm 的钢质配重臂，其伸出长度为 150 mm。在两个配重臂上装一个位置可调的配重块，以便使锤头与配重臂平衡。在钢轮毂的一端上装一个厚 12 mm、直径为 150 mm 的铝合金滑轮，在滑轮上缠绕一条缆绳，缆绳的一端固定在滑轮上，另一端系上工作重锤，工作重锤的质量约为 0.55 kg。

安装试样的水平安装板由钢架支撑，安装板可以上下调整，以便使锤头的碰撞面中心从水平方向碰撞试样。

在使用试验设备时，首先要按图 4 调整试样和安装板的位置。调好后，把安装板固定在钢架上，然后摘下工作重锤，通过调整配重块平衡摆锤机构。调整平衡后，把摆杆拉到水平位置上，系上工作重锤，当摆锤机构释放时，工作重锤使锤头旋转 270°碰撞试样。

单位为毫米

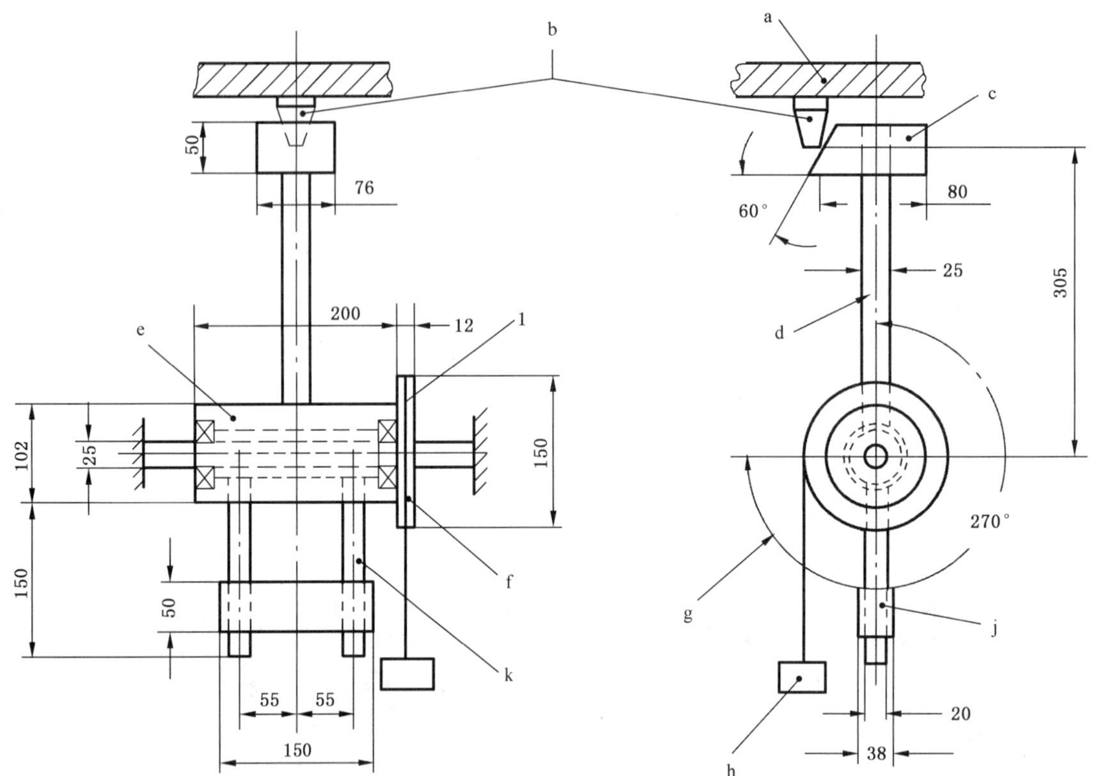

a——安装板；

b——试样；

c——锤头；

d——摆杆；

e——钢轮毂；

f——球轴承；

g——转动 270°；

h——工作重锤；

j——配重块；

k——配重臂；

l 一滑轮。

图 4 碰撞试验装置结构图

4.20 射频电磁场辐射抗扰度试验

4.20.1 目的

检验探测器在射频电磁场辐射环境下工作的适应性。

4.20.2 试验方法

4.20.2.1 将试样安放在不导电支座上，接通电源，使试样处于正常监视状态 15 min。

4.20.2.2 按 GB/T 17626.3—1998 中的要求，对试样施加表 2 所示条件的电磁干扰：

表 2 射频电磁场辐射抗扰度试验条件

场强/(V/m)	10
频率范围/MHz	80～1 000
扫频速率 /10 oct/s	≤1.5×10^{-3}
调制幅度	80%(1 kHz,正弦)

4.20.2.3 干扰期间，观察并记录试样工作状态。

4.20.2.4 干扰环境结束后，按4.2.3条规定方法测量响应点D值，与该试样在一致性试验中的D值相比较，大者为D_{max}，小者为D_{min}，计算响应阈值比$S_{max}:S_{min}$。

4.20.3 **要求**

试验期间，试样不应发出报警信号或不可恢复的故障信号；试验后，试样响应阈值比$S_{max}:S_{min}$应不大于1.3。

4.20.4 **试验设备**

试验设备应满足GB/T 17626.3—1998的有关要求。

4.21 **射频场感应的传导骚扰抗扰度试验**

4.21.1 **目的**

检验探测器在来自射频发射机产生的电磁骚扰环境下工作的适应性。

4.21.2 **试验方法**

4.21.2.1 将试样安放在绝缘台上，接通电源，使试样处于正常监视状态，保持15 min。

4.21.2.2 按GB/T 17626.6—1998中的要求，对试样施加表3所示条件的电磁干扰：

表3 射频场感应传导骚扰抗扰度试验条件

频率范围/MHz	0.15～100
电压/dBμV	140
调制幅度	80%(1 kHz,正弦)

4.21.2.3 干扰期间，观察并记录试样工作状态。

4.21.2.4 干扰结束后，按4.2.3条规定方法测量响应点D值，与该试样在一致性试验中的D值相比较，大者为D_{max}，小者为D_{min}，计算响应阈值比$S_{max}:S_{min}$。

4.21.3 **要求**

试验期间，试样不应发出报警信号或不可恢复的故障信号；试验后，试样响应阈值比$S_{max}:S_{min}$应不大于1.3。

4.21.4 **试验设备**

试验设备应满足GB/T 17626.6—1998的规定。

4.22 **静电放电抗扰度试验**

4.22.1 **目的**

检验探测器对带静电人员、物体造成的静电放电的适应性。

4.22.2 **试验方法**

4.22.2.1 将试样放在距接地参考平面0.8 m的支架上。接通电源，使试样处于正常监视状态，保持15 min。

4.22.2.2 对绝缘体外壳的试样，实施空气放电；对导体外壳的试样，实施接触放电。

4.22.2.3 按GB/T 17626.2—1998中的要求，对试样施加表4所示条件的电磁干扰：

表4 静电放电抗扰度试验条件

放电电压/kV	空气放电(外壳为绝缘体试样) 8
	接触放电(外壳为导体试样和耦合板) 6
放电极性	正、负
放电间隔/s	≥1
每点放电次数	10

4.22.2.4 干扰期间，观察并记录试样的工作状态。

4.22.2.5 干扰结束后，按4.2.3条规定方法测量响应点 D 值，与该试样在一致性试验中的 D 值相比较，大者为 D_{max}，小者为 D_{min}，计算响应阈值比 S_{max} ∶ S_{min}。

4.22.3 **要求**

试验期间，试样不应发出报警信号或不可恢复的故障信号；试验后，试样响应阈值比 S_{max} ∶ S_{min} 应不大于1.3。

4.22.4 **试验设备**

试验设备应满足GB/T 17626.2—1998的规定。

4.23 电快速瞬变脉冲群抗扰度试验

4.23.1 **目的**

检验探测器抗电快速瞬变脉冲群干扰的能力。

4.23.2 **试验方法**

4.23.2.1 将试样安放在绝缘台上，接通电源，使试样处于正常监视状态，保持15 min。

4.23.2.2 按GB/T 17626.4—1998中的要求，对试样施加表5所示条件的电磁干扰：

表5 电快速瞬变脉冲群抗扰度试验条件

瞬变脉冲电压/kV	1×(1±0.1)
重复频率/kHz	5×(1±0.2)
极性	正、负
时间	每次1 min

4.23.2.3 干扰期间，观察并记录试样工作状态。

4.23.2.4 干扰结束后，按4.2.3条规定方法测量响应点 D 值，与该试样在一致性试验中的 D 值相比较，大者为 D_{max}，小者为 D_{min}，计算响应阈值比 S_{max} ∶ S_{min}。

4.23.3 **要求**

试验期间，试样不应发出报警信号或不可恢复的故障信号；试验后，试样响应阈值比 S_{max} ∶ S_{min} 应不大于1.3。

4.23.4 **试验设备**

试验设备应满足GB/T 17626.4—1998的有关要求。

4.24 浪涌(冲击)抗扰度试验

4.24.1 **目的**

检验探测器对附近闪电或供电系统的电源切换及低电压网络、包括大容性负载切换等产生的电压瞬变(电浪涌)干扰的适应性。

4.24.2 **试验方法**

4.24.2.1 将试样安放在绝缘台上，接通电源，使试样处于正常监视状态，保持15 min。

4.24.2.2 按GB/T 17626.5—1999中的要求，对试样施加表6所示条件的电磁干扰：

表6 浪涌(冲击)抗扰度试验条件

浪涌(冲击)电压/kV	线-地 1×(1±0.1)
极性	正、负
试验次数	5

4.24.2.3 干扰期间，观察并记录试样工作状态。

4.24.2.4 干扰结束后，按4.2.3条规定方法测量响应点 D 值，与该试样在一致性试验中的 D 值相比较，大者为 D_{max}，小者为 D_{min}，计算响应阈值比 S_{max} ∶ S_{min}。

4.24.3 **要求**

试验期间，试样不应发出报警信号或不可恢复的故障信号；试验后，试样响应阈值比 S_{max} ∶ S_{min} 应不大于 1.3。

4.24.4 **试验设备**

试验设备应满足 GB/T 17626.5—1999 的有关要求。

4.25 **火灾灵敏度试验**

4.25.1 **目的**

检验探测器在试验火条件下的响应性能。

4.25.2 **试验方法**

4.25.2.1 将 4 只试样平行固定在 1.5 m±0.1 m 的高处并与试验火隔离，接通控制和指示设备，使其处于正常监视状态。

点燃试验火，经过一段时间辐射稳定后，除去隔离物并开始计时。

试验中试样与试验火中心的距离分别为 12 m、17 m 和 25 m。

4.25.2.2 正庚烷火

a) 燃料：正庚烷（分析纯级），加 3%(V/V)甲苯；

b) 质量：650 g；

c) 布置：将燃料放置于用 2 mm 厚钢板制成、底面尺寸为 33 cm×33 cm、高为 5 cm 的容器中；

d) 点火方式：火焰或电火花。

4.25.2.3 乙醇明火

a) 燃料：工业乙醇（乙醇含量 90% 以上，含少量甲醇）；

b) 质量：2 000 g；

c) 布置：将燃料放置于用 2 mm 厚钢板制成、底面尺寸为 33 cm×33 cm、高为 5 cm 的容器中；

d) 点火方式：火焰或电火花。

4.25.3 **要求**

a) 试验期间，试样应在 30 s 内发出火灾报警信号。发出火灾报警信号时试样与试验火中心距离为 25 m 时为Ⅰ级灵敏度，17 m 时为Ⅱ级灵敏度，12 m 时为Ⅲ级灵敏度。

b) 如果试样响应时间超过 30 s，则此试样不予分级。

5 检验规则

5.1 **产品出厂检验**

企业在产品出厂前应对探测器进行下述试验项目的检验：

a) 一致性试验；

b) 方位试验；

c) 重复性试验；

d) 低温（运行）试验。

制造商应规定抽样方法、检验和判定规则。

5.2 **型式检验**

5.2.1 型式检验项目为本标准第 4 章 4.3～4.25 规定的试验项目。检验样品在出厂检验合格的产品中抽取。

5.2.2 有下列情况之一时，应进行型式检验：

a) 新产品或老产品转厂生产时的试制定型鉴定；

b) 正式生产后，产品的结构、主要部件或元器件、生产工艺等有较大的改变，可能影响产品性能或正式投产满 4 年；

c) 产品停产一年以上，恢复生产；

d) 出厂检验结果与上次型式检验结果差异较大；

e) 发生重大质量事故。

5.2.3 检验结果按 GB 12978 中规定的型式检验结果判定方法进行判定。

6 标志

6.1 总则

6.1.1 产品标志应在探测器安装维护过程中清晰可见。

6.1.2 产品标志不应贴在螺钉或其他易被拆卸的部件上。

6.2 产品标志

6.2.1 每只探测器均应清晰地标注下列信息：

a) 产品名称；

b) 执行标准；

c) 制造商名称或商标；

d) 型号；

e) 接线柱标注；

f) 制造日期、产品编号、产地和试样内软件版本号；

g) 产品主要技术参数(包括试样响应的火焰辐射光谱范围、试样的灵敏度)。

6.2.2 对于可拆卸探测器，探头上的标志内容应包括上述 a)、b)、c)、d)、f)、g)条的内容，底座的标志内容应至少包括 d)和 e)条内容。

6.2.3 产品标志信息中如使用不常用符号或缩写时，应在探测器使用说明书中说明。

6.3 质量检验标志

每只探测器均应有质量检验合格标志。

ICS 13.220.01
C 80

中华人民共和国国家标准

GB 12978—2003
代替 GB 12978—1991

消防电子产品检验规则

Rules for test of fire electronic products

2003-09-01 发布

2004-02-01 实施

中华人民共和国
国家质量监督检验检疫总局 发布

前 言

本标准的第 1 章、第 2 章、第 3 章为推荐性的，其余为强制性的。

本标准代替 GB 12978—1991《火灾报警设备检验规则》。本标准与 GB 12978—1991 相比主要变化如下：

——扩大了标准的适用范围；

——修改了委托检验、型式检验、监督检验和仲裁检验 4 种检验类别的基本规定；

——增加了科技成果鉴定检验；

——增加了分型产品、产品技术文件和设计更改控制的规定要求；

——修订后的标准结构和编写规则符合 GB/T 1.1—2000 要求。

本标准的附录 A 是规范性附录。

本标准由中华人民共和国公安部提出。

本标准由全国消防标准化技术委员会第六分技术委员会归口。

本标准起草单位：公安部沈阳消防研究所。

本标准主要起草人：宋希伟、窦保东、张德成、吴礼龙、卢韶然。

本标准所代替标准的历次版本发布情况为：GB 12978—1991。

消防电子产品检验规则

1 范围

本标准规定了消防电子产品(以下简称产品)的检验分类、抽样、型号编制、分型产品控制、技术文件要求、设计更改控制、样品标识和接收方法及型式检验、委托检验、监督检验、科技成果鉴定检验和仲裁检验的规则。

本标准适用于消防电子产品质量监督检验机构(以下简称检验机构)的检验。

2 规范性引用文件

下列文件的条款通过本标准的引用而成为本标准的条款。凡是注日期的引用文件,其随后所有的修改单(不包括勘误的内容)或修订版均不适用于本标准,然而,鼓励根据本标准达成协议的各方研究是否可使用这些文件的最新版本。凡是不注日期的引用文件,其最新版本适用于本标准。

GB/T 14689 技术制图 图纸幅面及格式(GB/T 14689—1993,eqv ISO 5457:1980)

GB/T 10111 利用随机数骰子进行随机抽样的方法

3 检验分类

3.1 型式检验

为考核产品的质量是否符合某一指定标准要求,检验机构依据该产品标准规定的技术要求和试验方法对样品进行的全部项目检验。

3.2 委托检验

受委托方委托而进行的检验。

3.3 监督检验

受质量监督机构委托,为检查该产品是否符合产品标准要求进行的抽查性检验。

3.4 科技成果鉴定检验

受组织或主持科技成果鉴定部门的委托,根据《检测鉴定——检测委托书》要求进行的检验。

3.5 仲裁检验

受质量争议受理机构的委托,为解决产品质量争议的法律活动提供公证数据的检验。

4 基本规定

4.1 抽样

4.1.1 抽样方法应按 GB/T 10111 进行。

4.1.2 样品数量及抽样基数应满足相应产品标准或有关规定的要求。

4.1.3 监督检验抽样。

4.1.3.1 样品应从前一次监督检验、型式检验后生产并经自检合格的产品中抽取。

4.1.3.2 样品应从企业的生产工厂或仓库中抽取,或从已经出厂但尚未安装使用、且被妥善存放的产品中抽取。

4.1.3.3 对于国外企业生产的产品,样品可在运抵中国口岸或用户处但尚未安装使用、且被妥善存放的产品中抽取。

4.1.4 实施抽样人员应完整、准确填写抽样记录。

4.2　**型号编制**

产品型号编制应按产品型号编制方法标准或相应产品标准的规定进行，如无规定，应遵循简明易懂、能反映产品特征的原则编制型号。

4.3　**分型产品**

4.3.1　某一型号的产品可以有一个主型和若干分型，分别称为该产品的主型产品和分型产品，任一分型产品与主型产品的型号的基本部分应相同，应以构成型号尾部的字母或数字来区别。

4.3.2　对于探测、警报器类产品，分型产品与主型产品仅允许存在以下差别：

a)　底座的外形不同；

b)　分型产品不具备驱动外设指示灯的电路或端子；

c)　分型产品不具备地址编码电路；

d)　分型产品具有防水、防霉等辅助功能；

e)　灵敏度等级不同，且分别满足指定产品标准的相应要求；

f)　其他不致于对产品性能产生影响的微小差别。

4.3.3　对于控制类产品，分型产品与主型产品仅允许存在以下差别：

a)　报警回路数不同和由此而导致的机械尺寸及电源容量不同；

b)　警报输出或控制输出回路数不同和由此而导致的机械尺寸及电源容量不同；

c)　面板的布局设计不同；

d)　报警回路数不同而导致的软件不同；

e)　安装方式不同；

f)　其他不致于对产品性能产生影响的微小差别。

4.3.4　应急灯具、标志类产品，分型产品与主型产品仅允许存在以下差别：

a)　面板图形不同；

b)　功率相同，外形尺寸略有不同；

c)　除供电方式为集中供电外，其他均与主型产品相同；

d)　安装方式不同；

e)　其他不致于对产品性能产生影响的微小差别。

4.3.5　其他类产品，分型产品与主型产品应基本原理、基本电路设计相同，仅允许存在不致于对产品性能产生影响的微小差别。

4.4　**产品技术文件**

4.4.1　对于主型产品，送检单位应提交与样品一致的技术文件，包括：

a)　产品安装和使用中文说明书一式二份；

b)　产品设计计算说明书一份；

c)　产品电路设计图纸和元、器件明细表一份；

d)　产品机械设计图纸一份；

e)　产品所依据的技术标准(有国家标准或行业标准的除外)；

f)　计算机软件框图和程序清单或磁盘(采用计算机类产品)；

g)　产品正面照片一式三张(125 mm×88 mm 彩色照片)。

4.4.2　对于分型产品，送检企业应提交产品正面照片一式三张(125 mm×88 mm 彩色照片)，及对应于每一分型产品与主型产品不同部分的技术文件一份。

4.4.3　送检企业提交的技术文件应满足 GB/T 14689 要求。

4.4.4　对产品具有专利性信息的保密内容，在不影响检验的前提下，经检验机构同意，送检企业可不提交，但应做出说明。

4.5　**样品标识及接收**

4.5.1　样品的产品标志和质量检验标志应标于产品表面、便于观察部位。

4.5.2 检验机构在收到样品后应检查样品标识是否清晰、完整、准确。

4.5.3 检验机构在样品接收检查时如发现样品损坏，应书面通知送检企业及抽样部门，根据有关规定处理。

4.6 设计更改控制

4.6.1 产品在通过检验后，如对原设计存在下述更改时，应将更改设计技术文件提交原出具检验报告的检验机构，以便确认：

a) 更改较小的结构变化；

b) 更换非关键器件外形封装并由此而进行的工艺改动；

c) 增加产品标准要求以外的辅助功能；

d) 控制类产品面板重排；

e) 辅助功能电路重新布线；

f) 软件增加对主程序基本功能影响较小的辅助功能；

g) 对产品性能产生微小影响的改动。

4.6.2 检验机构对设计更改技术文件进行审核，并根据设计更改情况决定是否进行必要的检验，并出具设计更改认可书或审核意见书。

4.6.3 对于检验机构认定更改范围较大、对关键技术指标产生影响或不重新进行全部项目检验则不能证明该设计满足有关产品标准或技术要求时，则通知企业进行全部项目检验。

5 型式检验

5.1 受理

5.1.1 检验机构在收到送检企业提交的检验申请表后，受理型式检验申请。

5.1.2 送检企业应按要求提交技术文件和样品及试验所需配件、负载。

5.1.3 分型产品可以和主型产品同时申请型式检验，应同时提交分型产品的技术文件。主型产品样品数量及抽样基数执行产品标准规定或有关要求，分型产品样品数量和抽样基数由检验机构根据检验项目确定。

5.1.4 在主型产品通过型式检验后申请其分型产品检验时，应填写检验申请表，并按 4.4.2 条规定提交技术文件。

5.1.5 型式检验样品应按产品标准或有关规定抽取。

5.2 检验

5.2.1 检验机构应对送检企业提交的技术文件进行审查，审查合格后加盖技术文件审查章。技术文件审查不合格企业应重新提交技术文件。

5.2.2 检验机构应依据相应的产品标准对样品进行全部项目检验。

5.2.3 在检验过程中允许对不合格检验项目进行补做，试验补做应执行以下规定：

a) 产品标准规定的检验项目总数不少于 15 项时，任一检验项目补做超过 2 次或补做累计超过 4 次时，停止补做，判定产品不合格；

b) 产品标准规定的检验项目总数少于 15 项时，任一检验项目补做超过 2 次或补做累计超过 3 次时，停止补做，判定产品不合格；

c) 试验补做的整改工作如在 6 个月内不能完成，停止补做，判定产品不合格；

d) 试验补做用样品改进后的检验规定及改进报告执行 5.2.3.3 规定。

5.2.3.1 试验补做用样品应予加倍(个别检验项目除外)。

5.2.3.2 试验补做用样品可以使用抽取样品的预备品，也可以使用由原抽样部门重新抽样的样品。

5.2.3.3 允许送检企业对试验补做用样品采取某些改进。检验机构如能确认改进不影响合格检验项目中测得数据的可信性，试验应接续进行。

如不能确认其改进是否对已取得合格检验项目中测试数据的可信性产生影响，检验机构应进行相关或全部项目的验证试验。

送检企业应向检验机构提交补做改进报告和相应的技术文件一份。检验机构认可后，将其存档。

5.2.4 分型产品的检验项目由检验机构确定。

5.3 合格判定及检验报告

5.3.1 如产品所依据的技术标准有其他规定且不低于5.3.2条要求，应参照其规定执行。

5.3.2 当满足下述要求时，判定产品合格，否则判定产品不合格：

a) 技术文件审查合格；

b) 构造及外观检查合格；

c) 全部检验项目合格(包括在规定时限内经补做合格)。

5.3.3 分型产品全部检验项目合格，判定分型产品合格，否则判定分型产品不合格。

5.3.4 检验结束后，检验机构应向送检企业出具检验报告。

5.4 样品处理

5.4.1 检验结束后，检验机构应保留必要的样品备查，其余样品退还给送检企业，送检企业不应将经过检验的样品作为产品销售。

5.4.2 留样样品超过保存期限后，由检验机构通知送检企业限期取回。

5.4.3 对逾期不取的样品由检验机构核对销毁。

6 委托检验

6.1 受理

检验机构在收到委托方提交的委托书和相应的技术文件后，受理委托检验申请。

6.2 检验

6.2.1 检验所依据的技术条件与检验项目由委托方确定。

6.2.2 样品数量及配、备件由检验机构与委托方协商确定，样品和抽取方法由委托方确定。

6.2.3 检验机构应依据委托书和相应的技术文件的有关条款对样品进行检验。

6.3 检验结果

检验结束后，检验机构向委托方出具检验报告。

6.4 样品处理

检验机构在委托方确认检验结果后，退还样品。

7 监督检验

7.1 受理

检验机构在收到质量监督部门的监督检验委托单后，受理监督检验。

7.2 检验

7.2.1 检验项目由决定实施该次监督检验的部门决定。

7.2.2 检验机构应依据有关产品标准实施检验。

7.3 合格判定及检验报告

7.3.1 检验结束后，检验结果按附录A规定判定。

7.3.2 检验结果由检验机构向提出实施监督检验的部门通报。

7.4 样品处理

7.4.1 检验结束后，对监督检验结果无异议，退还样品。

7.4.2 如对监督检验结果有异议时，由检验机构保留样品。

8 科技成果鉴定检验

8.1 受理

检验机构在收到组织鉴定单位或主持鉴定单位的《检测鉴定——检测委托书》后，受理科技成果鉴定检验申请。

8.2 检验

8.2.1 检验机构根据科技成果鉴定检测规定实施科技成果鉴定检验。

8.2.2 按6.2条规定的程序进行检验。

8.3 检验结论

8.3.1 检验机构根据检验结果出具检验报告，并在检验报告上加盖“成果鉴定——检测专用章”。

8.3.2 检验机构根据组织鉴定或主持鉴定单位的委托，聘请3至5名同行专家，并指定一名负责人，对成果作出综合评价，写出评价意见。

8.3.3 检验报告和评价意见交组织鉴定单位或主持鉴定单位。

8.3.4 如成果完成单位对检测结果有异议时，检验机构应根据组织鉴定单位或主持鉴定单位的要求，对科技成果鉴定检测进行复检。

9 仲裁检验

9.1 受理

9.1.1 检验机构在收到质量争议处理部门关于决定实施仲裁检验的委托文件后，受理仲裁检验。

9.1.2 检验机构与质量争议处理部门和争议方共同签定检验合同。检验合同应明确检验依据、检验项目、抽样方法、试验方法、检验结果判定原则，并由争议方确认或经有关方面裁决确认。

9.1.3 文件审查及审查内容由质量争议处理部门决定。

9.1.4 根据检验合同规定的抽样方法进行抽样。

9.2 检验

检验机构依据检验合同实施检验。

9.3 检验结论

检验结束后，检验机构向质量争议处理部门出具仲裁检验报告。仲裁检验报告原件交质量争议受理部门，复印件经加盖检验机构检验专用章后交争议方。

9.4 样品处理

9.4.1 检验结束后，争议方和质量争议处理部门或机构对检验结果无异议，退还样品。

9.4.2 如对检验结果有异议，由检验机构保留样品。

附 录 A
（规范性附录）
监督检验结果判定方法

A.1 基本规定

A.1.1 产品的不合格，分为A类不合格、B类不合格、C类不合格三种类别。

A.1.2 对一个样品进行的一项试验或一次构造及外观检查，均分别称为一件检查；全体样品经受检查的件数的总和，称为该次监督检验的检查总件数。

A.1.3 一个样品在一项试验或一次构造及外观检查中被检查出的同一类别的不合格，称为一个不合格。

A.1.4 全体样品被检查出的不合格，按不合格类别分别累积计数，其数目分别称为相应不合格类别的不合格个数，全体样品被检查出的各类别的不合格个数的总和，称为不合格总数。

A.2 产品不合格表

A.2.1 产品不合格表是判断产品不合格及其类别的依据，应按产品标准或产品类别分别制定，并经批准。

A.2.2 产品不合格的三个类别判定：

A类不合格：单位产品的极重要质量特性不符合规定，或者单位产品的质量特性极严重不符合规定。

B类不合格：单位产品的重要质量特性不符合规定，或者单位产品的质量特性严重不符合规定。

C类不合格：单位产品的一般质量特性不符合规定，或者单位产品的质量特性轻微不符合规定。

A.3 判定方法

根据检查结果，按A.3.1～A.3.3的规定，使用判定表（表A.1或表A.2）进行判定。

A.3.1 一般情况下的监督检验的判定，使用正常检查判定表（表A.1）：监督检验的补检或经指定须进行加严检查的监督检验的判定，使用加严检查判定表（表A.2）。

表 A.1 正常检查判定表

检查总件数	B类不合格		C类不合格		不合格总数	
	Ac	Rc	Ac	Rc	Ac	Rc
1～3	0	1	0	1	0	1
4～8			1	2	1	2
9～13			2	3	2	3
14～20	1	2	3	4	4	5
21～32			5	6	6	7
33～50	2	3	7	8	8	9
51～80	3	4	10	11	12	13
81～125	5	6	14	15	17	18

表 A.2 加严检查判定表

检查总件数	B类不合格		C类不合格		不合格总数	
	Ac	Rc	Ac	Rc	Ac	Rc
1～5	0	1	0	1	0	1
6～13			1	2	1	2
14～20			2	3	2	3
21～32	1	2	3	4	4	5
33～50			5	6	6	7
51～80	2	3	7	8	8	9
81～125	3	4	10	11	12	13

注：在上述两个表中，各符号含义如下：

Ac：合格判定数；

Rc：不合格判定数。

A.3.2 按下述程序进行判定：

a) 统计检查总件数；

b) 统计各类别不合格的不合格个数和不合格总数；

c) 使用表 A.1 或表 A.2，根据检查总件数查出对应于各类别不合格和不合格总数的不合格判定数 Rc；

d) 将各类别不合格的不合格个数和不合格总数与查出的相应的不合格判定数 Rc 进行比较。

A.3.3 当满足下述条件时，判定该次监督检验合格，否则判定该次监督检验不合格；

a) A类不合格个数为0；

b) 其他各类别不合格的不合格个数都分别小于相应的不合格判定数；

c) 不合格总数小于相应的不合格判定数。

ICS 13.220.20
C 81

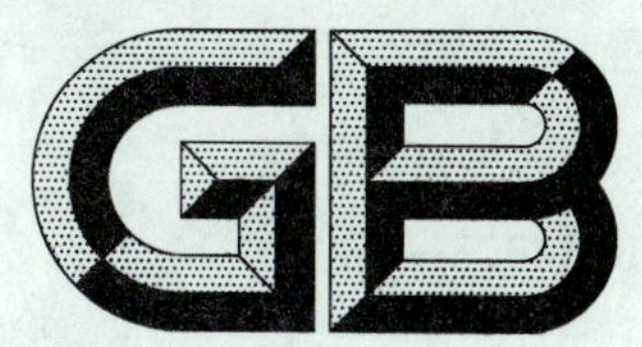

中华人民共和国国家标准

GB 14003—2005
代替 GB 14003—1992

线型光束感烟火灾探测器

Smoke detectors—Line detectors using an optical light beam

2005-09-01 发布 2006-06-01 实施

中华人民共和国国家质量监督检验检疫总局
中国国家标准化管理委员会 发布

前　言

本标准的第4、5、6、7章内容为强制性，其余为推荐性。

本标准参考了EN 54-12:1999《火灾探测和报警系统　第12部分:感烟火灾探测器——线型光束》和BS 5839:1988《火灾探测和报警系统　第5部分:光束感烟火灾探测器的一般要求》。

本标准代替GB 14003—1992《线型光束感烟火灾探测器技术要求及试验方法》，与GB 14003—1992相比较，主要变化如下：

1. 本标准在技术要求方面参考了国际较先进的标准，修改了对线型光束感烟火灾探测器快速遮挡、慢速遮挡、在试验火条件下响应性能以及对环境适应性和耐受性的要求，增加了对光路定向相依性的要求，与国际先进标准一致；

2. 本标准采用了最新版本的电磁兼容国际标准，选择了适当的严酷等级，便于与国际接轨。

本标准的附录A为规范性附录。

本标准由中华人民共和国公安部提出。

本标准由全国消防标准化技术委员会第六分技术委员会归口。

本标准负责起草单位:公安部沈阳消防研究所。

本标准参加起草单位:西安盛赛尔电子有限公司、沈阳消防电子设备厂。

本标准主要起草人:丁宏军、张颖琮、郭春雷、杨颖、卢韶然、石滢、黄军团、张雄飞。

本标准所代替标准的历次版本发布情况为:

——GB 14003—1992。

线型光束感烟火灾探测器

1 范围

本标准规定了线型光束感烟火灾探测器的术语和定义、一般要求、要求和试验方法、检验规则和标志。

本标准适用于一般工业与民用建筑中安装使用的利用减光原理探测烟雾的相对部件间光路长度为1 m～100 m，且最小光路长度不大于10 m的线型光束感烟火灾探测器及带有探测热扰动功能的线型光束感烟火灾探测器。其他环境中安装使用的具有特殊要求的线型光束感烟火灾探测器，除特殊要求由有关标准另行规定外，亦应执行本标准。

2 规范性引用文件

下列文件中的条款通过本标准的引用而成为本标准的条款。凡是注日期的引用文件，其随后所有的修改单(不包括勘误的内容)或修订版均不适用于本标准，然而，鼓励根据本标准达成协议的各方研究是否可使用这些文件的最新版本。凡是不注日期的引用文件，其最新版本适用于本标准。

GB 4715 点型感烟火灾探测器

GB 9969.1 工业产品使用说明书 总则

GB 16838 消防电子产品环境试验方法及严酷等级

GB 12978 消防电子产品检验规则

GB/T 17626.2—1998 电磁兼容 试验和测量技术 静电放电抗扰度试验(idt IEC 61000-4-2：1995)

GB/T 17626.3—1998 电磁兼容 试验和测量技术 射频电磁场辐射抗扰度试验(idt IEC 61000-4-3：1995)

GB/T 17626.4—1998 电磁兼容 试验和测量技术 电快速瞬变脉冲群抗扰度试验(idt IEC 61000-4-4：1995)

GB/T 17626.5—1998 电磁兼容 试验和测量技术 浪涌(冲击)抗扰度试验(idt IEC 61000-4-5：1995)

GB/T 17626.6—1998 电磁兼容 试验和测量技术 射频场感应的传导骚扰抗扰度(idt IEC 61000-4-6：1996)

3 术语和定义

本标准采用下列术语和定义：

3.1

光路长度 optical path length

发射器、接收器(或反光镜)间光波波阵面传播的距离。

3.2

相对部件 opposed components

线型光束感烟火灾探测器中可以决定光路长度的部件。

3.3

最小光路长度 minimum optical path length

当由长至短改变探测器的光路长度时，能保证探测器正常工作的光路长度极限值。

4 一般要求

4.1 总则

线型光束感烟火灾探测器(以下称探测器)若要符合本标准,应首先满足本章要求,然后按第5章规定进行试验,并满足试验要求。

4.2 报警确认灯

探测器上应有红色报警确认灯。当被监视区域烟参数符合报警条件时,探测器报警确认灯应点亮,并保持至被复位。通过报警确认灯显示探测器其他工作状态时,应与火灾报警状态有明显区别。可拆卸探测器的报警确认灯可安装在探头或其底座上。确认灯点亮时在其正前方10m处,光照度不超过500lx的环境条件下,应清晰可见。

4.3 辅助设备连接

探测器连接其他辅助设备(例如远程确认灯,控制继电器等)时,与辅助设备连接线的开路和短路不应影响探测器的正常工作。

4.4 出厂设置

除非使用特殊手段(如专用工具或密码)或破坏封条,否则探测器的出厂设置不应被改变。

4.5 响应性能现场设置

探测器的响应性能如果可在探测器或在与其相连的控制和指示设备上进行现场设置,则应满足以下要求:

a) 当制造商声明所有设置均满足本标准的要求时,探测器在任意设置的条件下均应满足本标准的要求,且对于现场设置应只能通过专用工具、密码或探头与底座的分离等手段实现。

b) 当制造商声明某一设置不满足本标准的要求时,该设置应只能通过专用工具、密码手段实现,且应在探测器上或有关文件中明确标明该项设置不能满足标准的要求。

4.6 防止外界物体侵入性能

探测器应能防止直径为0.95 mm~1.0 mm的球形物体侵入其内部。

4.7 可拆卸探测器

当可拆卸探测器探头与底座分离时,应为控制和指示设备发出故障信号提供识别手段。

4.8 极限补偿

具有补偿功能的探测器,达到补偿极限时,探测器应向配接的控制和指示设备发出一个显示补偿达到极限的信号(可为故障信号)。

4.9 控制软件要求

4.9.1 总则

对于依靠软件控制而符合本标准要求的探测器,应满足4.9.2、4.9.3和4.9.4的要求。

4.9.2 软件文件

4.9.2.1 制造商应提交软件设计资料。资料应有充分的内容证明软件设计符合标准要求并应至少包括以下内容:

a) 主程序的功能描述(如流程图或结构图),包括:

——各模块及其功能的主要描述;

——各模块相互作用的方式;

——程序的全部层次;

——软件与探测器硬件相互作用的方式;

——模块调用的方式,包括中断过程。

b) 存储器地址分配情况(如程序、特定数据和运行数据);

c) 软件及其版本唯一识别标识。

4.9.2.2 若检验需要，制造商应能提供至少包含以下内容的详细的设计文件：

a) 系统总体配置概况，包括所有软件和硬件部分；

b) 程序中每个模块的描述，包括：

——模块名称；

——执行任务的描述；

——接口的描述，包括数据传输方式、有效数据的范围和验证。

c) 全部源代码清单，包括全局变量和局部变量、常量和注释、充分的程序流程的说明；

d) 设计和执行过程中使用的应用软件。

4.9.3 软件设计

为确保探测器的可靠性，软件设计应满足下述要求：

a) 软件应为模块化结构；

b) 手动和自动产生数据接口的设计应禁止无效数据导致程序运行错误；

c) 软件设计应避免产生程序锁死。

4.9.4 程序和数据的存贮

4.9.4.1 满足本标准要求的程序和出厂设置等预置数据应存贮在不易丢失信息的存储器中。改变上述存储器内容应通过特殊工具或密码实现，并且不允许在探测器正常运行时进行。

4.9.4.2 现场设置的数据应被存贮在探测器无外部供电情况下信息至少能保存 14d 的存储器中，除非有措施在探测器电源恢复后 1 h 内对该数据进行恢复。

4.10 使用说明书

探测器应有相应的中文说明书。说明书的内容应满足 GB 9969.1 的要求。

5 要求与试验方法

5.1 总则

5.1.1 试验的大气条件

除在有关条文另有说明外，则各项试验均在下述大气条件下进行：

——温度：15℃～35℃；

——湿度：25%RH～75%RH；

——大气压力：86 kPa～106 kPa。

5.1.2 试验的正常监视状态

若在试验方法中要求探测器在正常监视状态下工作时，应将试样与制造商提供的的控制和指示设备连接；在有关条文中没有特殊要求时，应保证探测器的工作电压为额定工作电压，并在试验期间保持工作电压稳定。探测器的检测报告应注明试验期间探测器配接的控制和指示设备的型号、制造商等内容。

5.1.3 探测器的安装

探测器应按制造商规定的正常安装方式安装。如果说明书给出多种安装方式，试验中应采用对探测器工作最不利的安装方式。

5.1.4 容差

除在有关条文另有说明外，各项试验数据的容差均为±5%；环境条件参数偏差应符合 GB 16838 要求。

5.1.5 试验样品

试验前，制造商应提供 8 套探测器。

5.1.6 试验前检查

5.1.6.1 探测器在试验前进行外观检查，应符合下述要求：

a) 表面无腐蚀、涂覆层脱落和起泡现象，无明显划伤、裂痕、毛刺等机械损伤；

b) 紧固部位无松动。

5.1.6.2 探测器在试验前应按第4章要求对试样进行检查，符合要求后方可进行试验。

5.1.7 试验程序

探测器按表1规定的程序进行试验。一致性试验后，将具有最大及次最大响应阈值的探测器分别编为8和7号，其他探测器随机按1号～6号编号。

表 1

序号	章条	试验项目	探测器编号							
			1	2	3	4	5	6	7	8
1	5.2	一致性试验	√	√	√	√	√	√	√	√
2	5.3	热干扰试验	√							
3	5.4	重复性试验		√						
4	5.5	遮挡快速变化试验	√							
5	5.6	遮挡慢速变化试验	√							
6	5.7	电源参数波动试验	√							
7	5.8	光路长度相依性试验	√							
8	5.9	光路定向相依性试验	√							
9	5.10	高温(运行)试验			√					
10	5.11	低温(运行)试验			√					
11	5.12	恒定湿热(运行)试验			√					
12	5.13	恒定湿热(耐久)试验		√						
13	5.14	腐蚀试验						√		
14	5.15	射频电磁场辐射抗扰度试验				√				
15	5.16	静电放电抗扰度试验				√				
16	5.17	电快速瞬变脉冲群抗扰度试验				√				
17	5.18	射频场感应的传导骚扰抗扰度试验					√			
18	5.19	浪涌(冲击)抗扰度试验					√			
19	5.20	振动(正弦)(耐久)试验	√							
20	5.21	碰撞试验					√			
21	5.22	环境光线干扰试验					√			
22	5.23	火灾灵敏度试验							√	√

5.2 一致性试验

5.2.1 目的

检验探测器的响应阈值是否在规定范围内及响应阈值分布的一致性。

5.2.2 试验方法

5.2.2.1 将试样的灵敏度调整为制造商规定的最大灵敏度。

5.2.2.2 按附录A规定，分别测量每只试样的响应阈值，将测得的响应阈值中最小值定为A_{min}，最大值定为A_{max}。

5.2.3 要求

5.2.3.1 响应阈值不应小于0.5 dB。

5.2.3.2 响应阈值的比值 A_{max} ∶ A_{min} 不应大于1.6。

5.3 热干扰试验

5.3.1 目的

检验探测器在正常工作条件下对偶然出现的热干扰的适应性。

5.3.2 方法

5.3.2.1 将试样的灵敏度调整为制造商规定的最大灵敏度。模拟热干扰试验频率不应为制造商提供采样频率的整数倍(仍在规定的频率范围内)。

5.3.2.2 对于具有热扰动探测功能的试样,如其热干扰探测灵敏度可调,将其灵敏度调为最不灵敏。

5.3.2.3 按附录A规定安装、稳定、调整、校准试样,在5 Hz±1 Hz、10 Hz±1 Hz、20 Hz±2 Hz、50 Hz±5 Hz各频率上,以0 dB～－0.7 dB的峰-峰值周期变化量,干扰光路传输,分别持续1 min,监视并记录试样状态。

5.3.3 要求

热干扰期间,试样不应发出火灾报警信号或故障信号。

5.3.4 试验设备

试验设备应能提供一光路,该光路以5 Hz±1 Hz、10 Hz±1 Hz、20 Hz±2 Hz、50 Hz±5 Hz的频率,0 dB～－0.7 dB的峰-峰值周期性变化。

5.4 重复性试验

5.4.1 目的

检验探测器连续工作的稳定性。

5.4.2 方法

5.4.2.1 将试样的灵敏度调整为制造商规定的最大灵敏度。

5.4.2.2 按附录A规定测量三次响应阈值,两次测量的时间间隔不应小于10 min,但不大于1 h。最后一次测量后,保持试样状态不变。

5.4.2.3 将试样不间断通电7 d,然后按附录A规定测量三次响应阈值,两次测量的时间间隔不应小于10 min,但不大于1 h。

5.4.2.4 将测得的六个响应阈值中的最小值定为 A_{min},最大值定为 A_{max}。

5.4.3 要求

5.4.3.1 通电期间,试样不应发出火灾报警信号或故障信号。

5.4.3.2 响应阈值不应小于0.5 dB。

5.4.3.3 响应阈值的比值 A_{max} ∶ A_{min} 不应大于1.3。

5.5 遮挡快速变化试验

5.5.1 目的

检验探测器在光路被快速遮挡时的响应能力。

5.5.2 试验方法

5.5.2.1 将试样的灵敏度调整为制造商规定的最小灵敏度。

5.5.2.2 按附录A规定安装、稳定、调整、校准试样。

5.5.2.3 放置遮挡滤光片在试样光路上,使其尽量靠近接收器,并在1 s内遮挡试样光路,保持70 s。监视并记录试样状态。

5.5.3 要求

试样的相对部件间放入遮挡滤光片后,试样应在60 s内发出火灾报警信号或故障信号。

5.5.4 **试验设备**

遮挡滤光片:在探测器波长范围内减光 10 dB~13 dB。

5.6 **遮挡缓慢变化试验**

5.6.1 **目的**

检验探测器对缓慢发展火灾的响应性能。

5.6.2 **试验方法**

5.6.2.1 将试样的灵敏度调整为制造商规定的最大灵敏度。

5.6.2.2 可用电路分析方法或进行真实试验。进行分析或试验时,应使遮挡增加的变化率不大于 $A_{rep}/4$ h(A_{rep}为一致性试验中测得的所有探测器响应阈值的平均值)。

5.6.2.3 按附录 A 规定测量响应阈值。

5.6.2.4 将测得的响应阈值与该试样在一致性试验中的响应阈值相比较,其中小的响应阈值定为 A_{min},大的响应阈值定为 A_{max}。

5.6.3 **要求**

响应阈值的比值 A_{max} ∶ A_{min}不应大于 1.6。

5.7 **电源参数波动试验**

5.7.1 **目的**

检验探测器对电源参数变化的适应性。

5.7.2 **试验方法**

5.7.2.1 供电电源为直流恒压的探测器。

5.7.2.1.1 将试样的灵敏度调整为制造商规定的最大灵敏度。

5.7.2.1.2 按附录 A 规定安装、稳定、调整、校准探测器。

5.7.2.1.3 分别使额定工作电压降低 15%和升高 10%或按制造商规定的额定工作电压上、下限测量试样的响应阈值。

5.7.2.1.4 将测得的响应阈值与该试样在一致性试验中的响应阈值相比较,响应阈值中最小值定为 A_{min},最大值定为 A_{max}。

5.7.2.2 供电电源为脉动电压的探测器。

5.7.2.2.1 将试样的灵敏度调整为制造商规定的最大灵敏度。

5.7.2.2.2 将试样通过长度为 1 000 m,截面积为 1.0 mm^2 的铜质双绞导线(或按照制造商提供的条件)与配套的控制和指示设备连接,按附录 A 规定安装、稳定、调整、校准探测器。

5.7.2.2.3 分别使额定工作电压降低 15%和升高 10%或按制造商规定的额定工作电压上、下限测量试样的响应阈值。

5.7.2.2.4 将测得的响应阈值与该试样在一致性试验中的响应阈值相比较,响应阈值中最小值定为 A_{min},最大值定为 A_{max}。

5.7.3 **要求**

5.7.3.1 响应阈值不应小于 0.5 dB。

5.7.3.2 响应阈值的比值 A_{max} ∶ A_{min}之比不应大于 1.6。

5.8 **光路长度相依性试验**

5.8.1 **目的**

检验探测器在按制造商规定的最大、最小光路长度上工作时,其响应阈值的一致性。

5.8.2 **试验方法**

5.8.2.1 将试样的灵敏度调整为制造商规定的最大灵敏度。

5.8.2.2 在制造商规定的最小光路长度上,按附录 A 规定测量探测器的响应阈值。

5.8.2.3 在制造商规定的最大光路长度上,按附录 A 规定测量探测器的响应阈值。

5.8.2.4 将测得的响应阈值中小的定为 A_{min}，大的定为 A_{max}。

5.8.3 **要求**

响应阈值的比值 A_{max} ∶ A_{min} 之比不应大于1.6。

5.9 光路定向相依性试验

5.9.1 目的

检验探测器接受部件相对发射光轴偏移的适应性。

5.9.2 试验方法

5.9.2.1 将试样的灵敏度调整为制造商规定的最大灵敏度。

5.9.2.2 在制造商规定的最大光路长度上，按附录A规定安装、稳定、调整、校准试样。

5.9.2.3 将试样接收部件向左偏转，使其视锥角的轴线与光轴的夹角以(0.3±0.05)°/min的速度增加。

5.9.2.4 记录下试样发出故障或火灾报警信号时的最小角度。

5.9.2.5 将试样恢复到5.9.2.2规定的状态。

5.9.2.6 将试样接收部件向右偏转，使其视锥角的轴线与光轴的夹角以(0.3±0.05)°/min的速度增加。

5.9.2.7 记录下试样发出故障或火灾报警信号时的最小角度。

5.9.2.8 将试样恢复到5.9.2.2规定的状态。按顺时针方向，以光轴为轴，将试样旋转90°。重复上述5.9.2.3至5.9.2.6试验。

5.9.3 要求

试验期间，试样在制造商规定光路方向偏差范围内不应发出火灾报警信号或故障信号。

5.9.4 试验设备

能提供5.9.2所列试验方法的试验设备。

5.10 高温(运行)试验

5.10.1 目的

检验探测器在高温环境下工作的适应性。

5.10.2 试验方法

5.10.2.1 将试样的灵敏度调整为制造商规定的最大灵敏度。

5.10.2.2 将试样放入试验箱中，并按附录A规定安装、稳定、调整、校准探测器，使之处于正常监视状态。

5.10.2.3 在正常大气条件下保持1h，然后以不大于1℃/min的升温速率将温度升至(55±2)℃，在此环境条件下保持16 h，观察并记录试样的工作状态。

5.10.2.4 高温环境结束后，立即用1.6×A(A为该探测器在一致性试验中的响应阈值)的减光片遮挡光路，观察试样工作状态并计时。

5.10.2.5 取出探测器，在正常大气条件下放置至少1 h后，按附录A规定测量响应阈值。

5.10.2.6 将测得的响应阈值与该试样在一致性试验中的响应阈值相比较，其中小的响应阈值定为 A_{min}，大的响应阈值定为 A_{max}。

5.10.3 要求

5.10.3.1 升温及温度保持期间，试样不应发出火灾报警信号或故障信号；

5.10.3.2 高温环境结束后，用1.6×A的减光片遮挡光路，试样应在30 s内发出火灾报警信号。

5.10.3.3 响应阈值不应小于0.5 dB。

5.10.3.4 响应阈值的比值 A_{max} ∶ A_{min} 之比不应大于1.6。

5.10.4 试验设备

试验设备应符合GB 16838的规定。

5.11 低温(运行)试验

5.11.1 目的

检验探测器在低温条件下工作的适应性。

5.11.2 试验方法

5.11.2.1 将试样的灵敏度调整为制造商规定的最大灵敏度。

5.11.2.2 将试样放入试验箱中,并按附录 A 规定安装、稳定、调整、校准探测器,使之处于正常监视状态。

5.11.2.3 在正常大气条件下保持 1 h,然后以不大于 1℃/min 的降温速率将温度降至(−10±3)℃,在此环境条件下保持 16 h,观察并记录试样的工作状态。

5.11.2.4 低温环境结束后,立即用 1.6×A(A 为该探测器在一致性试验中的响应阈值)的减光片遮挡光路,观察试样工作状态并计时。

5.11.2.5 调节试验箱温度,使其以不大于 1℃/min 的升温速率将温度恢复到正常大气温度。

5.11.2.6 取出探测器,在正常大气条件下放置至少 1 h 后,按附录 A 规定测量响应阈值。

5.11.2.7 将测得的响应阈值与该试样在一致性试验中的响应阈值相比较,其中小的响应阈值定为 A_{min},大的响应阈值定为 A_{max}。

5.11.3 要求

5.11.3.1 降温及温度保持期间,试样不应发出火灾报警信号或故障信号;

5.11.3.2 低温环境结束后,用 1.6×A 的减光片遮挡光路,试样应在 30 s 内发出火灾报警信号。

5.11.3.3 响应阈值不应小于 0.5 dB。

5.11.3.4 响应阈值的比值 A_{max} ∶ A_{min}之比不应大于 1.6。

5.11.4 试验设备

试验设备应符合 GB 16838 的规定。

5.12 恒定湿热(运行)试验

5.12.1 目的

检验探测器在相对湿度高(无凝露)的环境下正常工作的能力。

5.12.2 试验方法

5.12.2.1 将试样的灵敏度调整为制造商规定的最大灵敏度。

5.12.2.2 将试样放入试验箱中,并按附录 A 规定安装、稳定、调整、校准探测器,使之处于正常监视状态。

5.12.2.3 在正常大气条件下保持 1 h,调节试验箱,使温度为(40±2)℃,相对湿度为(93±3)%(先调节温度,当温度达到稳定后再加湿),在此环境条件下保持 4 d,湿热环境期间,观察并记录试样工作状态。

5.12.2.4 取出探测器,在正常大气条件下放置至少 1 h 后,按附录 A 规定测量响应阈值。

5.12.2.5 将测得的响应阈值与该试样在一致性试验中的响应阈值相比较,其中小的响应阈值定为 A_{min},大的响应阈值定为 A_{max}。

5.12.3 要求

5.12.3.1 湿热环境期间,试样不应发出火灾报警信号或故障信号;

5.12.3.2 响应阈值的比值 A_{max} ∶ A_{min}之比不应大于 1.6。

5.12.4 试验设备

试验设备应符合 GB 16838 的规定。

5.13 恒定湿热(耐久)试验

5.13.1 目的

检验探测器长时间承受实际使用环境中湿度影响的能力。

5.13.2 **试验方法**

5.13.2.1 将试样的灵敏度调整为制造商规定的最大灵敏度。

5.13.2.2 将试样在温度为(40±5)℃的试样箱内放置 2 h 后。调节试验箱，使试验箱在温度为(40±2)℃，相对湿度(93±3)%的条件下连续保持 21 d。湿热环境期间，试样不通电。

5.13.2.3 湿热环境结束后，将试样由湿热试验箱内取出，在正常大气条件放置至少 1 h。然后接通控制和指示设备，观察试样工作情况。若试样能处于正常监视状态，按附录 A 规定测量响应阈值。

5.13.2.4 将测得的响应阈值与该试样在一致性试验中的响应阈值相比较，其中小的响应阈值定为 A_{min}，大的响应阈值定为 A_{max}。

5.13.3 **要求**

5.13.3.1 接通控制和指示设备后，试样不应发出故障信号。

5.13.3.2 响应阈值的比值 A_{max} ∶ A_{min} 之比不应大于 1.6。

5.13.4 **试验设备**

试验设备应符合 GB 16838 的规定。

5.14 **腐蚀试验**

5.14.1 **目的**

检验探测器抗腐蚀的能力。

5.14.2 **试验方法**

5.14.2.1 将试样的灵敏度调整为制造商规定的最大灵敏度。

5.14.2.2 将试样放入试验箱中，按附录 A 规定安装、稳定、调整、校准探测器。腐蚀期间，试样不通电，但应保证试样一端有足够长的连接导线以保证试验后不用调整直接测量响应阈值。

5.14.2.3 调节试验箱，使温度为(25±2)℃、SO_2 浓度为(25±5)×10^{-6}(体积比)、相对湿度为(93±3)%，在此环境条件下保持 21 d。

5.14.2.4 腐蚀环境后，将试样在温度为(40±2)℃、相对湿度低于 50%的试验箱内放置 16 h。

5.14.2.5 将试样取出，在正常大气条件放置至少 1 h。接通控制和指示设备，观察试样工作情况。若试样能处于正常监视状态，按附录 A 规定测量响应阈值。

5.14.2.6 将测得的响应阈值与该试样在一致性试验中的响应阈值相比较，其中小的响应阈值定为 A_{min}，大的响应阈值定为 A_{max}。

5.14.3 **要求**

5.14.3.1 接通控制和指示设备后，试样不应发出故障信号。

5.14.3.2 响应阈值的比值 A_{max} ∶ A_{min} 之比不应大于 1.6。

5.14.4 **试验设备**

试验设备应符合 GB 16838 的规定。

5.15 **射频电磁场辐射抗扰度试验**

5.15.1 **目的**

检验探测器在射频电磁场辐射环境下工作的适应性。

5.15.2 **试验方法**

5.15.2.1 将试样的灵敏度调整为制造商规定的最大灵敏度。

5.15.2.2 按附录 A 规定安装、稳定、调整、校准试样，使试样处于正常监视状态，保持 15min。

5.15.2.3 按 GB/T 17626.3—1998 的要求，对试样施加以下条件的电磁干扰：

——频率范围为 80 MHz～1 000 MHz；

——电磁场场强为 10 V/m；

—— 幅度调制为用 1 kHz 的正弦波对信号进行 80%调制。

5.15.2.4 干扰期间，观察并记录试样工作状态。

5.15.2.5 干扰环境结束后，按附录A规定测量响应阈值A。

5.15.2.6 将测得的响应阈值与该试样在一致性试验中的响应阈值相比较，其中小的响应阈值定为A_{min}，大的响应阈值定为A_{max}。

5.15.3 **要求**

5.15.3.1 干扰期间，试样不应发出火灾报警信号。

5.15.3.2 响应阈值的比值A_{max}∶A_{min}之比不应大于1.6。

5.15.4 **试验设备**

试验设备应满足GB/T 17626.3—1998的要求。

5.16 **静电放电抗扰度试验**

5.16.1 **目的**

检验探测器对带静电人员、物体造成的静电放电的适应性。

5.16.2 **试验方法**

5.16.2.1 将试样的灵敏度调整为制造商规定的最大灵敏度。

5.16.2.2 将试样放在距接地参考平面0.8 m的支架上。按附录A规定安装、稳定、调整、校准试样，使试样处于正常监视状态，保持15 min。

5.16.2.3 对绝缘体外壳的试样，实施空气放电；对导体外壳的试样，实施接触放电。

5.16.2.4 按GB/T 17626.2—1998的要求，对试样施加以下条件的电磁干扰：

—— 空气放电电压为8 kV；

—— 接触放电电压为6 kV；

—— 极性为正、负。

5.16.2.5 干扰期间，观察并记录试样的工作状态。

5.16.2.6 干扰结束后，按附录A规定测量响应阈值A。

5.16.2.7 将测得的响应阈值与该试样在一致性试验中的响应阈值相比较，其中小的响应阈值定为A_{min}，大的响应阈值定为A_{max}。

5.16.3 **要求**

5.16.3.1 干扰期间，试样不应发出火灾报警信号。

5.16.3.2 响应阈值的比值A_{max}∶A_{min}之比不应大于1.6。

5.16.4 **试验设备**

试验设备应满足GB/T 17626.2—1998的规定。

5.17 **电快速瞬变脉冲群抗扰度试验**

5.17.1 **目的**

检验探测器抗电快速瞬变脉冲群干扰的能力。

5.17.2 **试验方法**

5.17.2.1 将试样的灵敏度调整为制造商规定的最大灵敏度。

5.17.2.2 将试样安放在绝缘台上，按附录A规定安装、稳定、调整、校准试样，使试样处于正常监视状态，保持15min。

5.17.2.3 按GB/T 17626.4—1998中的要求，对试样的外接连线施加以下条件的电磁干扰：

——电压$1\times(1\pm0.1)$ kV；

——频率$5\times(1\pm0.2)$ kHz；

——极性正、负。

5.17.2.4 干扰期间，观察并记录试样工作状态。

5.17.2.5 干扰结束后，按附录A规定测量探测器的响应阈值A。

5.17.2.6 将测得的响应阈值与该探测器在一致性试验中的响应阈值相比较，其中小的响应阈值定为

A_{min}，大的响应阈值定为 A_{max}。

5.17.3 **要求**

5.17.3.1 干扰期间，探测器不应发出火灾报警信号。

5.17.3.2 响应阈值的比值 A_{max} ：A_{min}之比不应大于 1.6。

5.17.4 **试验设备**

试验设备应满足 GB/T 17626.4—1998 的要求。

5.18 **射频场感应的传导骚扰抗扰度试验**

5.18.1 **目的**

检验探测器在来自射频发射机产生的电磁骚扰环境下工作的适应性。

5.18.2 **试验方法**

5.18.2.1 将试样的灵敏度调整为制造商规定的最大灵敏度。

5.18.2.2 将试样安放在绝缘台上，按附录 A 规定安装、稳定、调整、校准试样，使试样处于正常监视状态，保持 15 min。

5.18.2.3 按 GB/T 17626.6—1998 的要求，对试样施加以下条件的电磁干扰：

——频率范围为 150 kHz～100 MHz；

——电压为 140 dBμV；

——幅度调制为用 1 kHz 的正弦波对信号进行 80% 调制。

5.18.2.4 干扰期间，观察并记录试样工作状态。

5.18.2.5 干扰结束后，按附录 A 规定测量探测器的响应阈值 A。

5.18.2.6 将测得的响应阈值与该探测器在一致性试验中的响应阈值相比较，其中小的响应阈值定为 A_{min}，大的响应阈值定为 A_{max}。

5.18.3 **要求**

5.18.3.1 干扰期间，探测器不应发出火灾报警信号。

5.18.3.2 响应阈值的比值 A_{max} ：A_{min}之比不应大于 1.6。

5.18.4 **试验设备**

试验设备应满足 GB/T 17626.6—1998 的规定。

5.19 **浪涌(冲击)抗扰度试验**

5.19.1 **目的**

检验探测器对附近闪电或供电系统的电源切换及低电压网络、包括大容性负载切换等产生的电压瞬变(电浪涌)干扰的适应性。

5.19.2 **试验方法**

5.19.2.1 将试样的灵敏度调整为制造商规定的最大灵敏度。

5.19.2.2 将试样安放在绝缘台上，按附录 A 规定安装、稳定、调整、校准试样，使试样处于正常监视状态，保持 15 min。

5.19.2.3 按 GB/T 17626.5—1998 中的要求，对试样的外接连线按线－地的方式施加以下条件的电磁干扰：

—— 电压 1×(1±0.1) kV；

—— 极性正、负；

—— 在正极性和负极性各施加 5 次。

5.19.2.4 干扰期间，观察并记录试样工作状态。

5.19.2.5 干扰结束后，按附录 A 规定测量探测器的响应阈值 A。

5.19.2.6 将测得的响应阈值与该探测器在一致性试验中的响应阈值相比较，其中小的响应阈值定为 A_{min}，大的响应阈值定为 A_{max}。

5.19.3 **要求**

5.19.3.1 干扰期间，探测器不应发出火灾报警信号。

5.19.3.2 响应阈值的比值 A_{max} ∶ A_{min}之比不应大于1.6。

5.19.4 **试验设备**

试验设备应满足GB/T 17626.5—1998的要求。

5.20 **振动(正弦)(耐久)试验**

5.20.1 **目的**

检验探测器长时间承受振动影响的能力。

5.20.2 **试验方法**

5.20.2.1 将试样的灵敏度调整为制造商规定的最大灵敏度。

5.20.2.2 按探测器正常安装方式刚性安装探测器，试验期间探测器不通电。

5.20.2.3 依次在三个互相垂直的轴线上，在10 Hz～150 Hz的频率循环范围内，以9.810 m/s^2 的加速度幅值，1倍频程/分钟的扫频速率，各进行20次扫频循环。

5.20.2.4 振动结束后，立即检查试样外观及紧固部位。然后接通控制和指示设备，观察试样工作情况。若试样恢复到正常监视状态，按附录A规定测量探测器的响应阈值。

5.20.2.5 将测得的响应阈值与该探测器在一致性试验中的响应阈值相比较，其中小的响应阈值定为 A_{min}，大的响应阈值定为 A_{max}。

5.20.2.6 接通控制和指示设备后，试样不应发出故障信号。

5.20.2.7 振动结束后，探测器不应有机械损伤和紧固部位松动现象。

5.20.2.8 响应阈值的比值 A_{max} ∶ A_{min}之比不应大于1.6。

5.20.3 **试验设备**

试验设备应符合GB 16838的规定。

5.21 **碰撞试验**

5.21.1 **目的**

检验探测器承受机械碰撞的适应性。

5.21.2 **试验方法**

5.21.2.1 将试样的灵敏度调整为制造商规定的最大灵敏度。

5.21.2.2 将探测器和底座按其正常的工作位置安装在刚性水平安装板上，按附录A规定安装、稳定、调整、校准探测器。

5.21.2.3 对每一部件在其最易影响其性能且易损坏的部位(如镜片、窗、调准装置等部位)上施加3次能量为(0.5±0.04)J的碰撞，每一部件取20个部位。受碰撞两点间距离不应小于10 mm。少于20个上述易损部位的部件，其剩余次数任意分配于部件的剩余表面上。碰撞期间，观察并记录探测器的工作状态。碰撞后，按附录A规定测量探测器的响应阈值A。将测得的响应阈值与该探测器在一致性试验中的响应阈值相比较，其中小的响应阈值定为 A_{min}，大的响应阈值定为 A_{max}。

5.21.3 **要求**

5.21.3.1 碰撞期间，探测器不应发出火灾报警信号或故障信号。

5.21.3.2 碰撞后，探测器不应有机械损伤和紧固部位松动现象。

5.21.3.3 响应阈值的比值 A_{max} ∶ A_{min}之比不应大于1.6。

5.21.4 **试验设备**

利用弹簧工作的碰撞试验设备，可提供瞬间能量为(0.5±0.04)J的碰撞。

5.22 **环境光干扰试验**

5.22.1 **目的**

检验探测器抗环境光线干扰的能力。

5.22.2 **试验方法**

5.22.2.1 将试样的灵敏度调整为制造商规定的最大灵敏度。

5.22.2.2 按附录A规定安装探测器,接收器位置如图1所示,对于相对部件间距大于10 m的探测器,两相对部件间距离不小于10 m;对于相对部件间距小于10 m的探测器,两相对部件间距离为最大间距值。

5.22.2.3 按附录A规定稳定、调整、校准探测器,不允许用中性滤光片插入光路去缩短相对部件间距离。

5.22.2.4 对所有灯进行通电10 s、断电10 s的固定程序循环10次。然后使所有灯同时通电至少60 min。

5.22.3.5 在所有灯仍然通电条件下,按附录A规定测量探测器的响应阈值A。

5.22.3.6 将测得的响应阈值与该探测器在一致性试验中的响应阈值相比较,其中小的响应阈值定为A_{min},大的响应阈值定为A_{max}。

5.22.3 **要求**

5.22.3.1 干扰期间,探测器不应发出火灾报警信号或故障信号。

5.22.3.2 响应阈值的比值A_{max} : A_{min}之比不应大于1.6。

5.22.4 **试验设备**

5.22.4.1 150 W钨丝灯泡按图1所示沿平行于光路轴线并距光路轴线300 mm的直线,以2m间距安设。使用前应老化1 h,使用750 h后报废。

5.22.4.2 40 W管形荧光灯按图1所示沿平行于光路轴线并距光路轴线300 mm的直线安设。使用前应老化100 h,使用2 000 h后报废。

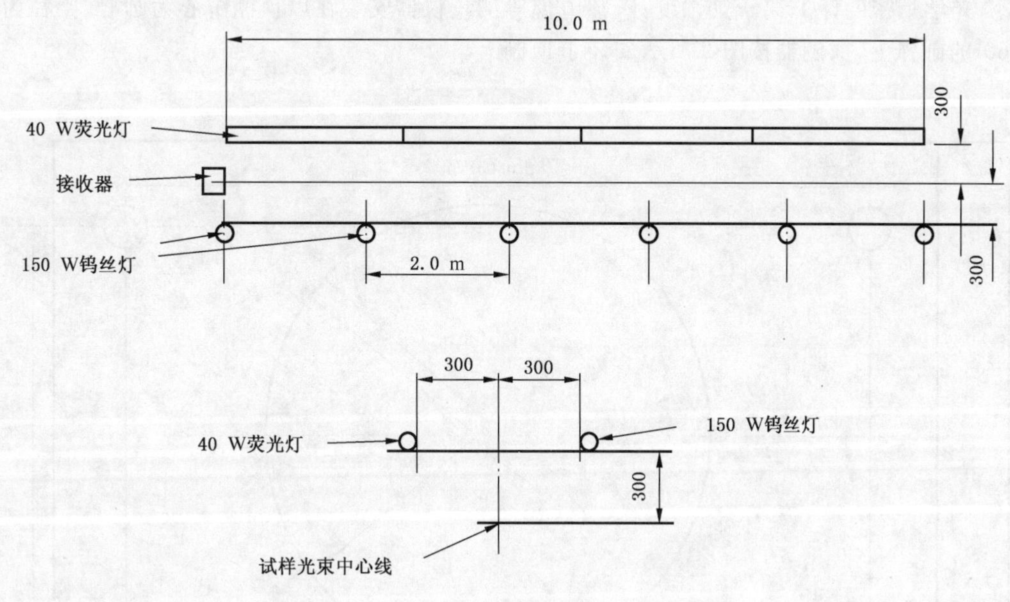

注:除特殊标出外,尺寸单位为mm。

图1 试验灯布置图

5.23 火灾灵敏度试验

5.23.1 目的

检验探测器在试验火条件下的响应性能。

5.23.2 试验方法

5.23.2.1 将试样的灵敏度调整为制造商规定的最小灵敏度。

5.23.2.2 探测器相对部件按图2所示位置在试验室中安装,相对部件距试验室中心应是等距的。探测器光路应在天棚以下250 mm处(如果相对部件的物理尺寸不允许这样,光束应尽可能靠近天棚)。

5.23.2.3 对带有热骚动探测功能的探测器,如果其可调,调节热骚动的灵敏度为最不灵敏。

5.23.2.4 连接探测器到电源及监视设备上，在进行每种火试验前，按附录A规定稳定、调准、校对探测器。

5.23.2.5 对于5.25.4规定的每种试验火，在试验前，应使探测器至少稳定由制造商规定的时间周期，试验室应通风换气，直至热电偶、光学烟密度计和离子烟浓度计分别指示下列温度(T)、烟浓度(m和y)的初始值为止：

——$T=(23\pm5)$℃；

——$m<0.02$ dB/m(光学烟密度计I)；

——$y<0.05$。

5.23.2.6 按GB 4715的规定对每种试验火进行点火。点火后，试验人员应立即离开试验室，并要注意防止空气流动影响试验火。所有门、窗或其他开口均应关闭。试验期间应随时测量ΔT、m、y和燃料消耗量ΔG等火灾参数。

5.23.3 要求

在GB 4715中给出的四种试验火条件下，探测器在每种试验火结束前均应发出火灾报警信号。

5.23.4 试验火

四种试验火应满足GB 4715的规定。

5.23.5 燃烧试验室

燃烧试验室尺寸长为10 m、宽7 m、高4 m。顶棚为水平平面，用耐热隔热材料制成。试验室应具有通风设备，并满足火灾试验所要求的环境条件。试验点火前，试验室内不允许有气流流动。火源设在地面中心处，光学烟密度计I、离子烟浓度计、热电偶等测量仪器安装在以顶棚中心为圆心、半径为3 m、圆心角为60°的圆弧上，探测器按图2所示安装于顶棚上。

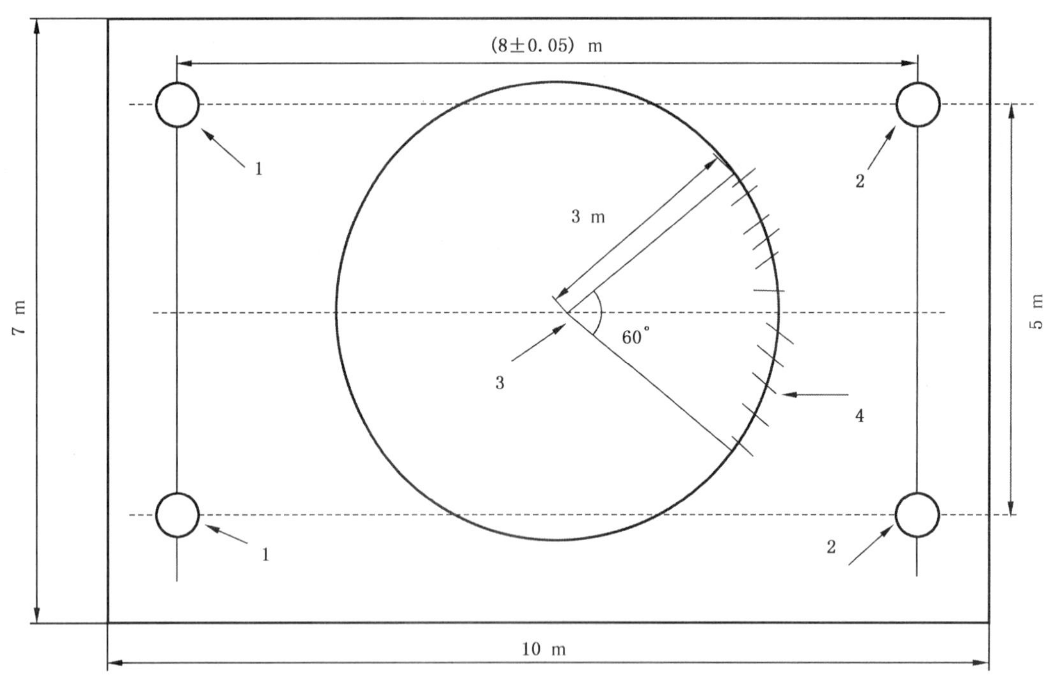

1——发射器或发射接收器；

2——接收器或反射器；

3——火源；

4——测量设备。

图2 试验布置图

6 检验规则

6.1 产品出厂检验

企业在产品出厂前应对探测器进行下述试验项目的检验：

a) 一致性试验；

b) 重复性试验；

c) 高温试验；

d) 光路长度相依性试验。

制造商应规定抽样方法、检验和判定规则。

6.2 型式检验

6.2.1 型式检验项目为本标准5.2～5.23规定的试验项目。检验样品在出厂检验合格的产品中抽取。有下列情况之一时，应进行型式检验：

a) 新产品或老产品转厂生产时的试制定型鉴定；

b) 正式生产后，产品的结构、主要部件或元器件、生产工艺等有较大的改变，可能影响产品性能或正式投产满4年；

c) 产品停产一年以上，恢复生产；

d) 出厂检验结果与上次型式检验结果差异较大；

e) 发生重大质量事故。

6.2.2 检验结果按GB 12978规定的型式检验结果判定方法进行判定。

7 标志

7.1 总则

7.1.1 产品标志应在探测器安装维护过程中清晰可见。

7.1.2 产品标志不应贴在螺丝或其他易被拆卸的部件上。

7.2 产品标志

7.2.1 每只探测器均应清晰地标注下列信息：

a) 产品名称；

b) 本标准标准号；

c) 制造商名称或商标；

d) 型号；

e) 接线柱标注；

f) 制造日期、产品编号、产地和探测器内软件版本号；

g) 产品主要技术参数(包括最大光路长度、最小光路长度、最大光路方向偏差、探测器的报警阈值、具有可变响应阈值的探测器应标明最大和最小响应阈值)。

7.2.2 对于可拆卸探测器，探头上的标志内容应包括上述a)、b)、c)、d)、f)、g)条的内容，底座的标志内容应至少包括d)和e)条内容。

7.2.3 产品标志信息中如使用不常用符号或缩写时，应在探测器说明书中说明。

7.3 质量检验标志

每只探测器均应有质量检验合格标志。

附 录 A
(规范性附录)
响应阈值的测量方法

A.1 试验设备

滤光片一套,其在接收器光谱范围内呈中性且能单个使用或复合在一起使用,以满足表 A.1 所要求的减光范围及对应的最小分辨率。

表 A.1 光学滤光片的最小分辨率

滤光片减光值/dB	最小分辨率/dB
小于 1.0	0.1
1.0 到 1.9	0.2
2.0 到 3.9	0.3
4.0 到 6.0	0.4
大于 6.0	1.0
注:一个或一组滤光片的减光值 A 可以按下式计算:$A=10\lg(I_0/I)$,其中 I_0 表示无滤光片时接收的光强度;I 表示滤光片减光时接收的光强度。	

A.2 试验方法

A.2.1 安装

根据制造商的规定安装探测器的相对部件。

注 1:对于碰撞试验,应按模仿探测器安装在固态墙上的方式安装探测器。

注 2:当受某些检测设备尺寸的限制,不可能将部件安装在探测器的正常工作间距内时,如果在部件间插入满足表 A.1 要求的中密度滤光片能使接收到的信号达到制造商规定的水平内,则可以将部件安装在比制造商规定的最小间距还小的间距上。但这一方法不能使用于环境光干扰试验。

注 3:固定接收器、发射器、反射器等部件,接收器与发射器之间或接收发射器与反射器之间距离不应小于 500 mm,其光轴高度应大于探测器的直径的 10 倍。

注 4:连接探测器到合适的控制和指示设备上,复位探测器。

A.2.2 调准和校正

根据制造商的说明调准、校正探测器。

A.2.3 稳定

按制造商规定的稳定时间稳定探测器。

A.2.4 测量响应阈值

A.2.4.1 放置一减光 0.9 dB 的滤光片在光路中并尽可能靠近接收器(以减少滤光片内的散射影响)。如果 30 s 内探测器发出火灾报警信号,记录其减光值小于 1.0 dB,结束试验。

A.2.4.2 逐渐增加滤光片的减光值,并将该滤光片放到尽可能靠近接收器的光路中,如果探测器在 30 s内发出火灾报警信号,记录探测器的响应阈值 A 为该减光值。

注:应对具有补偿功能的探测器采取相应措施以使补偿不影响测量的响应阈值。

A.2.4.3 当滤光片的减光值增加到 10 dB 时,探测器在 1 min 内仍不能发出火灾报警信号,则记录其减光值大于 10 dB,并结束试验。

ICS 13.220.20
C 81

中华人民共和国国家标准

GB 14287.1—2014
代替 GB 14287.1—2005

电气火灾监控系统
第1部分:电气火灾监控设备

Electrical fire monitoring system—Part 1:Electrical fire monitoring equipment

2014-07-24 发布　　2015-06-01 实施

中华人民共和国国家质量监督检验检疫总局
中国国家标准化管理委员会　发布

前　言

GB 14287 本部分的第 4 章、第 6 章、第 7 章为强制性的，其余为推荐性的。

GB 14287《电气火灾监控系统》由以下部分组成：

——第 1 部分：电气火灾监控设备；

——第 2 部分：剩余电流式电气火灾监控探测器；

——第 3 部分：测温式电气火灾监控探测器；

……

本部分为 GB 14287 的第 1 部分。

本部分按照 GB/T 1.1—2009 给出的规则起草。

本部分代替 GB 14287.1—2005《电气火灾监控系统　第 1 部分：电气火灾监控设备》，与 GB 14287.1—2005 相比主要技术变化如下：

——增加了监控设备接收和显示剩余电流值和温度值的要求(见 4.3.4)；

——增加了信息显示与查询功能(见 4.6)；

——增加了泄漏电流试验(见 5.8)；

——增加了射频电磁场辐射抗扰度试验(见 5.10)；

——增加了射频场感应的传导骚扰抗扰度试验(见 5.11)；

——增加了静电放电抗扰度试验(见 5.12)；

——增加了电快速瞬变脉冲群抗扰度试验(见 5.13)；

——增加了浪涌(冲击)抗扰度试验(见 5.14)；

——增加了电压暂降、短时中断和电压变化的抗扰度试验(见 5.15)；

——增加了电源瞬变试验(见 5.16)；

——增加了电压波动试验(见 5.17)；

——增加了碰撞试验(见 5.19)；

——取消了高温(运行)试验(见 2005 年版的 5.7)。

本部分由中华人民共和国公安部提出。

本部分由全国消防标准化技术委员会火灾探测与报警分技术委员会(SAC/TC 113/SC 6)归口。

本部分负责起草单位：公安部沈阳消防研究所。

本部分参加起草单位：沈阳斯沃电器有限公司、北京海博智恒电气防火科技有限公司、沈阳申泰电器系统有限公司、三科电器有限公司、福建俊豪电子有限公司、上海华宿电气技术有限公司。

本部分主要起草人：张颖琮、宋立丹、仝瑞涛、陈振云、丁宏军、杨波、孙珍慧、邸曼、栾军、张宏宇、罗晖、胡少英、陈玉、曹志坚、许治恒。

本部分所代替标准的历次版本发布情况为：

——GB 14287—1993；

——GB 14287.1—2005。

电气火灾监控系统
第1部分:电气火灾监控设备

1 范围

GB 14287 的本部分规定了电气火灾监控设备的术语和定义、要求、试验、检验规则、标志。

本部分适用于电气火灾监控系统中的电气火灾监控设备。

2 规范性引用文件

下列文件对于本文件的应用是必不可少的。凡是注日期的引用文件,仅注日期的版本适用于本文件。凡是不注日期的引用文件,其最新版本(包括所有的修改单)适用于本文件。

GB 4706.1 家用和类似用途电器的安全 第1部分:通用要求

GB/T 9969 工业产品使用说明书 总则

GB 12978 消防电子产品检验规则

GB 16838 消防电子产品环境试验方法及严酷等级

GB/T 17626.2 电磁兼容 试验和测量技术 静电放电抗扰度试验

GB/T 17626.3 电磁兼容 试验和测量技术 射频电磁场辐射抗扰度试验

GB/T 17626.4 电磁兼容 试验和测量技术 电快速瞬变脉冲群抗扰度试验

GB/T 17626.5 电磁兼容 试验和测量技术 浪涌(冲击)抗扰度试验

GB/T 17626.6 电磁兼容 试验和测量技术 射频场感应的传导骚扰抗扰度

GB/T 17626.11 电磁兼容 试验和测量技术 电压暂降、短时中断和电压变化的抗扰度试验

GB 23757 消防电子产品防护要求

3 术语和定义

下列术语和定义适用于本文件。

3.1

电气火灾监控系统 electrical fire monitoring system

当被保护电气线路中的被探测参数超过报警设定值时,能发出报警信号、控制信号并能指示报警部位的系统,由电气火灾监控设备和电气火灾监控探测器组成。

3.2

电气火灾监控设备 electrical fire monitoring equipment

能接收来自电气火灾监控探测器的报警信号,发出声、光报警信号和控制信号,指示报警部位,记录、保存并传送报警信息的装置。

3.3

电气火灾监控探测器 electrical fire monitoring detector

探测被保护线路中的剩余电流、温度、故障电弧等电气火灾危险参数变化和由于电气故障引起的烟雾变化及可能引起电气火灾的静电、绝缘参数变化的探测器。

4 要求

4.1 总则

电气火灾监控设备(以下简称监控设备)应按第5章的规定进行试验,试验结果应满足第4章的对应要求。

4.2 通用要求

4.2.1 监控设备主电源应采用交流电源(AC 220 V/50 Hz),电源线输入端应设接线端子。

4.2.2 监控设备应设有保护接地端子。

4.2.3 监控设备应具有中文的功能标注和信息显示。

4.2.4 监控设备应有与消防控制室图形显示装置通信的接口。

4.2.5 监控设备的防护性能应符合GB 23757的要求。

4.3 监控报警功能

4.3.1 监控设备应设专用的报警指示灯,在有监控报警信号输入时,该指示灯应点亮。

4.3.2 监控设备应能接收来自电气火灾监控探测器(以下简称探测器)的监控报警信号,并在10 s内发出声、光报警信号,指示报警部位,显示报警时间,并予以保持,直至监控设备手动复位。

4.3.3 监控设备在监控报警状态下应具有控制输出,控制输出的性能应符合制造商的规定。

4.3.4 监控设备应能实时接收来自探测器测量的剩余电流值和温度值,剩余电流值和温度值应可查询;报警状态下应能显示并保持报警值,在报警值设定范围中显示误差不应大于5%。

4.3.5 报警声信号应能手动消除,当再次有监控报警信号输入时,应能再启动。

4.3.6 监控设备应设专用的手动复位按钮(键),复位后,仍然存在的报警、故障等状态信息应在20 s内重新建立。

4.3.7 当监控设备接收到能指示报警部位的线型感温火灾探测器的火灾报警信号时,应能在10 s内发出声、光报警信号,显示相应的火灾报警部位。

4.4 故障报警功能

4.4.1 当监控设备发生下述故障时,应能在100 s内发出与监控报警信号有明显区别的声、光故障信号,显示故障部位:

a) 监控设备与探测器之间的连接线断路、短路;

b) 接收到探测器发来的故障信号;

c) 发生影响监控报警功能的接地;

d) 监控设备主电源欠压(如具有备用电源)。

4.4.2 故障声信号应能手动消除,再有故障信号输入时,应能再启动;故障光信号应保持至故障排除。

4.4.3 故障期间,非故障部位的功能不应受影响。

4.5 自检功能

4.5.1 监控设备应能对本机及所配接的探测器进行功能检查(以下简称自检),监控设备在执行自检期间,与其连接的外接设备不应动作。监控设备自检时间超过1 min或其不能自动停止自检功能时,监控设备的自检不应影响非自检部位的报警功能。

4.5.2 监控设备应能手动检查其音响器件和面板上所有指示灯、显示器的工作状态。

4.6 信息显示与查询功能

监控设备采用文字、数字和/或字母(符)显示时,应满足下述要求:

a) 监控设备应能显示监控报警信号的总数;

b) 当有多个监控报警信号输入时,监控设备应按时间顺序显示报警信息;在不能同时显示所有的监控报警信息时,未显示的信息应能手动可查;

c) 监控报警信息优先于故障信息显示;

d) 在显示监控报警信息时,应能手动操作查询故障信息;

e) 信息查询时,每手动查询一次,只能查询一条信息。

4.7 电源功能

4.7.1 监控设备应能保证在制造商规定的连接线类型、线径和最长通信距离条件下,在下述负载条件下连续工作 4 h:

a) 监控设备容量不超过 10 个构成单独部位号的回路时,所有回路均处于报警状态;

b) 监控设备容量超过 10 个回路时,20%的回路(但不少于 10 个回路,且不超过 30 个回路)处于报警状态。

4.7.2 当监控设备的供电电压在额定电压(AC 220 V)的 85%~110%,频率为 50 Hz±1 Hz 范围内变化时,应能正常工作。

4.8 操作级别

监控设备应至少设有两级操作级别,第一级(最低级别)只允许消除声报警信号和查询信息。进入二级以上操作级别应采用钥匙或操作密码,用于进入高操作级别的钥匙或密码可用于进入低操作级别,但用于进入低操作级别的钥匙或密码不能用于进入高操作级别。

4.9 主要部件性能

4.9.1 一般要求

监控设备的主要部件应采用符合国家有关标准的定型产品。

4.9.2 指示灯

4.9.2.1 表示各种状态的指示灯应用颜色标识,红色表示监控报警状态,黄色表示故障状态,绿色表示正常状态。

4.9.2.2 所有指示灯应用中文清楚地标注出功能。

4.9.2.3 指示灯点亮时,在其正前方 3 m 处,光照度不超过 500 lx 的环境条件下,应清晰可见。

4.9.3 显示屏(器)

在光照度不超过 500 lx 的环境条件下,显示的信息应在正前方 0.8 m 处、22.5°视角范围内清晰可读。

4.9.4 音响器件

在正常工作条件下,距监控设备正前方 1 m 处的声压级(A 计权)不应小于 70 dB。

4.9.5 开关和按键(钮)

开关和按键(钮)应操作灵活、可靠,功能标注应清晰。

4.9.6 接线端子

4.9.6.1 接线端子应设在监控设备内部。

4.9.6.2 接线端子的功能应标注清晰。

4.9.6.3 强电和弱电接线端子应分开设置。

4.10 绝缘电阻

监控设备的外部带电端子和电源插头的工作电压大于50 V时，外部带电端子和电源插头与外壳间的绝缘电阻在正常大气条件下应不小于100 MΩ。

4.11 泄漏电流

监控设备在1.06倍额定电压工作时，泄漏电流应不大于0.5 mA。

4.12 电气强度

监控设备的外部带电端子和电源插头的工作电压大于50 V时，外部带电端子和电源插头应能耐受频率为50 Hz、有效值电压为1 250 V的交流电压，历时60 s±5 s的电气强度试验。试验期间，监控设备不应发生放电或击穿现象(击穿电流不大于20 mA)；试验后，监控设备功能应满足4.3～4.6的要求。

4.13 电磁兼容性

监控设备应能适应表1所规定条件下的各项试验。试验期间，应保持正常监视状态；试验后，功能应满足4.3～4.6的要求。

注：正常监视状态指监控设备在电源正常供电条件下，无故障报警、自检等操作时所处的工作状态。

表1 电磁兼容性试验条件

试验名称	试验参数	试验条件	工作状态
射频电磁场辐射抗扰度试验	场强 V/m	10	正常监视状态
	频率范围 MHz	80～1 000	
	扫描速率 10 oct/s	$\leqslant 1.5\times10^{-3}$	
	调制幅度	80%(1 kHz，正弦)	
射频场感应的传导骚扰抗扰度试验	频率范围 MHz	0.15～80	正常监视状态
	电压 dBμV	140	
	调制幅度	80%(1 kHz，正弦)	

表 1（续）

<table>
<tr><th>试验名称</th><th>试验参数</th><th>试验条件</th><th>工作状态</th></tr>
<tr><td rowspan="4">静电放电抗扰度试验</td><td>放电电压
kV</td><td>空气放电(外壳为绝缘体)：8
接触放电(外壳为导体)：6</td><td rowspan="4">正常监视状态</td></tr>
<tr><td>放电极性</td><td>正、负</td></tr>
<tr><td>放电间隔
s</td><td>≥1</td></tr>
<tr><td>每点放电次数</td><td>10</td></tr>
<tr><td rowspan="4">电快速瞬变脉冲群
抗扰度试验</td><td>瞬变脉冲电压
kV</td><td>AC 电源线：2×(1±0.1)
其他连接线：1×(1±0.1)</td><td rowspan="4">正常监视状态</td></tr>
<tr><td>重复频率
kHz</td><td>AC 电源线：2.5×(1±0.2)
其他连接线：5×(1±0.2)</td></tr>
<tr><td>极性</td><td>正、负</td></tr>
<tr><td>时间</td><td>每次 1 min</td></tr>
<tr><td rowspan="3">浪涌(冲击)抗扰度试验</td><td>浪涌(冲击)电压
kV</td><td>AC 电源线 线-线：1×(1±0.1)
AC 电源线 线-地：2×(1±0.1)
其他连接线 线-地：1×(1±0.1)</td><td rowspan="3">正常监视状态</td></tr>
<tr><td>极性</td><td>正、负</td></tr>
<tr><td>试验次数</td><td>5</td></tr>
<tr><td rowspan="2">电压暂降、短时中断
和电压变化的抗扰度试验</td><td>持续时间</td><td>10 周期(供电电压为额定电压的 40%)
1 周期(供电电压为 0V)</td><td rowspan="2">正常监视状态</td></tr>
<tr><td>试验次数</td><td>10</td></tr>
</table>

4.14 电源瞬变

监控设备的主电源按"通电(9 s)～断电(1 s)"的固定程序连续通断 500 次。试验后，功能应满足 4.3～4.6 的要求。

4.15 电压波动

采用 AC 220 V/50 Hz 交流电源供电的监控设备，在供电电压为 AC 187 V 和 AC 242 V 条件下应能正常工作，功能应满足 4.3～4.6 的要求。

4.16 机械环境耐受性

监控设备应能耐受住表 2 中所规定的机械环境条件下的各项试验。试验期间，应保持正常监视状态；试验后，不应有机械损伤和紧固部位松动现象，功能应满足 4.3～4.6 的要求。

表 2　机械环境条件

<table>
<tr><th>试验名称</th><th>试验参数</th><th>试验条件</th><th>工作状态</th></tr>
<tr><td rowspan="5">振动(正弦)(运行)试验</td><td>频率循环范围
Hz</td><td>10～150</td><td rowspan="5">正常监视状态</td></tr>
<tr><td>加速幅值
m/s^2</td><td>0.981</td></tr>
<tr><td>扫频速率
oct/min</td><td>1</td></tr>
<tr><td>每个轴线扫频次数</td><td>1</td></tr>
<tr><td>振动方向</td><td>X、Y、Z</td></tr>
<tr><td rowspan="2">碰撞试验</td><td>碰撞能量
J</td><td>0.5±0.04</td><td rowspan="2">正常监视状态</td></tr>
<tr><td>碰撞次数</td><td>3</td></tr>
</table>

4.17　报警信号过输入适应性

监控设备应能耐受剩余电流为 44 A,持续时间为 5 min 的试验。试验后,功能应满足 4.3～4.6 的要求。

注:报警信号过输入适应性要求仅适用于监视剩余电流的监控设备。

4.18　气候环境耐受性

监控设备应能耐受住表 3 所规定的气候条件下的各项试验。试验期间,应保持正常监视状态;试验后,表面无破坏涂覆和腐蚀现象,功能应满足 4.3～4.6 的要求。

表 3　气候环境条件

<table>
<tr><th>试验名称</th><th>试验参数</th><th>试验条件</th><th>工作状态</th></tr>
<tr><td rowspan="2">低温(运行)试验</td><td>温度
℃</td><td>0±3</td><td rowspan="2">正常监视状态</td></tr>
<tr><td>持续时间
h</td><td>16</td></tr>
<tr><td rowspan="3">恒定湿热(运行)试验</td><td>温度
℃</td><td>40±2</td><td rowspan="3">正常监视状态</td></tr>
<tr><td>相对湿度
%</td><td>93±3</td></tr>
<tr><td>持续时间
d</td><td>4</td></tr>
</table>

4.19　使用说明书

监控设备应有相应的中文使用说明书。使用说明书应符合 GB/T 9969 的要求,且与产品的性能一致。

5 试验

5.1 试验纲要

5.1.1 除在有关条文中另有说明，各项试验均应在下述大气条件下进行：

——温度：15 ℃～35 ℃；

——相对湿度：25％～75％；

——大气压力：86 kPa～106 kPa。

5.1.2 除在有关条文另有说明，各项试验数据的容差均应为±5％；环境条件参数偏差应符合 GB 16838 要求。

5.1.3 制造商应提供 2 台监控设备作为试验样品（以下简称试样）和与其配套的探测器。

5.1.4 监控设备在试验前应按下列要求进行试验前检查：

a） 表面无腐蚀、涂覆层脱落和起泡现象，无明显划伤、裂痕、毛刺等机械损伤；

b） 紧固部位无松动；

c） 试样的通用要求应符合 4.2 的规定；

d） 试样的操作级别应符合 4.8 的要求；

e） 主要部件性能应符合 4.9 的要求；

f） 使用说明书应符合 4.19 的要求。

5.1.5 监控设备的试验程序见表 4。

表 4 试验程序

序号	条款号	试验项目	编号	
			1	2
1	5.1.4	试验前检查	√[b]	√
2	5.2	监控报警功能试验	√	√
3	5.3	故障报警功能试验	√	√
4	5.4	自检功能试验	√	√
5	5.5	信息显示与查询功能试验	√	√
6	5.6	电源功能试验	√	√
7	5.7	绝缘电阻试验		√
8	5.8	泄漏电流试验		√
9	5.9	电气强度试验		√
10	5.10	射频电磁场辐射抗扰度试验	√	
11	5.11	射频场感应的传导骚扰抗扰度试验	√	
12	5.12	静电放电抗扰度试验	√	
13	5.13	电快速瞬变脉冲群抗扰度试验	√	
14	5.14	浪涌（冲击）抗扰度试验	√	
15	5.15	电压暂降、短时中断和电压变化的抗扰度试验	√	
16	5.16	电源瞬变试验	√	

表 4（续）

序号	条款号	试验项目	编号	
			1	2
17	5.17	电压波动试验		√
18	5.18	振动(正弦)(运行)试验		√
19	5.19	碰撞试验		√
20	5.20	报警信号过输入适应性试验[a]	√	
21	5.21	低温(运行)试验		√
22	5.22	恒定湿热(运行)试验		√

[a] 报警信号过输入适应性试验仅适用于监视剩余电流的监控设备。

[b] “√”表示进行该项试验。

5.2 监控报警功能试验

5.2.1 按正常监视状态要求，将试样与一定数量(不少于 2 只)的探测器连接，接通电源，使其处于正常监视状态。

5.2.2 使任一只探测器处于报警状态，观察试样工作状态和信息显示情况。

5.2.3 手动消除声报警信号，然后使另一探测器处于报警状态，观察试样工作状态和信息显示情况。

5.2.4 在多个报警信号存在时，观察试样的信息显示情况；在显示屏不能同时显示所有报警信息的情况下，手动操作查询功能，检查试样的信息显示情况。

5.2.5 在监控报警状态下，检查试样的控制输出状态。

5.2.6 在多个报警信号存在时，查看试样的报警总数显示情况。

5.2.7 在试样处于报警状态时，手动复位试样，观察试样的工作状态。

5.2.8 使试样处于正常监视状态，当与试样连接的具有指示报警部位功能的线型感温火灾探测器发出火灾报警信号时，观察试样的状态。

5.3 故障报警功能试验

5.3.1 使试样分别处于 4.4.1 中 a)～d)所述的故障状态，观察试样状态和信息显示情况。

5.3.2 在试样处于故障状态时，手动消音，再设置另一故障状态，观察试样的工作状态和信息显示情况。

5.3.3 在试样处于故障状态时，排除故障，观察试样工作状态和信息显示情况。

5.3.4 在试样的任一故障状态时，检查非故障部位的工作情况。

5.4 自检功能试验

5.4.1 手动操作试样的自检机构，观察并记录试样的状态；对于自检时间超过 1 min 或不能自动停止自检功能的试样，在自检期间，使任一非自检回路处于报警状态，观察试样的状态。

5.4.2 手动操作试样的音响器件、指示灯和显示器的自检功能，观察试样的状态。

5.5 信息显示与查询功能试验

5.5.1 分别按不同的顺序设置故障状态、监控报警状态，查看试样的状态和信息显示情况。

5.5.2 在高级别的信息显示状态下，手动操作查询功能，查看试样的低级别信息显示情况。

5.6 电源功能试验

5.6.1 使试样在制造商规定的线路条件下，在下述负载条件下，连续工作 4 h：

a) 监控设备容量不超过 10 个构成单独部位号的回路(以下称回路)时，所有回路均处于报警状态；

b) 监控设备容量超过 10 个回路时，20%的回路(但不少于 10 个回路，且不超过 30 个回路)处于报警状态。

5.6.2 使试样恢复到正常监视状态，按 5.2～5.5 的方法进行功能试验。

5.6.3 将试样供电电压分别调至 AC 187 V 和 AC 242 V 情况下，检查试样的功能。

5.7 绝缘电阻试验

5.7.1 试验步骤

5.7.1.1 在正常大气条件下，用绝缘电阻试验装置，分别对试样的下述部位施加 500 V±50 V 直流电压：

a) 工作电压大于 50 V 的外部带电端子与外壳间；

b) 工作电压大于 50 V 的电源插头或电源接线端子与外壳间(电源开关置于开位置，不接通电源)。

5.7.1.2 试验持续 60 s±5 s，然后测量试样的绝缘电阻值。

5.7.2 试验设备

满足下述技术要求的绝缘电阻试验装置：

a) 试验电压：500 V±50 V；

b) 测量范围：0 MΩ～500 MΩ；

c) 最小分度：0.1 MΩ；

d) 记时：60 s±5 s。

5.8 泄漏电流试验

5.8.1 试验步骤

将试样与制造商提供的探测器相连接，接通电源，使其处于正常监视状态。调节供电电压为试样主电源额定电压的 1.06 倍，测量并记录其总泄漏电流值。

5.8.2 试验设备

符合 GB 4706.1 规定的测量泄漏电流的试验装置。

5.9 电气强度试验

5.9.1 试验步骤

5.9.1.1 将试样的接地保护元件拆除。用电气强度试验装置，以 100 V/s～500 V/s 的升压速率，分别对试样的下述部位施加 1 250 V/50 Hz 的试验电压：

a) 工作电压大于 50 V 的外部带电端子与外壳间；

b) 工作电压大于 50 V 的电源插头或电源接线端子与外壳间(电源开关置于开位置，不接通电源)。

5.9.1.2 试验持续 60 s±5 s，再以 100 V/s～500 V/s 的降压速率使试验电压低于试样额定电压后，方可断电。

5.9.1.3 试验后，将试样与制造商提供的探测器相连接，接通电源，使试样处于正常监视状态，按 5.2～5.5 的方法进行功能试验。

5.9.2 试验设备

应采用满足下述技术要求的电气强度试验装置：

a) 试验电压：电压 0 V～1 250 V(有效值)连续可调，频率 50 Hz；

b) 升、降压速率：100 V/s～500 V/s；

c) 计时：60 s±5 s。

5.10 射频电磁场辐射抗扰度试验

5.10.1 试验步骤

5.10.1.1 将试样按 GB/T 17626.3 的规定进行试验布置，并将试样与制造商提供的探测器相连接，接通电源，使其处于正常监视状态 20 min。

5.10.1.2 按 GB/T 17626.3 规定的试验方法对试样施加表 1 所示条件的干扰试验，观察并记录试样工作状态。

5.10.1.3 按 5.2～5.5 的方法进行功能试验。

5.10.2 试验设备

试验设备应满足 GB/T 17626.3 的要求。

5.11 射频场感应的传导骚扰抗扰度试验

5.11.1 试验步骤

5.11.1.1 将试样按 GB/T 17626.6 的规定进行试验布置，并将试样与制造商提供的探测器相连接，接通电源，使其处于正常监视状态 20 min。

5.11.1.2 按 GB/T 17626.6 规定的试验方法对试样施加表 1 所示条件的干扰试验，观察并记录试样工作状态。

5.11.1.3 按 5.2～5.5 的方法进行功能试验。

5.11.2 试验设备

试验设备应满足 GB/T 17626.6 的要求。

5.12 静电放电抗扰度试验

5.12.1 试验步骤

5.12.1.1 将试样按 GB/T 17626.2 的规定进行试验布置，并将试样与制造商提供的探测器相连接，接通电源，使其处于正常监视状态 20 min。

5.12.1.2 按 GB/T 17626.2 规定的试验方法对试样及耦合板施加表 1 所示条件的干扰试验，观察并记录试样工作状态。

5.12.1.3 按 5.2～5.5 的方法进行功能试验。

5.12.2 **试验设备**

试验设备应满足 GB/T 17626.2 的要求。

5.13 电快速瞬变脉冲群抗扰度试验

5.13.1 **试验步骤**

5.13.1.1 将试样按 GB/T 17626.4 的规定进行试验布置,并将试样与制造商提供的探测器相连接,接通电源,使其处于正常监视状态 20 min。

5.13.1.2 按 GB/T 17626.4 规定的试验方法对试样施加表 1 所示条件的干扰试验,观察并记录试样工作状态。

5.13.1.3 按 5.2～5.5 的方法进行功能试验。

5.13.2 **试验设备**

试验设备应满足 GB/T 17626.4 的要求。

5.14 浪涌(冲击)抗扰度试验

5.14.1 **试验步骤**

5.14.1.1 将试样按 GB/T 17626.5 的规定进行试验布置,并将试样与制造商提供的探测器相连接,接通电源,使其处于正常监视状态 20 min。

5.14.1.2 按 GB/T 17626.5 规定的试验方法对试样施加表 1 所示条件的干扰试验,观察并记录试样工作状态。

5.14.1.3 按 5.2～5.5 的方法进行功能试验。

5.14.2 **试验设备**

试验设备应满足 GB/T 17626.5 的要求。

5.15 电压暂降、短时中断和电压变化的抗扰度试验

5.15.1 **试验步骤**

5.15.1.1 将试样按 GB/T 17626.11 的规定进行试验布置,并将试样与制造商提供的探测器相连接,接通电源,使其处于正常监视状态 20 min。

5.15.1.2 按 GB/T 17626.11 规定的试验方法对试样施加表 1 所示条件的干扰试验,观察并记录试样工作状态。

5.15.1.3 按 5.2～5.5 的方法进行功能试验。

5.15.2 **试验设备**

试验设备应满足 GB/T 17626.11 的要求。

5.16 电源瞬变试验

5.16.1 **试验步骤**

5.16.1.1 将试样连接到电源瞬变试验装置上,并与制造商提供的探测器相连接。

5.16.1.2 开启试验装置,使试样主电源按“通电(9 s)～断电(1 s)”的固定程序连续通断 500 次。

5.16.1.3 按5.2～5.5的方法进行功能试验。

5.16.2 试验设备

试验设备应满足5.16.1的试验条件。

5.17 电压波动试验

5.17.1 将试样按正常工作要求进行布置。调节试验设备，使试验设备的输出电压为AC 187 V (50 Hz)，将该输出电压施加到试样的电源输入端，接通电源，观察试样的状态；如试样工作正常，则按5.2～5.5的方法对试样进行性能试验。

5.17.2 将试样按正常工作要求进行布置。调节试验设备，使试验设备的输出电压为AC 242 V (50 Hz)，将该输出电压施加到试样的电源输入端，接通电源，观察试样的状态；如试样工作正常，则按5.2～5.5的方法对试样进行性能试验。

5.18 振动(正弦)(运行)试验

5.18.1 试验步骤

5.18.1.1 将试样按正常安装方式刚性安装，使同方向的重力作用与其使用时一样(重力影响可忽略时除外)，试样在上述安装方式下可放于任何高度，试验期间试样处于正常监视状态。

5.18.1.2 按表2的规定依次在三个互相垂直的轴线上，在10 Hz～150 Hz的频率循环范围内，以0.981 m/s^2 的加速度幅值，1 oct/min的扫频速率，各进行1次扫频循环。试验期间，观察并记录试样的工作状态。

5.18.1.3 检查试样外观及紧固部位，并按5.2～5.5的方法进行功能试验。

5.18.2 试验设备

试验设备(振动台及夹具)应满足GB 16838的要求。

5.19 碰撞试验

5.19.1 试验步骤

5.19.1.1 将试样与制造商提供的探测器相连接，接通电源，使其处于正常监视状态。

5.19.1.2 按表2的规定对试样表面上的每个易损部件(如指示灯、显示器等)施加3次能量为0.5 J±0.04 J的碰撞。在进行试验时应小心进行，以确保上一组(3次)碰撞的结果不对后续各组碰撞的结果产生影响，在认为可能产生影响时，应不考虑发现的缺陷，取一新的试样，在同一位置重新进行碰撞试验，观察并记录试样的工作状态。

5.19.1.3 按5.2～5.5的方法进行功能试验。

5.19.2 试验设备

试验设备应满足GB 16838的要求。

5.20 报警信号过输入适应性试验

5.20.1 试验步骤

将试样按图1连接，使试样CA通电。调节主电源GR，使主电流测量装置A的读数为44 A，计时5 min，断开主电源GR。多路监控设备的所有报警回路均应进行试验。然后按5.2～5.5进行功能试验。

5.20.2　试验设备

主电流测量装置 A 的准确度至少为 2.5 级。

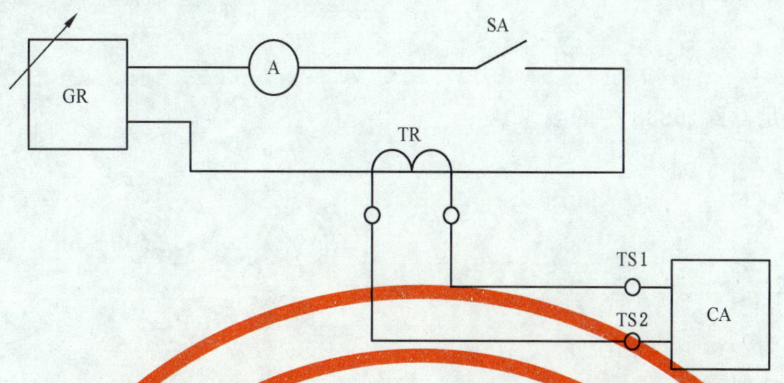

说明：

GR　　　——剩余电流发生器；

A　　　 ——电流表；

SA　　　——开关；

TR　　　——探测器；

CA　　　——监控设备；

TS1、TS2 ——信号输入端。

图 1　报警信号过输入适应性试验电路示意图

5.21　低温(运行)试验

5.21.1　试验步骤

5.21.1.1　试验前，将试样在正常大气条件下放置 2 h～4 h。然后将试样与制造商提供的探测器相连接，接通电源，使其处于正常监视状态。

5.21.1.2　调节试验箱温度，使其在 20 ℃±2 ℃温度下保持 30 min±5 min，然后，按表 3 的规定以不大于 1 ℃/min 的速率降温至 0 ℃±3 ℃。

5.21.1.3　在 0 ℃±3 ℃温度下，观察并记录试样的工作状态；保持 16 h 后，立即按 5.2～5.5 的方法进行功能试验。

5.21.1.4　调节试验箱温度，使其以不大于 1 ℃/min 的速率升温至 20 ℃±2 ℃，并保持 30 min±5 min。

5.21.1.5　取出试样，在正常大气条件下放置 1 h～2 h 后，检查试样表面涂覆情况，并按 5.2～5.5 的方法进行功能试验。

5.21.2　试验设备

试验设备应满足 GB 16838 的要求。

5.22　恒定湿热(运行)试验

5.22.1　试验步骤

5.22.1.1　试验前，将试样在正常大气条件下放置 2 h～4 h。然后将试样与制造商提供的探测器相连接，接通电源，使其处于正常监视状态。

5.22.1.2　调节试验箱，按表 3 的规定使温度为 40 ℃±2 ℃、相对湿度为 93%±3%(先调节温度，当温度达到设定温度且稳定后再加湿)，观察并记录试样的工作状态；连续保持 4 d 后，立即按 5.2～5.5 的方法进行功能试验。

5.22.1.3 取出试样,在正常大气条件下,处于正常监视状态 1 h～2 h 后,检查试样表面涂覆情况,并按 5.2～5.5 的方法进行功能试验。

5.22.2 试验设备

试验设备应满足 GB 16838 中的要求。

6 检验规则

6.1 产品出厂检验

出厂检验项目为:

a) 监控报警功能试验;
b) 故障报警功能试验;
c) 自检功能试验;
d) 电源功能试验;
e) 绝缘电阻试验;
f) 电气强度试验。

6.2 型式检验

6.2.1 型式检验项目为第 5 章规定的全部试验项目。检验样品在出厂检验合格的产品中随机抽取。

6.2.2 有下列情况之一时,应进行型式检验:

a) 新产品或老产品转厂生产时的试制定型鉴定;
b) 正式生产后,产品的结构、主要部件或元器件、生产工艺等有较大的改变,可能影响产品性能;
c) 产品停产 1 年以上,恢复生产;
d) 发生重大质量事故;
e) 质量监督部门依法提出要求。

6.2.3 检验结果按 GB 12978 规定的型式检验结果判定方法进行判定。

7 标志

7.1 产品标志

每台监控设备均应清晰、牢固地标注出下列信息:

a) 制造商名称、地址;
b) 产品名称;
c) 产品型号;
d) 产品主要技术参数;
e) 生产日期及产品编号;
f) 执行标准编号。

7.2 质量检验标志

每台监控设备均应附有质量检验合格标志。

ICS 13.220.20
C 81

中华人民共和国国家标准

GB 14287.2—2014
代替 GB 14287.2—2005

电气火灾监控系统 第2部分：剩余电流式电气火灾监控探测器

Electrical fire monitoring system—Part 2: Residual current electrical fire monitoring detectors

2014-07-24 发布 2015-06-01 实施

中华人民共和国国家质量监督检验检疫总局
中国国家标准化管理委员会 发布

前　言

GB 14287 本部分的第 5 章、第 7 章、第 8 章为强制性的，其余为推荐性的。

GB 14287《电气火灾监控系统》由以下部分组成：

——第 1 部分：电气火灾监控设备；

——第 2 部分：剩余电流式电气火灾监控探测器；

——第 3 部分：测温式电气火灾监控探测器；

……

本部分为 GB 14287 的第 2 部分。

本部分按照 GB/T 1.1—2009 给出的规则起草。

本部分代替 GB 14287.2—2005《电气火灾监控系统　第 2 部分：剩余电流式电气火灾监控探测器》，与 GB 14287.2—2005 相比主要技术变化如下：

——增加了重复性试验(见 6.5)；

——增加了一致性试验(见 6.6)；

——增加了平衡性试验(见 6.7)；

——增加了大电流冲击适应性试验(见 6.8)；

——增加了泄漏电流试验(见 6.10)；

——增加了射频电磁场辐射抗扰度试验(见 6.12)；

——增加了射频场感应的传导骚扰抗扰度试验(见 6.13)；

——增加了静电放电抗扰度试验(见 6.14)；

——增加了电快速瞬变脉冲群抗扰度试验(见 6.15)；

——增加了浪涌(冲击)抗扰度试验(见 6.16)；

——增加了电压暂降、短时中断和电压变化的抗扰度试验(见 6.17)；

——增加了工频磁场抗扰度试验(见 6.18)；

——增加了电压波动试验(见 6.19)；

——将振动(正弦)(耐久)试验修改为振动(正弦)(运行)试验(见 6.20，2005 年版的 5.6)；

——增加了碰撞试验(见 6.21)；

——取消了冲击试验(见 2005 年版的 5.7)。

本部分由中华人民共和国公安部提出。

本部分由全国消防标准化技术委员会火灾探测与报警分技术委员会(SAC/TC 113/SC 6)归口。

本部分负责起草单位：公安部沈阳消防研究所。

本部分参加起草单位：沈阳斯沃电器有限公司、北京海博智恒电器防火科技有限公司、沈阳申泰电器系统有限公司、北京航天常兴科技发展有限公司、上海华宿电气技术有限公司。

本部分主要起草人：丁宏军、杨波、康卫东、张颖琮、仝瑞涛、孙珍慧、严晓光、鲁林、许佳华、俞颖飞、栾军、蔡钧、胡少英。

本部分所代替标准的历次版本发布情况为：

——GB 14287—1993；

——GB 14287.2—2005。

电气火灾监控系统
第2部分：剩余电流式电气火灾监控探测器

1 范围

GB 14287 的本部分规定了剩余电流式电气火灾监控探测器的术语和定义、分类、要求、试验、检验规则、标志。

本部分适用于电气火灾监控系统中的剩余电流式电气火灾监控探测器。

2 规范性引用文件

下列文件对于本文件的应用是必不可少的。凡是注日期的引用文件，仅注日期的版本适用于本文件。凡是不注日期的引用文件，其最新版本(包括所有的修改单)适用于本文件。

GB 4706.1—2005 家用和类似用途电器的安全 第1部分：通用要求

GB/T 9969 工业产品使用说明书 总则

GB 12978 消防电子产品检验规则

GB 14287.3 电气火灾监控系统 第3部分：测温式电气火灾监控探测器

GB 16838 消防电子产品环境试验方法及严酷等级

GB/T 17626.2 电磁兼容 试验和测量技术 静电放电抗扰度试验

GB/T 17626.3 电磁兼容 试验和测量技术 射频电磁场辐射抗扰度试验

GB/T 17626.4 电磁兼容 试验和测量技术 电快速瞬变脉冲群抗扰度试验

GB/T 17626.5 电磁兼容 试验和测量技术 浪涌(冲击)抗扰度试验

GB/T 17626.6 电磁兼容 试验和测量技术 射频场感应的传导骚扰抗扰度

GB/T 17626.8 电磁兼容 试验和测量技术 工频磁场抗扰度试验

GB/T 17626.11 电磁兼容 试验和测量技术 电压暂降、短时中断和电压变化的抗扰度试验

GB 23757 消防电子产品防护要求

3 术语和定义

下列术语和定义适用于本文件。

3.1

剩余电流式电气火灾监控探测器 residual current electrical fire monitoring detector

监测被保护线路中的剩余电流值变化的探测器。一般由剩余电流传感器和信号处理单元组成。

3.2

独立式剩余电流式电气火灾监控探测器 independent residual current electrical fire monitoring detector

独立探测被保护线路中的剩余电流值变化并发出声、光报警信号的探测器。

3.3

非独立式剩余电流式电气火灾监控探测器 non-independent residual current electrical fire monitoring detector

能探测被保护线路中的剩余电流值并向电气火灾监控设备传送相关信息的探测器。

3.4

多传感器组合式电气火灾监控探测器　combined multi-sensing electrical fire monitoring detector

能够同时监测被保护线路中的剩余电流值和温度变化的探测器。

3.5

剩余电流传感器　residual current sensor

测量被保护线路中的剩余电流值变化的传感器，一般为剩余电流互感器。

3.6

信号处理单元　signal processing unit

接收剩余电流传感器的测量数据，并对数据进行分析处理的单元。

4　分类

4.1　剩余电流式电气火灾监控探测器(以下简称探测器)按工作方式可分为：

a)　独立式；

b)　非独立式。

4.2　探测器按传感器数量可分为：

a)　单传感器式；

b)　多传感器组合式。

5　要求

5.1　总则

探测器应按第6章的规定进行试验，试验结果应符合第5章的对应要求。

5.2　基本功能

5.2.1　探测器应设有工作状态指示灯和报警状态指示灯。

5.2.2　探测器不应具有断路器功能。

5.2.3　独立式探测器电源应采用交流电源(AC 220 V/50 Hz)，电源线输入端应设接线端子。

5.2.4　当被保护线路剩余电流达到报警设定值时，探测器应在30 s内发出报警信号，点亮报警指示灯，非独立式探测器的报警指示应保持至与其相连的电气火灾监控设备复位，独立式探测器的报警指示应保持至手动复位。

5.2.5　探测器的报警值应设定在20 mA～1 000 mA之间，在报警值设定范围内，报警值与设定值之差的绝对值不应大于设定值的5%；具有实时显示剩余电流值功能探测器的显示误差不应大于5%。

5.2.6　非独立式探测器与外接的传感器之间的连接线发生断路或短路时，探测器应向与其连接的电气火灾监控设备传送故障信号。

5.2.7　探测器报警设定值可在探测器或与其相连的电气火灾监控设备上进行设置，但只应通过专用工具、密码等手段实现现场设置。

5.2.8　具有测温功能的多传感器组合式探测器还应符合GB 14287.3的要求。

5.3　监控报警功能

5.3.1　监控报警功能要求仅适用于独立式探测器。

5.3.2 探测器在报警时应发出声、光报警信号,并显示报警时的剩余电流值(仅适用于剩余电流式探测器)和传感器部位;报警声信号可手动消除,报警声信号手动消除后,应有消音指示,当再有其他报警信号输入时,报警声信号应能再启动。

5.3.3 在报警条件下,在其音响器件正前方 1 m 处的声压级(A 计权)应大于 70 dB,小于 115 dB。

5.3.4 采用外接剩余电流传感器的探测器,信号处理单元与其连接的剩余电流传感器间的连接线断路或短路时,探测器应能在 100 s 内发出声、光故障信号;故障声信号与报警声信号应有明显区别;故障声信号应能手动消除;故障光信号应保持至故障状态恢复。

5.3.5 探测器的报警声信号应优先于故障声信号。

5.3.6 独立式探测器最多可连接 4 路传感器。

5.3.7 报警信息应优先于故障信息显示,在报警状态下,应能手动查询存在的故障信息,报警信息与故障信息不应交替显示。

5.3.8 探测器可设有一组控制输出,在探测器报警时,控制输出应在 3 s 内动作,控制输出的性能应符合制造商的规定。

5.3.9 探测器应能手动检查其音响器件、面板上所有指示灯和显示器的功能,自检期间探测器控制输出不应动作。

5.4 通讯功能

5.4.1 非独立式探测器应能将实时的剩余电流值和故障信号传送到配接的电气火灾监控设备。

5.4.2 独立式探测器应至少具有一组通讯端口。

5.5 主要部件性能

5.5.1 指示灯

5.5.1.1 指示灯应采用中文清晰地标注其功能。

5.5.1.2 指示灯应用颜色标识,红色表示报警状态,黄色表示故障状态,绿色表示正常状态。

5.5.1.3 指示灯在其正前方 3 m 处、在光照度不超过 500 lx 的环境条件下,应清晰可见。

5.5.2 显示器

5.5.2.1 独立式探测器应采用数字或字母显示器显示信息。

5.5.2.2 在 5 lx～500 lx 环境光条件下,显示的信息应在正前方 22.5°视角范围内,0.8 m 处可读。

5.5.3 接线端子

5.5.3.1 探测器应设置外接连接线的接线端子,但不应设置连接被监测线路的接线端子。

5.5.3.2 接线端子应清晰地标注其功能。

5.5.3.3 强电的接线端子应设在探测器的内部或用安全、可靠的防护措施保护。

5.5.3.4 强电和弱电接线端子应分开设置。

5.5.4 结构

5.5.4.1 探测器的贯穿孔应能使相应额定电流值的导线正常穿过。

5.5.4.2 探测器的外壳应坚固可靠。

5.5.4.3 探测器应采用可靠的方式进行安装固定。

5.5.4.4 探测器的剩余电流传感器与信号处理单元的连接线长度不应超过 3 m。

5.5.5 剩余电流传感器

如采用电流互感器测量剩余电流，应符合附录 A 的要求；采用其他原理测量剩余电流的传感器应符合制造商的要求。

5.6 防护性能

探测器的防护性能应符合 GB 23757 的要求。

5.7 重复性

重复测量 6 次探测器的报警值和报警时间，两次测量的时间间隔应不小于 3 min，每次测量的探测器的报警值和报警时间均应符合 5.2 的要求。

5.8 一致性

将探测器与制造商提供的 5 个剩余电流传感器分别配接，测量试样的报警值和报警时间均应符合 5.2 的要求。

5.9 平衡性

在图 2 所示的电路条件下，根据探测器的剩余电流传感器的孔径大小，按表 1 的规定选择试验导线。在探测器贯穿孔内的两根 WM 导线与贯穿孔轴线平行，且处于相距最远并固定不动的条件下，调整并保持剩余电流为试样报警设定值的 90%，使探测器以不大于 6°/s 的角速度绕贯穿孔轴线回转 360°，探测器在此期间应保持正常监视状态；在探测器贯穿孔内的两根 WM 导线与贯穿孔轴线呈 45°夹角，且处于相距最远并固定不动的条件下，使探测器以不大于 6°/s 的角速度绕贯穿孔轴线回转 360°，探测器在此期间应保持正常监视状态；试验后，探测器性能应符合 5.2、5.3 的要求。

注：正常监视状态指探测器在电源正常供电条件下，无故障报警、自检等操作时所处的工作状态。

表 1 主回路导线要求

主回路额定工作电流值 I_n A	试验电流 A	导线直径 mm	绝缘层厚度 mm
$I_n \leqslant 63$	63	4	0.5
$63 < I_n \leqslant 100$	100	6	1.0
$100 < I_n \leqslant 315$	315	10	1.5
$315 < I_n \leqslant 630$	630	14	2.0
$630 < I_n \leqslant 1\ 000$	1 000	20	2.0
$1\ 000 < I_n \leqslant 2\ 000$	2 000	50	2.0

5.10 大电流冲击适应性

在图 3 电路条件下，按表 2 规定的主回路额定工作电流值施加对应的瞬态冲击电流，持续时间 0.2 s，间隔 30 s 重复测试，共 5 次。试验期间，探测器应保持正常监视状态；试验后，探测器性能应符合 5.2、5.3 的要求。

表 2　冲击电流条件

单位为安培

主回路额定工作电流值 I_n	瞬态冲击电流
$I_n \leqslant 100$	1 000
$100 < I_n \leqslant 630$	2 000
$630 < I_n \leqslant 2\,000$	4 000

5.11　绝缘电阻

探测器的外部带电端子和电源插头的工作电压大于 50 V 时，外部带电端子和电源插头与外壳间的绝缘电阻在正常大气条件下应不小于 100 MΩ。

5.12　泄漏电流

采用 AC 220 V/50 Hz 交流电源供电的探测器在 1.06 倍额定电压下工作时，泄漏电流值应不超过 0.5 mA。

5.13　电气强度

探测器的外部带电端子和电源插头的工作电压大于 50 V 时，外部带电端子和电源插头应能耐受频率为 50 Hz、有效值电压为 1 250 V 的交流电压，历时 60 s±5 s 的电气强度试验。试验期间，探测器不应发生放电或击穿现象(击穿电流不大于 20 mA)；试验后，探测器的性能应符合 5.2、5.3 的要求。

5.14　电磁兼容性

探测器应能适应表 3 所规定条件下的各项试验要求。试验期间，应保持正常监视状态；试验后，性能应符合 5.2、5.3 的要求。

表 3　电磁兼容性试验条件

试验名称	试验参数	试验条件	工作状态
射频电磁场辐射抗扰度试验	场强 V/m	10	正常监视状态
	频率范围 MHz	80～1 000	
	扫描速率 10 oct/s	$\leqslant 1.5 \times 10^{-3}$	
	调制幅度	80%(1 kHz，正弦)	
射频场感应的传导骚扰抗扰度试验	频率范围 MHz	0.15～80	正常监视状态
	电压 dBμV	140	
	调制幅度	80%(1 kHz，正弦)	

表 3（续）

试验名称	试验参数	试验条件	工作状态
静电放电抗扰度试验	放电电压 kV	空气放电(外壳为绝缘体):8 接触放电(外壳为导体):6	正常监视状态
	放电极性	正、负	
	放电间隔 s	≥1	
	每点放电次数	10	
电快速瞬变脉冲群 抗扰度试验	瞬变脉冲电压 kV	AC 电源线:2×(1±0.1) 其他连接线:1×(1±0.1)	正常监视状态
	重复频率 kHz	AC 电源线:2.5×(1±0.2) 其他连接线:5×(1±0.2)	
	极性	正、负	
	时间	每次 1 min	
浪涌(冲击)抗扰度试验	浪涌(冲击)电压 kV	AC 电源线 线-线:1×(1±0.1) AC 电源线 线-地:2×(1±0.1) 其他连接线 线-地:1×(1±0.1)	正常监视状态
	极性	正、负	
	试验次数	5	
电压暂降、短时中断 和电压变化的抗扰度试验	持续时间	10 周期(供电电压为额定电压的 40%) 1 周期(供电电压为 0 V)	正常监视状态
	试验次数	10	
工频磁场抗扰度试验	试验等级	4	正常监视状态
	磁场强度 A/m	30	

5.15 电压波动

采用 220 V/50 Hz 交流电源供电的探测器，在供电电压为 AC 187 V 和 AC 242 V 条件下应能正常工作，性能应符合 5.2、5.3 的要求。

5.16 机械环境耐受性

探测器应能耐受住表 4 中所规定的机械环境条件下的各项试验。试验期间，应保持正常监视状态；试验后，不应有机械损伤和紧固部位松动现象，性能应符合 5.2、5.3 的要求。

表 4 机械环境试验条件

试验名称	试验参数	试验条件	工作状态
振动(正弦)(运行)试验	频率循环范围 Hz	10～150	正常监视状态
	加速幅值 m/s^2	0.981	
	扫频速率 oct/min	1	
	每个轴线扫频次数	1	
	振动方向	X、Y、Z	
碰撞试验	碰撞能量 J	0.5±0.04	正常监视状态
	碰撞次数	3	

5.17 气候环境耐受性

探测器应能耐受住表 5 规定的气候环境条件下的各项试验。试验期间,探测器应保持正常监视状态;试验后,应无破坏涂覆和腐蚀现象,性能应符合 5.2、5.3 的要求。

表 5 气候环境试验条件

试验名称	试验参数	试验条件	工作状态
低温(运行)试验	温度 ℃	−10±3	正常监视状态
	持续时间 h	16	
恒定湿热(运行)试验	温度 ℃	40±2	正常监视状态
	相对湿度 %	93±3	
	持续时间 d	4	

5.18 使用说明书

5.18.1 探测器应有相应的中文使用说明书。

5.18.2 使用说明书应符合 GB/T 9969 的要求,且与探测器的性能一致。

6 试验

6.1 试验纲要

6.1.1 试验程序见表 6。

表6 试验程序

序号	条款号	试验项目	编号				
			1	2	3	4	5
1	6.1.5	试验前检查	√[b]	√	√	√	√
2	6.2	基本功能试验	√	√	√	√	√
3	6.3	监控报警功能试验[a]	√	√	√	√	√
4	6.4	通讯功能试验	√	√	√	√	√
5	6.5	重复性试验					√
6	6.6	一致性试验				√	
7	6.7	平衡性试验		√			
8	6.8	大电流冲击适应性试验				√	
9	6.9	绝缘电阻试验			√		
10	6.10	泄漏电流试验			√		
11	6.11	电气强度试验			√		
12	6.12	射频电磁场辐射抗扰度试验		√			
13	6.13	射频场感应的传导骚扰抗扰度试验		√			
14	6.14	静电放电抗扰度试验	√				
15	6.15	电快速瞬变脉冲群抗扰度试验	√				
16	6.16	浪涌(冲击)抗扰度试验	√				
17	6.17	电压暂降、短时中断和电压变化的抗扰度试验	√				
18	6.18	工频磁场抗扰度试验					√
19	6.19	电压波动试验					√
20	6.20	振动(正弦)(运行)试验				√	
21	6.21	碰撞试验				√	
22	6.22	低温(运行)试验		√			
23	6.23	恒定湿热(运行)试验		√			

[a] 监控报警试验仅适用于独立式探测器。
[b] “√”表示进行该项试验。

6.1.2 除在有关条文中另有说明外,各项试验均在下述大气条件下进行:

——温度:15 ℃~35 ℃;

——相对湿度:25 %~75 %;

——大气压力:86 kPa~106 kPa。

6.1.3 除在有关条文另有说明外,各项试验数据的容差均为±5%;环境条件参数偏差应符合 GB 16838 要求。

6.1.4 试验前,制造商应提供5只探测器作为试验样品(以下简称试样),若试验需要,还应提供与其配套的电气火灾监控设备。

6.1.5 探测器在试验前应按下列要求进行检查:

a) 外观检查,并符合下列要求:

1) 表面无腐蚀、涂覆层脱落和起泡现象,无明显划伤、裂痕、毛刺等机械损伤;

2) 紧固部位无松动。

b) 按5.5的要求对试样进行检查，符合要求后方可进行试验。

6.2 基本功能试验

6.2.1 试验步骤

6.2.1.1 将试样按图1所示与试验设备连接，调节电流源GR，使电流表A的读数小于试样报警设定值的95%，保持1 min，观察并记录试样工作情况。调节电流源GR，使电流表读数以不大于每秒0.2倍试样报警设定值的速率增加，记录试样发出报警信号的电流读数，定为试样的报警值。

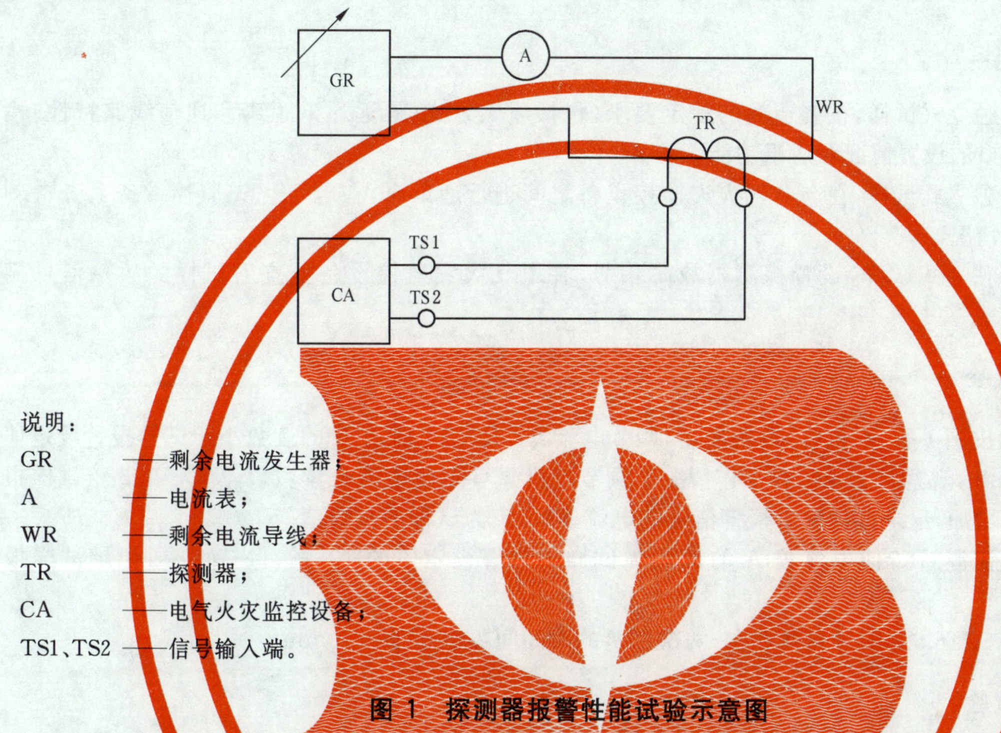

说明：

GR ——剩余电流发生器；
A ——电流表；
WR ——剩余电流导线；
TR ——探测器；
CA ——电气火灾监控设备；
TS1、TS2 ——信号输入端。

图1 探测器报警性能试验示意图

6.2.1.2 调节电流源GR，使电流表A的读数为试样的报警设定值的105%，保持60 s，记录试样报警时间。

6.2.1.3 对于具有实时显示剩余电流值的试样，检查剩余电流显示值与实测值的误差。

6.2.1.4 对于外接剩余电流传感器的试样，设置与传感器之间的连接线的断路和短路故障，检查故障信号的传送情况。

6.2.1.5 检查试样的报警设定值的设置情况。

6.2.1.6 采用剩余电流互感器的试样，按附录A的要求检验剩余电流互感器。

6.2.2 试验设备

剩余电流发生器GR应能在导线WR中产生50 Hz，0.02 A～1 A的可变交流电流，最小变化量不大于1 mA。电流表A应采用精度至少为0.5级的指针式仪表，或读数为50 mA时基本误差不大于0.5 mA的数字式仪表。

6.3 监控报警功能试验

6.3.1 按图1所示，将试样与试验设备连接，调节电流源GR，使试样发出报警信号，观察试样的状态。测量试样发出声报警信号的声压级。手动操作消音功能，观察试样的状态。调节电流源GR，使电流表A的读数为零，手动复位试样，观察试样的状态。

6.3.2 在试样的正常监视状态下，对于采用外接剩余电流传感器的试样，将与外接剩余电流传感器之间的连接线分别断路和短路，观察试样的状态。手动操作消音功能，观察试样的状态。将与外接剩余电流传感器之间的连接线恢复正常，观察试样的状态。

6.3.3 在试样的正常监视状态下，检查试样声报警信号和声故障信号的优先级。

6.3.4 同时具有故障信息和报警信息状态下，查看试样的信息显示情况。在显示器不能同时显示所有的信息情况下，手动操作查询功能，查看试样的信息显示情况。

6.3.5 对于具有控制输出功能的试样，使试样发出报警信号，检查试样的控制输出动作情况和控制输出的输出特性。

6.3.6 操作试样的自检功能，观察试样的状态。

6.4 通讯功能试验

6.4.1 对于非独立式试样，按制造商的规定要求(包括通讯方式、最远通讯距离和通信线路特性)检查试样的通讯端口的设置情况和通讯功能。

6.4.2 对于非独立式试样，在与电气火灾监控设备之间进行通讯时，在电气火灾监控设备上查看剩余电流值的显示情况。

6.4.3 对于非独立式试样，设置探测器故障信号，在电气火灾监控设备上查看试样的故障信息显示情况。

6.5 重复性试验

6.5.1 将试样按图1所示与试验设备连接，调节电流源GR，使电流表A的读数小于试样报警设定值的95%，保持1 min，观察并记录试样工作情况。调节电流源GR，使电流表读数以不大于0.2倍试样报警设定值的速率增加，记录试样发出报警信号的电流读数，定为试样的报警值。

6.5.2 调节电流源GR，使电流表A的读数为试样的报警设定值的105%，保持60 s，记录试样报警时间。

6.5.3 重复6.5.1、6.5.2的过程共6次，两次测量的时间间隔应不小于3 min。

6.6 一致性试验

6.6.1 将试样与制造商提供的5个剩余电流传感器分别配接，按图1与试验设备连接，调节电流源GR，使电流表A的读数小于试样报警设定值的95%，保持1min，观察并记录试样工作情况。调节电流源GR，使电流表读数以不大于0.2倍试样报警设定值的速率增加，记录试样发出报警信号的电流读数，定为试样的报警值。

6.6.2 调节电流源GR，使电流表A的读数为试样的报警设定值的105%，保持60s，记录试样报警时间。

6.7 平衡性试验

6.7.1 根据制造商提供的探测器的额定电流，测量探测器贯穿孔的直径。

6.7.2 将探测器和控制器按图2所示连接。导线WM双线穿过探测器TR的贯穿孔。主电源GM的输出电流调节到探测器的额定电流 I_n。主电流测量装置AM的精度至少为2.5级。探测器贯穿孔内壁与两根WM导线之间应用绝缘层分隔，导线直径与绝缘层厚度应符合表1的规定。

6.7.3 使探测器处于正常监视状态，调节漏电电流源GR，使导线WR上电流达到试样报警设定值的90%。使探测器的贯穿孔内的两根WM导线与贯穿孔轴线平行，且处于相距最远的状态固定不动；使探测器以不大于6°/s的角速度绕其贯穿孔轴线回转360°，观察并记录探测器工作情况。使探测器的贯穿孔内的两根WM导线与贯穿孔轴线呈45°夹角，且处于相距最远的状态固定不动；使探测器以不大于6°/s的角速度绕其贯穿孔轴线回转360°观察并记录探测器工作情况。

6.7.4 按6.2、6.3规定的方法对试样进行性能试验。

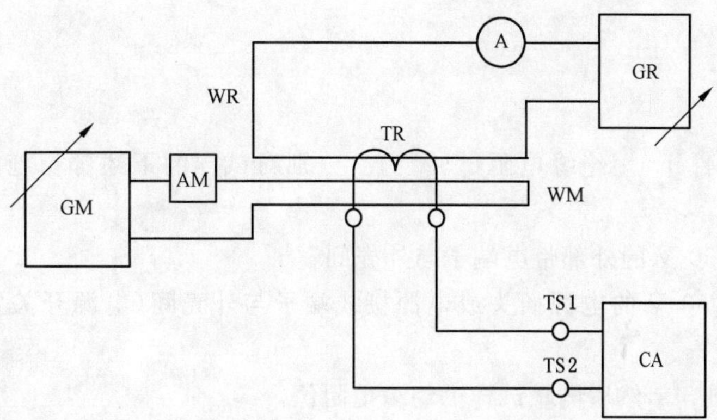

说明：

GM ——主回路电流源；
WM ——主回路导线；
A ——电流表；
TR ——探测器；
TS1、TS2——信号输入端。
AM ——主电流测量装置；
GR ——剩余电流发生器；
WR ——漏电导线；
CA ——电气火灾监控设备；

图 2 平衡性试验

6.8 大电流冲击适应性试验

将试样按图 3 所示与试验设备连接，按表 2 规定的主回路额定工作电流值施加相应的瞬态冲击电流，持续时间 0.2 s，间隔 30s 重复测试，共 5 次。测试结束后立即按 6.2、6.3 规定的方法对试样进行性能试验。

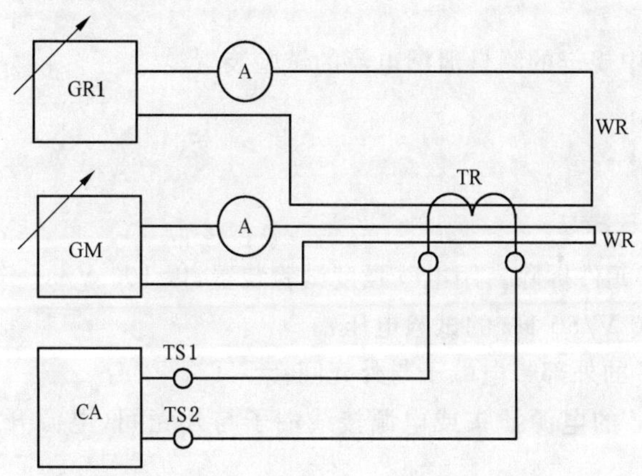

说明：

GR1 ——剩余电流发生器；
GM ——主回路电流源；
A ——电流表；
WR ——电流导线；
TR ——探测器；
CA ——电气火灾监控设备；
TS1、TS2 ——信号输入端。

图 3 大电流冲击适应性试验

6.9 绝缘电阻试验

6.9.1 试验步骤

6.9.1.1 在正常大气条件下，用绝缘电阻试验装置，分别对试样的下述部位施加 500 V±50 V 直流电压：

a) 工作电压大于 50 V 的外部带电端子与外壳间；

b) 工作电压大于 50 V 的电源插头或电源接线端子与外壳间(电源开关置于开位置，不接通电源)。

6.9.1.2 试验持续 60 s±5 s，然后测量试样的绝缘电阻值。

6.9.2 试验设备

符合下述技术要求的绝缘电阻试验装置：

a) 试验电压：500 V±50 V；

b) 测量范围：0 MΩ～500 MΩ；

c) 最小分度：0.1 MΩ；

d) 记时：60 s±5 s。

6.10 泄漏电流试验

6.10.1 试验步骤

将采用 220 V/50 Hz 交流电源供电的试样按照正常工作要求布置，接通电源，使其处于正常监视状态。调节供电电压为试样主电源额定电压的 1.06 倍，测量并记录其总泄漏电流值。

6.10.2 试验设备

符合 GB 4706.1—2005 中规定的测量泄漏电流的试验装置。

6.11 电气强度试验

6.11.1 试验步骤

6.11.1.1 将试样的接地保护元件拆除。用电气强度试验装置，以 100 V/s～500 V/s 的升压速率，分别对试样的下述部位施加 1 250 V/50 Hz 的试验电压：

a) 工作电压大于 50 V 的外部带电端子与外壳间；

b) 工作电压大于 50 V 的电源插头或电源接线端子与外壳间(电源开关置于开位置，不接通电源)。

6.11.1.2 试验持续 60 s±5 s，再以 100 V/s～500 V/s 的降压速率使试验电压低于试样额定电压后，方可断电。

6.11.1.3 试验后，将试样与制造商提供的探测器相连接，接通电源，使试样处于正常监视状态，按 6.2、6.3 规定的方法进行功能试验。

6.11.2 试验设备

应采用满足下述技术要求的电气强度试验装置：

a) 试验电压：电压为 0 V～1 250 V(有效值)连续可调，频率为 50 Hz；

b) 升、降压速率：100 V/s～500 V/s；

c) 计时:60 s±5 s。

6.12 射频电磁场辐射抗扰度试验

6.12.1 试验步骤

6.12.1.1 将试样按 GB/T 17626.3 的规定进行试验布置,接通电源,使其处于正常监视状态 20 min。

6.12.1.2 按 GB/T 17626.3 规定的试验方法对试样施加表 3 所示条件的干扰试验,观察并记录试样工作状态。

6.12.1.3 按 6.2、6.3 的方法进行性能试验。

6.12.2 试验设备

试验设备应符合 GB/T 17626.3 的要求。

6.13 射频场感应的传导骚扰抗扰度试验

6.13.1 试验步骤

6.13.1.1 将试样按 GB/T 17626.6 的规定进行试验布置,接通电源,使其处于正常监视状态 20 min。

6.13.1.2 按 GB/T 17626.6 规定的试验方法对试样施加表 3 所示条件的干扰试验,观察并记录试样工作状态。

6.13.1.3 按 6.2、6.3 的方法进行性能试验。

6.13.2 试验设备

试验设备应符合 GB/T 17626.6 的要求。

6.14 静电放电抗扰度试验

6.14.1 试验步骤

6.14.1.1 将试样按 GB/T 17626.2 的规定进行试验布置,接通电源,使其处于正常监视状态 20 min。

6.14.1.2 按 GB/T 17626.2 规定的试验方法对试样及耦合板施加表 3 所示条件的干扰试验,观察并记录试样工作状态。

6.14.1.3 按 6.2、6.3 的方法进行性能试验。

6.14.2 试验设备

试验设备应符合 GB/T 17626.2 的要求。

6.15 电快速瞬变脉冲群抗扰度试验

6.15.1 试验步骤

6.15.1.1 将试样按 GB/T 17626.4 的规定进行试验布置,接通电源,使其处于正常监视状态 20 min。

6.15.1.2 按 GB/T 17626.4 规定的试验方法对试样施加表 3 所示条件的干扰试验,观察并记录试样工作状态。

6.15.1.3 按 6.2、6.3 的方法进行性能试验。

6.15.2 试验设备

试验设备应符合 GB/T 17626.4 的要求。

6.16 浪涌(冲击)抗扰度试验

6.16.1 试验步骤

6.16.1.1 将试样按 GB/T 17626.5 的规定进行试验布置,接通电源,使其处于正常监视状态 20 min。
6.16.1.2 按 GB/T 17626.5 规定的试验方法对试样施加表 3 所示条件的干扰试验,观察并记录试样工作状态。
6.16.1.3 按 6.2、6.3 的方法进行性能试验。

6.16.2 试验设备

试验设备应符合 GB/T 17626.5 的要求。

6.17 电压暂降、短时中断和电压变化的抗扰度试验

6.17.1 试验步骤

6.17.1.1 将试样按 GB/T 17626.11 的规定进行试验布置,接通电源,使其处于正常监视状态 20 min。
6.17.1.2 使主电压下滑至 40%,持续 500 ms,重复进行 10 次,每次试验之间的时间间隔至少为 10 s;再使主电压下滑至 0 V,持续 10 ms,重复进行 10 次,每次试验之间的时间间隔至少为 10 s,观察并记录试样的工作状态。
6.17.1.3 按 6.2、6.3 的方法进行性能试验。

6.17.2 试验设备

试验设备应符合 GB/T 17626.11 的要求。

6.18 工频磁场抗扰度试验

6.18.1 试验步骤

6.18.1.1 将试样按 GB/T 17626.8 的规定进行试验布置,接通电源,使其处于正常监视状态 20 min。
6.18.1.2 按 GB/T 17626.8 规定的试验方法对试样施加表 3 所示条件的干扰试验,观察并记录试样工作状态。
6.18.1.3 按 6.2、6.3 的方法进行性能试验。

6.18.2 试验设备

试验设备应符合 GB/T 17626.8 的要求。

6.19 电压波动试验

6.19.1 将试样按正常工作要求进行布置。调节试验设备,使试验设备的输出电压为 AC 187 V (50 Hz),将该输出电压施加到试样的电源输入端,接通电源,观察试样的状态。
6.19.2 将试样按正常工作要求进行布置。调节试验设备,使试验设备的输出电压为 AC 242 V (50 Hz),将该输出电压施加到试样的电源输入端,接通电源,观察试样的状态。
6.19.3 按 6.2、6.3 的方法对试样进行性能试验。

6.20 振动(正弦)(运行)试验

6.20.1 试验步骤

6.20.1.1 将试样按正常安装方式刚性安装,使同方向的重力作用与其使用时一样(重力影响可忽略时

除外),试样在上述安装方式下可放于任何高度,试验期间试样处于正常监视状态。

6.20.1.2 依次在三个互相垂直的轴线上,在10 Hz～150 Hz的频率循环范围内,以0.981 m/s^2 的加速度幅值,1 oct/min的扫频速率,各进行1次扫频循环,观察并记录试样的工作状态。

6.20.1.3 检查试样外观及紧固部位,按6.2、6.3的方法进行性能试验。

6.20.2 试验设备

试验设备(振动台及夹具)应符合GB 16838的要求。

6.21 碰撞试验

6.21.1 试验步骤

6.21.1.1 将试样与制造商提供的探测器相连接,接通电源,使其处于正常监视状态。

6.21.1.2 对试样表面上的每个易损部件(如指示灯、显示器等)施加3次能量为0.5 J±0.04 J的碰撞。在进行试验时应小心进行,以确保上一组(3次)碰撞的结果不对后续各组碰撞的结果产生影响,在认为可能产生影响时,应不考虑发现的缺陷,取一新的试样,在同一位置重新进行碰撞试验。试验期间,观察并记录试样的工作状态;试验后,按6.2、6.3的方法进行性能试验。

6.21.2 试验设备

试验设备应符合GB 16838中的要求。

6.22 低温(运行)试验

6.22.1 试验步骤

6.22.1.1 将试样放入试验箱内,使之处于正常监视状态,在正常大气条件下保持30 min±5 min,以不大于1 ℃/min的平均降温速率使温度降到－10 ℃±3 ℃,保持16 h,观察并记录探测器工作情况。

6.22.1.2 以不大于1 ℃/min的平均升温速率使温度升到20 ℃±2 ℃,将试样从试验箱内取出,置于正常大气条件下,保持2 h,观察并记录试样外观情况。按6.2、6.3的要求对试样进行性能试验。

6.22.2 试验设备

试验设备应符合GB 16838的要求。

6.23 恒定湿热(运行)试验

6.23.1 试验步骤

6.23.1.1 将试样放入试验箱内,使之处于正常监视状态,在正常大气条件下保持30 min±5 min。以不大于1 ℃/min的平均升温速率使温度升到40 ℃±2 ℃,再将相对湿度调节到93%±3%,保持4 d,观察并记录试样工作情况。

6.23.1.2 以不大于1 ℃/min的平均降温速率使温度降到20 ℃±2 ℃,将试样从试验箱内取出,置于正常大气条件下,仍使之处于正常监视状态,保持2 h,观察并记录试样外观情况,然后按6.2、6.3的要求对试样进行性能试验。

6.23.2 试验设备

试验设备应符合GB 16838的要求。

7 检验规则

7.1 产品出厂检验

出厂检验项目为：

a) 基本功能试验；

b) 监控报警功能试验(独立式探测器)；

c) 绝缘电阻试验；

d) 电气强度试验；

e) 恒定湿热(运行)试验。

7.2 型式检验

7.2.1 型式检验项目为第6章规定的试验项目。检验样品在出厂检验合格的产品中抽取。

7.2.2 有下列情况之一时，应进行型式检验：

a) 新产品或老产品转厂生产时的试制定型鉴定；

b) 正式生产后，产品的结构、主要部件或元器件、生产工艺等有较大的改变可能影响产品性能；

c) 产品停产1年以上，恢复生产；

d) 发生重大质量事故；

e) 质量监督部门依法提出要求。

7.2.3 检验结果按GB 12978规定的型式检验结果判定方法进行判定。

8 标志

8.1 产品标志

探测器应清晰地标注下列信息：

a) 制造商名称、地址；

b) 产品名称；

c) 产品型号；

d) 产品主要技术参数(包括主回路额定工作电流值、额定工作电压值、报警设定值范围及调节精度)；

e) 生产日期及产品编号；

f) 执行标准编号。

8.2 质量检验标志

探测器应有质量检验合格标志。

附　录　A
（规范性附录）
剩余电流互感器

A.1　绝缘要求

A.1.1　绕组的工频耐压要求

固定二次绕组与壳体间额定工频耐受电压应大于 3 kV(方均根值)。

A.1.2　绕组的绝缘电阻要求

在 500 V 直流电压下,二次绕组与壳体的绝缘电阻应不小于 1 MΩ。

A.2　温升限值

在环境温度为 20 ℃～40 ℃时,在额定连续热电流下互感器外壳表面温升不超过 25 K。测量时间不小于 8 h。

A.3　准确度等级要求

标准准确度等级应等于或优于 1 级,电流误差限值应符合表 A.1 的要求。

表 A.1　电流误差限值

准确度	在下列额定电流下的电流误差 %					
	5A	20A	50A	100A	120A	200A 及以上
0.2	±0.75	±0.35	±0.2	±0.2	±0.2	±0.35
0.5	±1.5	±0.75	±0.5	±0.5	±0.5	±0.75
1.0	±3.0	±1.5	±1.0	±1.0	±1.0	±1.5

A.4　上限温度和下限温度影响要求

剩余电流互感器在所规定的上限温度和下限温度下的电流测量误差均应符合准确度等级的要求。将被试剩余电流互感器置于温度试验箱中并处于误差测量状态,分别使箱内温度达到本标准规定的正常工作环境温度的上限值及下限值,保温时间不得小于 2 h,被试剩余电流互感器周围温度的变化不得超过±2 ℃。记录输出的误差数据。

A.5 标注

剩余电流互感器应明确标注一次绕组及二次绕组的额定电流参数、额定连续热电流、上限温度和下限温度，且上限温度不应低于 40 ℃，下限温度不应高于－10 ℃。

注：二次绕组也可以采用电压输出方式标注。

ICS 13.220.20
C 81

中华人民共和国国家标准

GB 14287.3—2014
代替 GB 14287.3—2005

电气火灾监控系统 第3部分:测温式电气火灾监控探测器

Electrical fire monitoring system—Part 3:Temperature sensing electrical fire monitoring detectors

2014-07-24 发布

2015-06-01 实施

中华人民共和国国家质量监督检验检疫总局
中国国家标准化管理委员会 发布

前　言

GB 14287 本部分的第 5 章、第 7 章、第 8 章为强制性的，其余为推荐性的。

GB 14287《电气火灾监控系统》由以下部分组成：

——第 1 部分：电气火灾监控设备；

——第 2 部分：剩余电流式电气火灾监控探测器；

——第 3 部分：测温式电气火灾监控探测器；

……

本部分为 GB 14287 的第 3 部分。

本部分按照 GB/T 1.1—2009 给出的规则起草。

本部分代替 GB 14287.3—2005《电气火灾监控系统　第 3 部分：测温式电气火灾监控探测器》，与 GB 14287.3—2005 相比较主要技术变化如下：

——增加了泄漏电流试验（见 6.7）；

——增加了射频电磁场辐射抗扰度试验（见 6.9）；

——增加了射频场感应的传导骚扰抗扰度试验（见 6.10）；

——增加了静电放电抗扰度试验（见 6.11）；

——增加了电快速瞬变脉冲群抗扰度试验（见 6.12）；

——增加了浪涌（冲击）抗扰度试验（见 6.13）；

——增加了电压暂降、短时中断和电压变化的抗扰度试验（见 6.14）；

——增加了电压波动试验（见 6.15）；

——增加了振动（正弦）（运行）试验（见 6.16）；

——增加了碰撞试验（见 6.17）；

——取消了耐压试验、高温试验和腐蚀试验（见 2005 年版的 5.6、5.8 和 5.10）。

本部分由中华人民共和国公安部提出。

本部分由全国消防标准化技术委员会火灾探测与报警分技术委员会（SAC/TC 113/SC 6）归口。

本部分负责起草单位：公安部沈阳消防研究所。

本部分参加起草单位：北京航天常兴科技发展有限公司、三科电器有限公司、北京零线之芯电气技术有限公司、福建俊豪电子有限公司、吉林市吉隆科技开发有限公司、上海华宿电气技术有限公司。

本部分主要起草人：张学军、孙爽、杨波、李小白、张颖琮、吴礼龙、王强、王余胜、栾军、李贵仁。

本部分所代替标准的历次版本发布情况为：

—— GB 14287—1993；

—— GB 14287.3—2005。

电气火灾监控系统
第3部分:测温式电气火灾监控探测器

1 范围

GB14827 的本部分规定了测温式电气火灾监控探测器的术语和定义、分类、要求、试验、检验规则和标志。

本部分适用于电气火灾监控系统中的测温式电气火灾监控探测器。

2 规范性引用文件

下列文件对于本文件的应用是必不可少的。凡是注日期的引用文件,仅注日期的版本适用于本文件。凡是不注日期的引用文件,其最新版本(包括所有的修改单)适用于本文件。

GB 4706.1 家用和类似用途电器的安全 第1部分:通用要求

GB/T 9969 工业产品使用说明书 总则

GB 12978 消防电子产品检验规则

GB 14287.2 电气火灾监控系统 第2部分:剩余电流式电气火灾监控探测器

GB 16838 消防电子产品环境试验方法及严酷等级

GB/T 17626.2 电磁兼容 试验和测量技术 静电放电抗扰度试验

GB/T 17626.3 电磁兼容 试验和测量技术 射频电磁场辐射抗扰度试验

GB/T 17626.4 电磁兼容 试验和测量技术 电快速瞬变脉冲群抗扰度试验

GB/T 17626.5 电磁兼容 试验和测量技术 浪涌(冲击)抗扰度试验

GB/T 17626.6 电磁兼容 试验和测量技术 射频场感应的传导骚扰抗扰度试验

GB/T 17626.11 电磁兼容 试验和测量技术 电压暂降、短时中断和电压变化的抗扰度试验

GB 23757 消防电子产品防护要求

3 术语和定义

下列术语和定义适用于本文件。

3.1

测温式电气火灾监控探测器 temperature sensing electrical fire monitoring detector

能探测被保护线路中的温度参数变化的探测器。

3.2

独立式测温式电气火灾监控探测器 independent temperature sensing electrical fire monitoring detector

独立探测被保护线路中的温度参数变化并发出声、光报警信号的探测器。

3.3

非独立式测温式电气火灾监控探测器 non-independent temperature sensing electrical fire monitoring detector

能探测被保护线路中的温度参数变化并向电气火灾监控设备传送信息的探测器。

3.4

多传感器组合式电气火灾监控探测器　combined multi-sensing electrical fire monitoring detector

能够同时监测被保护线路中的剩余电流值和温度变化的探测器。

3.5

测温传感器　temperature sensor

测量被保护线路中的温度参数变化的传感器，一般由热敏电阻或红外测温元件等组成。

3.6

信号处理单元　signal processing unit

接收温度参数的测量数据，并对数据进行分析处理的单元。

4　分类

4.1　测温式电气火灾监控探测器(以下简称探测器)按工作方式可分为：

a)　独立式；

b)　非独立式。

4.2　探测器按探测原理可分为：

a)　接触式；

b)　非接触式。

4.3　探测器按传感器类型可分为：

a)　单传感器式；

b)　多传感器组合式。

5　要求

5.1　总则

探测器应按第 6 章规定进行试验，试验结果应符合第 5 章的对应要求。

5.2　基本性能

5.2.1　探测器应设有工作状态指示灯和报警状态指示灯。

5.2.2　独立式探测器电源应采用交流电源(AC 220 V/50 Hz)，电源线输入端应设接线端子。

5.2.3　当被监视部位温度达到报警设定值时，探测器应在 40 s 内发出报警信号，点亮报警指示灯。非独立式探测器的报警指示应保持至与其相连的电气火灾监控设备复位，独立式探测器的报警指示应保持至手动复位。

5.2.4　探测器的报警温度值应设定在 45 ℃～140 ℃的范围内，报警值与设定值之差的绝对值不应大于设定值的 5%。

5.2.5　具有实时显示温度值功能的探测器显示误差不应大于 5%。

5.2.6　非独立式探测器信号处理单元与外接的测温传感器的连接线发生断路和短路时，探测器应向与其连接的电气火灾监控设备传送故障信号。

5.2.7　探测器报警值可在探测器或与其相连的电气火灾监控设备上进行设置，且只能通过专用工具、密码等手段实现现场设置。

5.2.8　具有测量剩余电流功能的多传感器组合式探测器还应符合 GB 14287.2 的要求。

5.3 监控报警功能

5.3.1 探测器在报警时应发出声、光报警信号并显示报警值和部位，报警声信号可手动消除，报警声信号手动消除后，应有消音指示，当再有其他报警信号输入时，报警声信号应能再启动。

5.3.2 在报警条件下，在其音响器件正前方 1 m 处的声压级(A 计权)应大于 70 dB，小于 115 dB。

5.3.3 信号处理单元与外接的测温传感器之间的连接线断路或短路时，探测器应能发出声、光故障信号；故障声信号应与报警声信号有明显区别；故障声信号应能手动消除；故障光信号应保持至故障状态被恢复。

5.3.4 探测器的报警声信号应优先于故障声信号。

5.3.5 独立式探测器最多可连接 4 路传感器。

5.3.6 报警信息应优先于故障信息显示，在报警状态下，应能手动查询存在的故障信息，报警信息与故障信息不应交替显示。

5.3.7 探测器可设有一组控制输出，在探测器报警时，控制输出应在 3 s 内动作，控制输出的性能应符合制造商的规定。

5.3.8 探测器应能手动检查其音响器件、面板上所有指示灯和显示器的功能，自检期间探测器控制输出不应动作。

5.4 通讯功能

5.4.1 非独立式探测器应能将实时的温度值、故障信号传送到配接的电气火灾监控设备。

5.4.2 独立式探测器应至少有一组通讯端口。

5.5 主要部件性能

5.5.1 指示灯

5.5.1.1 每个指示灯都应用中文清晰地标注其功能。

5.5.1.2 指示灯应用颜色标识，红色表示报警状态，黄色表示故障状态，绿色表示正常状态。

5.5.1.3 指示灯在其正前方 3 m 处、在光照度不超过 500 lx 的环境条件下，应清晰可见。

5.5.2 显示器

5.5.2.1 独立式探测器应采用数字或字母显示器显示信息。

5.5.2.2 在 5 lx～500 lx 环境光条件下，显示的信息应在正前方 22.5°视角范围内 0.8 m 处可读。

5.5.3 接线端子

5.5.3.1 探测器应设外接连接线的接线端子。

5.5.3.2 接线端子都应清晰地标注其功能。

5.5.3.3 强电的接线端子应设在探测器的内部或用安全、可靠的防护措施保护。

5.5.3.4 强电和弱电接线端子应分开设置。

5.5.4 结构

5.5.4.1 探测器的外壳应坚固可靠。

5.5.4.2 探测器应采用可靠方式安装固定。

5.6 防护性能

探测器的防护性能应符合 GB 23757 的要求。

5.7 重复性

重复测量6次探测器的报警值和报警时间，两次测量的时间间隔应不小于30 min，每次测量的探测器的报警值和报警时间均应符合5.2的要求。

5.8 绝缘电阻

探测器的外部带电端子和电源插头的工作电压大于50 V时，外部带电端子和电源插头与外壳间的绝缘电阻在正常大气条件下应不小于100 MΩ。

5.9 泄漏电流

采用AC 220 V/50 Hz交流电源供电的探测器在1.06倍额定电压下工作时，泄漏电流值应不超过0.5 mA。

5.10 电气强度

探测器的外部带电端子和电源插头的工作电压大于50 V时，外部带电端子和电源插头应能耐受频率为50 Hz、有效值电压为1 250 V的交流电压，历时60 s±5 s的电气强度试验。试验期间，探测器不应发生放电或击穿现象(击穿电流不大于20 mA)；试验后，探测器的性能应符合5.2、5.3的要求。

5.11 电磁兼容性

探测器应能适应表1所规定条件下的各项试验要求。试验期间，应保持正常监视状态；试验后，性能应符合5.2、5.3的要求。

注：正常监视状态指探测器在电源正常供电条件下，无故障报警、自检等操作时所处的工作状态。

表1 电磁兼容性试验条件

试验名称	试验参数	试验条件	工作状态
射频电磁场辐射抗扰度试验	场强/(V/m)	10	正常监视状态
	频率范围/MHz	80～1 000	
	扫描速率/(10 oct/s)	$\leqslant 1.5\times 10^{-3}$	
	调制幅度	80%(1 kHz，正弦)	
射频场感应的传导骚扰抗扰度试验	频率范围/MHz	0.15～80	正常监视状态
	电压/dBμV	140	
	调制幅度	80%(1 kHz，正弦)	
静电放电抗扰度试验	放电电压/kV	空气放电(外壳为绝缘体试样)：8	正常监视状态
		接触放电(外壳为导体试样和耦合板)：6	
	放电极性	正、负	
	放电间隔/s	≥1	
	每点放电次数	10	

表 1（续）

试验名称	试验参数	试验条件	工作状态
电快速瞬变脉冲群抗扰度试验	瞬变脉冲电压/kV	AC 电源线:2×(1±0.1) 其他连接线:1×(1±0.1)	正常监视状态
	重复频率/kHz	5×(1±0.2)	
	极性	正、负	
	时间	每次 1 min	
浪涌(冲击)抗扰度试验	浪涌(冲击)电压/kV	AC 电源线 线-线 1×(1±0.1) AC 电源线 线-地 2×(1±0.1) 其他连接线 线-地 1×(1±0.1)	正常监视状态
	极性	正、负	
	试验次数	5	
电压暂降、短时中断和电压变化的抗扰度试验	持续时间	10 周期(供电电压为额定电压的 40%) 1 周期(供电电压为 0 V)	正常监视状态
	试验次数	10	

5.12 电压波动性能

采用 AC 220 V/50 Hz 交流电源供电的探测器，在供电电压为 AC 187 V 和 AC 242 V 条件下，应能正常工作，其性能应符合 5.2、5.3 的要求。

5.13 机械环境耐受性

探测器应能耐受住表 2 中所规定的机械环境条件下的各项试验。试验期间，应保持正常监视状态；试验后，不应有机械损伤和紧固部位松动现象，性能应符合 5.2、5.3 的要求。

表 2 机械环境试验条件

试验名称	试验参数	试验条件	工作状态
振动(正弦)(运行)试验	频率循环范围/Hz	10～150	正常监视状态
	加速幅值/(m/s^2)	0.981	
	扫频速率/(oct/min)	1	
	每个轴线扫频次数	1	
	振动方向	X、Y、Z	
碰撞试验	碰撞能量/J	0.5±0.04	正常监视状态
	碰撞次数	3	

5.14 气候环境耐受性

探测器应能耐受住表3中所规定的气候环境条件下的各项试验。试验期间,试样应保持正常监视状态;试验后,应无破坏涂覆和腐蚀现象,性能应符合5.2、5.3的要求。

表3 气候环境试验条件

试验名称	试验参数	试验条件	工作状态
低温(运行)试验	温度 ℃	−10±3	正常监视状态
	持续时间 h	16	
恒定湿热(运行)试验	温度 ℃	40±2	正常监视状态
	相对湿度 %	93±3	
	持续时间 d	4	

5.15 使用说明书

5.15.1 探测器应有相应的中文使用说明书。

5.15.2 使用说明书应符合GB/T 9969的要求,且与探测器的性能一致。

6 试验

6.1 试验纲要

6.1.1 试验程序见表4。

6.1.2 除在有关条文中另有说明外,各项试验均应在下述大气条件下进行:

——温度:15 ℃~35 ℃;

——相对湿度:25%~75%;

——大气压力:86 kPa~106 kPa。

6.1.3 除在有关条文中另有说明外,各项试验数据的容差均为±5%;环境条件参数偏差应符合GB 16838的要求。

6.1.4 试验前,制造商应提供5只探测器作为试验样品(以下简称试样),若试验需要,应提供与其配套的电气火灾监控设备。

6.1.5 探测器在试验前应按下列要求进行检查:

a) 外观检查,并符合下列要求:

1) 表面无腐蚀、涂覆层脱落和起泡现象,无明显划伤、裂痕、毛刺等机械损伤;

2) 紧固部位无松动。

b) 按5.5的要求对试样进行检查,符合要求后方可进行试验。

表 4 试验程序

序号	条款号	试验项目	编号 1	编号 2	编号 3	编号 4	编号 5
1	6.1.5	试验前检查	√[b]	√	√	√	√
2	6.2	基本性能试验	√	√	√	√	√
3	6.3	监控报警功能试验[a]	√	√	√	√	√
4	6.4	通讯功能试验	√	√	√	√	√
5	6.5	重复性试验					√
6	6.6	绝缘电阻试验			√		
7	6.7	泄漏电流试验			√		
8	6.8	电气强度试验			√		
9	6.9	射频电磁场辐射抗扰度试验		√			
10	6.10	射频场感应的传导骚扰抗扰度试验		√			
11	6.11	静电放电抗扰度试验	√				
12	6.12	电快速瞬变脉冲群抗扰度试验	√				
13	6.13	浪涌(冲击)抗扰度试验	√				
14	6.14	电压暂降、短时中断和电压变化的抗扰度试验	√				
15	6.15	电压波动试验	√				
16	6.16	振动(正弦)(运行)试验				√	
17	6.17	碰撞试验				√	
18	6.18	低温(运行)试验					√
19	6.19	恒定湿热(运行)试验					√

[a] 监控报警功能试验仅适用于独立式探测器。

[b] "√"表示进行该项试验。

6.2 基本性能试验

6.2.1 接触式探测器

6.2.1.1 使试样处于正常监视状态,将试样放入温控装置,调整温控装置使其以不大于 1 ℃/min 的升温速率升温直至试样报警,观察试样的状态,记录报警温度值。

6.2.1.2 使试样处于正常监视状态并使试样的温度传感器的温度恢复至室温状态,调整温控装置内的温度到高于试样报警设定值 20%,将试样放入温控装置内,并开始计时。当试样发出报警信号时,观察试样的状态,记录响应时间。

6.2.1.3 使试样处于正常监视状态,将试样与外接测温传感器之间的连接线分别设置断路和短路故障,检查试样故障信号的传送情况。

6.2.1.4 检查试样的报警设定值的设置情况。

6.2.1.5 对于具有实时显示温度值功能的探测器,检查试样的温度值显示误差情况。

6.2.2 非接触式探测器

6.2.2.1 将试样固定在支架上，使试样处于正常监视状态，按照制造商规定的要求，使试样对准标准黑体辐射源，调整距离使试样处于黑体辐射源的辐射范围内，使标准黑体辐射源的温度以不大于 1 ℃/min 的升温速率升至试样报警，观察试样的状态，记录报警温度值。

6.2.2.2 用挡板遮住标准黑体辐射源，将试样复位，使试样处于正常监视状态，调整标准黑体辐射源内的温度到高于试样报警设定值 20%，移走挡板，开始计时。当试样发出报警信号时，观察试样的状态，记录响应时间。

6.2.2.3 使试样处于正常监视状态，将试样与外接测温传感器之间的连接线分别设置断路和短路故障，检查试样故障信号的传送情况。

6.2.2.4 检查试样的报警设定值的设置情况。

6.2.2.5 对于具有实时显示温度值功能的探测器，检查试样的温度值显示误差情况。

6.3 监控报警功能试验

6.3.1 在试样的正常监视状态下，使试样发出报警信号，观察试样的状态。测量试样发出声报警信号的声压级。手动操作消音功能，观察试样的状态。将探测器探测的温度恢复至常温，手动复位试样，观察试样的状态。

6.3.2 在试样的正常监视状态下，将与外接测温传感器之间的连接线分别断路和短路，观察试样的状态。手动操作消音功能，观察试样的状态。将与外接测温传感器之间的连接线恢复正常，观察试样的状态。

6.3.3 对于多传感器的试样，使不同的部位分别设置报警信号和故障信号，观察试样的状态指示和信息显示情况。使试样先发出故障信号，再使试样发出报警信号，观察试样的状态；手动复位试样，使试样先发出报警信号，然后再在不同的回路设置故障信号，观察试样的状态。

6.3.4 在同时具有故障信息和报警信息的状态下，查看试样的信息显示情况。在显示器不能同时显示所有的信息情况下，手动操作查询功能，查看试样的信息显示情况。

6.3.5 对于具有控制输出功能的试样，使试样发出报警信号，检查试样的控制输出动作情况和控制输出的输出特性。

6.3.6 操作试样的自检功能，观察试样的状态。

6.4 通讯功能试验

6.4.1 按制造商的规定要求(包括通讯方式、最远通讯距离和通信线路特性)检查试样的通讯端口的设置情况和通讯功能。

6.4.2 在与电气火灾监控设备之间进行通讯时，在电气火灾监控设备上查看温度值的显示情况。

6.4.3 使试样处于故障状态，在电气火灾监控设备上查看试样的故障信息显示情况。

6.5 重复性试验

按 6.2 中的方法重复测量 6 次试样的报警值，记录每次的报警温度值和报警时间。

6.6 绝缘电阻试验

6.6.1 试验步骤

6.6.1.1 在正常大气条件下，用绝缘电阻试验装置，分别对试样的下述部位施加 500 V±50 V 直流电压：

a) 工作电压大于 50 V 的外部带电端子与外壳间；

b) 工作电压大于 50 V 的电源插头或电源接线端子与外壳间(电源开关置于开位置,不接通电源)。

6.6.1.2 试验持续 60 s±5 s,然后测量试样的绝缘电阻值。

6.6.2 试验设备

符合下述技术要求的绝缘电阻试验装置：

a) 试验电压:500 V±50 V；

b) 测量范围:0 MΩ～500 MΩ；

c) 最小分度:0.1 MΩ；

d) 记时:60 s±5 s。

6.7 泄漏电流试验

6.7.1 试验步骤

将采用 AC 220 V/50 Hz 交流电源供电的试样按正常工作要求布置,接通电源,使其处于正常监视状态。调节供电电压为试样主电源额定电压的 1.06 倍,测量并记录其总泄漏电流值。

6.7.2 试验设备

符合 GB 4706.1 规定的测量泄漏电流的试验装置。

6.8 电气强度试验

6.8.1 试验步骤

6.8.1.1 将试样的接地保护元件拆除。用电气强度试验装置,以 100 V/s～500 V/s 的升压速率,分别对试样的下述部位施加 1 250 V/50 Hz 的试验电压：

a) 工作电压大于 50 V 的外部带电端子与外壳间；

b) 工作电压大于 50 V 的电源插头或电源接线端子与外壳间(电源开关置于开位置,不接通电源)。

6.8.1.2 试验持续 60 s±5 s,再以 100 V/s～500 V/s 的降压速率使试验电压低于试样额定电压后,方可断电。

6.8.1.3 试验后,将试样与制造商提供的探测器相连接,接通电源,使试样处于正常监视状态,按 6.2、6.3 规定的方法进行性能试验。

6.8.2 试验设备

应采用满足下述技术要求的电气强度试验装置：

a) 试验电压:电压 0 V～1 250 V(有效值)连续可调,频率 50 Hz；

b) 升、降压速率:100 V/s～500 V/s；

c) 计时:60 s±5 s。

6.9 射频电磁场辐射抗扰度试验

6.9.1 试验步骤

6.9.1.1 将试样按 GB/T 17626.3 的规定进行试验布置,接通电源,使其处于正常监视状态 20 min。

6.9.1.2 按 GB/T 17626.3 规定的试验方法对试样施加表 1 所示条件的干扰试验，观察并记录试样工作状态。

6.9.1.3 按 6.2、6.3 的方法进行性能试验。

6.9.2 试验设备

试验设备应符合 GB/T 17626.3 的要求。

6.10 射频场感应的传导骚扰抗扰度试验

6.10.1 试验步骤

6.10.1.1 将试样按 GB/T 17626.6 的规定进行试验布置，接通电源，使其处于正常监视状态 20 min。

6.10.1.2 按 GB/T 17626.6 规定的试验方法对试样施加表 1 所示条件的干扰试验，观察并记录试样工作状态。

6.10.1.3 按 6.2、6.3 的方法进行性能试验。

6.10.2 试验设备

试验设备应符合 GB/T 17626.6 的要求。

6.11 静电放电抗扰度试验

6.11.1 试验步骤

6.11.1.1 将试样按 GB/T 17626.2 的规定进行试验布置，接通电源，使其处于正常监视状态 20 min。

6.11.1.2 按 GB/T 17626.2 规定的试验方法对试样及耦合板施加表 1 所示条件的干扰试验，观察并记录试样工作状态。

6.11.1.3 按 6.2、6.3 的方法进行性能试验。

6.11.2 试验设备

试验设备应符合 GB/T 17626.2 的要求。

6.12 电快速瞬变脉冲群抗扰度试验

6.12.1 试验步骤

6.12.1.1 将试样按 GB/T 17626.4 的规定进行试验布置，接通电源，使其处于正常监视状态 20 min。

6.12.1.2 按 GB/T 17626.4 规定的试验方法对试样施加表 1 所示条件的干扰试验，观察并记录试样工作状态。

6.12.1.3 按 6.2、6.3 的方法进行性能试验。

6.12.2 试验设备

试验设备应符合 GB/T 17626.4 的要求。

6.13 浪涌（冲击）抗扰度试验

6.13.1 试验步骤

6.13.1.1 将试样按 GB/T 17626.5 的规定进行试验布置，接通电源，使其处于正常监视状态 20 min。

6.13.1.2 按 GB/T 17626.5 规定的试验方法对试样施加表 1 所示条件的干扰试验，观察并记录试样工作状态。

6.13.1.3 按6.2、6.3的方法进行性能试验。

6.13.2 试验设备

试验设备应符合GB/T 17626.5的要求。

6.14 电压暂降、短时中断和电压变化的抗扰度试验

6.14.1 试验步骤

6.14.1.1 将试样按GB/T 17626.11的规定进行试验布置,接通电源,使其处于正常监视状态20 min。

6.14.1.2 按GB/T 17626.11规定的试验方法对试样施加表1所示条件的干扰试验,观察并记录试样的工作状态。

6.14.1.3 按6.2、6.3的方法进行性能试验。

6.14.2 试验设备

试验设备应符合GB/T 17626.11的要求。

6.15 电压波动试验

6.15.1 试验步骤

6.15.1.1 将试样按正常工作要求进行布置。调节试验设备,使试验设备的输出电压为AC 187 V (50 Hz),将该输出电压施加到试样的电源输入端,接通电源,观察试样的状态。

6.15.1.2 将试样按正常工作要求进行布置。调节试验设备,使试验设备的输出电压为AC 242 V (50 Hz),将该输出电压施加到试样的电源输入端,接通电源,观察试样的状态。

6.15.1.3 按6.2、6.3的方法对试样进行性能试验。

6.15.2 试验设备

符合6.15.1要求的调压装置。

6.16 振动(正弦)(运行)试验

6.16.1 试验步骤

6.16.1.1 将试样按正常安装方式刚性安装,使同方向的重力作用与其使用时一样(重力影响可忽略时除外),试样在上述安装方式下可放于任何高度,试验期间试样处于正常监视状态。

6.16.1.2 依次在三个互相垂直的轴线上,在10 Hz～150 Hz的频率循环范围内,以0.981 m/s^2 的加速度幅值,1 oct/min的扫频速率,各进行1次扫频循环,观察并记录试样的工作状态。

6.16.1.3 检查试样外观及紧固部位,并按6.2、6.3的方法进行性能试验。

6.16.2 试验设备

试验设备(振动台及夹具)应符合GB 16838的要求。

6.17 碰撞试验

6.17.1 试验步骤

6.17.1.1 将试样按照正常工作要求布置,接通电源,使其处于正常监视状态。

6.17.1.2 对试样表面上的每个易损部件(如指示灯、显示器等)施加3次能量为0.5 J±0.04 J的碰撞。在进行试验时应小心进行,以确保上一组(3次)碰撞的结果不对后续各组碰撞的结果产生影响,在认为可能产生影响时,应不考虑发现的缺陷,取一新的试样,在同一位置重新进行碰撞试验,观察并记录试样的工作状态。

6.17.1.3 按6.2、6.3的方法进行性能试验。

6.17.2 试验设备

试验设备应符合GB 16838的要求。

6.18 低温(运行)试验

6.18.1 试验步骤

6.18.1.1 将试样放入试验箱内,使之处于正常监视状态,在正常大气条件下保持30 min±5 min,以不大于1 ℃/min的平均降温速率使温度降到－10 ℃±3 ℃,保持16 h,观察并记录探测器工作情况。

6.18.1.2 以不大于1 ℃/min的平均升温速率使温度升到20 ℃±2 ℃,将试样从试验箱内取出,置于正常大气条件下,保持2 h,观察并记录试样外观情况。

6.18.1.3 按6.2、6.3的要求对试样进行性能试验。

6.18.2 试验设备

试验设备应符合GB 16838的要求。

6.19 恒定湿热(运行)试验

6.19.1 试验步骤

6.19.1.1 将试样放入试验箱内,使之处于正常监视状态,在正常大气条件下保持30 min±5 min。以不大于1 ℃/min的平均升温速率使温度升到40 ℃±2 ℃,再将相对湿度调节到93%±3%,保持4 d,观察并记录试样工作情况。

6.19.1.2 以不大于1 ℃/min的平均降温速率使温度降到20 ℃±2 ℃,将试样从试验箱内取出,置于正常大气条件下,仍使之处于正常监视状态,保持2 h,观察并记录试样外观情况。

6.19.1.3 按6.2、6.3的要求对试样进行性能试验。

6.19.2 试验设备

试验设备应符合GB 16838的要求。

7 检验规则

7.1 出厂检验

出厂检验项目为:

a) 基本性能试验;

b) 监控报警功能试验(独立式探测器);

c) 绝缘电阻试验;

d) 电气强度试验;

e) 恒定湿热(运行)试验。

7.2 型式检验

7.2.1 型式检验项目为第6章规定的试验项目。检验样品在出厂检验合格的产品中抽取。

7.2.2 有下列情况之一时，应进行型式检验：

a) 新产品或老产品转厂生产时的试制定型鉴定；

b) 正式生产后，产品的结构、主要部件或元器件、生产工艺等有较大的改变可能影响产品性能；

c) 产品停产1年以上，恢复生产；

d) 发生重大质量事故；

e) 质量监督部门依法提出要求。

7.2.3 检验结果按GB 12978规定的型式检验结果判定方法进行判定。

8 标志

8.1 产品标志

探测器应清晰地标注下列信息：

a) 制造商名称、地址；

b) 产品名称；

c) 产品型号；

d) 产品主要技术参数(包括额定工作电压值、报警设定值范围及调节精度)；

e) 生产日期及产品编号；

f) 执行标准编号。

8.2 质量检验标志

探测器应有质量检验合格标志。

ICS 13.220.20
C 81

中华人民共和国国家标准

GB 14287.4—2014

电气火灾监控系统 第4部分:故障电弧探测器

Electrical fire monitoring system—Part 4:Arcing fault detectors

2014-06-24 发布　　2015-06-01 实施

中华人民共和国国家质量监督检验检疫总局
中国国家标准化管理委员会　发布

前　言

GB 14287 的本部分的第 5、7、8 章为强制性的，其余为推荐性的。

GB 14287《电气火灾监控系统》由以下部分组成：

——第 1 部分：电气火灾监控设备；

——第 2 部分：剩余电流式电气火灾监控探测器；

——第 3 部分：测温式电气火灾监控探测器；

——第 4 部分：故障电弧探测器；

……

本部分为 GB 14287 的第 4 部分。

本部分按照 GB/T 1.1—2009 给出的规则起草。

本部分由中华人民共和国公安部提出。

本部分由全国消防标准化技术委员会火灾探测与报警分技术委员会(SAC/TC 113/SC 6)归口。

本部分由公安部沈阳消防研究所负责起草，宁波习羽电子发展有限公司、上海华宿电气技术有限公司、沈阳斯沃电器有限公司、福建俊豪电子有限公司参加起草。

本部分主要起草人：丁宏军、高伟、张颖琮、李小白、曹振、刘长安、齐梓博、胡少英、黄武杰。

电气火灾监控系统
第4部分:故障电弧探测器

1 范围

GB 14287 的本部分规定了故障电弧探测器的术语和定义、分类、要求、试验、检验规则、标志和使用说明书。

本部分适用于工业与民用建筑中 10 kW 及其以下电气线路中安装使用的故障电弧探测器。其他装置中使用的用于电气火灾监控的故障电弧探测器,以及其他环境下具有特殊要求的故障电弧探测器,除特殊要求由有关标准另行规定外,亦适用于本部分。

2 规范性引用文件

下列文件对于本文件的应用是必不可少的。凡是注日期的引用文件,仅注日期的版本适用于本文件。凡是不注日期的引用文件,其最新版本(包括所有的修改单)适用于本文件。

GB 4706.1 家用和类似用途电器的安全 第1部分:通用要求

GB/T 9969 工业产品使用说明书 总则

GB 12978 消防电子产品检验规则

GB 16838 消防电子产品环境试验方法及严酷等级

GB/T 17626.2 电磁兼容 试验和测量技术 静电放电抗扰度试验

GB/T 17626.3 电磁兼容 试验和测量技术 射频电磁场辐射抗扰度试验

GB/T 17626.4 电磁兼容 试验和测量技术 电快速瞬变脉冲群抗扰度试验

GB/T 17626.5 电磁兼容 试验和测量技术 浪涌(冲击)抗扰度试验

GB/T 17626.6 电磁兼容 试验和测量技术 射频场感应的传导骚扰抗扰度

GB 23757—2009 消防电子产品防护要求

3 术语和定义

下列术语和定义适用于本文件。

3.1

故障电弧 arcing fault

由于电气线路或设备中绝缘老化破损、电气连接松动、空气潮湿、电压电流急剧升高等原因引起空气击穿所导致的气体游离放电现象。

3.2

故障电弧探测器 arcing fault detector

用于探测被保护电气线路中产生故障电弧的探测器。

4 分类

故障电弧探测器(以下简称探测器)按工作方式可分为:

a） 非独立式；

b） 独立式。

5 要求

5.1 总则

探测器应按第 6 章规定进行试验，试验结果应符合第 5 章的对应要求。

5.2 外观要求

探测器表面无腐蚀、涂覆层脱落和起泡现象，无明显划伤、裂痕、毛刺等机械损伤，紧固部位无松动。

5.3 基本要求

5.3.1 采用 AC 220 V/50 Hz 交流电源供电的探测器，电源线输入端应设接线端子。

5.3.2 探测器应具有红色报警确认灯。当被监视区域参数符合报警条件时，探测器报警确认灯应点亮，并保持至被复位。确认灯点亮时在其正前方 3 m 处，照度不超过 500 lx 的环境条件下，应清晰可见。

5.3.3 探测器连接其他辅助设备(例如远程确认灯、控制继电器等)时，与辅助设备间连接线的断路和短路不应影响探测器的正常工作。

5.3.4 探测器的出厂设置不应被轻易改变。当确需改变时，需使用特殊手段(如专用工具或密码)，否则不应破坏其封条。

5.3.5 探测器的报警性能如果可在探测器或在与其相连的监控设备上进行现场设置，则应满足以下要求：

a） 当制造商声明所有设置均满足本部分的要求时，探测器在任意设置的条件下均应满足本部分的要求，且对于现场设置应只能通过专用工具、密码或探头与底座的分离等手段实现；

b） 当制造商声明某一设置不满足本部分的要求时，该设置应只能通过专用工具、密码手段实现，且应在探测器上或有关文件中明确标明该项设置不能满足本部分的要求。

5.3.6 探测器的防护性能应符合 GB 23757—2009 中 3.2.1 的要求。

5.4 报警性能

5.4.1 当被探测线路在 1 s 内发生 14 个及其以上半周期的故障电弧时，探测器应在 30 s 内发出报警信号，点亮报警指示灯；非独立式探测器的报警指示应保持至与其相连的电气火灾监控设备复位，独立式探测器的报警指示应保持至手动复位。

5.4.2 当被探测线路在 1 s 内发生 9 个及其以下半周期的故障电弧时，探测器不应发出声、光报警信号和控制信号，但可采取其他方式的提示。

5.4.3 探测器应设有一组控制输出，发出报警信号时，控制输出应在 1 s 内动作。

5.4.4 探测器在误报警试验过程中，不应发出报警和控制信号。

5.4.5 探测器在负载抑制性试验过程中，应在 30 s 内发出报警和控制信号。

5.5 重复性

重复测量 3 次探测器的报警时间，通电 1 d 后再测量 3 次报警时间，其报警时间应满足 5.4 的要求。通电期间，探测器不应发出报警信号和故障信号。

5.6 电压波动性能

采用 AC 220 V/50 Hz 交流电源供电的探测器，在供电电压为 AC 187 V 和 AC 242 V 条件下，应能正常工作，其报警时间应满足 5.4 的要求。

5.7 绝缘电阻

探测器的外部带电端子与机壳间的绝缘电阻值应不小于 20 MΩ；220 V/50 Hz 交流电源输入端与机壳间的绝缘电阻值应不小于 50 MΩ。

5.8 泄漏电流

采用 AC 220 V/50 Hz 交流电源供电的探测器在 1.06 倍额定电压下工作时，泄漏电流值应不超过 0.5 mA。

5.9 电气强度

采用 AC 220 V/50 Hz 交流电源供电的探测器的电源插头(或电源接线端子)与机壳间应能耐受频率为 50 Hz，有效值为 AC 1 250 V 的电压历时 1 min 的电气强度试验。试验期间，探测器不应发生击穿现象；试验后，探测器的性能应符合 5.4 的要求。

5.10 气候环境耐受性

探测器应能耐受表 1 所规定气候环境条件下的各项试验。试验期间，探测器应保持正常监视状态；试验后，应无破坏涂覆和腐蚀现象，探测器的报警时间应满足 5.4 的要求。

表 1 运行试验的气候环境条件要求

试验名称	试验参数	试验条件	工作状态
低温(运行)试验	温度 ℃	−10±3	正常监视状态
	持续时间 h	2	
恒定湿热(运行)试验	温度 ℃	40±2	正常监视状态
	相对湿度 %	93±3	
	持续时间 d	4	

5.11 机械环境耐受性

5.11.1 运行试验

探测器应能耐受表 2 所规定的机械环境条件下的各项试验。试验期间，应保持正常监视状态；试验后，不应有机械损伤和紧固部位松动现象，探测器的报警时间应满足 5.4 的要求。

表 2　运行试验的机械环境条件要求

试验名称	试验参数	试验条件	工作状态
冲击试验	峰值加速度 m/s^2	100－20*m*(质量 *m*≤4.75 kg 时)	正常监视状态
		0(质量 *m*＞4.75 kg 时)	
	脉冲时间 ms	6	
	冲击方向	6	
碰撞试验	锤头速度 m/s	1.5±0.125	正常监视状态
	碰撞动能 J	1.9±0.1	
	碰撞次数	1	

5.11.2　耐久试验

探测器应能耐受表 3 所规定的机械环境条件下的各项试验。试验期间，应保持正常监视状态；试验后，不应有机械损伤和紧固部位松动现象，探测器的报警时间应满足 5.4 的要求。

表 3　耐久试验的机械环境条件要求

试验名称	试验参数	试验条件	工作状态
振动试验(正弦)(耐久)	频率范围 Hz	10～150～10	不通电状态
	加速度 m/s^2	10	
	扫频速率 oct/min	1	
	轴线数	3	
	每个轴线扫频次数	20	

5.11.3　电磁兼容性能

探测器应能耐受表 4 所规定的电磁兼容性试验。试验期间，应保持正常监视状态；试验后，探测器应能正常工作，报警时间应满足 5.4 的要求。

表 4　电磁兼容性试验条件要求

试验名称	试验参数	试验条件	工作状态
射频电磁场辐射抗扰度试验	场强 V/m	10	正常监视状态
	频率范围 MHz	1～1 000	
	扫描速率 10 倍频程/s	≤1.5×10^{-3}	
	调制幅度	80%(1 kHz,正弦)	
射频场感应的传导骚扰抗扰度试验	频率范围 MHz	0.15～100	正常监视状态
	电压 dBμV	140	
	调制幅度	80%(1 kHz,正弦)	
静电放电抗扰度试验	放电电压 kV	空气放电(外壳为绝缘体试样)8	正常监视状态
		接触放电(外壳为导体试样和耦合板)6	
	放电极性	正、负	
	放电间隔 s	≥1	
	每点放电次数	10	
电快速瞬变脉冲群抗扰度试验	瞬变脉冲电压 kV	AC 电源线:2×(1±0.1) 其他连接线:1×(1±0.1)	正常监视状态
	重复频率 kHz	100×(1±0.2)	
	极性	正、负	
	时间	每次 1 min	
浪涌(冲击)抗扰度试验	浪涌(冲击)电压 kV	线-地:1×(1±0.1)	正常监视状态
	极性	正、负	
	试验次数	5	

5.12　主要部件性能

5.12.1　一般要求

探测器的主要部件应采用符合国家有关标准的定型产品。

5.12.2 指示灯

5.12.2.1 每个指示灯都应用中文清晰地标注其功能。

5.12.2.2 指示灯应用颜色标识，红色表示报警状态；黄色表示故障状态；绿色表示正常状态。

5.12.2.3 指示灯在其正前方 3 m 处、在照度不超过 500 lx 的环境条件下，应清晰可见。

5.12.3 显示器

在照度不超过 500 lx 的环境条件下，显示的信息应在正前方 0.8 m 处、22.5°视角范围内清晰可读。

5.12.4 音响器件

在正常工作条件下，距探测器正前方 1 m 处的声压级(A 计权)不应小于 70 dB。

5.12.5 开关和按键(钮)

开关和按键(钮)应操作灵活、可靠，功能标注清晰。

5.12.6 接线端子

5.12.6.1 探测器应设外接连接线的接线端子。

5.12.6.2 接线端子都应清晰地标注其功能。

5.12.6.3 强电的接线端子应设在探测器的内部或用安全、可靠的防护措施保护。

5.12.6.4 强电和弱电接线端子应分开设置。

6 试验

6.1 总则

6.1.1 试验的大气条件

除在有关条文另有说明外，则各项试验均在下述大气条件下进行：

——温度：15 ℃～35 ℃；

——湿度：25%～75%；

——大气压力：86 kPa～106 kPa。

6.1.2 试验的正常监视状态

在有关条文中没有特殊要求时，应保证探测器的工作电压为额定工作电压，并在试验期间保持工作电压稳定。

6.1.3 容差

除在有关条文另有说明外，各项试验数据的容差均为±5%；环境条件参数偏差应符合 GB 16838 要求。

6.1.4 外观检查

试验样品(以下简称试样)在试验前应进行外观检查，符合 5.2 的要求后方可进行试验。

6.1.5 试样

4 套探测器，并在试验前予以编号。

6.1.6 探测器的安装

试样应按制造商规定的正常安装方式安装。如果说明书给出多种安装方式，试验中应采用对试样工作最不利的安装方式。

6.1.7 试验程序

按表5规定的程序进行试验。

表5 试验程序

序号	条款号	试验项目	试样编号
1	6.1.4	外观检查	1～4
2	6.2	基本要求检查	1～4
3	6.3	报警性能试验	1～4
4	6.4	重复性试验	1
5	6.5	电压波动试验	1
6	6.6	绝缘电阻试验	1
7	6.7	泄漏电流试验	1
8	6.8	电气强度试验	1
9	6.9	低温(运行)试验	1
10	6.10	恒定湿热(运行)试验	2
11	6.11	冲击试验	2
12	6.12	碰撞试验	3
13	6.13	振动(正弦)(耐久)试验	4
14	6.14	射频电磁场辐射抗扰度试验	2
15	6.15	射频场感应的传导骚扰抗扰度试验	3
16	6.16	静电放电抗扰度试验	4
17	6.17	电快速瞬变脉冲群抗扰度试验	2
18	6.18	浪涌(冲击)抗扰度试验	3

6.2 基本要求检查

6.2.1 对于采用AC 220 V/50 Hz交流电源供电的试样，检查试样的电源输入接线端子。

6.2.2 使试样报警，检查试样的报警确认灯；手动复位试样，观察并记录试样的工作状态。

6.2.3 对于连接辅助设备的试样，分别使辅助设备连接线断路和短路，观察并记录试样的工作状态。

6.2.4 检查试样的出厂设置状态。

6.2.5 对于报警参数可进行现场设置的试样，检查试样的设置状态。

6.2.6 按照GB 23757—2009中4.2的要求进行外壳防护等级试验。

6.3 报警性能试验

6.3.1 试样连接

6.3.1.1 试样进行报警性能试验应采用实际电路或与之等效的故障电弧模拟发生装置。实际电路的试验连接示意图如图 1a)所示，故障电弧模拟发生装置的示意图如图 1b)所示，典型故障电弧波形图参见附录 A。

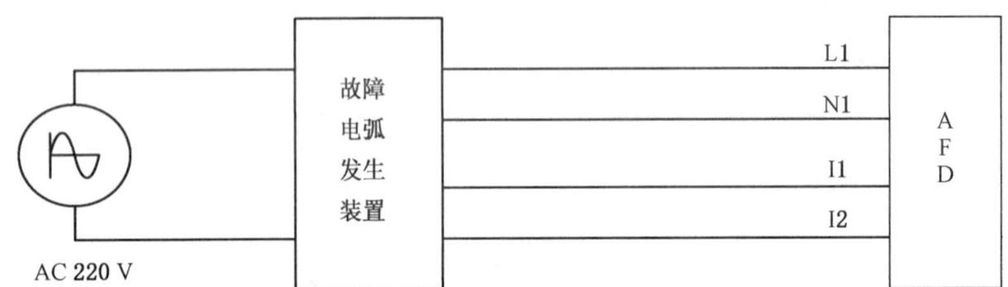

a) 实际电路的试验连接

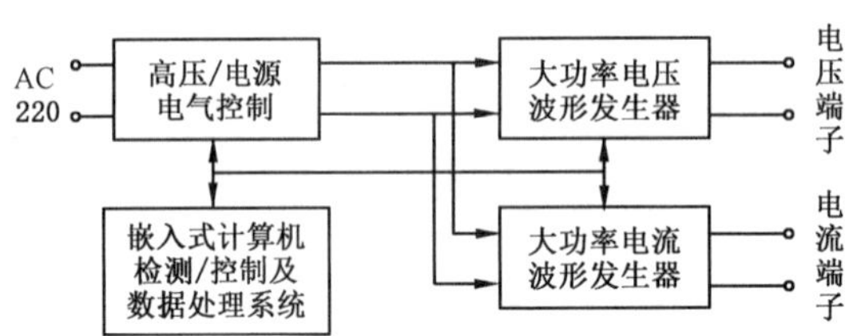

b) 模拟发生装置

图 1 故障电弧试验线路示意图

6.3.1.2 故障电弧模拟发生装置的技术指标应符合下列要求：

a) 电压输出端子：电压输出值为 AC 220×(1±10%)V；电流输出值≤2 A；信号带宽不小于 20 kHz。

b) 电流输出端子：电压输出值为 AC 20 V～60 V；电流输出值≤60 A。

c) 最大单次工作时间：5 min。

d) 工作电源：AC 220 V。

6.3.2 故障电弧试验

6.3.2.1 试验步骤

6.3.2.1.1 按照表 6 所要求的电弧性质和负载条件，分别对试样进行试验。

表 6 故障电弧试验

电弧性质		串联碳化路径电弧						并联碳化路径电弧				并联金属性接触电弧			
负载条件	功率 kV·A	4			额定			3		5		3		5	
	功率因数	1	0.7	0.3	1	0.7	0.3	1	0.7	1	0.7	1	0.7	1	0.7
注：功率允许误差为±10%。															

6.3.2.1.2　启动试验设备后，若线路中产生每秒最多 9 个及以下半周期的故障电弧或者 14 个及以上半周期的故障电弧，则此组试验为有效试验，观察并记录探测器状态，并记录试样的报警时间；若试验时每秒产生的电弧数量不满足上述条件时，则此组试验为无效试验，需重新进行。

注：电弧持续时间不超过 0.42 ms 或者电流值不超过额定电流值 5%的微小电弧不作为电弧统计。

6.3.2.2　试验设备及方法

6.3.2.2.1　串联碳化路径电弧试验

如图 2 所示，将两段单芯铜导线(2.5 mm^2)端部 2 cm 绝缘去除后铰接，使导线保留绝缘部分重叠 2 mm～4 mm，并用塑料绝缘胶带缠绕铰接部位 3 周制备出样品，将样品接入试验线路，由高压发生装置产生高压使重叠部分绝缘击穿形成碳化路径后，由低压(AC 220 V)装置对线路及负载供电，从而产生电弧。

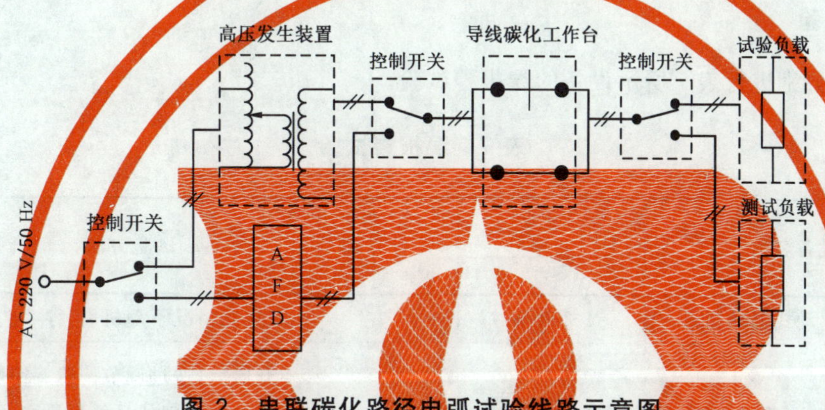

图 2　串联碳化路径电弧试验线路示意图

6.3.2.2.2　并联碳化路径电弧试验

如图 3 所示，将两段平行单芯铜导线(2.5 mm^2)中间部分相距 3 mm 处绝缘切口后用塑料绝缘胶带缠绕切口部位 3 周制备出样品，将样品接入试验线路，由高压发生装置产生高压使切口部分绝缘击穿形成碳化路径后，由低压(AC 220 V)装置对线路及负载供电，从而产生电弧。

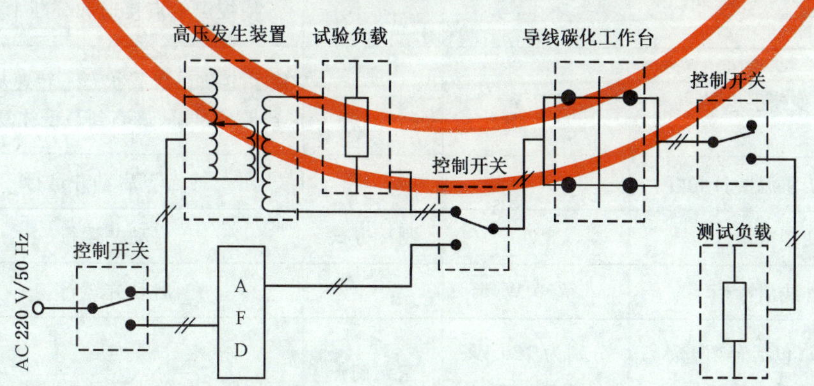

图 3　并联碳化路径电弧试验线路示意图

6.3.2.2.3　并联金属性接触电弧试验

如图 4 所示，与水平面呈一定角度的刀片缓慢落下，在与平行放置的两段并行多芯铜导线(2.5 mm^2)线芯接触瞬间产生电弧。

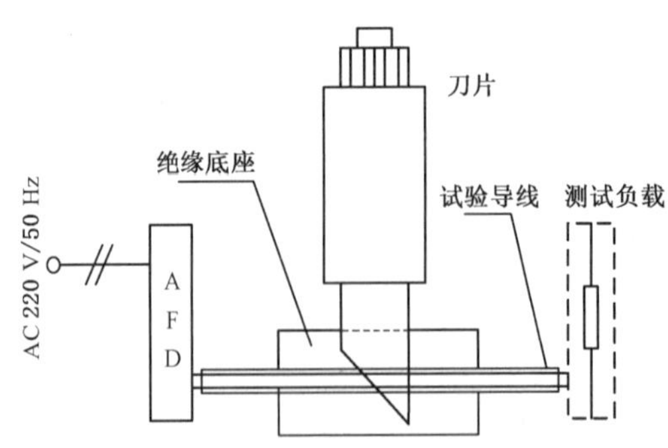

图 4 并联金属性接触电弧试验线路示意图

6.3.3 误报警试验

6.3.3.1 对样品分别进行表 7 所示设备的误报警试验。

表 7 误报警试验

序号	设备名称	功率	运行方式	试验方法	试验时间 s
1	电容启动式电动机	2 200 W		空载情况下随机启、停 2 次	10
2	吸尘器	1 200 W		开启后，通过调节调速旋钮使吸尘器速度从最低到最高，再从最高到最低往复 5 次	10
3	电磁炉	2 000 W		1 800 W 档位下启动并运行	10
4	微波炉	1 100 W	高火	启动并运行	10
5	电熨斗	1 100 W		通过调节温度控制旋钮，使控温触点接通和分断 10 次	60
6	电子变速手电钻	800 W		使手电钻在空载状态下转速从最低到最高，再从最高到最低往复 2 次	10
7	带有电子镇流器日光灯	36 W25 盏		冷态下启动并运行	10
8	变频空调	3 匹	制冷方式	启动并运行	60
9	红外线消毒柜	700 W		启动并运行	10
10	复合负载(包括定频电冰箱、带有电感式镇流器的日光灯、计算机、定频空调)	分别为 120 W、60 W2 盏、300 W、2 匹	空调制热方式	每间隔 5 s 随机启动一种电器设备	60
11	其他有必要试验的设备			比照序号 1～10 进行	

注 1： 1 匹＝2 324 W。

注 2： 功率允许误差为±10％。

6.3.3.2 按照图5连接试验设备进行并联抗扰动试验，其中负载为功率1 000 W的阻性负载。试验时通过调节电弧发生器(如图11所示)产生故障电弧，若线路中产生每秒最多14个及以上半周期的故障电弧，则此组试验为有效试验，观察并记录探测器状态；若试验时每秒产生的电弧数量不满足上述条件时，则此组试验为无效试验，需重新进行。

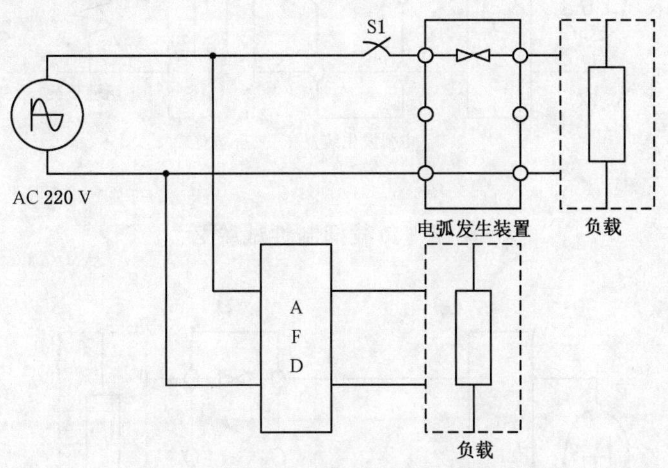

图5 并联抗扰动试验线路示意图

6.3.4 负载抑制性试验

6.3.4.1 试验步骤

6.3.4.1.1 操作信号抑制

分别按照图6、图7连接试验设备进行负载抑制性试验，其中电阻性负载功率为1 000 W，屏蔽负载及其运行方式分别选用表7中所列的最高速度下工作的吸尘器和制热方式下工作的2匹定频空调；按照图8连接试验设备进行负载抑制试验，其中电阻性负载功率为1 000 W，屏蔽负载及其运行方式选用表7中所列的带有电子镇流器的日光灯。试验时分别启动上述的屏蔽负载，调节电弧发生器(如图11所示)产生故障电弧。若线路中产生每秒14个及以上半周期的故障电弧，则此组试验为有效试验，观察并记录探测器状态，并记录试样的报警时间；若试验时每秒产生的电弧数量不满足上述条件时，则此组试验为无效试验，需重新进行。

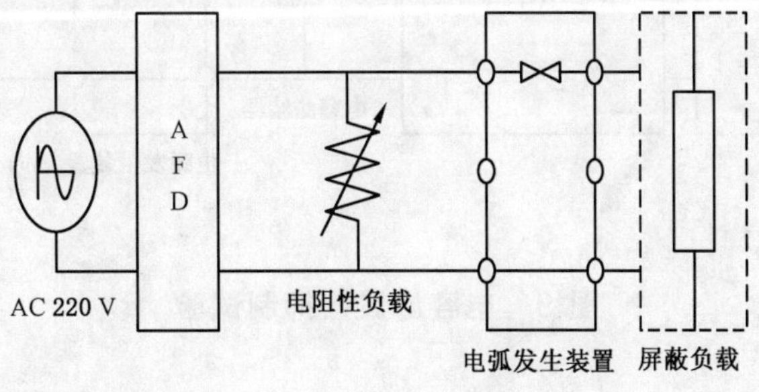

图6 负载抑制性试验1

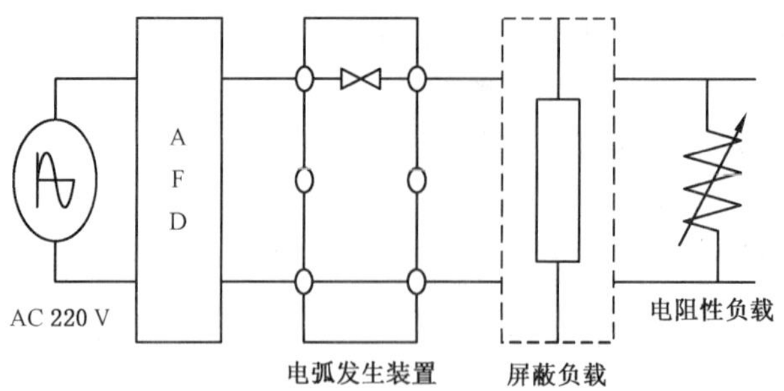

图7　负载抑制性试验2

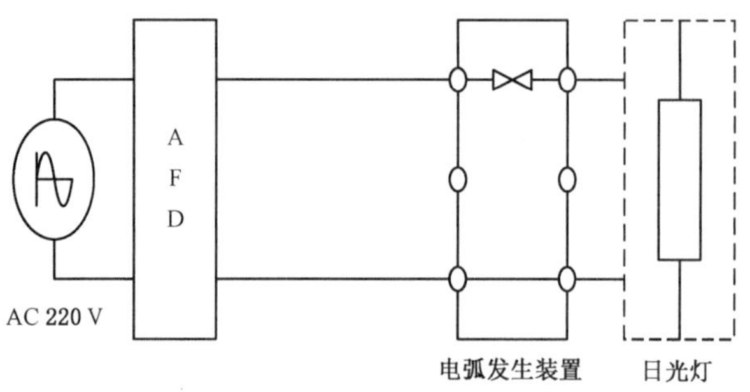

图8　负载抑制性试验3

6.3.4.1.2　电容滤波器抑制

按照图9的电路连接试验设备，图中屏蔽负载为1 000 W阻性负载。按照6.3.4.1.1的方法发生电弧并检验试样。

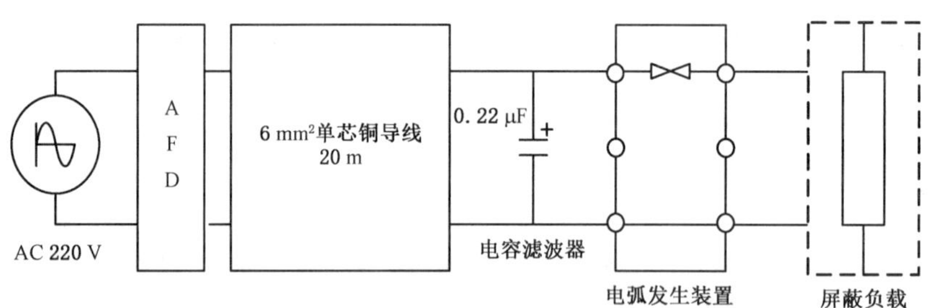

图9　电容滤波器抑制试验

6.3.4.1.3　线路阻抗抑制

按照图10的电路连接试验设备，图中负载为1 000 W阻性负载。按照6.3.4.1.1的方法发生电弧并检验试样。

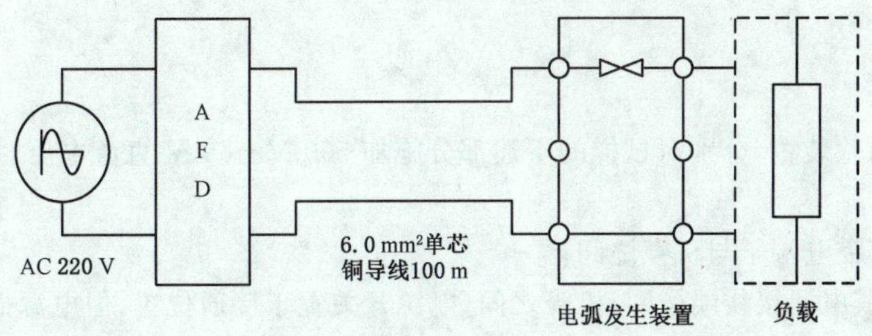

图 10 线路阻抗抑制试验

6.3.4.2 试验设备

电弧发生装置如图 11 所示，包括一个静止的直径为 6.4 mm 的碳电极和一个铜制的移动电极。试验时先移动铜质电极使其与碳电极良好接触，电路将接通，启动负载设备，然后横向缓慢调节移动电极使其与碳分离，直到电弧发生。

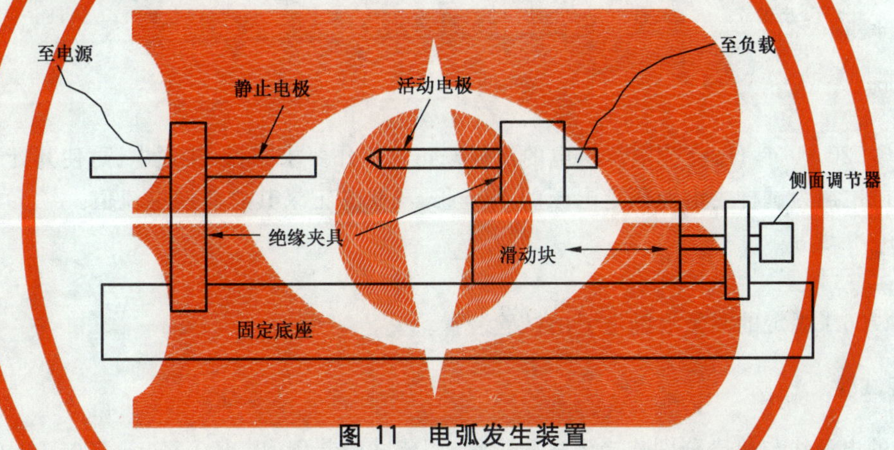

图 11 电弧发生装置

6.4 重复性试验

6.4.1 将试样与配套的监控设备连接。

6.4.2 按 6.3 的规定测量三次报警时间，两次测量的时间间隔不应小于 10 min，但不大于 1 h。最后一次测量后，保持试样状态不变。

6.4.3 将试样不间断通电 1 d，然后按 6.3 的规定测量三次报警时间，两次测量的时间间隔不应小于 10 min，但不大于 1 h。

6.5 电压波动试验

6.5.1 将试样按正常工作要求进行布置。调节试验设备，使试验设备的输出电压为 AC 187 V/50 Hz，将该输出电压施加到试样的电源输入端，接通电源，观察试样的状态。按 6.3 的规定方法进行报警性能试验，并记录试样的报警时间。

6.5.2 将试样按正常工作要求进行布置。调节试验设备，使试验设备的输出电压为 AC 242 V/50 Hz，将该输出电压施加到试样的电源输入端，接通电源，观察试样的状态。按 6.3 的规定方法进行报警性能试验，并记录试样的报警时间。

6.6 绝缘电阻试验

6.6.1 试验步骤

通过绝缘电阻试验装置，分别对试样的下述部分施加 500 V⊥50 V 直流电压，持续 60 s±5 s，测量其绝缘电阻值：

a) 试样的外部带电端子与机壳之间；

b) 电源插头(或电源接线端子)与机壳之间(电源开关置于接通位置，但电源插头不接入电网)。

试验时，应保证接触点可靠接触。

6.6.2 试验设备

绝缘电阻试验装置应符合下述技术要求：

a) 试验电压：500 V±50 V；

b) 测量范围：0 MΩ～500 MΩ；

c) 最小分度：0.1 MΩ；

d) 记时：60 s±5 s。

6.7 泄漏电流试验

6.7.1 试验步骤

将采用 AC 220 V/50 Hz 交流电源供电的试样按正常工作要求布置，接通电源，使其处于正常监视状态。调节供电电压为试样主电源额定电压的 1.06 倍，测量并记录其总泄漏电流值。

6.7.2 试验设备

符合 GB 4706.1 规定的测量泄漏电流的试验装置。

6.8 电气强度试验

6.8.1 将试样的电源线与机壳分别连接到试验装置，调节试验装置，以 100 V/s～500 V/s 的升压速率施加 AC 1250 V/50 Hz 的试验电压，持续 60 s±5 s，观察并记录试验期间所发生的现象。

6.8.2 以 100 V/s～500 V/s 的降压速率使电压降至低于额定电压值后，方可断电。

6.8.3 将独立式的试样接通电源，非独立式试样与制造商提供的电气火灾监控设备相连接接通电源，检查试样是否处于正常监视状态。

6.8.4 按 6.3 的规定方法进行报警性能试验，并记录试样的报警时间。

6.9 低温(运行)试验

6.9.1 试验步骤

6.9.1.1 将试样及其底座放在低温试验箱中，接通监控设备，使其处于正常监视状态。

6.9.1.2 在温度 15 ℃～20 ℃、相对湿度不大于 70%的条件下保持 1 h，然后以不大于 0.5 ℃/min 的降温速率，将温度降至－10 ℃±3 ℃，在此条件下保持 2 h(试样不应有结冰现象)。试验期间，观察并记录试样的工作状态。

6.9.1.3 试验后，取出试样，在正常大气条件下放置 1 h。然后按 6.3 规定的方法进行报警性能试验，并记录试样的报警时间。

6.9.2 试验设备

试验设备应符合 GB 16838 的有关规定。

6.10 恒定湿热(运行)试验

6.10.1 试验步骤

6.10.1.1 将试样及其底座放在湿热试验箱中,接通监控设备,使其处于正常监视状态。

6.10.1.2 调节湿热试验箱,使试样在温度为 40 ℃±2 ℃、相对湿度为 93%±3%的条件下持续 4 d。试验期间,观察并记录试样的工作状态。

6.10.1.3 试验后,取出试样,在正常大气条件下放置 1 h。然后按 6.3 规定的方法进行报警性能试验,并记录试样的报警时间。

6.10.2 试验设备

试验设备应符合 GB 16838 的有关规定。

6.11 冲击试验

6.11.1 试验步骤

6.11.1.1 将试样及其底座固定在冲击试验台上,接通监控设备,使其处于正常监视状态。

6.11.1.2 对质量为 m 的试样,当 $m \leqslant 4.75$ kg 时,峰值加速度为$(100-20m)$ m/s^2;当 $m>4.75$ kg 时,峰值加速度为 0,脉冲时间为 6 ms。启动冲击试验台,对试样的 6 个方向进行冲击。

6.11.1.3 试验后,按 6.3 的规定方法进行报警性能试验,并记录试样的报警时间。

6.11.2 试验设备

试验设备应符合 GB 16838 的规定。

6.12 碰撞试验

6.12.1 试验步骤

6.12.1.1 按要求将试样及其底座按正常的工作位置固定在碰撞试验台的水平安装板上,接通监控设备,使其处于正常监视状态。试样在试验前应至少通电 15 min。

6.12.1.2 调整碰撞试验设备,使锤头碰撞面的中心能够从水平方向碰撞试样,并对准使试样最易遭受破坏的部位。然后以 1.5 m/s±0.125 m/s 的锤头速度、1.9 J±0.1 J 的碰撞动能碰撞试样 1 次。试验期间,观察并记录试样的工作状态。

6.12.1.3 试验后,按 6.3 规定的方法进行报警性能试验,并记录试样的报警时间。

6.12.2 试验设备

试验装置(如图 12 所示)主体是一个摆锤机构,摆锤的锤头由硬质铝合金 $AlCu_4SiMg$(经固溶、时效处理)制成,外形为具有一个斜的碰撞面的六面体。锤头的摆杆固定在带球轴承的钢轮毂上,球轴承装在硬钢架的固定钢轴上。硬钢架的结构应保证在未安装试样时能够使摆锤自由旋转。

锤头的外形尺寸为长 94 mm、宽 76 mm、高 50 mm,质量约为 0.79 kg。锤头的斜切面与纵轴之间的夹角为 60°±1°。锤头的摆杆外径为 25 mm±0.1 mm,壁厚为 1.6 mm±0.1 mm。

锤头的纵轴距旋转轴线的径向距离为 305 mm,锤头的摆杆轴线要保证与旋转轴线垂直。外径为

102 mm,长为 200 mm 的钢轮毂同心组装在直径为 25 mm 的钢轴上。钢轴直径的精度取决于所用轴承尺寸公差。

在钢轮毂与摆杆相对的方向上装有两个外径为 20 mm、长为 185 mm 的钢质配重臂,其伸出长度为 150 mm。在两个配重臂上装一个位置可调的配重块,以便使锤头与配重臂平衡。在钢轮毂的一端上装一个厚 12 mm、直径为 150 mm 的铝合金滑轮,在滑轮上缠绕一条缆绳,缆绳的一端固定在滑轮上,另一端系上工作重锤,工作重锤的质量约为 0.55 kg。

单位为毫米

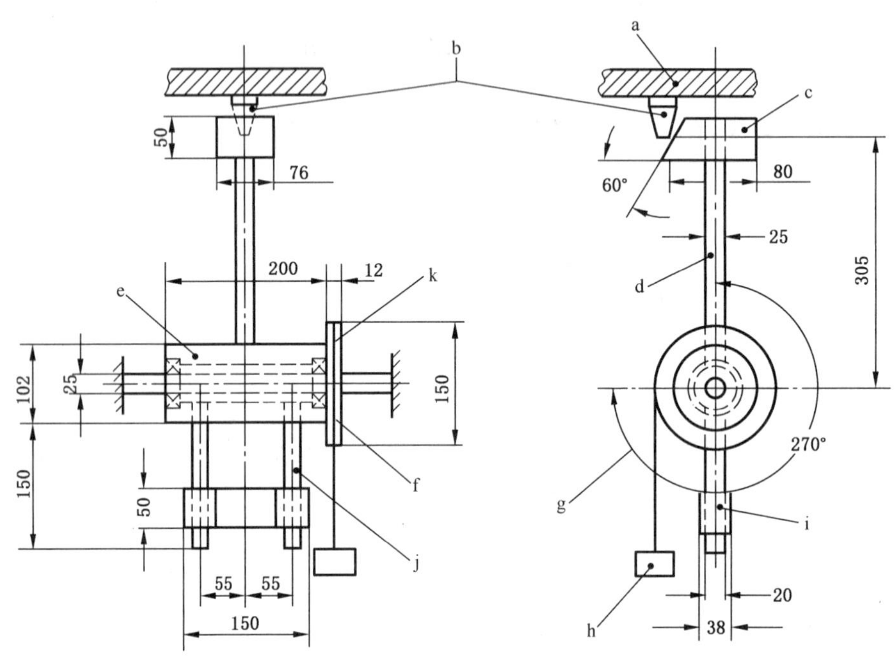

说明:

a——安装板;
b——试样;
c——锤头;
d——摆杆;
e——钢轮毂;
f——球轴承;
g——转动 270°;
h——工作重锤;
i——配重块;
j——配重臂;
k——滑轮。

图 12 碰撞试验装置结构图

安装试样的水平安装板由钢架支撑,安装板可以上下调整,以便使锤头的碰撞面中心从水平方向碰撞试样。

在使用试验设备时,首先应按图 12 调整试样和安装板的位置。调好后,把安装板固定在钢架上,然后摘下工作重锤,通过调整配重块平衡摆锤机构。调整平衡后,把摆杆拉到水平位置上,系上工作重锤,当摆锤机构释放时,工作重锤使锤头旋转 270°碰撞试样。

6.13 振动(正弦)(耐久)试验

6.13.1 试验步骤

6.13.1.1 将试样及其底座固定在振动试验台上。

6.13.1.2 依次在三个互相垂直的轴线上,在 10 Hz～150 Hz 的频率循环范围内,以 10 m/s^2 的加速度幅值,1 倍频程/分的扫频速率,各进行 20 次扫频循环。

6.13.1.3　试验后，按 6.3 规定的方法进行报警性能试验，并记录试样的报警时间。

6.13.2　试验设备

试验设备应符合 GB 16838 的规定。

6.14　射频电磁场辐射抗扰度试验

6.14.1　试验步骤

6.14.1.1　将试样安放在不导电支座上，接通电源，使试样处于正常监视状态 15 min。

6.14.1.2　按 GB 16838 中的要求，对试样施加表 4 所示条件的电磁干扰。

6.14.1.3　干扰期间，观察并记录试样工作状态。

6.14.1.4　干扰结束后，按 6.3 规定的方法进行报警性能试验，并记录试样的报警时间。

6.14.2　试验设备

试验设备应满足 GB/T 17626.3 的规定。

6.15　射频场感应的传导骚扰抗扰度试验

6.15.1　试验步骤

6.15.1.1　将试样安放在绝缘台上，接通电源，使试样处于正常监视状态，保持 15 min。

6.15.1.2　按 GB 16838 中的要求，对试样施加表 4 所示条件的电磁干扰。

6.15.1.3　干扰期间，观察并记录试样工作状态。

6.15.1.4　干扰结束后，按 6.3 规定的方法进行报警性能试验，并记录试样的报警时间。

6.15.2　试验设备

试验设备应满足 GB/T 17626.6 的规定。

6.16　静电放电抗扰度试验

6.16.1　试验步骤

6.16.1.1　将试样放在距接地参考平面 0.8 m 的支架上。接通电源，使试样处于正常监视状态，保持 15 min。

6.16.1.2　对绝缘体外壳的试样，实施空气放电；对导体外壳的试样，实施接触放电。

6.16.1.3　按 GB 16838 中的要求，对试样施加表 4 所示条件的电磁干扰。

6.16.1.4　干扰期间，观察并记录试样的工作状态。

6.16.1.5　干扰结束后，按 6.3 规定的方法进行报警性能试验，并记录试样的报警时间。

6.16.2　试验设备

试验设备应满足 GB/T 17626.2 的规定。

6.17　电快速瞬变脉冲群抗扰度试验

6.17.1　试验步骤

6.17.1.1　将试样安放在绝缘台上，接通电源，使试样处于正常监视状态，保持 15 min。

6.17.1.2　按 GB 16838 中的要求，对试样施加表 4 所示条件的电磁干扰。

6.17.1.3 干扰期间,观察并记录试样工作状态。

6.17.1.4 干扰结束后,按6.3规定的方法进行报警性能试验,并记录试样的报警时间。

6.17.2 试验设备

试验设备应满足GB/T 17626.4的规定。

6.18 浪涌(冲击)抗扰度试验

6.18.1 试验步骤

6.18.1.1 将试样安放在绝缘台上,接通电源,使试样处于正常监视状态,保持15 min。

6.18.1.2 按GB 16838中的要求,对试样施加表4所示条件的电磁干扰。

6.18.1.3 干扰期间,观察并记录试样工作状态。

6.18.1.4 干扰结束后,按6.3规定的方法进行报警性能试验,并记录试样的报警时间。

6.18.2 试验设备

试验设备应满足GB/T 17626.5的规定。

7 检验规则

7.1 出厂检验

出厂检验项目为:

a) 报警性能试验;

b) 重复性试验。

7.2 型式检验

7.2.1 型式检验项目为第6章规定的试验项目。检验样品在出厂检验合格的产品中抽取。

7.2.2 有下列情况之一时,应进行型式检验:

a) 新产品或老产品转厂生产时的试制定型鉴定;

b) 正式生产后,产品的结构、主要部件或元器件、生产工艺等有较大的改变可能影响产品性能;

c) 产品停产1年以上,恢复生产;

d) 发生重大质量事故;

e) 质量监督部门依法提出要求。

7.2.3 检验结果按GB 12978中规定的型式检验结果判定方法进行判定。

8 标志

8.1 总则

8.1.1 产品标志应在探测器安装维护过程中清晰可见。

8.1.2 产品标志不应贴在螺丝或其他易被拆卸的部件上。

8.2 标志

8.2.1 每只探测器均应清晰地标注下列信息:

a) 产品名称、型号;

b） 制造商名称、地址；

c） 执行标准；

d） 接线柱的标注；

e） 制造日期及产品编号和试样内软件的版本号；

f） 产品主要技术参数。

8.2.2 产品标志中有不常用的符号和缩写时，应在与探测器相关的说明书中详细说明。

9 使用说明书

9.1 每只探测器应有相应的中文说明书。说明书的内容应满足 GB/T 9969 要求，并与产品性能一致。

9.2 说明书应有完整、清楚、准确的安全和使用说明，安装和服务说明，应包括下列内容：

a） 完整的安装和调试开通说明。

b） 操作说明。

c） 日常检查和校准说明。

d） 必要时，应包括下述使用条件限制：

1） 环境温度限制(室内使用型、室外使用型)；

2） 湿度范围；

3） 电压范围；

4） 最高最低贮存温度限制。

e） 详细说明查找可能出现故障源的方法和改正过程。

f） 说明输出控制接点的类型。

g） 贮存和使用寿命。

h） 允许使用场所。

附 录 A
（资料性附录）
典型故障电弧波形图

试样进行报警性能试验时，采用的实际电路或与之等效的故障电弧模拟发生装置所发生的电弧波形如图 A.1 及图 A.2 所示。

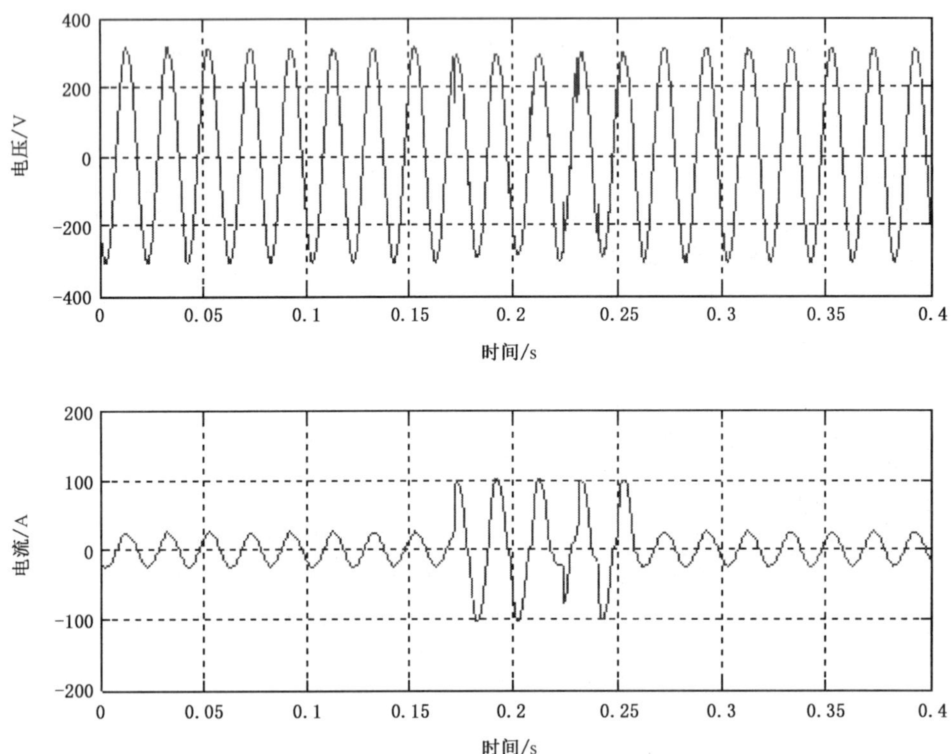

注： 电弧持续时间不超过 0.42 ms 或者电流值不超过额定电流值 5% 的微小电弧不作为电弧统计。

图 A.1 典型故障电弧波形 1

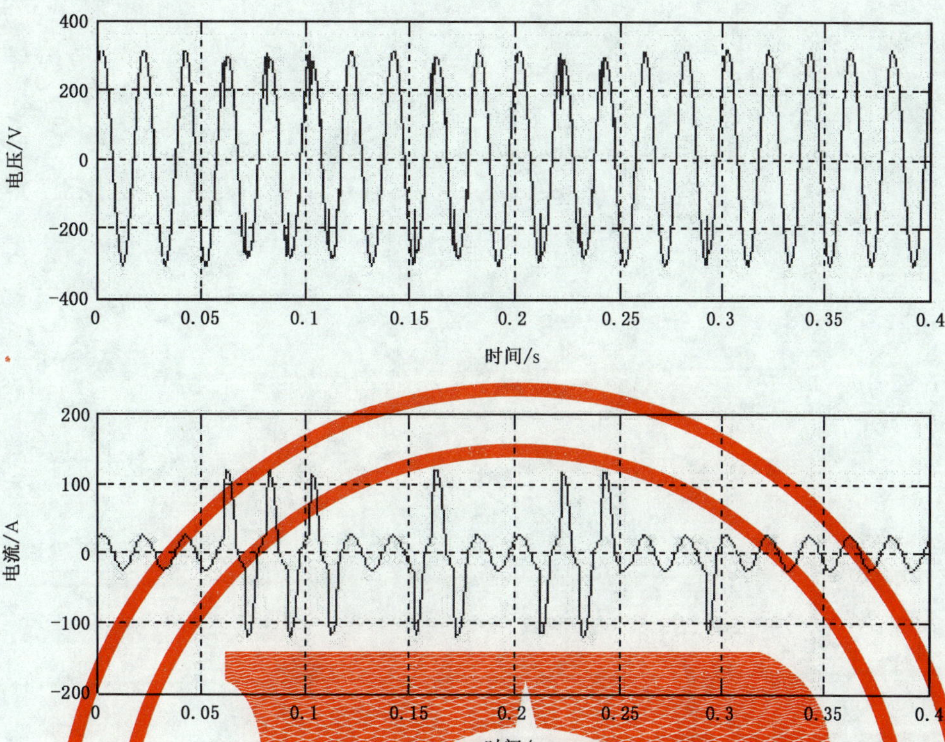

注：电弧持续时间不超过 0.42 ms 或者电流值不超过额定电流值 5% 的微小电弧不作为电弧统计。

图 A.2　典型故障电弧波形 2

ICS 13.220.20
C 84

中华人民共和国国家标准

GB 15322.1—2003
部分代替 GB 15322—1994

可燃气体探测器 第1部分:测量范围为0～100%LEL的点型可燃气体探测器

Combustible gas detectors— Part 1:Point type detectors for 0～100% LEL combustible gas

2003-02-21 发布 2003-12-01 实施

中华人民共和国国家质量监督检验检疫总局 发布

前　言

本部分的技术要求、试验方法、标志、检验规则、使用说明书为强制性。

GB 15322《可燃气体探测器》分为七部分：

——第1部分：测量范围为0～100%LEL的点型可燃气体探测器

——第2部分：测量范围为0～100%LEL的独立式可燃气体探测器

——第3部分：测量范围为0～100%LEL的便携式可燃气体探测器

——第4部分：测量人工煤气的点型可燃气体探测器

——第5部分：测量人工煤气的独立式可燃气体探测器

——第6部分：测量人工煤气的便携式可燃气体探测器

——第7部分：线型可燃气体探测器

本部分为GB 15322的第1部分，在修订过程中，编制组根据国家标准GB 15322—1994《可燃气体探测器技术要求及试验方法》多年的实施情况和我国的现状，参考了EN 50054、EN 50055、EN 50056、EN 50057、EN 50058(1999年版)欧洲标准，制定了本部分的技术要求，并进行了相应的试验、验证工作。

本部分的附录A为规范性附录。

本部分由中华人民共和国公安部提出。

本部分由全国消防标准化技术委员会第六分技术委员会归口。

本部分负责起草单位：公安部沈阳消防科学研究所。

本部分参加起草单位：北京科力恒安全设备有限责任公司、北京市迪安波科技开发有限责任公司、阜阳华信电子仪器有限公司、深圳市特安电子有限公司。

本部分主要起草人：丁宏军、费春祥、王玉祥、李克亭、赵英然、屈励、郭春雷、朱刚、姜波。

本部分所代替标准的历次版本发布情况为：

——GB 15322—1994。

可燃气体探测器
第1部分：测量范围为0～100%LEL的点型可燃气体探测器

1 范围

GB 15322的本部分规定了点型可燃气体探测器的定义、分类、技术要求、试验方法、标志、检验规则和使用说明书。

本部分适用于一般工业与民用建筑中安装使用的测量范围为0～100%LEL的点型可燃气体探测器(以下简称探测器)，其他环境中安装的具有特殊性能的探测器，除特殊要求应由有关标准另行规定外，亦应执行本部分。

2 规范性引用文件

下列文件中的条款通过GB 15322的本部分的引用而成为本部分的条款。凡是注日期的引用文件，其随后所有的修改单(不包括勘误的内容)或修订版均不适用于本部分，然而，鼓励根据本部分达成协议的各方研究是否可使用这些文件的最新版本。凡是不注日期的引用文件，其最新版本适用于本部分。

GB 16838—1997 消防电子产品环境试验方法及严酷等级

3 定义

本部分采用下列定义。

3.1

报警设定值 alarm setting value

预置的可燃气体报警浓度值。

3.2

报警动作值 alarm value

探测器报警时对应的最小可燃气体浓度值。

3.3

爆炸下限(LEL) low explosive limit

可燃气体或蒸汽在空气中的最低爆炸浓度。

4 分类

4.1 按防爆要求可分：

a) 防爆型；

b) 非防爆型。

4.2 按使用环境条件分为：

a) 室内使用型；

b) 室外使用型。

5 技术要求

5.1 性能

5.1.1 探测器在被监测区域内的可燃气体浓度达到报警设定值时,应能发出报警信号。

5.1.2 报警设定值

探测器具有低限、高限两个报警设定值时,其低限报警设定值应在1%LEL～25%LEL范围,高限报警设定值应为50%LEL;仅有一个报警设定值的探测器,其报警设定值应在1%LEL～25%LEL范围。

5.1.3 报警动作值

5.1.3.1 在本部分规定的所有试验项目中,探测器的报警动作值不应低于1%LEL。

5.1.3.2 探测器的报警动作值与报警设定值之差不应超过±3%LEL。

5.1.4 全量程指示偏差

具有可燃气体浓度显示功能的探测器,其显示值与真实值之差不应超过±5%LEL。

5.1.5 响应时间

具有可燃气体浓度显示功能的探测器,显示值达到真实值的90%时的响应时间(t_{90})不应超过30 s。不具有可燃气体浓度显示功能的探测器,其报警响应时间不应超过30 s。

5.1.6 不通电贮存

探测器首先在温度为-25℃±2℃环境下放置24 h,然后在正常环境条件下恢复至少24 h,再在温度为55℃±2℃环境下放置24 h,然后在正常环境条件下恢复至少24 h。试验后,探测器不应有破坏涂覆和腐蚀现象,功能应正常,其报警动作值与报警设定值之差不应超过±3%LEL。

5.1.7 方位(吸入式探测器除外)

分别在X、Y、Z三个相互垂直的轴线上每旋转45°测探测器的报警动作值,探测器的报警动作值与报警设定值之差不应超过±5%LEL。

5.1.8 高浓度淹没性能(仅适用于防爆型探测器)

淹没期间,探测器应发出报警信号或故障信号或气体浓度超过测量范围的明显指示信号。淹没后,探测器应满足a)或b)条要求:

a) 探测器不能处于正常监视状态。

b) 如果探测器能够处于正常监视状态(可经手动操作),则探测器的报警动作值与报警设定值之差不应超过±5%LEL。

5.1.9 报警重复性

在正常环境条件下,对同一只探测器实测6次报警动作值,探测器的报警动作值与报警设定值之差不应超过±3%LEL。

5.1.10 高速气流

在气流速度为6 m/s的条件下,探测器的报警动作值与报警设定值之差不应超过±5%LEL。

5.1.11 电压波动

探测器的供电电压为额定供电电压的±15%,其报警动作值与报警设定值之差不应超过±3%LEL。

5.1.12 长期稳定性性能

探测器应能在正常环境条件下连续运行28 d。试验期间,探测器不应发出报警信号或故障信号。试验后,探测器的报警动作值与报警设定值之差不应超过±5%LEL。

5.1.13 绝缘耐压性能

探测器有绝缘要求的外部带电端子、电源插头分别与外壳间的绝缘电阻在正常环境条件下应不小于100 MΩ，在湿热环境下应不小于1 MΩ。上述部位还应根据额定电压耐受频率为50 Hz，有效值电压为1 500 V（额定电压超过50 V时）或有效值电压为500 V（额定电压不超过50 V时）的交流电压历时1 min的耐压试验，试验期间探测器不应发生放电或击穿现象，试验后探测器功能应正常。

5.1.14 探测器应能耐受表1所规定的电干扰条件下的各项试验，试验期间及试验后应满足下述要求：

a) 试验期间，探测器不应发出报警信号或不可恢复的故障信号；

b) 试验后，探测器的报警动作值与报警设定值之差不应超过±5%LEL。

表1

试验名称	试验参数	试验条件	工作状态
辐射电磁场试验	场强/(V/m)	10	正常监视状态
	频率范围/MHz	1～1 000	
静电放电试验	放电电压/V	8 000	正常监视状态
	放电次数	10	
电瞬变脉冲试验	瞬变脉冲电压/kV	2(AC电源线)	正常监视状态
		1(其他连接线)	
	极性	正、负	
	时间	每次1 min	

5.1.15 探测器应能耐受表2所规定的气候环境条件下的各项试验，试验期间及试验后应满足下述要求：

a) 试验期间，探测器不应发出报警信号或故障信号；

b) 试验后，探测器应无破坏涂覆和腐蚀现象，其报警动作值与报警设定值之差不应超过±10%LEL。

表2

试验名称	试验参数	试验条件		工作状态
		室内使用型	室外使用型	
高温试验	温度/℃	55	70	正常监视状态
	持续时间/h	2	2	
低温试验	温度/℃	0	−40	正常监视状态
	持续时间/h	2	2	
恒定湿热试验	温度/℃	40	40	正常监视状态
	相对湿度/%	93	93	
	持续时间/h	2	2	

5.1.16 探测器应能耐受表3所规定的各项试验，试验期间及试验后探测器应满足下述要求：

a) 试验期间，探测器不应发出报警信号或故障信号；

b) 试验后，探测器不应有机械损伤和紧固部位松动现象，探测器的报警动作值与报警设定值之差不应超过±5%LEL。

表 3

试验名称	试验参数	试验条件	工作状态
振动试验	频率范围/Hz	10～150	正常监视状态
	加速度 g	0.5	
	扫频速率/(oct/min)	1	
	轴线数	3	
	每个轴线扫频次数	10	
跌落试验	跌落高度/mm	250(质量小于 1 kg)	不通电状态
		100(质量在 1 kg～10 kg 间)	
		50(质量大于 10 kg)	
	跌落次数	1	

5.1.17 气体干扰试验

探测器用于家庭报警时，在体积分数为 0.1%的乙醇环境中工作 10 min 后，再将探测器置于正常环境条件下工作 10 min。

a) 试验期间，探测器不应发出报警信号或故障信号；

b) 试验后，探测器的报警动作值与报警设定值之差不应超过±5%LEL。

5.2 主要部件性能

5.2.1 电子元器件应进行三防(防潮、防霉、防盐雾)处理。

5.2.2 探测器的外壳应选用不燃材料或难燃材料(氧指数≥32)。

6 试验方法

6.1 试验纲要

6.1.1 试验程序见表 4。

表 4

序号	章条	试验项目	探测器编号											
			1	2	3	4	5	6	7	8	9	10	11	12
1	6.1.5	外观检查试验	√	√	√	√	√	√	√	√	√	√	√	√
2	6.2	主要部件检查试验	√	√	√	√	√	√	√	√	√	√	√	√
3	6.3	不通电贮存试验	√	√	√	√	√	√	√	√	√	√	√	√
4	6.4	报警动作值试验	√	√	√	√	√	√	√	√	√	√	√	√
5	6.5	方位试验	√											
6	6.6	报警重复性试验		√										
7	6.7	高速气流试验	√											
8	6.8	电压波动试验		√										

表 4（续）

序号	章条	试验项目	探测器编号											
			1	2	3	4	5	6	7	8	9	10	11	12
9	6.9	全量程指示偏差试验			√	√								
10	6.10	响应时间试验			√	√								
11	6.11	高浓度淹没试验												√
12	6.12	绝缘电阻试验							√					
13	6.13	耐压试验							√					
14	6.14	辐射电磁场试验										√		
15	6.15	静电放电试验										√		
16	6.16	电瞬变脉冲试验									√			
17	6.17	高温试验	√											
18	6.18	低温试验				√								
19	6.19	恒定湿热试验		√										
20	6.20	振动试验								√				
21	6.21	跌落试验											√	
22	6.22	长期稳定性试验					√	√						
23	6.23	气体干扰试验			√									

6.1.2　试验样品为12只，并在试验前予以编号，同时提供与其配套的控制器。

6.1.3　如在有关条文中没有说明，则各项试验均在下述大气条件下进行：

温度：15℃～35℃；

湿度：30%RH～70%RH之间的某一恒定值±10%RH；

大气压力：86 kPa～106 kPa。

6.1.4　如在有关条文中没有说明时，各项试验数据的容差均为±5%。

6.1.5　探测器在试验前均应进行外观检查，符合下述要求时方可进行试验。

a)　文字、符号和标志清晰齐全；

b)　表面无腐蚀、涂覆层脱落和起泡现象，无明显划伤、裂痕、毛刺等机械损伤；

c)　紧固部位无松动。

6.1.6　试验气体配气精度

配制试验气体所用的可燃气体纯度应不低于99.5%，配制试验气体所用空气应为不含灰尘、油质的新鲜空气，配气湿度应符合正常湿度条件，配气误差应不大于报警设定值的±2%。

6.1.7　探测器标定

试验前，应按产品说明书对探测器的报警点按报警设定值进行标定，并进行复验确认。此后不再进行标定。允许使用校验罩标定探测器。

6.1.8　探测器调零

试验前，首先对探测器预热1 h（或按产品说明书规定时间进行），然后再按说明书规定进行调零，试验开始后不再调零（个别试验有特殊要求时除外）。

6.2　主要部件检查试验

6.2.1 目的

检查探测器主要部件性能。

6.2.2 要求

探测器的主要部件性能应符合5.2条要求。

6.2.3 方法

6.2.3.1 检查并记录三防情况。

6.2.3.2 检查探测器的外壳，并测量难燃材料外壳的氧指数。

6.3 不通电贮存试验

6.3.1 目的

检查探测器对贮存环境的适应能力。

6.3.2 要求

探测器应满足5.1.6条要求。

6.3.3 方法

6.3.3.1 将全部经标定、调零后功能正常的探测器置于低温试验箱内，以不大于1℃/min的降温速率使试验箱内温度降至−25℃±2℃，并保持24 h。

6.3.3.2 将探测器从低温试验箱中取出，放于室内正常环境条件下恢复至少24 h。

6.3.3.3 将探测器置于高温试验箱内，以不大于1℃/min的升温速率，使试验箱内温度升至55℃±2℃，并保持24 h。

6.3.3.4 将探测器从高温试验箱中取出，放于室内正常环境条件下恢复至少24 h。

6.3.3.5 试验结束后，在正常环境条件下，按6.4.3条方法测量探测器的报警动作值。

6.3.4 试验设备

满足国家标准GB 16838—1997第4章规定。

6.4 报警动作值试验

6.4.1 目的

检查探测器报警设定值的准确度。

6.4.2 要求

探测器的报警动作值应满足5.1.3条规定。

6.4.3 方法

6.4.3.1 将探测器按正常工作状态要求安装于试验箱中，接通电源，使探测器处于正常监视状态20 min。

6.4.3.2 启动通风机，使试验箱内气流速度稳定在0.8 m/s±0.2 m/s，再以不大于1%LEL/min的速率增加试验气体浓度，直至探测器发出报警信号，测量探测器的报警动作值。

6.4.4 试验设备

试验设备应符合本部分附录A规定。

6.5 方位试验

6.5.1 目的

检验探测器方位对报警动作值的影响。

6.5.2 要求

探测器方位性能应满足5.1.7条规定。

6.5.3 方法

6.5.3.1 将探测器按正常工作状态要求安装于试验箱中，接通电源，使探测器处于正常监视状态20 min。

6.5.3.2 启动通风机，使试验箱内的气流速度稳定在0.8 m/s±0.2 m/s，再以不大于1%LEL/min的速率增加试验气体浓度直至探测器发出报警信号，测量探测器在 Z 轴线上方位 0°的报警动作值。以后每旋转 45°方位进行一次试验，测量 Z 轴线上每个方位的报警动作值。

6.5.3.3 分别测量 Y、X 轴线上各个方位的报警动作值，如果在 Y、X 轴线上探测器的外部结构和内部部件结构对气流速度无影响时，可不进行 Y、X 轴的试验。

6.5.4 试验设备

试验设备应符合本部分附录 A 规定。

6.6 报警重复性试验

6.6.1 目的

检验探测器报警动作值的重复性。

6.6.2 要求

探测器报警重复性应满足 5.1.9 条要求。

6.6.3 方法

按 6.4.3 条方法重复 6 次试验，测量探测器每次报警动作值。

6.6.4 试验设备

试验设备应符合本部分附录 A 规定。

6.7 高速气流试验

6.7.1 目的

检验探测器对高速气流的适应性。

6.7.2 要求

探测器的高速气流性能应满足 5.1.10 条要求。

6.7.3 方法

6.7.3.1 将探测器按正常工作状态要求安装于试验箱中，接通电源，使探测器处于正常监视状态 20 min。

6.7.3.2 启动通风机，使试验箱内气流速度稳定在 6 m/s±0.5 m/s，以不大于 1%LEL/min 的速率增加试验气体浓度直至探测器发出报警信号，测量探测器的报警动作值。

6.7.4 试验设备

试验设备应符合本部分附录 A 规定。

6.8 电压波动试验

6.8.1 目的

检验探测器对电网电压波动的适应能力。

6.8.2 要求

探测器的性能应满足 5.1.11 条要求。

6.8.3 方法

将探测器供电电压调至 85%额定工作电压，并稳定 20 min，按 6.4.3 条方法测量探测器的报警动作值。然后将试验箱内的可燃气体排除，使探测器恢复到正常监视状态，将探测器供电电压调至 115%额定工作电压，并稳定 20 min，再按 6.4.3 条方法测量探测器的报警动作值。

6.8.4 试验设备

试验设备应符合本部分附录 A 规定。

6.9 全量程指示偏差试验

6.9.1 目的

检验探测器全量程指示偏差。

6.9.2 要求

探测器的全量程指示偏差应满足 5.1.4 条要求。

6.9.3 方法

6.9.3.1 将探测器接通电源，使其处于正常监视状态 20 min。

6.9.3.2 分别调节进入气体稀释器的可燃气体和洁净空气的流量，配制出流量为 500 mL/min 并分别达到探测器满度 10％、25％、50％、75％、90％浓度的试验气体。然后经校验罩分别将配制好的试验气体输送到探测器的传感元件上至少 1 min，记录探测器在每一种情况下的指示情况。

6.9.4 试验设备

a) 气体分析仪；

b) 气体稀释器。

6.10 响应时间试验

6.10.1 目的

检验探测器的响应时间。

6.10.2 要求

探测器的响应时间应满足 5.1.5 条要求。

6.10.3 方法

6.10.3.1 将探测器接通电源，使其处于正常监视状态 20 min。

6.10.3.2 对于具有可燃气体浓度显示功能的探测器，调节进入气体稀释器的可燃气体和洁净空气的流量，配制出流量为 500 mL/min，浓度为探测器满量程的 60％的试验气体，并经校验罩将配制好的试验气体输送到探测器的传感元件上，同时启动计时装置，待探测器显示到真实值的 90％时，停止计时，记录探测器的响应时间（t_{90}）。

6.10.3.3 对于不具有可燃气体浓度显示功能的探测器，调节进入气体稀释器的可燃气体和洁净空气的流量，配制出流量为 500 mL/min，浓度为探测器报警动作值的 1.6 倍的试验气体，并经校验罩将配制好的试验气体输送到探测器的传感元件上，同时启动计时装置，待探测器发出报警信号时，停止计时，记录探测器的报警响应时间。

6.10.4 试验设备

a) 气体分析仪；

b) 气体稀释器；

c) 计时器。

6.11 高浓度淹没试验

6.11.1 目的

检验探测器对高浓度淹没的适应性。

6.11.2 要求

探测器的高浓度淹没性能应满足 5.1.8 条要求。

6.11.3 方法

6.11.3.1 将探测器安装于防爆试验箱内，使其处于正常监视状态 20 min。

6.11.3.2 将体积分数为 100％的可燃气体以 500 mL/min 的流量经校验罩输送到探测器的传感元件上，保持 2 min，将试验箱内可燃气体抽出，然后将探测器置于洁净空气中 30 min。试验期间，观察并记录探测器的工作状态；试验后，若探测器能处于正常监视状态，则按 6.4.3 条方法测量探测器的报警动作值。

6.11.4 试验设备

防爆试验箱。

6.12 绝缘电阻试验

6.12.1 目的

检验探测器的绝缘性能。

6.12.2 要求

探测器的绝缘性能应满足5.1.13条要求。

6.12.3 方法

6.12.3.1 在正常环境条件下，用绝缘电阻测试装置，分别对探测器下述部位施加500 V±50 V直流电压，持续60 s±5 s，测量其绝缘电阻。

a) 有绝缘要求的外部带电端子与外壳间；

b) 电源插头与外壳间(电源开关置于开位置，不接通电源)。

6.12.3.2 将探测器放置到温度为40℃±5℃的干燥箱中干燥6 h，再放置到温度为40℃±2℃、相对湿度为90%～95%的湿热试验箱中，保持96 h，然后在正常环境条件下放置60 min，按上述方法测量其绝缘电阻。

6.12.4 试验设备

满足下述技术要求的绝缘电阻试验装置(也可用兆欧表或摇表测试)

试验电压：500 V±50 V；

测量范围：0 MΩ～500 MΩ；

最小分度：0.1 MΩ；

记时：60 s±5 s。

6.13 耐压试验

6.13.1 目的

检验探测器的耐压性能。

6.13.2 要求

探测器的耐压性能应满足5.1.13条要求。

6.13.3 方法

6.13.3.1 用耐压试验装置，以100 V/s～500 V/s的升压速率，分别对探测器下述部位施加50 Hz、1 500 V±10%(额定电压超过50 V)，或50 Hz±1%、500 V±10%(额定电压不超过50 V)的交流电压，持续60 s±5 s，观察并记录试验中所发生的现象。

a) 有绝缘要求的外部带电端子与外壳间；

b) 电源插头与外壳间(电源开关置于开位置，不接通电源)。

6.13.3.2 试验后，按5.1.1条规定对探测器进行功能检查。

6.13.4 试验设备

满足下述技术要求的耐压试验装置：

试验电源：电压0 V～1 500 V(有效值)连续可调，频率50 Hz±1%、升(降)压速率100 V/s～500 V/s。

记时：60 s±5 s。

6.14 辐射电磁场试验

6.14.1 目的

检验探测器在辐射电磁场环境下工作的适应性。

6.14.2 要求

探测器的抗辐射电磁场性能应满足5.1.14条要求。

6.14.3 方法

6.14.3.1 将探测器安放在绝缘台上，接通电源，使探测器处于正常监视状态20 min。

6.14.3.2 按图1布置试验设备，将发射天线置于中间，探测器与电磁干扰测量仪器分别置于发射天线两边各1 m处。

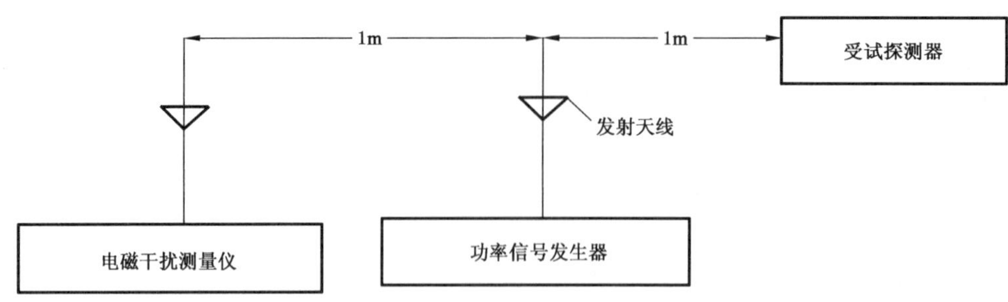

图1 试验设备布置图

6.14.3.3 调节1 MHz～1 000 MHz的功率信号发生器的输出使电磁干扰测量仪的读数为10 V/m，在试验过程中频率应在1 MHz～1 000 MHz的频率范围内以不大于0.005 oct/s的速率缓慢变化，同时应转动探测器，观察并记录探测器工作情况。如使用的发射天线具有方向性，则应先使发射天线反转，对准探测器进行试验。在1 MHz～1 000 MHz的频率范围内，应分别用天线的水平极化和垂直极化进行试验。

6.14.3.4 试验期间，观察并记录探测器的工作状态。

6.14.3.5 试验应在屏蔽室内进行，为避免产生较大的测量误差，天线的位置应符合图2的要求。

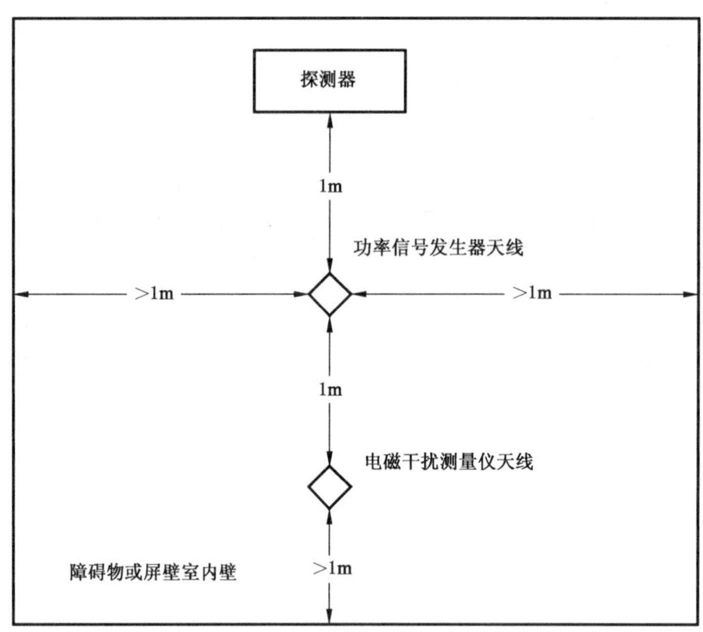

图2 天线位置图

6.14.3.6 试验结束后，按6.4.3条方法测量探测器的报警动作值。

6.14.4 试验设备

试验设备应满足GB 16838—1997第4章规定。

6.15 静电放电试验

6.15.1 目的

检验探测器对带静电人员、物体造成的静电放电的适应性。

6.15.2 要求

探测器抗静电放电性能应满足5.1.14条要求。

6.15.3 方法

6.15.3.1 将探测器放在绝缘支架上，且距接地板四周距离不少于100 mm。接通电源，使探测器处于正常监视状态20 min。

6.15.3.2 调整静电发生器输出电压为8 000 V，用球型放电头充电后尽快触及探测器表面，切实接触（但不能损伤探测器）。每次放电后，应将静电发生器移开并充电。对探测器表面共放电8次，对探测器周围100 mm处接地板放电2次，每次放电的时间间隔至少为1 s，试验期间，观察并记录探测器的工作状态。

6.15.3.3 试验后，按6.4.3条方法测量探测器的报警动作值。

6.15.4 试验设备

试验设备应满足GB 16838—1997中第4章规定。

6.16 电瞬变脉冲试验

6.16.1 目的

检验探测器抗电瞬变脉冲干扰的能力。

6.16.2 要求

探测器抗电瞬变脉冲干扰的能力应满足5.1.14条要求。

6.16.3 方法

6.16.3.1 使探测器处于正常监视状态，对交流供电探测器的AC电源线施加2 000V±10%、频率2.5 kHz±20%的正负极性瞬变脉冲电压（波形见图3），每300 ms施加瞬变脉冲电压15 ms（见图4），每次施加瞬变脉冲电压时间为60^{+10}_{0} s，试验期间，监视探测器是否发出报警信号或不可恢复的故障信号。

6.16.3.2 使探测器处于正常监视状态，对探测器的其他外接连线施加1 000 V±10%，频率5 kHz±20%的正负极性瞬变脉冲电压（波形见图3），每300 ms施加瞬变脉冲电压15 ms（见图4），每次施加瞬变脉冲电压时间为60^{+10}_{0} s，试验期间，观察并记录探测器的工作状态。

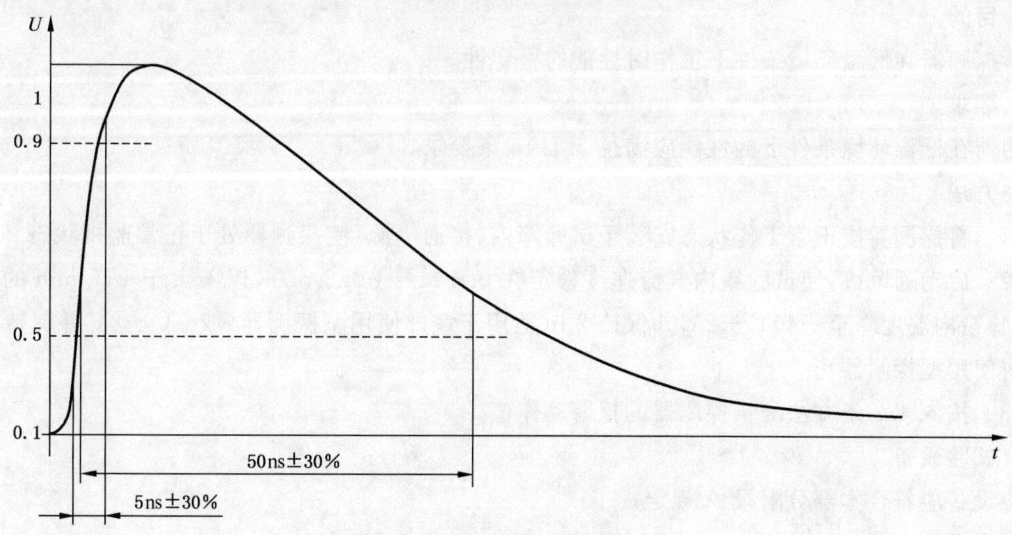

图3 50 Ω负载时单脉冲波形

6.16.3.3 试验后，按6.4.3条方法测量探测器的报警动作值。

6.16.4 试验设备

试验设备应满足 GB 16838—1997 第 4 章规定。

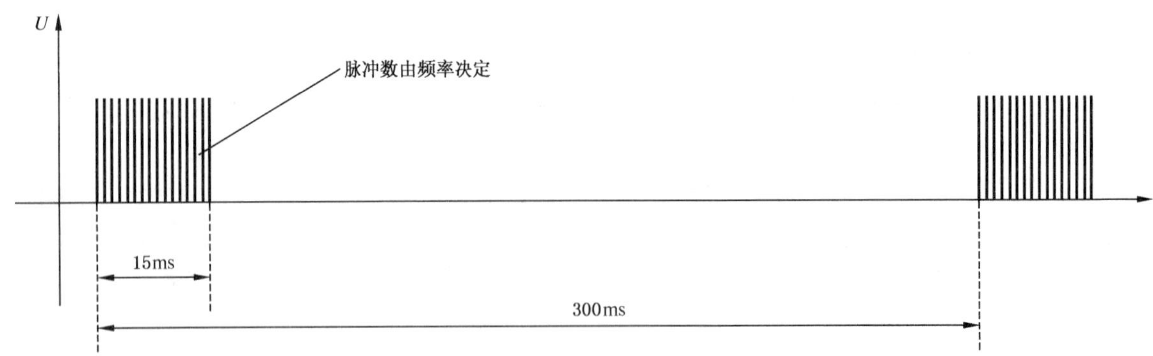

图 4　一组脉冲波形图

6.17　**高温试验**

6.17.1　**目的**

检验探测器在高温环境条件下工作时性能的稳定性。

6.17.2　**要求**

探测器在高温环境条件下的性能应满足 5.1.15 条要求。

6.17.3　**方法**

6.17.3.1　将探测器按正常工作状态安装于试验箱内，接通电源，使探测器处于正常监视状态 20 min。

6.17.3.2　启动通风机，使试验箱内气流速度稳定在 0.8 m/s±0.2 m/s，以不大于 1℃/min 的升温速率使试验箱内温度升至 70℃±2℃（适用于室外使用型探测器）稳定 2 h 或 55℃±2℃（适用室内使用型探测器）稳定 2 h。

6.17.3.3　按 6.4.3 条方法测量探测器的报警动作值。

6.17.4　**试验设备**

试验设备符合本部分附录 A 规定。

6.18　**低温试验**

6.18.1　**目的**

检验探测器在低温环境条件下工作时性能的稳定性。

6.18.2　**要求**

探测器在低温环境条件下的性能应满足 5.1.15 条要求。

6.18.3　**方法**

6.18.3.1　将探测器按正常工作状态安装于试验箱内，接通电源，使探测器处于正常监视状态 20 min。

6.18.3.2　启动通风机，使试验箱内气流速度稳定在 0.8 m/s±0.2 m/s，以不大于 1℃/min 的降温速率，使试验箱内温度降至－40℃±2℃并保持 2 h（适用于室外使用型探测器）或 0℃±2℃并保持 2 h（适用于室内使用型探测器）。

6.18.3.3　按 6.4.3 条方法测量探测器的报警动作值。

6.18.4　**试验设备**

试验设备应符合本部分附录 A 规定。

6.19　**恒定湿热试验**

6.19.1　**目的**

检验探测器在恒定湿热条件下工作时性能的稳定性。

6.19.2　**要求**

探测器在恒定湿热条件下工作时性能应满足 5.1.15 条要求。

6.19.3 方法

6.19.3.1 将探测器按正常工作状态安装于试验箱内，接通电源，使探测器处于正常监视状态 20 min。

6.19.3.2 启动通风机，使试验箱内的气流速度稳定在 0.8 m/s±0.2 m/s，以不大于 1℃/min 的升温速率，使试验箱内的温度升至 40℃±2℃，然后以不大于 5%RH/min 的速率将试验箱内的湿度增至 93^{+2}_{-3}%RH，并稳定 2 h。

6.19.3.3 按 6.4.3 条方法测量探测器的报警动作值。

6.19.4 试验设备

试验设备应符合本部分附录 A 规定。

6.20 振动试验

6.20.1 目的

检验探测器经受振动的适应性及结构的完好性。

6.20.2 要求

探测器的抗振性能满足 5.1.16 条要求。

6.20.3 方法

6.20.3.1 将探测器按其正常安装方式固定在振动台上，接通电源，使探测器处于正常监视状态。

6.20.3.2 启动振动试验台，使其在 10 Hz～150 Hz 频率范围内，以 0.5 *g* 加速度，1 oct/min 的速率，分别在 *X*、*Y*、*Z* 三个轴线上各扫频 10 次。

6.20.3.3 试验期间，监视探测器状态，试验后，检查外观和紧固部位情况。

6.20.3.4 试验后，按 6.4.3 条方法测量探测器的报警动作值。

6.20.4 试验设备

试验设备符合 GB 16838—1997 第 4 章规定。

6.21 跌落试验

6.21.1 目的

检验探测器经受跌落的适应性。

6.21.2 要求

探测器经受跌落的性能应满足 5.1.16 条要求。

6.21.3 方法

6.21.3.1 将非包装状态的探测器自由跌落在平滑、坚硬的混凝土面上。

跌落高度：

a) 质量小于 1 kg 的　　250 mm；

b) 质量在 1 kg～10 kg 之间　　100 mm；

c) 质量在 10 kg 以上　　50 mm。

6.21.3.2 试验后检查探测器外观和紧固部位情况。

6.21.3.3 试验后按 6.4.3 条方法测量探测器的报警动作值。

6.22 长期稳定性试验

6.22.1 目的

检验探测器在正常大气条件下长期运行的稳定性。

6.22.2 要求

探测器长期运行的稳定性应满足 5.1.12 条要求。

6.22.3 方法

6.22.3.1 接通电源，使探测器处于正常监视状态 20 min，调准零点。

6.22.3.2 在正常环境条件下，使探测器连续运行 28 d。

6.22.3.3 试验结束后，按 6.4.3 条方法测量探测器的报警动作值。

6.23 气体干扰试验

6.23.1 目的

检验室内使用的探测器抗气体干扰的能力。

6.23.2 要求

室内使用的探测器抗气体干扰的能力应满足 5.1.17 条要求。

6.23.3 方法

6.23.3.1 将处于正常监视状态的探测器置于体积分数为 0.1% 的乙醇环境中工作 10 min 后，再将探测器置于正常环境条件下工作 10 min。

6.23.3.2 试验期间，观察并记录探测器是否发出报警信号或故障信号。

6.23.3.3 试验结束后，按 6.4.3 条方法测量探测器的报警动作值。

7 标志

7.1 产品标志

每只探测器均应有清晰、耐久的产品标志，产品标志应包括以下内容：

a) 制造厂名称、地址；

b) 产品名称；

c) 产品型号；

d) 产品主要技术参数(适合气体种类，报警设定值等)；

e) 防爆标志；

f) 商标；

g) 制造日期及产品编号；

h) 执行标准。

7.2 质量检验标志

每只探测器均应有清晰的质量检验标志，质量检验标志应包括下列内容：

a) 检验员；

b) 合格标志。

8 检验规则

8.1 产品出厂检验

企业在产品出厂前应对探测器进行下述试验项目的检验：

a) 外观检查；

b) 功能试验；

c) 报警动作值试验；

d) 报警重复性试验；

e) 绝缘电阻试验；

f) 耐压试验；

g) 恒定湿热试验；

h) 气体干扰试验。

探测器在出厂前均应进行a)至c)三项试验,d)至h)项可进行抽样试验。其中d)至h)五项试验中任一项不合格,则判该批产品不合格,其他三项试验中任两项不合格,允许调整后补做,累计补做次数不超过两次。

8.2 型式检验

8.2.1 型式检验项目为本部分第6章规定的6.1.5、6.2～6.23。在出厂检验合格的产品中抽取检验样品。

8.2.2 有下列情况之一时,应进行型式检验:

a) 新产品或老产品转厂生产时的试制定型鉴定;

b) 正式生产后,产品的结构、主要部件或元器件、生产工艺等有较大的改变可能影响产品性能;

c) 产品停产一年以上,恢复生产;

d) 出厂检验结果与上次型式检验结果差异较大;

e) 发生重大质量事故;

f) 质量监督机构提出要求。

8.2.3 在型式检验中累计补做次数不允许超过四次,单项补做次数不超过两次。

9 使用说明书

每只探测器或每类探测器都应有相应的说明书。

说明书应有完整、清楚、准确的安全和使用说明,安装和服务说明,应包括下列内容:

a) 完整的安装和调试开通说明;

b) 操作说明;

c) 日常检查和校准说明;

d) 必要时,应包括下述使用条件限制:

1) 适合的气体(包括报警设定值);

2) 环境温度限制(室内使用型、室外使用型);

3) 湿度范围;

4) 电压范围;

5) 控制器到探测器间的电线相关特性和说明;

6) 需要屏蔽线;

7) 最高最低贮存温度限制;

8) 压力限制。

e) 详细说明查找可能出现故障源的方法和改正过程;

f) 说明输出控制接点的类型;

g) 电池的安装和维护说明;

h) 推荐的可更换元件一览表;

i) 贮存和使用寿命;

j) 允许使用场所。

附　录　A
（规范性附录）
点型可燃气体探测器试验设备

A.1　点型可燃气体探测器温湿试验箱

A.1.1　温湿试验箱风流筒示意图(见图 A.1)

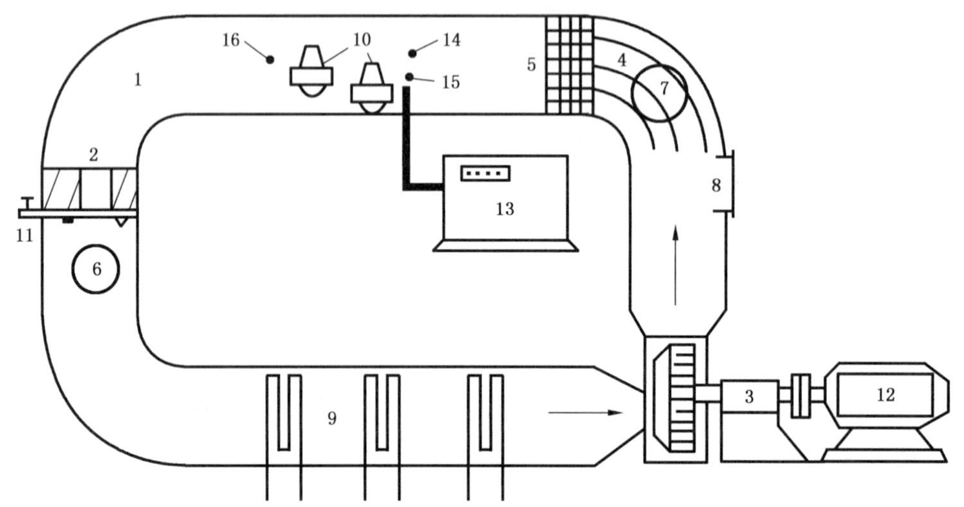

1——风筒；
2——涡流机；
3——通风机；
4——导流板；
5——整流栅；
6——加湿门；
7——进风门；
8——排气门；
9——加热器；
10——探测器；
11——可燃气体入口；
12——直流电机；
13——气体分析仪；
14——温度检测仪；
15——湿度检测仪；
16——风速计。

图 A.1

A.1.2　技术参数

a)　闭环风流筒

内部容积 1.1 m^3，横断面积 0.4 m×0.4 m，不锈钢板 1.5 mm，长度 2.4 m。

b)　通风机

风速范围 0 m/s～6.5 m/s 连续可调。

c)　加热器

表面温度<300℃，温度控制范围：35℃～75℃连续可调，升温速率≤1℃/min。

d)　加湿器

湿度控制范围:90%RH～95%RH,加湿速率≤5%RH/min。

e) 气体浓度测量仪

甲烷测量范围(体积分数):0～5%;

丙烷测量范围(体积分数):0～3%;

氢气测量范围(体积分数):0～4%;

一氧化碳测量范围(体积分数):0～0.1%。

f) 温度测量仪

误差±0.5℃,分辨率≤0.1℃。

g) 湿度测量仪

误差±0.5%RH,分辨率≤0.1%RH。

h) 风速测量仪

测量范围 0.2 m/s～10 m/s,测量误差不大于±5%。

A.2 点型可燃气体探测器低温试验箱

A.2.1 低温试验箱风流筒示意图(见图 A.2)

1——风筒;

2——涡流机;

3——通风机;

4——直流电机;

5——导流板;

6——整流栅;

7——进风门;

8——排气门;

9——蒸发器;

10——加热器;

11——探测器;

12——可燃气体入口;

13——气体分析仪;

14——温度检测仪;

15——风速计。

图 A.2

A.2.2 技术参数

a) 闭环风流筒

同 A.1.2 a)。

b) 通风机

同 A.1.2 b)。

c) 蒸发器

温度控制范围:0℃～－40℃连续可调,降温速度≤1℃/min。

d) 加热器

3 相 1 组,380 V,9 kW。

e) 气体浓度测量仪

同 A.1.2 e)。

f) 温度测量仪

误差±0.5℃,分辨率 0.1℃。

g) 风速测量仪

同 A.1.2 h)。

ICS 13.220.20
C 84

中华人民共和国国家标准

GB 15322.2—2003
部分代替 GB 15322—1994

可燃气体探测器 第2部分:测量范围为0～100%LEL的独立式可燃气体探测器

Combustible gas detectors—
Part 2:Self-contained detectors for 0～100%LEL combustible gas

2003-02-21 发布　　2003-12-01 实施

中华人民共和国
国家质量监督检验检疫总局　发布

前 言

本部分的技术要求、试验方法、标志、检验规则、使用说明书为强制性。

GB 15322《可燃气体探测器》分为七部分：

——第1部分：测量范围为0～100%LEL的点型可燃气体探测器

——第2部分：测量范围为0～100%LEL的独立式可燃气体探测器

——第3部分：测量范围为0～100%LEL的便携式可燃气体探测器

——第4部分：测量人工煤气的点型可燃气体探测器

——第5部分：测量人工煤气的独立式可燃气体探测器

——第6部分：测量人工煤气的便携式可燃气体探测器

——第7部分：线型可燃气体探测器

本部分为GB 15322的第2部分，在修订过程中，编制组根据国家标准GB 15322—1994《可燃气体探测器技术要求及试验方法》多年的实施情况和我国的现状，参考了EN 50054、EN 50055、EN 50056、EN 50057、EN 50058(1999年版)欧洲标准，制定了本部分的技术要求，并进行了相应的试验、验证工作。

本部分的附录A为规范性附录。

本部分由中华人民共和国公安部提出。

本部分由全国消防标准化技术委员会第六分技术委员会归口。

本部分负责起草单位：公安部沈阳消防科学研究所。

本部分参加起草单位：北京科力恒安全设备有限责任公司、北京市迪安波科技开发有限责任公司、阜阳华信电子仪器有限公司、深圳市特安电子有限公司。

本部分主要起草人：王玉祥、康卫东、丁宏军、费春祥、李克亭、赵英然、姜波。

本部分所代替标准的历次版本发布情况为：

——GB 15322—1994。

可燃气体探测器
第2部分:测量范围为0～100%LEL的
独立式可燃气体探测器

1 范围

GB 15322的本部分规定了独立式可燃气体探测器的定义、分类、技术要求、试验方法、标志、检验规则和使用说明书。

本部分适用于一般工业与民用建筑中安装使用的独立式可燃气体探测器(以下简称探测器),其他环境中安装的具有特殊性能的探测器,除特殊要求应由有关标准另行规定外,亦应执行本部分。

2 规范性引用文件

下列文件中的条款通过GB 15322的本部分的引用而成为本部分的条款。凡是注日期的引用文件,其随后所有的修改单(不包括勘误的内容)或修订版均不适用于本部分,然而,鼓励根据本部分达成协议的各方研究是否可使用这些文件的最新版本。凡是不注日期的引用文件,其最新版本适用于本部分。

GB 16838—1997 消防电子产品环境试验方法及严酷等级

3 定义

本部分采用下列定义:

3.1

报警设定值 alarm setting value

预置的可燃气体报警浓度值。

3.2

报警动作值 alarm value

探测器报警时对应的最小可燃气体浓度值。

3.3

爆炸下限 (LEL) low explosive limit

可燃气体或蒸汽在空气中的最低爆炸浓度。

4 分类

4.1 按防爆要求分为:

a) 防爆型;

b) 非防爆型。

4.2 按使用环境条件分为:

a) 室内使用型;

b) 室外使用型。

5 技术要求

5.1 性能

5.1.1 探测器在被监测区域内的可燃气体浓度达到报警设定值时,应能发出报警信号。

5.1.2 报警设定值

探测器具有低限、高限两个报警设定值时,其低限报警设定值应在1%LEL～25%LEL范围,高限报警设定值应为50%LEL;仅有一个报警设定值的探测器,其报警设定值应在1%LEL～25%LEL范围。

5.1.3 报警动作值

5.1.3.1 在本部分规定的所有试验项目中,探测器的报警动作值不应低于1%LEL。

5.1.3.2 探测器的报警动作值与报警设定值之差不应超过±3%LEL。

5.1.4 全量程指示偏差

具有可燃气体浓度显示功能的探测器,其显示值与真实值之差不应超过±5%LEL。

5.1.5 响应时间

具有可燃气体浓度显示功能的探测器,显示值达到真实值的90%时的响应时间(t_{90})不应超过30 s。不具有可燃气体浓度显示功能的探测器,其报警响应时间不应超过30 s。

5.1.6 探测器应满足下述功能:

5.1.6.1 当被监测区域内的可燃气体浓度达到报警设定值时,探测器应能发出声、光报警信号,再将探测器置于洁净空气中,30 s内应能自动(或手动)恢复到正常监视状态。

5.1.6.2 探测器在传感元件断路或短路时应发出与报警信号有明显区别的声、光故障信号。

5.1.6.3 探测器应对声、光警报装置设置手动自检功能。

5.1.6.4 对于有输出控制功能的探测器,当探测器发出报警信号时,应能启动输出控制功能。

5.1.7 使用电池供电的探测器,在电池电量低时,应能发出与报警信号有明显区别的声、光指示信号,其电池性能应符合下述要求:

5.1.7.1 探测器在指示电池电量低的情况下再工作24 h后其报警动作值与报警设定值之差不应超过±5%LEL。

5.1.7.2 探测器的电池持续工作时间应不少于60 d。

5.1.8 不通电贮存

探测器首先在温度为−25℃±2℃环境下放置24 h,然后在正常环境条件下恢复至少24 h,再在温度为55℃±2℃环境下放置24 h,然后在正常环境条件下恢复至少24 h。试验后,探测器不应有破坏涂覆和腐蚀现象,功能应正常,其报警动作值与报警设定值之差不应超过±3%LEL。

5.1.9 方位(吸入式探测器除外)

分别在X、Y、Z三个相互垂直的轴线上每旋转45°测探测器的报警动作值,其报警动作值与报警设定值之差不应超过±5%LEL。

5.1.10 高浓度淹没性能(仅适用于防爆型探测器)

淹没期间,探测器应发出报警信号或故障信号或气体浓度超过测量范围的明显指示信号。淹没后,探测器应满足a)或b)条要求:

a) 探测器不能处于正常监视状态。

b) 如果探测器能够处于正常监视状态(可经手动操作),则探测器的报警动作值与报警设定值之差不应超过±5%LEL。

5.1.11 报警重复性

在正常环境条件下,对同一只探测器实测6次报警动作值,探测器的报警动作值与报警设定值之差不应超过±3%LEL。

5.1.12 高速气流

在气流速度为 6 m/s 的条件下，探测器的报警动作值与报警设定值之差不应超过±5%LEL。

5.1.13 电压波动(采用电池供电的探测器除外)

探测器的供电电压为额定供电电压的±15%，其报警动作值与报警设定值之差不应超过±3%LEL。

5.1.14 长期稳定性性能

探测器应能在正常环境条件下连续运行 28 d。试验期间，探测器不应发出报警信号或故障信号。试验后，探测器的报警动作值与报警设定值之差不应超过±5%LEL。

5.1.15 绝缘耐压性能

探测器有绝缘要求的外部带电端子、电源插头分别与外壳间的绝缘电阻在正常环境条件下应不小于 100 MΩ，在湿热环境下应不小于 1 MΩ。上述部位还应根据额定电压耐受频率为 50 Hz，有效值电压为 1 500 V(额定电压超过 50 V 时)或有效值电压为 500 V(额定电压不超过 50 V 时)的交流电压历时 1 min的耐压试验，试验期间探测器不应发生放电或击穿现象，试验后探测器功能应正常。

5.1.16 探测器应能耐受表 1 所规定的电干扰条件下的各项试验，试验期间及试验后应满足下述要求：

a) 试验期间，探测器不应发出报警信号或不可恢复的故障信号；

b) 试验后，探测器的报警动作值与报警设定值之差不应超过±5%LEL。

表 1

<table>
<tr><th>试验名称</th><th>试验参数</th><th>试验条件</th><th>工作状态</th></tr>
<tr><td rowspan="2">辐射电磁场试验</td><td>场强/(V/m)</td><td>10</td><td rowspan="2">正常监视状态</td></tr>
<tr><td>频率范围/MHz</td><td>1～1 000</td></tr>
<tr><td rowspan="2">静电放电试验</td><td>放电电压/V</td><td>8 000</td><td rowspan="2">正常监视状态</td></tr>
<tr><td>放电次数</td><td>10</td></tr>
<tr><td rowspan="4">电瞬变脉冲试验[a]</td><td rowspan="2">瞬变脉冲电压/kV</td><td>2(AC 电源线)</td><td rowspan="4">正常监视状态</td></tr>
<tr><td>1(其他连接线)</td></tr>
<tr><td>极性</td><td>正、负</td></tr>
<tr><td>时间</td><td>每次 1 min</td></tr>
<tr><td colspan="4">[a] 采用电池供电，且与外界无任何连接线的探测器不进行此项试验。</td></tr>
</table>

5.1.17 探测器应能耐受表 2 所规定气候环境条件下的各项试验，试验期间及试验后应满足下述要求：

a) 试验期间，探测器不应发出报警信号或故障信号；

b) 试验后，探测器应无破坏涂覆和腐蚀现象，其报警动作值与报警设定值之差不应超过±10%LEL。

表 2

<table>
<tr><th rowspan="2">试验名称</th><th rowspan="2">试验参数</th><th colspan="2">试验条件</th><th rowspan="2">工作状态</th></tr>
<tr><th>室内使用型</th><th>室外使用型</th></tr>
<tr><td rowspan="2">高温试验</td><td>温度/℃</td><td>55</td><td>70</td><td rowspan="2">正常监视状态</td></tr>
<tr><td>持续时间/h</td><td>2</td><td>2</td></tr>
<tr><td rowspan="2">低温试验</td><td>温度/℃</td><td>0</td><td>−40</td><td rowspan="2">正常监视状态</td></tr>
<tr><td>持续时间/h</td><td>2</td><td>2</td></tr>
</table>

表 2(续)

试验名称	试验参数	试验条件		工作状态
		室内使用型	室外使用型	
恒定湿热试验	温度/℃	40	40	正常监视状态
	相对湿度/%	93	93	
	持续时间/h	2	2	

5.1.18　探测器应能耐受表 3 所规定的各项试验,试验期间及试验后探测器应满足下述要求:

a)　试验期间,探测器不应发出报警信号或故障信号;

b)　试验后,探测器不应有机械损伤和紧固部位松动现象,探测器的报警动作值与报警设定值之差不应超过±5%LEL。

表 3

试验名称	试验参数	试验条件	工作状态
振动试验	频率范围/Hz	10～150	正常监视状态
	加速度 g	0.5	
	扫频速率/(oct/min)	1	
	轴线数	3	
	每个轴线扫频次数	10	
跌落试验	跌落高度/mm	250(质量小于 1 kg)	不通电状态
		100(质量在 1 kg～10 kg 间)	
		50(质量大于 10 kg)	
	跌落次数	1	

5.1.19　气体干扰试验

探测器用于家庭报警时,在体积分数为 0.1%的乙醇环境中工作 10 min 后,再将探测器置于正常环境条件下工作 10 min。

a)　试验期间,探测器不应发出报警信号或故障信号;

b)　试验后,探测器的报警动作值与报警设定值之差不应超过±5%LEL。

5.2　主要部件性能

5.2.1　指示灯

5.2.1.1　应采用发光二极管指示灯。

5.2.1.2　应以颜色标识,红色表示报警信号,黄色表示故障信号,绿色表示电源工作正常。

5.2.1.3　所有指示灯应清晰地标注出功能。在一般环境光线下,指示灯在距其正前方 3 m 远处应清晰可辨。

5.2.2　电磁继电器

5.2.2.1　接点宜采用双接点结构。

5.2.2.2　继电器应采用封闭式。

5.2.2.3　不得由同一接点同时控制探测器内部及外部电路。

5.2.3　电子元器件

应进行三防(防潮、防霉、防盐雾)处理。

5.2.4　音响器件

5.2.4.1　在额定工作电压下,音响器件在距其正前方 1 m 远处的声压级(A 计权)应不小于 70 dB,不大于 115 dB。

5.2.4.2 在 85%额定工作电压条件下，音响器件应能发出声响。

5.2.5 开关和按键

开关和按键应坚固、耐用，并清晰地标注出其功能。

5.2.6 探测器的外壳应选用不燃材料或难燃材料（氧指数≥32）。

6 试验方法

6.1 试验纲要

6.1.1 试验程序见表 4。

表 4

序号	章条	试验项目	探测器编号											
			1	2	3	4	5	6	7	8	9	10	11	12
1	6.1.5	外观检查试验	√	√	√	√	√	√	√	√	√	√	√	√
2	6.2	主要部件检查试验	√	√	√	√	√	√	√	√	√	√	√	√
3	6.3	功能试验	√	√	√	√	√	√	√	√	√	√	√	√
4	6.4	电池性能试验									√			
5	6.5	不通电贮存试验	√	√	√	√	√	√	√	√	√	√	√	√
6	6.6	报警动作值试验	√	√	√	√	√	√	√	√	√	√	√	√
7	6.7	方位试验	√											
8	6.8	报警重复性试验		√										
9	6.9	高速气流试验	√											
10	6.10	电压波动试验		√										
11	6.11	全量程指示偏差试验			√	√								
12	6.12	响应时间试验			√	√								
13	6.13	高浓度淹没试验												√
14	6.14	绝缘电阻试验							√					
15	6.15	耐压试验							√					
16	6.16	辐射电磁场试验										√		
17	6.17	静电放电试验										√		
18	6.18	电瞬变脉冲试验									√			
19	6.19	高温试验	√											
20	6.20	低温试验				√								
21	6.21	恒定湿热试验		√										
22	6.22	振动试验								√				
23	6.23	跌落试验											√	
24	6.24	长期稳定性试验					√	√						
25	6.25	气体干扰试验			√									

6.1.2 试验样品为 12 只，并在试验前予以编号。

6.1.3 如在有关条文中没有说明，则各项试验均在下述大气条件下进行：

温度:15℃~35℃;

湿度:30%RH~70%RH之间的某一恒定值±10%RH;

大气压力:86 kPa~106 kPa。

6.1.4 如在有关条文中没有说明时,各项试验数据的容差均为±5%。

6.1.5 探测器在试验前均应进行外观检查,符合下述要求时方可进行试验。

a) 文字、符号和标志清晰齐全;

b) 表面无腐蚀、涂覆层脱落和起泡现象,无明显划伤、裂痕、毛刺等机械损伤;

c) 紧固部位无松动。

6.1.6 试验气体配气精度

配制试验气体所用的可燃气体纯度应不低于99.5%,配制试验气体所用空气应为不含灰尘、油质的新鲜空气,配气湿度应符合正常湿度条件,配气误差应不大于报警设定值的±2%。

6.1.7 探测器标定

试验前,应按产品说明书对探测器的报警点按报警设定值进行标定,并进行复验确认。此后不再进行标定。允许使用校验罩标定探测器。

6.1.8 探测器调零

试验前,首先对探测器预热1 h(或按产品说明书规定时间进行),然后再按说明书规定进行调零,试验开始后不再调零(个别试验有特殊要求时除外)。

6.2 主要部件检查试验

6.2.1 目的

检查探测器主要部件性能。

6.2.2 要求

探测器的主要部件性能应符合5.2条要求。

6.2.3 方法

6.2.3.1 检查并记录指示灯的用法、颜色标识、可见程度及功能标注情况。

6.2.3.2 检查并记录探测器各开关、按键功能标注情况。

6.2.3.3 检查并记录各继电器。

6.2.3.4 检查并记录三防情况。

6.2.3.5 使探测器处于报警状态,测量并记录探测器声报警信号的声压级,然后使探测器供电电压降至85%额定电压,观察并记录探测器声报警情况。

6.2.3.6 检查探测器的外壳,并测量难燃材料外壳的氧指数。

6.3 功能试验

6.3.1 目的

检验探测器的功能。

6.3.2 要求

探测器的功能应符合5.1.6条要求。

6.3.3 方法

6.3.3.1 在探测器处于正常监视状态10 min后,使探测器处于报警状态,观察并记录探测器声光报警情况,有输出控制功能的探测器还应检查输出控制功能的启动情况。

6.3.3.2 使处于报警状态的探测器脱离可燃气体环境(自动或手动恢复),观察并记录探测器声、光报警信号恢复情况。

6.3.3.3 使探测器的传感元件断路、短路,观察并记录探测器的工作状态。

6.3.3.4 操作探测器自检机构,观察并记录探测器声、光报警情况。

6.4 电池性能试验

6.4.1 目的

检验探测器的电池性能。

6.4.2 要求

探测器电池性能应满足5.1.7条要求。

6.4.3 方法

6.4.3.1 检查探测器电池低电量指示功能的设置情况。

6.4.3.2 使探测器连续工作至电池低电量指示时，再工作24 h，然后，按6.6.3条方法测量探测器的报警动作值。

6.4.3.3 将使用电池供电的探测器装入电量充足的电池，使其处于正常监视状态，60 d后，检查探测器工作情况。

6.5 不通电贮存试验

6.5.1 目的

检查探测器对贮存环境的适应能力。

6.5.2 要求

探测器应满足5.1.8条要求。

6.5.3 方法

6.5.3.1 将全部经标定、调零后功能正常的探测器置于低温试验箱内，以不大于1℃/min的降温速率使试验箱内温度降至－25℃±2℃，并保持24 h。

6.5.3.2 将探测器从低温试验箱中取出，放于室内正常环境条件下恢复至少24 h。

6.5.3.3 将探测器置于高温试验箱内，以不大于1℃/min的升温速率，使试验箱内温度升至55℃±2℃，并保持24 h。

6.5.3.4 将探测器从高温试验箱中取出，放于室内正常环境条件下恢复至少24 h。

6.5.3.5 试验结束后，在正常环境条件下，按6.6.3条方法测量探测器的报警动作值。

6.5.4 试验设备

满足GB 16838—1997第4章规定。

6.6 报警动作值试验

6.6.1 目的

检查探测器报警设定值的准确度。

6.6.2 要求

探测器的报警动作值应满足5.1.3条规定。

6.6.3 方法

6.6.3.1 将探测器按正常工作状态要求安装于试验箱中，接通电源，使探测器处于正常监视状态20 min。

6.6.3.2 启动通风机，使试验箱内气流速度稳定在0.8 m/s±0.2 m/s，接着以不大于1%LEL/min的速率增加试验气体浓度，直至探测器发出报警信号，测量探测器的报警动作值。

6.6.4 试验设备

试验设备应符合本部分附录A规定。

6.7 方位试验

6.7.1 目的

检验探测器方位对报警动作值的影响。

6.7.2 要求

探测器方位性能应满足5.1.9条规定。

6.7.3 方法

6.7.3.1 将探测器按正常工作状态要求安装于试验箱中，接通电源，使探测器处于正常监视状态20 min。

6.7.3.2 启动通风机，使气流速度稳定在0.8 m/s±0.2 m/s，接着以不大于1%LEL/min的速率增加试验气体浓度直至探测器发出报警信号，测量探测器在Z轴线上方位0°的报警动作值。以后每旋转45°方位进行一次试验，测量Z轴线上每个方位的报警动作值。

6.7.3.3 分别测量Y、X轴线上各个方位的报警动作值，如果在Y、X轴线上探测器的外部结构和内部部件结构对气流速度无影响时，可不进行Y、X轴的试验。

6.7.4 试验设备

试验设备应符合本部分附录A规定。

6.8 报警重复性试验

6.8.1 目的

检验探测器报警动作值的重复性。

6.8.2 要求

探测器报警重复性应满足5.1.11条要求。

6.8.3 方法

按6.6.3条方法重复6次试验，测量探测器每次报警动作值。

6.8.4 试验设备

试验设备应符合本部分附录A规定。

6.9 高速气流试验

6.9.1 目的

检验探测器对高速气流的适应性。

6.9.2 要求

探测器的高速气流性能应满足5.1.12条要求。

6.9.3 方法

6.9.3.1 将探测器按正常工作状态要求安装于试验箱中，接通电源，使探测器处于正常监视状态20 min。

6.9.3.2 启动通风机，使试验箱内气流速度稳定在6 m/s±0.5 m/s，以不大于1%LEL/min的速率增加试验气体浓度直至探测器发出报警信号，测量探测器的报警动作值。

6.9.4 试验设备

试验设备应符合本部分附录A规定。

6.10 电压波动试验

6.10.1 目的

检验探测器对电网电压波动的适应能力。

6.10.2 要求

探测器的性能应满足5.1.13条要求。

6.10.3 方法

将探测器供电电压调至85%额定工作电压，并稳定20 min，按6.6.3条方法测量探测器的报警动作值。然后将试验箱内的可燃气体排除，使探测器恢复到正常监视状态，将探测器供电电压调至115%额定工作电压，并稳定20 min，再按6.6.3条方法测量探测器的报警动作值。

6.10.4 试验设备

试验设备应符合本部分附录A规定。

6.11 全量程指示偏差试验

6.11.1 目的

检验探测器全量程指示偏差。

6.11.2 **要求**

探测器的全量程指示偏差应满足5.1.4条要求。

6.11.3 **方法**

6.11.3.1 将探测器接通电源,使其处于正常监视状态20 min。

6.11.3.2 分别调节进入气体稀释器的可燃气体和洁净空气的流量,配制出流量为500 mL/min并分别达到探测器满度10%、25%、50%、75%、90%浓度的试验气体。然后经校验罩分别将配制好的试验气体输送到探测器的传感元件上至少1 min,记录探测器在每一种情况下的指示情况。

6.11.4 **试验设备**

a) 气体分析仪;

b) 气体稀释器。

6.12 **响应时间试验**

6.12.1 **目的**

检验探测器的响应时间。

6.12.2 **要求**

探测器的响应时间应满足5.1.5条要求。

6.12.3 **方法**

6.12.3.1 将探测器接通电源,使其处于正常监视状态20 min。

6.12.3.2 对于具有可燃气体浓度显示功能的探测器,调节进入气体稀释器的可燃气体和洁净空气的流量,配制出流量为500 mL/min,浓度为探测器满量程的60%的试验气体,并经校验罩将配制好的试验气体输送到探测器的传感元件上,同时启动计时装置,待探测器显示到真实值的90%时,停止计时,记录探测器的响应时间(t_{90})。

6.12.3.3 对于不具有可燃气体浓度显示功能的探测器,调节进入气体稀释器的可燃气体和洁净空气的流量,配制出流量为500 mL/min,浓度为探测器报警动作值的1.6倍的试验气体,并经校验罩将配制好的试验气体输送到探测器的传感元件上,同时启动计时装置,待探测器发出报警信号时,停止计时,记录探测器的报警响应时间。

6.12.4 **试验设备**

a) 气体分析仪;

b) 气体稀释器;

c) 计时器。

6.13 **高浓度淹没试验**

6.13.1 **目的**

检验探测器对高浓度淹没的适应性。

6.13.2 **要求**

探测器的高浓度淹没性能应满足5.1.10条要求。

6.13.3 **方法**

6.13.3.1 将探测器安装于防爆试验箱内,使其处于正常监视状态20 min。

6.13.3.2 将体积分数为100%的可燃气体以500 mL/min的流量经校验罩输送到探测器的传感元件上,保持2 min,将试验箱内可燃气体抽出,然后将探测器置于洁净空气中30 min。试验期间,观察并记录探测器的工作状态;试验后,若探测器能处于正常监视状态,则按6.6.3条方法测量探测器的报警动作值。

6.13.4 **试验设备**

防爆试验箱。

6.14 绝缘电阻试验

6.14.1 目的

检验探测器的绝缘性能。

6.14.2 要求

探测器的绝缘性能应满足5.1.15条要求。

6.14.3 方法

6.14.3.1 在正常环境条件下,用绝缘电阻测试装置,分别对探测器下述部位施加500 V±50 V直流电压,持续60 s±5 s,测量其绝缘电阻。

a) 有绝缘要求的外部带电端子与外壳间;

b) 电源插头与外壳间(电源开关置于开位置,不接通电源)。

6.14.3.2 将探测器放置到温度为40℃±5℃的干燥箱中干燥6 h,再放置到温度为40℃±2℃、相对湿度为90%~95%的湿热试验箱中,保持96 h,然后在正常环境条件下放置60 min,按上述方法测量其绝缘电阻。

6.14.4 试验设备

满足下述技术要求的绝缘电阻试验装置(也可用兆欧表或摇表测试)

试验电压:500 V±50 V;

测量范围:0 MΩ~500 MΩ;

最小分度:0.1 MΩ;

记时:60 s±5 s。

6.15 耐压试验

6.15.1 目的

检验探测器的耐压性能。

6.15.2 要求

探测器的耐压性能应满足5.1.15条要求。

6.15.3 方法

6.15.3.1 用耐压试验装置,以100 V/s~500 V/s的升压速率,分别对探测器下述部位施加50 Hz、1 500 V±10%(额定电压超过50 V),或50 Hz±1%、500 V±10%(额定电压不超过50 V)的交流电压,持续60 s±5 s,观察并记录试验中所发生的现象。

a) 有绝缘要求的外部带电端子与外壳间;

b) 电源插头与外壳间(电源开关置于开位置,不接通电源)。

6.15.3.2 试验后,按5.1.1条规定对探测器进行功能检查。

6.15.4 试验设备

满足下述技术要求的耐压试验装置:

试验电源:电压0 V~1 500 V(有效值)连续可调,频率50 Hz±1%、升(降)压速率100 V/s~500 V/s。

记时:60 s±5 s。

6.16 辐射电磁场试验

6.16.1 目的

检验探测器在辐射电磁场环境下工作的适应性。

6.16.2 要求

探测器的抗辐射电磁场性能应满足5.1.16条要求。

6.16.3 方法

6.16.3.1 将探测器安放在绝缘台上,接通电源,使探测器处于正常监视状态20 min。

6.16.3.2 按图1布置试验设备，将发射天线置于中间，探测器与电磁干扰测量仪器分别置于发射天线两边各1 m处。

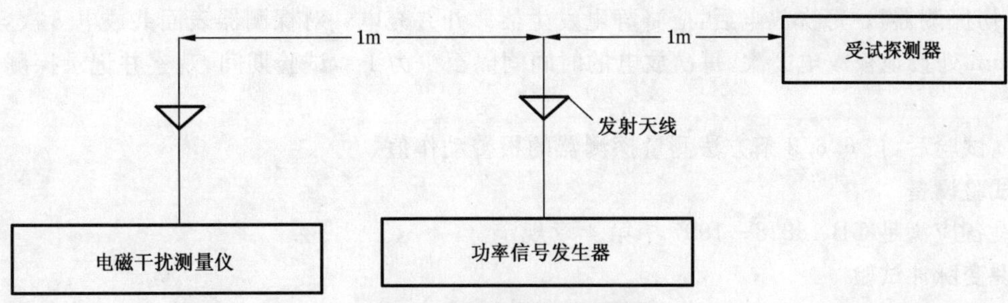

图1 试验设备布置图

6.16.3.3 调节1 MHz～1 000 MHz的功率信号发生器的输出使电磁干扰测量仪的读数为10 V/m，在试验过程中频率应在1 MHz～1 000 MHz的频率范围内以不大于0.005 oct/s的速率缓慢变化，同时应转动探测器，观察并记录探测器工作情况。如使用的发射天线具有方向性，则应先使发射天线反转，对准探测器进行试验。在1 MHz～1 000 MHz的频率范围内，应分别用天线的水平极化和垂直极化进行试验。

6.16.3.4 试验期间，观察并记录探测器的工作状态。

6.16.3.5 试验应在屏蔽室内进行，为避免产生较大的测量误差，天线的位置应符合图2的要求。

6.16.3.6 试验结束后，按6.6.3条方法测量探测器的报警动作值。

6.16.4 试验设备

试验设备应满足GB 16838—1997第4章规定。

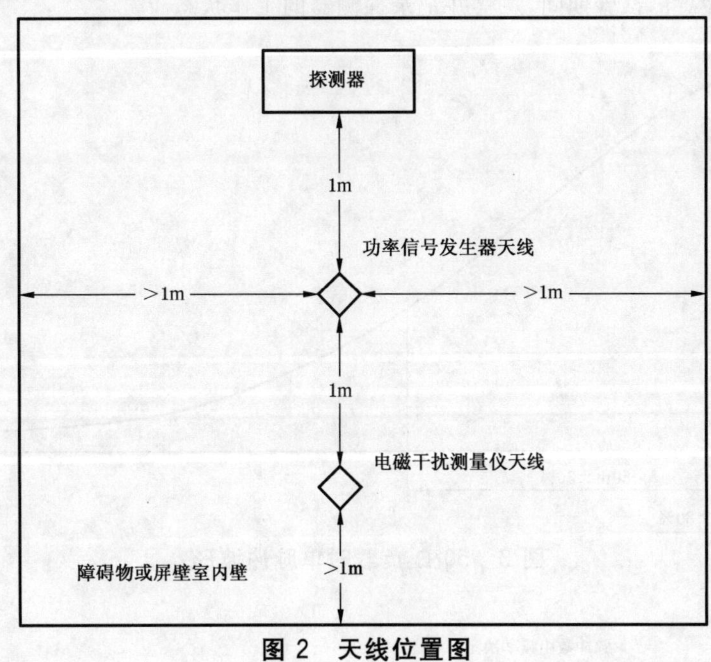

图2 天线位置图

6.17 静电放电试验

6.17.1 目的

检验探测器对带静电人员、物体造成的静电放电的适应性。

6.17.2 要求

探测器抗静电放电性能应满足5.1.16条要求。

6.17.3 方法

6.17.3.1 将探测器放在绝缘支架上，且距接地板四周距离不少于100 mm。接通电源，使探测器处于正常监视状态 20 min。

6.17.3.2 调整静电发生器输出电压为 8 000 V,用球型放电头充电后尽快触及探测器表面,切实接触(但不能损伤探测器)。每次放电后,应将静电发生器移开并充电。对探测器表面共放电 8 次,对探测器周围 100 mm 处接地板放电 2 次,每次放电的时间间隔至少为 1 s,试验期间,观察并记录探测器的工作状态。

6.17.3.3 试验后,按 6.6.3 条方法测量探测器的报警动作值。

6.17.4 试验设备

试验设备应满足 GB 16838—1997 中第 4 章规定。

6.18 电瞬变脉冲试验

6.18.1 目的

检验探测器抗电瞬变脉冲干扰的能力。

6.18.2 要求

探测器抗电瞬变脉冲干扰的能力应满足 5.1.16 条要求。

6.18.3 方法

6.18.3.1 使探测器处于正常监视状态,对交流供电探测器的 AC 电源线施加 2 000V±10%、频率 2.5 kHz±20%的正负极性瞬变脉冲电压(波形见图 3),每 300 ms 施加瞬变脉冲电压 15 ms(见图 4),每次施加瞬变脉冲电压时间为 60^{+10}_{0} s,试验期间,监视探测器是否发出报警信号或不可恢复的故障信号。

6.18.3.2 使探测器处于正常监视状态,对探测器的其他外接连线施加 1 000 V±10%,频率 5 kHz±20%的正负极性瞬变脉冲电压(波形见图 3),每 300 ms 施加瞬变脉冲电压 15 ms(见图 4),每次施加瞬变脉冲电压时间为 60^{+10}_{0} s,试验期间,观察并记录探测器的工作状态。

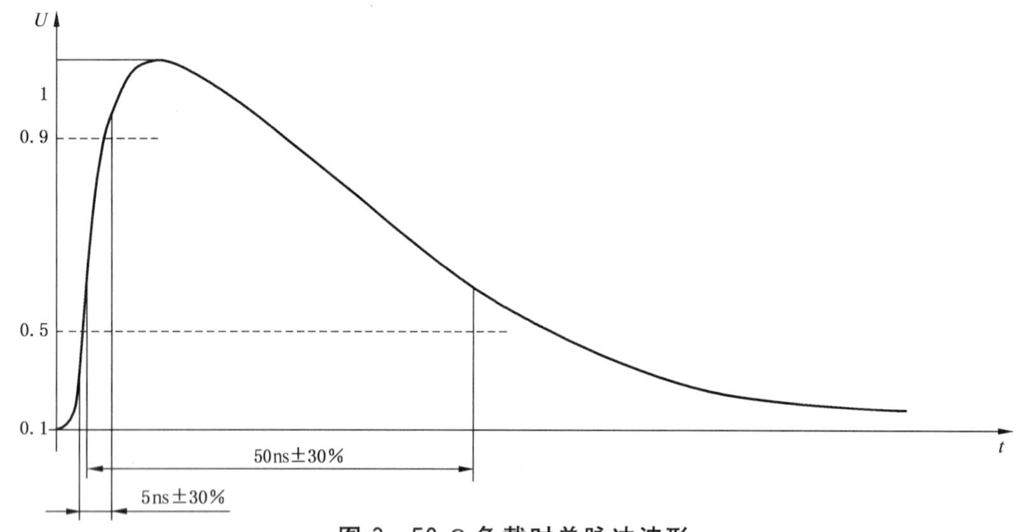

图 3 50 Ω 负载时单脉冲波形

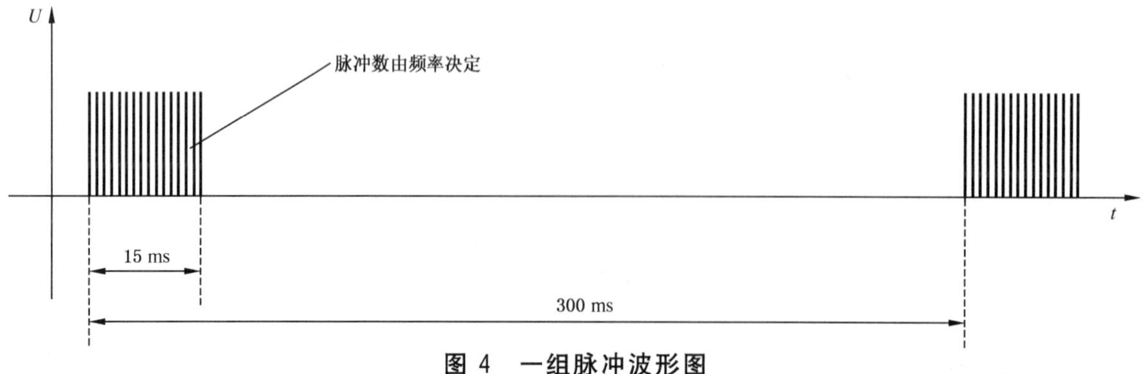

图 4 一组脉冲波形图

6.18.3.3 试验后，按6.6.3条方法测量探测器的报警动作值。

6.18.4 **试验设备**

试验设备应满足GB 16838—1997第4章规定。

6.19 **高温试验**

6.19.1 **目的**

检验探测器在高温环境条件下工作时性能的稳定性。

6.19.2 **要求**

探测器在高温环境条件下的性能应满足5.1.17条要求。

6.19.3 **方法**

6.19.3.1 将探测器按正常工作状态安装于试验箱内，接通电源，使探测器处于正常监视状态20 min。

6.19.3.2 启动通风机，使试验箱内气流速度稳定在0.8 m/s±0.2 m/s，以不大于1℃/min的升温速率使试验箱内温度升至70℃±2℃（适用于室外使用型探测器）稳定2 h或55℃±2℃（适用室内使用型探测器）稳定2 h。

6.19.3.3 按6.6.3条方法测量探测器的报警动作值。

6.19.4 **试验设备**

试验设备符合本部分附录A规定。

6.20 **低温试验**

6.20.1 **目的**

检验探测器在低温环境条件下工作时性能的稳定性。

6.20.2 **要求**

探测器在低温环境条件下的性能应满足5.1.17条要求。

6.20.3 **方法**

6.20.3.1 将探测器按正常工作状态安装于试验箱内，接通电源，使探测器处于正常监视状态20 min。

6.20.3.2 启动通风机，使试验箱内气流速度稳定在0.8 m/s±0.2 m/s，以不大于1℃/min的降温速率，使试验箱内温度降至−40℃±2℃并保持2 h（适用于室外使用型探测器）或0℃±2℃并保持2 h（适用于室内使用型探测器）。

6.20.3.3 按6.6.3条方法测量探测器的报警动作值。

6.20.4 **试验设备**

试验设备应符合本部分附录A规定。

6.21 **恒定湿热试验**

6.21.1 **目的**

检验探测器在恒定湿热条件下工作时性能的稳定性。

6.21.2 **要求**

探测器在恒定湿热条件下工作时性能应满足5.1.17条要求。

6.21.3 **方法**

6.21.3.1 将探测器按正常工作状态安装于试验箱内，接通电源，使探测器处于正常监视状态20 min。

6.21.3.2 启动通风机，使试验箱内的气流速度稳定在0.8 m/s±0.2 m/s，以不大于1℃/min的升温速率，使试验箱内的温度升至40℃±2℃，然后以不大于5%RH/min的速率将试验箱内的湿度增至93^{+2}_{-3}%RH，并稳定2 h。

6.21.3.3 按6.6.3条方法测量探测器的报警动作值。

6.21.4 **试验设备**

试验设备应符合本部分附录A规定。

6.22 **振动试验**

6.22.1 **目的**

检验探测器经受振动的适应性及结构的完好性。

6.22.2 **要求**

探测器的抗振性能满足5.1.18条要求。

6.22.3 **方法**

6.22.3.1 将探测器按其正常安装方式固定在振动台上，接通电源，使探测器处于正常监视状态。

6.22.3.2 启动振动试验台，使其在10 Hz～150 Hz频率范围内，以0.5 g 加速度，1 oct/min的速率，分别在X、Y、Z三个轴线上各扫频10次。

6.22.3.3 试验期间，监视探测器状态，试验后，检查外观和紧固部位情况。

6.22.3.4 试验后，按6.6.3条方法测量探测器的报警动作值。

6.22.4 **试验设备**

试验设备符合GB 16838—1997第4章规定。

6.23 **跌落试验**

6.23.1 **目的**

检验探测器经受跌落的适应性。

6.23.2 **要求**

探测器经受跌落的性能应满足5.1.18条要求。

6.23.3 **方法**

6.23.3.1 将非包装状态的探测器自由跌落在平滑、坚硬的混凝土面上。

跌落高度：

a) 质量小于1 kg的　　250 mm；

b) 质量在1 kg～10 kg之间　　100 mm；

c) 质量在10 kg以上　　50 mm。

6.23.3.2 试验后检查探测器外观和紧固部位情况。

6.23.3.3 试验后按6.6.3条方法测量探测器的报警动作值。

6.24 **长期稳定性试验**

6.24.1 **目的**

检验探测器在正常大气条件下长期运行的稳定性。

6.24.2 **要求**

探测器长期运行的稳定性应满足5.1.14条要求。

6.24.3 **方法**

6.24.3.1 接通电源，使探测器处于正常监视状态20 min，调准零点。

6.24.3.2 在正常环境条件下，使探测器连续运行28 d。

6.24.3.3 试验结束后，按6.6.3条方法测量探测器的报警动作值。

6.25 **气体干扰试验**

6.25.1 **目的**

检验室内使用的探测器抗气体干扰的能力。

6.25.2 **要求**

室内使用的探测器抗气体干扰的能力应满足5.1.19条要求。

6.25.3 **方法**

6.25.3.1 将处于正常监视状态的探测器置于体积分数为0.1%的乙醇环境中工作10 min后，再将探测器置于正常环境条件下工作10 min。

6.25.3.2 试验期间，观察并记录探测器是否发出报警信号或故障信号。

6.25.3.3 试验结束后,按6.6.3条方法测量探测器的报警动作值。

7 标志

7.1 产品标志

每只探测器均应有清晰、耐久的产品标志,产品标志应包括以下内容:

a) 制造厂名称、地址;

b) 产品名称;

c) 产品型号;

d) 产品主要技术参数(适合气体种类,报警设定值等);

e) 防爆标志;

f) 商标;

g) 制造日期及产品编号;

h) 执行标准。

7.2 质量检验标志

每只探测器均应有清晰的质量检验标志,质量检验标志应包括下列内容:

a) 检验员;

b) 合格标志。

8 检验规则

8.1 产品出厂检验

企业在产品出厂前应对探测器进行下述试验项目的检验:

a) 外观检查;

b) 功能试验;

c) 报警动作值试验;

d) 报警重复性试验;

e) 绝缘电阻试验;

f) 耐压试验;

g) 恒定湿热试验;

h) 气体干扰试验。

探测器在出厂前均应进行a)至c)三项试验,d)至h)项可进行抽样试验。其中d)至h)五项试验中任一项不合格,则判该批产品不合格,其他三项试验中任两项不合格,允许调整后补做,累计补做次数不超过两次。

8.2 型式检验

8.2.1 型式检验项目为本部分第6章规定的6.1.5、6.2～6.25。在出厂检验合格的产品中抽取检验样品。

8.2.2 有下列情况之一时,应进行型式检验:

a) 新产品或老产品转厂生产时的试制定型鉴定;

b) 正式生产后,产品的结构、主要部件或元器件、生产工艺等有较大的改变可能影响产品性能;

c) 产品停产一年以上,恢复生产;

d) 出厂检验结果与上次型式检验结果差异较大;

e) 发生重大质量事故;

f) 质量监督机构提出要求。

8.2.3 在型式检验中累计补做次数不允许超过四次,单项补做次数不超过两次。

9 使用说明书

每只探测器或每类探测器都应有相应的说明书。

说明书应有完整、清楚、准确的安全和使用说明，安装和服务说明，应包括下列内容：

a) 完整的安装和调试开通说明；

b) 操作说明；

c) 日常检查和校准说明；

d) 必要时，应包括下述使用条件限制：

 1) 适合的气体(包括报警设定值)；

 2) 环境温度限制(室内使用型、室外使用型)；

 3) 湿度范围；

 4) 电压范围；

 5) 控制器到探测器间的电线相关特性和说明；

 6) 需要屏蔽线；

 7) 电池特性；

 8) 最高最低贮存温度限制；

 9) 压力限制。

e) 详细说明查找可能出现故障源的方法和改正过程；

f) 说明输出控制接点的类型；

g) 电池的安装和维护说明；

h) 推荐的可更换元件一览表；

i) 贮存和使用寿命；

j) 允许使用场所。

附　录　A
（规范性附录）
点型可燃气体探测器试验设备

A.1　点型可燃气体探测器温湿试验箱

A.1.1　温湿试验箱风流筒示意图(见图 A.1)

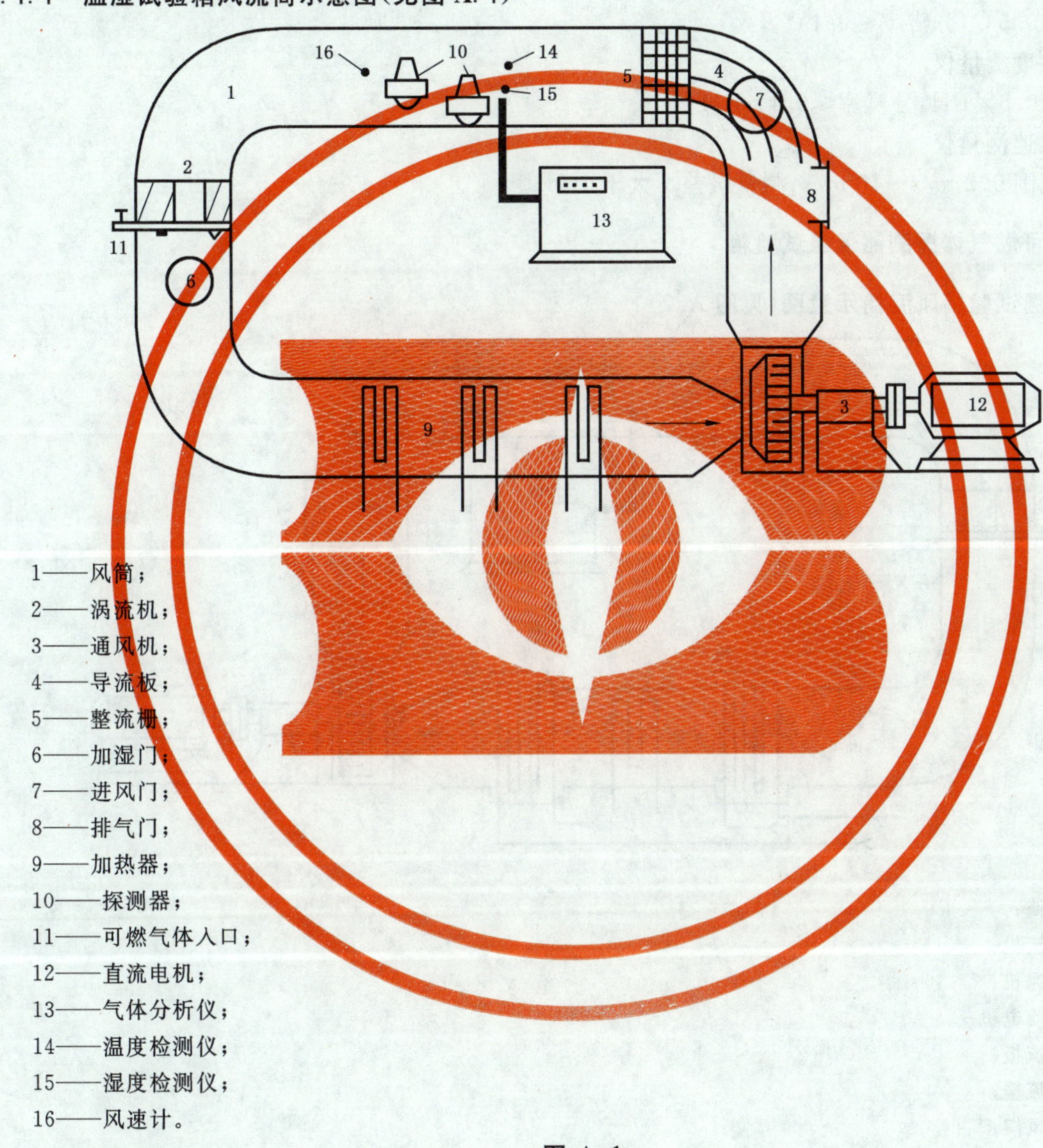

1——风筒；
2——涡流机；
3——通风机；
4——导流板；
5——整流栅；
6——加湿门；
7——进风门；
8——排气门；
9——加热器；
10——探测器；
11——可燃气体入口；
12——直流电机；
13——气体分析仪；
14——温度检测仪；
15——湿度检测仪；
16——风速计。

图 A.1

A.1.2　技术参数

a)　闭环风流筒

内部容积 1.1 m³,横断面积 0.4 m×0.4 m,不锈钢板 1.5 mm,长度 2.4 m。

b)　通风机

风速范围 0 m/s～6.5 m/s 连续可调。

c)　加热器

表面温度＜300℃,温度控制范围:35℃～75℃连续可调,升温速率≤1℃/min。

d) 加湿器

湿度控制范围:90%RH～95%RH,加湿速率≤5%RH/min。

e) 气体浓度测量仪

甲烷测量范围(体积分数):0～5%;

丙烷测量范围(体积分数):0～3%;

氢气测量范围(体积分数):0～4%;

一氧化碳测量范围(体积分数):0～0.1%。

f) 温度测量仪

误差±0.5℃,分辨率≤0.1℃。

g) 湿度测量仪

误差±0.5%RH,分辨率≤0.1%RH。

h) 风速测量仪

测量范围 0.2 m/s～10 m/s,测量误差不大于±5%。

A.2 点型可燃气体探测器低温试验箱

A.2.1 低温试验箱风流筒示意图(见图 A.2)

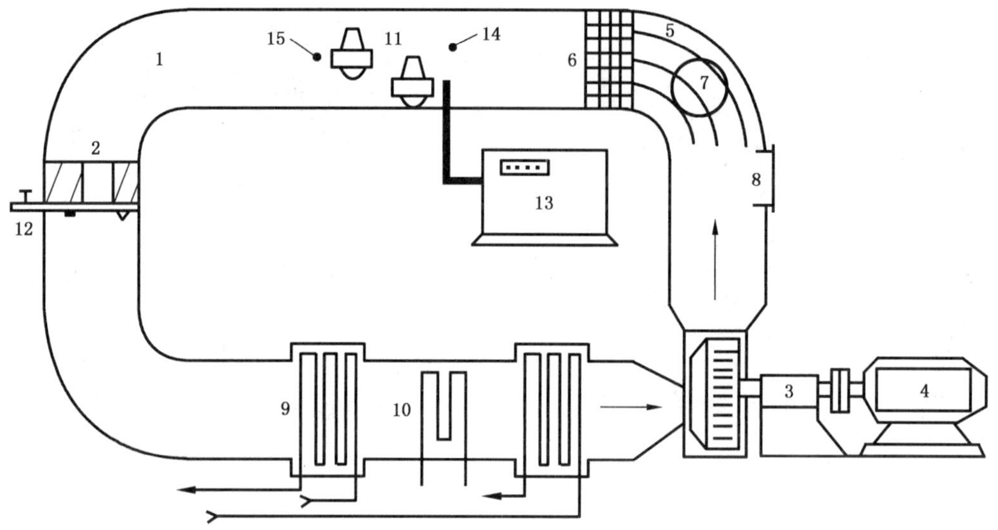

1——风筒;
2——涡流机;
3——通风机;
4——直流电机;
5——导流板;
6——整流栅;
7——进风门;
8——排气门;
9——蒸发器;
10——加热器;
11——探测器;
12——可燃气体入口;
13——气体分析仪;
14——温度检测仪;
15——风速计。

图 A.2

A.2.2 技术参数

a) 闭环风流筒

同A.1.2 a)。

b) 通风机

同A.1.2 b)。

c) 蒸发器

温度控制范围:0℃～－40℃连续可调,降温速度≤1℃/min。

d) 加热器

3相1组、380 V,9 kW。

e) 气体浓度测量仪

同A.1.2 e)。

f) 温度测量仪

误差±0.5℃,分辨率0.1℃。

g) 风速测量仪

同A.1.2 h)。

ICS 13.220.20
C 84

中华人民共和国国家标准

GB 15322.3—2003
部分代替 GB 15322—1994

可燃气体探测器 第3部分：测量范围为0～100%LEL的便携式可燃气体探测器

**Combustible gas detectors—
Part 3: Portable detectors for 0～100%LEL combustible gas**

2003-02-21 发布　　　　2003-12-01 实施

中华人民共和国
国家质量监督检验检疫总局　发布

前　言

本部分的技术要求、试验方法、标志、检验规则、使用说明书为强制性。

GB 15322《可燃气体探测器》分为七部分：

——第1部分：测量范围为0～100%LEL的点型可燃气体探测器

——第2部分：测量范围为0～100%LEL的独立式可燃气体探测器

——第3部分：测量范围为0～100%LEL的便携式可燃气体探测器

——第4部分：测量人工煤气的点型可燃气体探测器

——第5部分：测量人工煤气的独立式可燃气体探测器

——第6部分：测量人工煤气的便携式可燃气体探测器

——第7部分：线型可燃气体探测器

本部分为GB 15322的第3部分，在修订过程中，编制组根据国家标准GB 15322—1994《可燃气体探测器技术要求及试验方法》多年的实施情况和我国的现状，参考了EN 50054、EN 50055、EN 50056、EN 50057、EN 50058(1999年版)欧洲标准，制定了本部分的技术要求，并进行了相应的试验、验证工作。

本部分的附录A为规范性附录。

本部分由中华人民共和国公安部提出。

本部分由全国消防标准化技术委员会第六分技术委员会归口。

本部分负责起草单位：公安部沈阳消防科学研究所。

本部分参加起草单位：北京科力恒安全设备有限责任公司、北京市迪安波科技开发有限责任公司、阜阳华信电子仪器有限公司、深圳市特安电子有限公司。

本部分主要起草人：王玉祥、赵英然、丁宏军、李克亭、费春祥、康卫东、苏怡华。

本部分所代替标准的历次版本发布情况为：

——GB 15322—1994。

可燃气体探测器
第3部分:测量范围为0～100%LEL的便携式可燃气体探测器

1 范围

GB 15322的本部分规定了便携式可燃气体探测器的定义、分类、技术要求、试验方法、标志、检验规则和使用说明书。

本部分适用于一般工业与民用场所使用的便携式可燃气体探测器(以下简称探测器),其他环境中使用的具有特殊性能的探测器,除特殊要求应由有关标准另行规定外,亦应执行本部分。

2 规范性引用文件

下列文件中的条款通过GB 15322的本部分的引用而成为本部分的条款。凡是注日期的引用文件,其随后所有的修改单(不包括勘误的内容)或修订版均不适用于本部分,然而,鼓励根据本部分达成协议的各方研究是否可使用这些文件的最新版本。凡是不注日期的引用文件,其最新版本适用于本部分。

GB 16838—1997 消防电子产品环境试验方法及严酷等级

3 定义

本部分采用下列定义。

3.1

报警设定值 alarm setting value

预置的可燃气体报警浓度值。

3.2

报警动作值 alarm value

探测器报警时对应的最小可燃气体浓度值。

3.3

爆炸下限(LEL) low explosive limit

可燃气体或蒸汽在空气中的最低爆炸浓度。

4 分类

按防爆要求可分:

a) 防爆型;

b) 非防爆型。

5 技术要求

5.1 性能

5.1.1 探测器在被监测区域内的可燃气体浓度达到报警设定值时,应能发出报警信号。

5.1.2 报警设定值

探测器具有低限、高限两个报警设定值时，其低限报警设定值应在1%LEL～25%LEL范围，高限报警设定值应为50%LEL；仅有一个报警设定值的探测器，其报警设定值应在1%LEL～25%LEL范围。

5.1.3 报警动作值

5.1.3.1 在本部分规定的所有试验项目中，探测器的报警动作值不应低于1%LEL。

5.1.3.2 探测器的报警动作值与报警设定值之差不应超过±3%LEL。

5.1.4 全量程指示偏差

具有可燃气体浓度显示功能的探测器，其显示值与真实值之差不应超过±5%LEL。

5.1.5 响应时间

具有可燃气体浓度显示功能的探测器，显示值达到真实值的90%时的响应时间(t_{90})不应超过30 s。不具有可燃气体浓度显示功能的探测器，其报警响应时间不应超过30 s。

5.1.6 探测器应满足下述功能：

5.1.6.1 当被监测区域内的可燃气体浓度达到报警设定值时，探测器应能发出声、光报警信号，再将探测器置于洁净空气中，30 s内应能自动(或手动)恢复到正常监视状态。

5.1.6.2 探测器在传感元件断路或短路时应发出与报警信号有明显区别的声、光故障信号。

5.1.6.3 探测器应对声、光警报装置设置手动自检功能。

5.1.7 探测器应设置电池低电量显示功能。在电池电量低时，应能发出与报警信号有明显区别的声、光信号，其电池性能应符合下述要求：

5.1.7.1 探测器在指示电池电量低的情况下，连续工作的探测器再工作15 min，单次工作的探测器再操作10次，其报警动作值与报警设定值之差不应超过±5%LEL。

5.1.7.2 连续工作的探测器的电池持续工作时间应不少于8 h，单次工作的探测器的电池持续工作时间应能保证其完整工作200次。

5.1.8 不通电贮存

探测器首先在温度为－25℃±2℃环境下放置24 h，然后在正常环境条件下恢复至少24 h，再在温度为55℃±2℃环境下放置24 h，然后在正常环境条件下恢复至少24 h。试验后，探测器不应有破坏涂覆和腐蚀现象，功能应正常，其报警动作值与报警设定值之差不应超过±3%LEL。

5.1.9 方位(吸入式探测器除外)

分别在X、Y、Z三个相互垂直的轴线上每旋转45°测探测器的报警动作值，其报警动作值与报警设定值之差不应超过±5%LEL。

5.1.10 高浓度淹没性能(仅适用于防爆型探测器)

淹没期间，探测器应发出报警信号或故障信号或气体浓度超过测量范围的明显指示信号。淹没后，探测器应满足a)或b)条要求：

a) 探测器不能处于正常监视状态。

b) 如果探测器能够处于正常监视状态(可经手动操作)，则探测器的报警动作值与报警设定值之差不应超过±5%LEL。

5.1.11 报警重复性

在正常环境条件下，对同一只探测器实测6次报警动作值，探测器的报警动作值与报警设定值之差不应超过±3%LEL。

5.1.12 高速气流

在气流速度为6 m/s的条件下，探测器的报警动作值与报警设定值之差不应超过±5%LEL。

5.1.13 探测器应能耐受表1所规定的电干扰条件下的各项试验，试验期间及试验后应满足下述要求：

a) 试验期间，探测器不应发出报警信号或不可恢复的故障信号；

b) 试验后，探测器的报警动作值与报警设定值之差不应超过±5%LEL。

表 1

试验名称	试验参数	试验条件	工作状态
辐射电磁场试验	场强/(V/m)	10	正常监视状态
	频率范围/MHz	1～1 000	
静电放电试验	放电电压/V	8 000	正常监视状态
	放电次数	10	

5.1.14 探测器应能耐受表2所规定气候环境条件下的各项试验，试验期间及试验后应满足下述要求：

a) 试验期间，探测器不应发出报警信号或故障信号；

b) 试验后，探测器应无破坏涂覆和腐蚀现象，其报警动作值与报警设定值之差不应超过±10%LEL。

表 2

试验名称	试验参数	试验条件	工作状态
高温试验	温度/℃	70	正常监视状态
	持续时间/h	2	
低温试验	温度/℃	−40	正常监视状态
	持续时间/h	2	
恒定湿热试验	温度/℃	40	正常监视状态
	相对湿度/%	93	
	持续时间/h	2	

5.1.15 探测器应能耐受表3所规定的各项试验，试验期间及试验后探测器应满足下述要求：

a) 试验期间，探测器不应发出报警信号或故障信号；

b) 试验后，探测器不应有机械损伤和紧固部位松动现象，探测器的报警动作值与报警设定值之差不应超过±5%LEL。

表 3

试验名称	试验参数	试验条件	工作状态
振动试验	频率范围/Hz	10～150	正常监视状态
	加速度 g	0.5	
	扫频速率/(oct/min)	1	
	轴线数	3	
	每个轴线扫频次数	10	
跌落试验	跌落高度/mm	250(质量小于1 kg)	不通电状态
		100(质量在1 kg～10 kg间)	
		50(质量大于10 kg)	
	跌落次数	1	

5.2 主要部件性能

5.2.1 指示灯

5.2.1.1 应采用发光二极管指示灯。

5.2.1.2 应以颜色标识，红色表示报警信号，黄色表示故障信号，绿色表示电源工作正常。

5.2.1.3 所有指示灯应清晰地标注出功能。在一般环境光线下，指示灯在距其正前方 3 m 远处应清晰可辨。

5.2.2 电子元器件

应进行三防（防潮、防霉、防盐雾）处理。

5.2.3 音响器件

5.2.3.1 在额定工作电压下，音响器件在距其正前方 1 m 远处的声压级（A 计权）应不小于 70 dB，不大于 115 dB。

5.2.3.2 在 85% 额定工作电压条件下，音响器件应能发出声响。

5.2.4 开关和按键

开关和按键应坚固、耐用，并清晰地标注出其功能。

5.2.5 探测器的外壳应选用不燃材料或难燃材料（氧指数≥32）。

6 试验方法

6.1 试验纲要

6.1.1 试验程序见表 4。

表 4

序号	章条	试验项目	探测器编号											
			1	2	3	4	5	6	7	8	9	10	11	12
1	6.1.5	外观检查试验	√	√	√	√	√	√	√	√	√	√	√	√
2	6.2	主要部件检查试验	√	√	√	√	√	√	√	√	√	√	√	√
3	6.3	功能试验	√	√	√	√	√	√	√	√	√	√	√	√
4	6.4	电池性能试验									√			
5	6.5	不通电贮存试验	√	√	√	√	√	√	√	√	√	√	√	√
6	6.6	报警动作值试验	√	√	√	√	√	√	√	√	√	√	√	√
7	6.7	方位试验	√											
8	6.8	报警重复性试验		√										
9	6.9	高速气流试验	√											
10	6.10	全量程指示偏差试验			√	√								
11	6.11	响应时间试验			√	√								
12	6.12	高浓度淹没试验												√
13	6.13	辐射电磁场试验										√		
14	6.14	静电放电试验										√		
15	6.15	高温试验						√						
16	6.16	低温试验							√					
17	6.17	恒定湿热试验		√										
18	6.18	振动试验								√				
19	6.19	跌落试验											√	

6.1.2 试验样品为 12 只，并在试验前予以编号。

6.1.3 如在有关条文中没有说明，则各项试验均在下述大气条件下进行：

温度:15℃～35℃;

湿度:30%RH～70%RH之间的某一恒定值±10%RH;

大气压力:86 kPa～106 kPa。

6.1.4 如在有关条文中没有说明时,各项试验数据的容差均为±5%。

6.1.5 探测器在试验前均应进行外观检查,符合下述要求时方可进行试验。

a) 文字、符号和标志清晰齐全;

b) 表面无腐蚀、涂覆层脱落和起泡现象,无明显划伤、裂痕、毛刺等机械损伤;

c) 紧固部位无松动。

6.1.6 试验气体配气精度

配制试验气体所用的可燃气体纯度应不低于99.5%,配制试验气体所用空气应为不含灰尘、油质的新鲜空气,配气湿度应符合正常湿度条件,配气误差应不大于报警设定值的±2%。

6.1.7 探测器标定

试验前,应按产品说明书对探测器的报警点按报警设定值进行标定,并进行复验确认。此后不再进行标定。允许使用校验罩标定探测器。

6.1.8 探测器调零

试验前,首先对探测器预热1 h(或按产品说明书规定时间进行),然后再按说明书规定进行调零,试验开始后不再调零(个别试验有特殊要求时除外)。

6.2 主要部件检查试验

6.2.1 目的

检查探测器主要部件性能。

6.2.2 要求

探测器的主要部件性能应符合5.2条要求。

6.2.3 方法

6.2.3.1 检查并记录指示灯的用法、颜色标识、可见程度及功能标注情况。

6.2.3.2 检查并记录探测器各开关、按键功能标注情况。

6.2.3.3 检查并记录三防情况。

6.2.3.4 使探测器处于报警状态,测量并记录探测器声报警信号的声压级,然后使探测器供电电压降至85%额定电压,观察并记录探测器声报警情况。

6.2.3.5 检查探测器的外壳,并测量难燃材料外壳的氧指数。

6.3 功能试验

6.3.1 目的

检验探测器的功能。

6.3.2 要求

探测器的功能应符合5.1.6条要求。

6.3.3 方法

6.3.3.1 在探测器处于正常监视状态10 min后,使探测器处于报警状态,观察并记录探测器声光报警情况。

6.3.3.2 使处于报警状态的探测器脱离可燃气体环境(自动或手动恢复),观察并记录探测器声、光报警信号恢复情况。

6.3.3.3 使探测器的传感元件断路、短路,观察并记录探测器的工作状态。

6.3.3.4 操作探测器自检机构,观察并记录探测器声、光报警情况。

6.4 电池性能试验

6.4.1 目的

检验探测器的电池性能。

6.4.2 **要求**

探测器电池性能应满足5.1.7条要求。

6.4.3 **方法**

6.4.3.1 检查探测器电池低电量指示功能的设置情况。

6.4.3.2 使探测器连续工作至电池低电量指示时,连续工作的探测器再工作15 min,单次工作的探测器再操作10次。然后,按6.6.3条方法测量探测器的报警动作值。

6.4.3.3 将连续工作的探测器装入电量充足的电池,使其处于正常监视状态,8 h后,检查探测器工作情况;将单次工作的探测器装入电量充足的电池,使其完整操作200次,检查探测器工作情况。

6.5 **不通电贮存试验**

6.5.1 **目的**

检查探测器对贮存环境的适应能力。

6.5.2 **要求**

探测器应满足5.1.8条要求。

6.5.3 **方法**

6.5.3.1 将全部经标定、调零后功能正常的探测器置于低温试验箱内,以不大于1℃/min的降温速率使试验箱内温度降至−25℃±2℃,并保持24 h。

6.5.3.2 将探测器从低温试验箱中取出,放于室内正常环境条件下恢复至少24 h。

6.5.3.3 将探测器置于高温试验箱内,以不大于1℃/min的升温速率,使试验箱内温度升至55℃±2℃,并保持24 h。

6.5.3.4 将探测器从高温试验箱中取出,放于室内正常环境条件下恢复至少24 h。

6.5.3.5 试验结束后,在正常环境条件下,按6.6.3条方法测量探测器的报警动作值。

6.5.4 **试验设备**

满足GB 16838—1997第4章规定。

6.6 **报警动作值试验**

6.6.1 **目的**

检查探测器报警设定值的准确度。

6.6.2 **要求**

探测器的报警动作值应满足5.1.3条规定。

6.6.3 **方法**

6.6.3.1 将探测器按正常工作状态要求安装于试验箱中,接通电源,使探测器处于正常监视状态20 min。

6.6.3.2 启动通风机,使试验箱内气流速度稳定在0.8 m/s±0.2 m/s,再以不大于1%LEL/min的速率增加试验气体浓度,直至探测器发出报警信号,测量探测器的报警动作值。

6.6.4 **试验设备**

试验设备应符合本部分附录A规定。

6.7 **方位试验**

6.7.1 **目的**

检验探测器方位对报警动作值的影响。

6.7.2 **要求**

探测器方位性能应满足5.1.9条规定。

6.7.3 **方法**

6.7.3.1 将探测器按正常工作状态要求安装于试验箱中,接通电源,使探测器处于正常监视状态

20 min。

6.7.3.2 启动通风机,使气流速度稳定在 0.8 m/s±0.2 m/s,再以不大于 1%LEL/min 的速率增加试验气体浓度直至探测器发出报警信号,测量探测器在 Z 轴线上方位 0°的报警动作值。以后每旋转 45°方位进行一次试验,测量 Z 轴线上每个方位的报警动作值。

6.7.3.3 分别测量 Y、X 轴线上各个方位的报警动作值,如果在 Y、X 轴线上探测器的外部结构和内部部件结构对气流速度无影响时,可不进行 Y、X 轴的试验。

6.7.4 试验设备

试验设备应符合本部分附录 A 规定。

6.8 报警重复性试验

6.8.1 目的

检验探测器报警动作值的重复性。

6.8.2 要求

探测器报警重复性应满足 5.1.11 条要求。

6.8.3 方法

按 6.6.3 条方法重复 6 次试验,测量探测器每次报警动作值。

6.8.4 试验设备

试验设备应符合本部分附录 A 规定。

6.9 高速气流试验

6.9.1 目的

检验探测器对高速气流的适应性。

6.9.2 要求

探测器的高速气流性能应满足 5.1.12 条要求。

6.9.3 方法

6.9.3.1 将探测器按正常工作状态要求安装于试验箱中,接通电源,使探测器处于正常监视状态 20 min。

6.9.3.2 启动通风机,使试验箱内气流速度稳定在 6 m/s±0.5 m/s,以不大于 1%LEL/min 的速率增加试验气体浓度直至探测器发出报警信号,测量探测器的报警动作值。

6.9.4 试验设备

试验设备应符合本部分附录 A 规定。

6.10 全量程指示偏差试验

6.10.1 目的

检验探测器全量程指示偏差。

6.10.2 要求

探测器的全量程指示偏差应满足 5.1.4 条要求。

6.10.3 方法

6.10.3.1 将探测器接通电源,使其处于正常监视状态 20 min。

6.10.3.2 分别调节进入气体稀释器的可燃气体和洁净空气的流量,配制出流量为 500 mL/min 并分别达到探测器满度 10%、25%、50%、75%、90%浓度的试验气体。然后经校验罩分别将配制好的试验气体输送到探测器的传感元件上至少 1 min,记录探测器在每一种情况下的指示情况。

6.10.4 试验设备

a) 气体分析仪;

b) 气体稀释器。

6.11 响应时间试验

6.11.1 目的

检验探测器的响应时间。

6.11.2 要求

探测器的响应时间应满足5.1.5条要求。

6.11.3 方法

6.11.3.1 将探测器接通电源,使其处于正常监视状态20 min。

6.11.3.2 对于具有可燃气体浓度显示功能的探测器,调节进入气体稀释器的可燃气体和洁净空气的流量,配制出流量为500 mL/min,浓度为探测器满量程的60%的试验气体,并经校验罩将配制好的试验气体输送到探测器的传感元件上,同时启动计时装置,待探测器显示到真实值的90%时,停止计时,记录探测器的响应时间(t_{90})。

6.11.3.3 对于不具有可燃气体浓度显示功能的探测器,调节进入气体稀释器的可燃气体和洁净空气的流量,配制出流量为500 mL/min,浓度为探测器报警动作值的1.6倍的试验气体,并经校验罩将配制好的试验气体输送到探测器的传感元件上,同时启动计时装置,待探测器发出报警信号时,停止计时,记录探测器的报警响应时间。

6.11.4 试验设备

a) 气体分析仪;

b) 气体稀释器;

c) 计时器。

6.12 高浓度淹没试验

6.12.1 目的

检验探测器对高浓度淹没的适应性。

6.12.2 要求

探测器的高浓度淹没性能应满足5.1.10条要求。

6.12.3 方法

6.12.3.1 将探测器安装于防爆试验箱内,使其处于正常监视状态20 min。

6.12.3.2 将体积分数为100%的可燃气体以500 mL/min的流量经校验罩输送到探测器的传感元件上,保持2 min,将试验箱内可燃气体抽出,然后将探测器置于洁净空气中30 min。试验期间,观察并记录探测器的工作状态;试验后,若探测器能处于正常监视状态,则按6.6.3条方法测量探测器的报警动作值。

6.12.4 试验设备

防爆试验箱。

6.13 辐射电磁场试验

6.13.1 目的

检验探测器在辐射电磁场环境下工作的适应性。

6.13.2 要求

探测器的抗辐射电磁场性能应满足5.1.13条要求。

6.13.3 方法

6.13.3.1 将探测器安放在绝缘台上,接通电源,使探测器处于正常监视状态20 min。

6.13.3.2 按图1布置试验设备,将发射天线置于中间,探测器与电磁干扰测量仪器分别置于发射天线两边各1 m处。

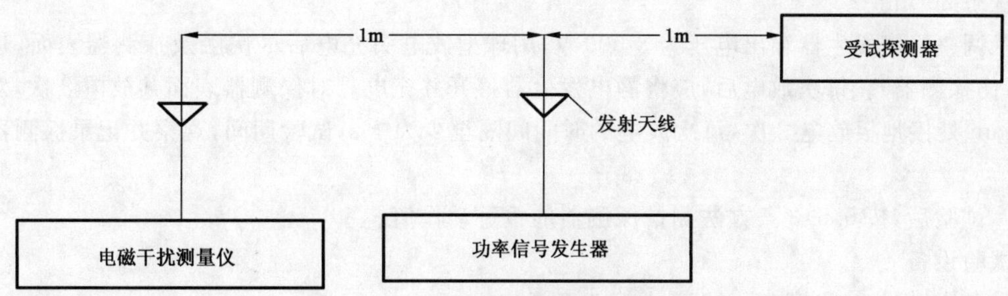

图 1　试验设备布置图

6.13.3.3　调节 1 MHz～1 000 MHz 的功率信号发生器的输出使电磁干扰测量仪的读数为 10 V/m，在试验过程中频率应在 1 MHz～1 000 MHz 的频率范围内以不大于 0.005 oct/s 的速率缓慢变化，同时应转动探测器，观察并记录探测器工作情况。如使用的发射天线具有方向性，则应先使发射天线反转，对准探测器进行试验。在 1 MHz～1 000 MHz 的频率范围内，应分别用天线的水平极化和垂直极化进行试验。

6.13.3.4　试验期间，观察并记录探测器的工作状态。

6.13.3.5　试验应在屏蔽室内进行，为避免产生较大的测量误差，天线的位置应符合图 2 的要求。

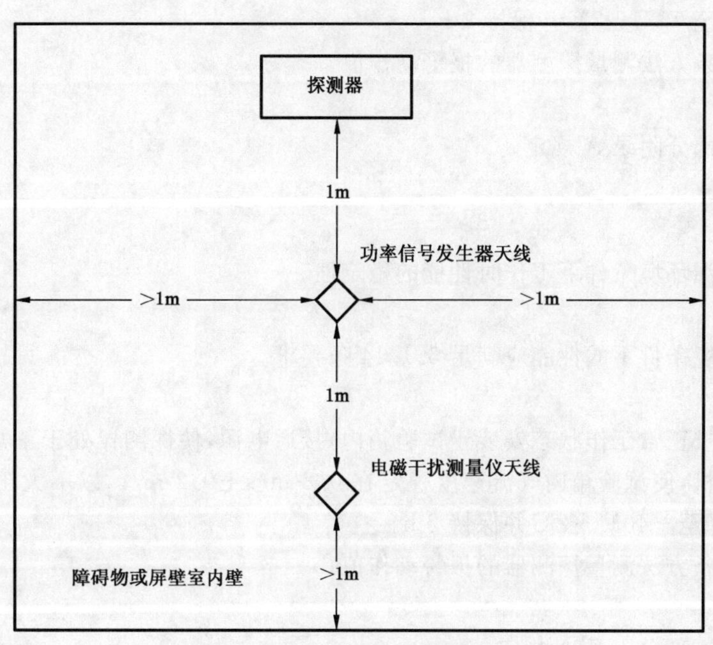

图 2　天线位置图

6.13.3.6　试验结束后，按 6.6.3 条方法测量探测器的报警动作值。

6.13.4　试验设备

试验设备应满足 GB 16838—1997 第 4 章规定。

6.14　静电放电试验

6.14.1　目的

检验探测器对带静电人员、物体造成的静电放电的适应性。

6.14.2　要求

探测器抗静电放电性能应满足 5.1.13 条要求。

6.14.3　方法

6.14.3.1　将探测器放在绝缘支架上，且距接地板四周距离不少于 100 mm。接通电源，使探测器处于正常监视状态 20 min。

6.14.3.2 调整静电发生器输出电压为 8 000 V,用球型放电头充电后尽快触及探测器表面,切实接触(但不能损伤探测器)。每次放电后,应将静电发生器移开并充电。对探测器表面共放电 8 次,对探测器周围 100 mm 处接地板放电 2 次,每次放电的时间间隔至少为 1 s,试验期间,观察并记录探测器的工作状态。

6.14.3.3 试验后,按 6.6.3 条方法测量探测器的报警动作值。

6.14.4 试验设备

试验设备应满足 GB 16838—1997 中第 4 章规定。

6.15 高温试验

6.15.1 目的

检验探测器在高温环境条件下工作时性能的稳定性。

6.15.2 要求

探测器在高温环境条件下的性能应满足 5.1.14 条要求。

6.15.3 方法

6.15.3.1 将探测器按正常工作状态安装于试验箱内,接通电源,使探测器处于正常监视状态 20 min。

6.15.3.2 启动通风机,使试验箱内气流速度稳定在 0.8 m/s±0.2 m/s,以不大于 1℃/min 的升温速率使试验箱内温度升至 70℃±2℃并保持 2 h。

6.15.3.3 按 6.6.3 条方法测量探测器的报警动作值。

6.15.4 试验设备

试验设备符合本部分附录 A 规定。

6.16 低温试验

6.16.1 目的

检验探测器在低温环境条件下工作时性能的稳定性。

6.16.2 要求

探测器在低温环境条件下的性能应满足 5.1.14 条要求。

6.16.3 方法

6.16.3.1 将探测器按正常工作状态安装于试验箱内,接通电源,使探测器处于正常监视状态 20 min。

6.16.3.2 启动通风机,使试验箱内气流速度稳定在 0.8 m/s±0.2 m/s,以不大于 1℃/min 的降温速率,使试验箱内温度降至－40℃±2℃并保持 2 h。

6.16.3.3 按 6.6.3 条方法测量探测器的报警动作值。

6.16.4 试验设备

试验设备应符合本部分附录 A 规定。

6.17 恒定湿热试验

6.17.1 目的

检验探测器在恒定湿热条件下工作时性能的稳定性。

6.17.2 要求

探测器在恒定湿热条件下工作时性能应满足 5.1.14 条要求。

6.17.3 方法

6.17.3.1 将探测器按正常工作状态安装于试验箱内,接通电源,使探测器处于正常监视状态 20 min。

6.17.3.2 启动通风机,使试验箱内的气流速度稳定在 0.8 m/s±0.2 m/s,以不大于 1℃/min 的升温速率,使试验箱内的温度升至 40℃±2℃,然后以不大于 5%RH/min 的速率将试验箱内的湿度增至 93^{+2}_{-3}%RH,并稳定 2 h。

6.17.3.3 按 6.6.3 条方法测量探测器的报警动作值。

6.17.4 **试验设备**

试验设备应符合本部分附录 A 规定。

6.18 **振动试验**

6.18.1 **目的**

检验探测器经受振动的适应性及结构的完好性。

6.18.2 **要求**

探测器的抗振性能满足 5.1.15 条要求。

6.18.3 方法

6.18.3.1 将探测器按其正常安装方式固定在振动台上,接通电源,使探测器处于正常监视状态。

6.18.3.2 启动振动试验台,使其在 10 Hz～150 Hz 频率范围内,以 0.5 g 加速度,1 oct/min 的速率,分别在 X、Y、Z 三个轴线上各扫频 10 次。

6.18.3.3 试验期间,监视探测器状态.试验后,检查外观和紧固部位情况。

6.18.3.4 试验后,按 6.6.3 条方法测量探测器的报警动作值。

6.18.4 **试验设备**

试验设备符合 GB 16838—1997 第 4 章规定。

6.19 **跌落试验**

6.19.1 **目的**

检验探测器经受跌落的适应性。

6.19.2 **要求**

探测器经受跌落的性能应满足 5.1.15 条要求。

6.19.3 **方法**

6.19.3.1 将非包装状态的探测器自由跌落在平滑、坚硬的混凝土面上。

跌落高度:

a) 质量小于 1 kg 的　　　　　　250 mm;

b) 质量在 1 kg～10 kg 之间　　　　100 mm;

c) 质量在 10 kg 以上　　　　　　50 mm。

6.19.3.2 试验后检查探测器外观和紧固部位情况。

6.19.3.3 试验后按 6.6.3 条方法测量探测器的报警动作值。

7 标志

7.1 产品标志

每只探测器均应有清晰、耐久的产品标志,产品标志应包括以下内容:

a) 制造厂名称、地址;

b) 产品名称;

c) 产品型号;

d) 产品主要技术参数(适合气体种类,报警设定值等);

e) 防爆标志;

f) 商标;

g) 制造日期及产品编号;

h) 执行标准。

7.2 质量检验标志

每只探测器均应有清晰的质量检验标志,质量检验标志应包括下列内容:

a) 检验员;

b) 合格标志。

8 检验规则

8.1 产品出厂检验

企业在产品出厂前应对探测器进行下述试验项目的检验：

a) 外观检查；

b) 功能试验；

c) 报警动作值试验；

d) 报警重复性试验；

e) 恒定湿热试验。

探测器在出厂前均应进行 a)至 c)三项试验，d)和 e)项可进行抽样试验。其中 d)和 e)项试验中任一项不合格，则判该批产品不合格，其他三项试验中任两项不合格，允许调整后补做，累计补做次数不超过两次。

8.2 型式检验

8.2.1 型式检验项目为本部分第 6 章规定的 6.1.5、6.2～6.19。在出厂检验合格的产品中抽取检验样品。

8.2.2 有下列情况之一时，应进行型式检验：

a) 新产品或老产品转厂生产时的试制定型鉴定；

b) 正式生产后，产品的结构、主要部件或元器件、生产工艺等有较大的改变可能影响产品性能；

c) 产品停产一年以上，恢复生产；

d) 出厂检验结果与上次型式检验结果差异较大；

e) 发生重大质量事故；

f) 质量监督机构提出要求。

8.2.3 在型式检验中累计补做次数不允许超过四次，单项补做次数不超过两次。

9 使用说明书

每只探测器或每类探测器都应有相应的说明书。

说明书应有完整、清楚、准确的安全和使用说明，安装和服务说明，应包括下列内容：

a) 完整的安装和调试开通说明；

b) 操作说明；

c) 日常检查和校准说明；

d) 必要时，应包括下述使用条件限制：

  1) 适合的气体(包括报警设定值)；

  2) 环境温度限制；

  3) 湿度范围；

  4) 电压范围；

  5) 需要屏蔽线；

  6) 电池特性；

  7) 最高最低贮存温度限制；

  8) 压力限制。

e) 详细说明查找可能出现故障源的方法和改正过程；

f) 电池的安装和维护说明；

g) 推荐的可更换元件一览表；

h) 贮存和使用寿命；

i) 允许使用场所。

附　录　A
（规范性附录）
点型可燃气体探测器试验设备

A.1　点型可燃气体探测器温湿试验箱

A.1.1　温湿试验箱风流筒示意图(见图 A.1)

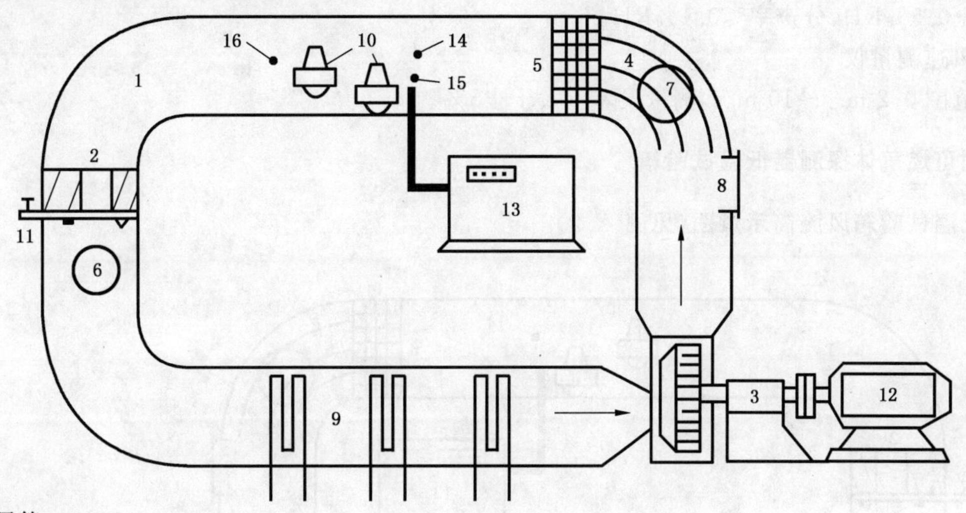

1——风筒；
2——涡流机；
3——通风机；
4——导流板；
5——整流栅；
6——加湿门；
7——进风门；
8——排气门；
9——加热器；
10——探测器；
11——可燃气体入口；
12——直流电机；
13——气体分析仪；
14——温度检测仪；
15——湿度检测仪；
16——风速计。

图 A.1

A.1.2　技术参数

a)　闭环风流筒

内部容积 1.1 m³,横断面积 0.4 m×0.4 m,不锈钢板 1.5 mm,长度 2.4 m。

b)　通风机

风速范围 0 m/s～6.5 m/s 连续可调。

c)　加热器

表面温度＜300℃,温度控制范围:35℃～75℃连续可调,升温速率≤1℃/min。

d)　加湿器

湿度控制范围:90％RH～95％RH,加湿速率≤5％RH/min。

e) 气体浓度测量仪

甲烷测量范围(体积分数):0～5%;

丙烷测量范围(体积分数):0～3%;

氢气测量范围(体积分数):0～4%;

一氧化碳测量范围(体积分数):0～0.1%。

f) 温度测量仪

误差±0.5℃,分辨率≤0.1℃。

g) 湿度测量仪

误差±0.5%RH,分辨率≤0.1%RH。

h) 风速测量仪

测量范围0.2 m/s～10 m/s,测量误差不大于±5%。

A.2 点型可燃气体探测器低温试验箱

A.2.1 低温试验箱风流筒示意图(见图A.2)

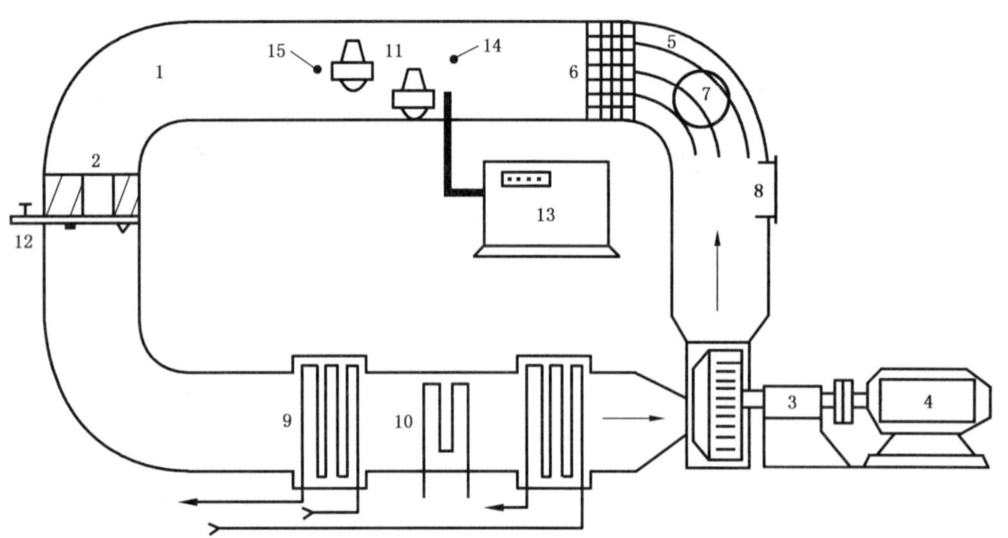

1——风筒;
2——涡流机;
3——通风机;
4——直流电机;
5——导流板;
6——整流栅;
7——进风门;
8——排气门;
9——蒸发器;
10——加热器;
11——探测器;
12——可燃气体入口;
13——气体分析仪;
14——温度检测仪;
15——风速计。

图 A.2

A.2.2 技术参数

a) 闭环风流筒

同 A.1.2 a)。

b) 通风机

同 A.1.2 b)。

c) 蒸发器

温度控制范围:0℃～－40℃连续可调,降温速度≤1℃/min。

d) 加热器

3 相 1 组、380 V,9 kW。

e) 气体浓度测量仪

同 A.1.2 e)。

f) 温度测量仪

误差±0.5℃,分辨率 0.1℃。

g) 风速测量仪

同 A.1.2 h)。

ICS 13.220.20
C 84

中华人民共和国国家标准

GB 15322.4—2003
部分代替 GB 15322—1994

可燃气体探测器
第4部分:测量人工煤气的点型可燃气体探测器

Combustible gas detectors—
Part 4:Point type detectors for combustible man-made gas

2003-02-21 发布　　2003-12-01 实施

中华人民共和国
国家质量监督检验检疫总局　发布

前　言

本部分的技术要求、试验方法、标志、检验规则、使用说明书为强制性。

GB 15322《可燃气体探测器》分为七部分：

——第 1 部分：测量范围为 0～100%LEL 的点型可燃气体探测器

——第 2 部分：测量范围为 0～100%LEL 的独立式可燃气体探测器

——第 3 部分：测量范围为 0～100%LEL 的便携式可燃气体探测器

——第 4 部分：测量人工煤气的点型可燃气体探测器

——第 5 部分：测量人工煤气的独立式可燃气体探测器

——第 6 部分：测量人工煤气的便携式可燃气体探测器

——第 7 部分：线型可燃气体探测器

本部分为 GB 15322 的第 4 部分，在修订过程中，编制组根据国家标准 GB 15322—1994《可燃气体探测器技术要求及试验方法》多年的实施情况和我国的现状，参考了 EN 50054、EN 50055、EN 50056、EN 50057、EN 50058(1999 年版)欧洲标准，制定了本部分的技术要求，并进行了相应的试验、验证工作。

本部分的附录 A 为规范性附录。

本部分由中华人民共和国公安部提出。

本部分由全国消防标准化技术委员会第六分技术委员会归口。

本部分负责起草单位：公安部沈阳消防科学研究所。

本部分参加起草单位：北京科力恒安全设备有限责任公司、北京市迪安波科技开发有限责任公司、阜阳华信电子仪器有限公司、深圳市特安电子有限公司。

本部分主要起草人：丁宏军、李克亭、王玉祥、费春祥、康卫东、屈励、王立平。

本部分所代替标准的历次版本发布情况为：

——GB 15322—1994。

可燃气体探测器
第4部分:测量人工煤气的
点型可燃气体探测器

1 范围

本部分规定了测量人工煤气的点型可燃气体探测器的定义、分类、技术要求、试验方法、标志、检验规则和使用说明书。

本部分适用于一般工业与民用建筑中安装使用的测量人工煤气的点型可燃气体探测器(以下简称探测器),其他环境中安装的具有特殊性能的探测器,除特殊要求应由有关标准另行规定外,亦应执行本部分。

2 规范性引用文件

下列文件中的条款通过GB 15322的本部分的引用而成为本部分的条款。凡是注日期的引用文件,其随后所有的修改单(不包括勘误的内容)或修订版均不适用于本部分,然而,鼓励根据本部分达成协议的各方研究是否可使用这些文件的最新版本。凡是不注日期的引用文件,其最新版本适用于本部分。

GB 16838—1997 消防电子产品环境试验方法及严酷等级

3 定义

本部分采用下列定义。

3.1

报警设定值 alarm setting value

预置的可燃气体报警浓度值。

3.2

报警动作值 alarm value

探测器报警时对应的最小可燃气体浓度值。

4 分类

4.1 按防爆要求可分:

a) 防爆型;

b) 非防爆型。

4.2 按使用环境条件分为:

a) 室内使用型;

b) 室外使用型。

4.3 按响应的气体种类分为:

a) 氢气敏感型;

b) 一氧化碳敏感型。

5 技术要求

5.1 性能

5.1.1 探测器在被监测区域内的可燃气体浓度达到报警设定值时，应能发出报警信号。

5.1.2 报警设定值

探测器具有低限、高限两个报警设定值时，其报警设定值应符合表1中低限报警设定值范围和高限报警设定值的规定；仅有一个报警设定值的探测器，其报警设定值应符合表1中低限报警设定值范围的要求。

表 1

试验气体	低限报警设定值范围(体积分数)	高限报警设定值(体积分数)
氢气	$125\times10^{-6}\sim750\times10^{-6}$	$1\,250\times10^{-6}$
一氧化碳	$50\times10^{-6}\sim300\times10^{-6}$	500×10^{-6}

5.1.3 报警动作值

5.1.3.1 在本部分规定的所有试验项目中，探测器的报警动作值不应低于表1中低限报警设定值范围的下限值。

5.1.3.2 试验气体为氢气时，探测器的报警动作值与报警设定值之差不应超过$\pm125\times10^{-6}$；试验气体为一氧化碳时，探测器的报警动作值与报警设定值之差不应超过$\pm50\times10^{-6}$。

5.1.4 全量程指示偏差

具有可燃气体浓度显示功能的探测器，试验气体为氢气时，其显示值与真实值之差不应超过$\pm200\times10^{-6}$；试验气体为一氧化碳时，其显示值与真实值之差不应超过$\pm80\times10^{-6}$。

5.1.5 响应时间

具有可燃气体浓度显示功能的探测器，显示值达到真实值的90%时的响应时间(t_{90})不应超过30 s。不具有可燃气体浓度显示功能的探测器，其报警响应时间不应超过30 s。

5.1.6 不通电贮存

探测器首先在温度为－25℃±2℃环境下放置24 h，然后在正常环境条件下恢复至少24 h，再在温度为55℃±2℃环境下放置24 h，然后在正常环境条件下恢复至少24 h。试验后，探测器不应有破坏涂覆和腐蚀现象，功能应正常。试验气体为氢气时，探测器的报警动作值与报警设定值之差不应超过$\pm125\times10^{-6}$；试验气体为一氧化碳时，探测器的报警动作值与报警设定值之差不应超过$\pm50\times10^{-6}$。

5.1.7 方位(吸入式探测器除外)

分别在X、Y、Z三个相互垂直的轴线上每旋转45°测探测器的报警动作值，试验气体为氢气时，探测器的报警动作值与报警设定值之差不应超过$\pm200\times10^{-6}$；试验气体为一氧化碳时，探测器的报警动作值与报警设定值之差不应超过$\pm80\times10^{-6}$。

5.1.8 高浓度淹没性能(仅适用于防爆型探测器)

淹没期间，探测器应发出报警信号或故障信号或气体浓度超过测量范围的明显指示信号。淹没后，探测器应满足a)或b)条要求：

a) 探测器不能处于正常监视状态。

b) 如果探测器能够处于正常监视状态(可经手动操作)，则当试验气体为氢气时，探测器的报警动作值与报警设定值之差不应超过$\pm200\times10^{-6}$；试验气体为一氧化碳时，探测器的报警动作值与报警设定值之差不应超过$\pm80\times10^{-6}$。

5.1.9 报警重复性

在正常环境条件下，对同一只探测器实测6次报警动作值，试验气体为氢气时，探测器的报警动作值与报警设定值之差不应超过$\pm125\times10^{-6}$；试验气体为一氧化碳时，探测器的报警动作值与报警设定值之差不应超过$\pm50\times10^{-6}$。

5.1.10 高速气流

试验箱内气流速度为6 m/s，试验气体为氢气时，探测器的报警动作值与报警设定值之差不应超过$\pm200\times10^{-6}$；试验气体为一氧化碳时，探测器的报警动作值与报警设定值之差不应超过$\pm80\times10^{-6}$。

5.1.11 电压波动

探测器的供电电压为额定供电电压的±15%，试验气体为氢气时，探测器的报警动作值与报警设定值之差不应超过$\pm125\times10^{-6}$；试验气体为一氧化碳时，探测器的报警动作值与报警设定值之差不应超过$\pm50\times10^{-6}$。

5.1.12 长期稳定性性能

探测器应能在正常环境条件下连续运行28 d期间不发出报警信号或故障信号。试验后，试验气体为氢气时，探测器的报警动作值与报警设定值之差不应超过$\pm200\times10^{-6}$；试验气体为一氧化碳时，探测器的报警动作值与报警设定值之差不应超过$\pm80\times10^{-6}$。

5.1.13 绝缘耐压性能

探测器有绝缘要求的外部带电端子、电源插头分别与外壳间的绝缘电阻在正常环境条件下应不小于100 MΩ，在湿热环境下应不小于1 MΩ。上述部位还应根据额定电压耐受频率为50 Hz，有效值电压为1 500 V(额定电压超过50 V时)或有效值电压为500 V(额定电压不超过50 V时)的交流电压历时1 min的耐压试验，试验期间探测器不应发生放电或击穿现象，试验后探测器功能应正常。

5.1.14 探测器应能耐受表2所规定的电干扰条件下的各项试验，试验期间及试验后应满足下述要求：

a) 试验期间，探测器不应发出报警信号或不可恢复的故障信号；

b) 试验后，试验气体为氢气时，探测器的报警动作值与报警设定值之差不应超过$\pm200\times10^{-6}$；试验气体为一氧化碳时，探测器的报警动作值与报警设定值之差不应超过$\pm80\times10^{-6}$。

表2

试验名称	试验参数	试验条件	工作状态
辐射电磁场试验	场强/(V/m)	10	正常监视状态
	频率范围/MHz	1～1 000	
静电放电试验	放电电压/V	8 000	正常监视状态
	放电次数	10	
电瞬变脉冲试验	瞬变脉冲电压/kV	2(AC电源线)	正常监视状态
		1(其他连接线)	
	极性	正、负	
	时间	每次1 min	

5.1.15 探测器应能耐受表3所规定的气候环境条件下的各项试验，试验期间及试验后应满足下述要求：

a) 试验期间，探测器不应发出报警信号或故障信号；

b) 试验后，探测器应无破坏涂覆和腐蚀现象。试验气体为氢气时，探测器的报警动作值与报警设定值之差不应超过$\pm400\times10^{-6}$；试验气体为一氧化碳时，探测器的报警动作值与报警设定值之差不应超过$\pm160\times10^{-6}$。

表 3

试验名称	试验参数	试验条件		工作状态
		室内使用型	室外使用型	
高温试验	温度/℃	55	70	正常监视状态
	持续时间/h	2	2	
低温试验	温度/℃	0	−40	正常监视状态
	持续时间/h	2	2	
恒定湿热试验	温度/℃	40	40	正常监视状态
	相对湿度/%	93	93	
	持续时间/h	2	2	

5.1.16 探测器应能耐受表 4 所规定的各项试验,试验期间及试验后探测器应满足下述要求:

a) 试验期间,探测器不应发出报警信号或故障信号;

b) 试验后,探测器不应有机械损伤和紧固部位松动现象。试验气体为氢气时,探测器的报警动作值与报警设定值之差不应超过$\pm 200\times 10^{-6}$;试验气体为一氧化碳时,探测器的报警动作值与报警设定值之差不应超过$\pm 80\times 10^{-6}$。

表 4

试验名称	试验参数	试验条件	工作状态
振动试验	频率范围/Hz	10~150	正常监视状态
	加速度 g	0.5	
	扫频速率/(oct/min)	1	
	轴线数	3	
	每个轴线扫频次数	10	
跌落试验	跌落高度/mm	250(质量小于 1 kg)	不通电状态
		100(质量在 1 kg~10 kg 间)	
		50(质量大于 10 kg)	
	跌落次数	1	

5.1.17 气体干扰试验

探测器用于家庭报警时,在体积分数为 0.1%的乙醇环境中工作 10 min 后,再将探测器置于正常环境条件下工作 10 min。

a) 试验期间,探测器不应发出报警信号或故障信号;

b) 试验后,试验气体为氢气时,探测器的报警动作值与报警设定值之差不应超过$\pm 200\times 10^{-6}$;试验气体为一氧化碳时,探测器的报警动作值与报警设定值之差不应超过$\pm 80\times 10^{-6}$。

5.2 主要部件性能

5.2.1 电子元器件

应进行三防(防潮、防霉、防盐雾)处理。

5.2.2 探测器的外壳应选用不燃材料或难燃材料(氧指数≥32)。

6 试验方法

6.1 试验纲要

6.1.1 试验程序见表 5。

表 5

序号	章条	试验项目	探测器编号											
			1	2	3	4	5	6	7	8	9	10	11	12
1	6.1.5	外观检查试验	√	√	√	√	√	√	√	√	√	√	√	√
2	6.2	主要部件检查试验	√	√	√	√	√	√	√	√	√	√	√	√
3	6.3	不通电贮存试验	√	√	√	√	√	√	√	√	√	√	√	√
4	6.4	报警动作值试验	√	√	√	√	√	√	√	√	√	√	√	√
5	6.5	方位试验	√											
6	6.6	报警重复性试验		√										
7	6.7	高速气流试验	√											
8	6.8	电压波动试验		√										
9	6.9	全量程指示偏差试验			√	√								
10	6.10	响应时间试验			√	√								
11	6.11	高浓度淹没试验												√
12	6.12	绝缘电阻试验							√					
13	6.13	耐压试验							√					
14	6.14	辐射电磁场试验										√		
15	6.15	静电放电试验										√		
16	6.16	电瞬变脉冲试验									√			
17	6.17	高温试验	√											
18	6.18	低温试验				√								
19	6.19	恒定湿热试验		√										
20	6.20	振动试验								√				
21	6.21	跌落试验											√	
22	6.22	长期稳定性试验					√	√						
23	6.23	气体干扰试验			√									

6.1.2 试验样品为12只，并在试验前予以编号。同时提供与其配套的控制器。

6.1.3 如在有关条文中没有说明，则各项试验均在下述大气条件下进行：

温度：15℃～35℃；

湿度：30％RH～70％RH之间的某一恒定值±10％RH；

大气压力：86 kPa～106 kPa。

6.1.4 如在有关条文中没有说明时，各项试验数据的容差均为±5％。

6.1.5 探测器在试验前均应进行外观检查，符合下述要求时方可进行试验。

a) 文字、符号和标志清晰齐全；

b) 表面无腐蚀、涂覆层脱落和起泡现象，无明显划伤、裂痕、毛刺等机械损伤；

c) 紧固部位无松动。

6.1.6 试验气体配气精度

配制试验气体所用的可燃气体纯度应不低于99.5％，配制试验气体所用空气应为不含灰尘、油质的新鲜空气，配气湿度应符合正常湿度条件，配气误差应不大于报警设定值的±2％。

6.1.7 探测器标定

试验前，应按产品说明书对探测器的报警点按报警设定值进行标定，并进行复验确认。此后不再进行标定。允许使用校验罩标定探测器。

6.1.8 探测器调零

试验前，首先对探测器预热 1 h(或按产品说明书规定时间进行)，然后再按说明书规定进行调零，试验开始后不再调零(个别试验有特殊要求时除外)。

6.2 主要部件检查试验

6.2.1 目的

检查探测器主要部件性能。

6.2.2 要求

探测器的主要部件性能应符合 5.2 条要求。

6.2.3 方法

6.2.3.1 检查并记录三防情况。

6.2.3.2 检查探测器的外壳，并测量难燃材料外壳的氧指数。

6.3 不通电贮存试验

6.3.1 目的

检查探测器对贮存环境的适应能力。

6.3.2 要求

探测器应满足 5.1.6 条要求。

6.3.3 方法

6.3.3.1 将全部经标定、调零后功能正常的探测器置于低温试验箱内，以不大于 1 ℃/min 的降温速率使试验箱内温度降至－25℃±2℃，并保持 24 h。

6.3.3.2 将探测器从低温试验箱中取出，放于室内正常环境条件下恢复至少 24 h。

6.3.3.3 将探测器置于高温试验箱内，以不大于 1 ℃/min 的升温速率，使试验箱内温度升至 55℃±2℃，并保持 24 h。

6.3.3.4 将探测器从高温试验箱中取出，放于室内正常环境条件下恢复至少 24 h。

6.3.3.5 试验结束后，在正常环境条件下，按 6.4.3 条方法测量探测器的报警动作值。

6.3.4 试验设备

满足 GB 16838—1997 第 4 章规定。

6.4 报警动作值试验

6.4.1 目的

检查探测器报警设定值的准确度。

6.4.2 要求

探测器的报警动作值应满足 5.1.3 条规定。

6.4.3 方法

6.4.3.1 将探测器按正常工作状态要求安装于试验箱中，接通电源，使探测器处于正常监视状态 20 min。

6.4.3.2 启动通风机，使试验箱内气流速度稳定在 0.8 m/s±0.2 m/s，再以体积分数不大于 100×10^{-6}/min 的速率增加试验气体浓度，直至探测器发出报警信号，测量探测器的报警动作值。

6.4.4 试验设备

试验设备应符合本部分附录 A 规定。

6.5 方位试验

6.5.1 目的

检验探测器方位对报警动作值的影响。

6.5.2 要求

探测器方位性能应满足 5.1.7 条规定。

6.5.3 方法

6.5.3.1 将探测器按正常工作状态要求安装于试验箱中，接通电源，使探测器处于正常监视状态 20 min。

6.5.3.2 启动通风机，使气流速度稳定在 0.8 m/s±0.2 m/s，再以体积分数不大于 100×10^{-6}/min 的速率增加试验气体浓度直至探测器发出报警信号，测量探测器在 Z 轴线上方位 0°的报警动作值。以后每旋转 45°方位进行一次试验，测量 Z 轴线上每个方位的报警动作值。

6.5.3.3 分别测量 Y、X 轴线上各个方位的报警动作值，如果在 Y、X 轴线上探测器的外部结构和内部部件结构对气流速度无影响时，可不进行 Y、X 轴的试验。

6.5.4 试验设备

试验设备应符合本部分附录 A 规定。

6.6 报警重复性试验

6.6.1 目的

检验探测器报警动作值的重复性。

6.6.2 要求

探测器报警重复性应满足 5.1.9 条要求。

6.6.3 方法

按 6.4.3 条方法重复 6 次试验，测量探测器每次报警动作值。

6.6.4 试验设备

试验设备应符合本部分附录 A 规定。

6.7 高速气流试验

6.7.1 目的

检验探测器对高速气流的适应性。

6.7.2 要求

探测器的高速气流性能应满足 5.1.10 条要求。

6.7.3 方法

6.7.3.1 将探测器按正常工作状态要求安装于试验箱中，接通电源，使探测器处于正常监视状态 20 min。

6.7.3.2 启动通风机，使试验箱内气流速度稳定在 6 m/s±0.5 m/s，再以体积分数不大于 100×10^{-6}/min 的速率增加试验气体浓度直至探测器发出报警信号，测量探测器的报警动作值。

6.7.4 试验设备

试验设备应符合本部分附录 A 规定。

6.8 电压波动试验

6.8.1 目的

检验探测器对电网电压波动的适应能力。

6.8.2 要求

探测器的性能应满足 5.1.11 条要求。

6.8.3 方法

将探测器供电电压调至 85％额定工作电压，并稳定 20 min，按 6.4.3 条方法测量探测器的报警动作值。然后将试验箱内的可燃气体排除，使探测器恢复到正常监视状态，将探测器供电电压调至 115％额定工作电压，并稳定 20 min，再按 6.4.3 条方法测量探测器的报警动作值。

6.8.4 **试验设备**

试验设备应符合本部分附录A规定。

6.9 全量程指示偏差试验

6.9.1 **目的**

检验探测器全量程指示偏差。

6.9.2 **要求**

探测器的全量程指示偏差应满足5.1.4条要求。

6.9.3 **方法**

6.9.3.1 将探测器接通电源,使其处于正常监视状态20 min。

6.9.3.2 分别调节进入气体稀释器的可燃气体和洁净空气的流量,配制出流量为500 mL/min并分别达到探测器满度10%、25%、50%、75%、90%浓度的试验气体。然后经校验罩分别将配制好的试验气体输送到探测器的传感元件上至少1 min,记录探测器在每一种情况下的指示情况。

6.9.4 **试验设备**

a) 气体分析仪;

b) 气体稀释器。

6.10 响应时间试验

6.10.1 **目的**

检验探测器的响应时间。

6.10.2 **要求**

探测器的响应时间应满足5.1.5条要求。

6.10.3 **方法**

6.10.3.1 将探测器接通电源,使其处于正常监视状态20 min。

6.10.3.2 对于具有可燃气体浓度显示功能的探测器,调节进入气体稀释器的可燃气体和洁净空气的流量,配制出流量为500 mL/min,浓度为探测器满量程的60%的试验气体,并经校验罩将配制好的试验气体输送到探测器的传感元件上,同时启动计时装置,待探测器显示到真实值的90%时,停止计时,记录探测器的响应时间(t_{90})。

6.10.3.3 对于不具有可燃气体浓度显示功能的探测器,调节进入气体稀释器的可燃气体和洁净空气的流量,配制出流量为500 mL/min,浓度为探测器报警动作值的1.6倍的试验气体,并经校验罩将配制好的试验气体输送到探测器的传感元件上,同时启动计时装置,待探测器发出报警信号时,停止计时,记录探测器的报警响应时间。

6.10.4 **试验设备**

a) 气体分析仪;

b) 气体稀释器;

c) 计时器。

6.11 高浓度淹没试验

6.11.1 **目的**

检验探测器对高浓度淹没的适应性。

6.11.2 **要求**

探测器的高浓度淹没性能应满足5.1.8条要求。

6.11.3 **方法**

6.11.3.1 将探测器安装于防爆试验箱内,使其处于正常监视状态20 min。

6.11.3.2 将体积分数为100%的可燃气体以500 mL/min的流量经校验罩输送到探测器的传感元件上,保持2 min,将试验箱内可燃气体抽出,然后将探测器置于洁净空气中30 min。试验期间,观察并记录探测器的工作状态;试验后,若探测器能处于正常监视状态,则按 6.4.3 条方法测量探测器的报警动作值。

6.11.4 **试验设备**

防爆试验箱。

6.12 **绝缘电阻试验**

6.12.1 **目的**

检验探测器的绝缘性能。

6.12.2 **要求**

探测器的绝缘性能应满足 5.1.13 条要求。

6.12.3 **方法**

6.12.3.1 在正常环境条件下,用绝缘电阻测试装置,分别对探测器下述部位施加 500 V±50 V 直流电压,持续 60 s±5 s,测量其绝缘电阻。

a) 有绝缘要求的外部带电端子与外壳间;

b) 电源插头与外壳间(电源开关置于开位置,不接通电源)。

6.12.3.2 将探测器放置到温度为 40℃±5℃的干燥箱中干燥 6 h,再放置到温度为 40℃±2℃、相对湿度为 90%~95%的湿热试验箱中,保持 96 h,然后在正常环境条件下放置 60 min,按上述方法测量其绝缘电阻。

6.12.4 **试验设备**

满足下述技术要求的绝缘电阻试验装置(也可用兆欧表或摇表测试)

试验电压:500 V±50 V;

测量范围:0 MΩ~500 MΩ;

最小分度:0.1 MΩ;

记时:60 s±5 s。

6.13 **耐压试验**

6.13.1 **目的**

检验探测器的耐压性能。

6.13.2 **要求**

探测器的耐压性能应满足 5.1.13 条要求。

6.13.3 **方法**

6.13.3.1 用耐压试验装置,以 100 V/s~500 V/s 的升压速率,分别对探测器下述部位施加 50 Hz、1 500 V±10%(额定电压超过 50 V),或 50 Hz±1%、500 V±10%(额定电压不超过 50 V)的交流电压,持续 60 s±5 s,观察并记录试验中所发生的现象。

a) 有绝缘要求的外部带电端子与外壳间;

b) 电源插头与外壳间(电源开关置于开位置,不接通电源)。

6.13.3.2 试验后,按 5.1.1 条规定对探测器进行功能检查。

6.13.4 **试验设备**

满足下述技术要求的耐压试验装置:

试验电源:电压 0 V~1 500 V(有效值)连续可调,频率 50 Hz±1%、升(降)压速率 100 V/s~500 V/s。

记时:60 s±5 s。

6.14 **辐射电磁场试验**

6.14.1 **目的**

检验探测器在辐射电磁场环境下工作的适应性。

6.14.2 **要求**

探测器的抗辐射电磁场性能应满足5.1.14条要求。

6.14.3 **方法**

6.14.3.1 将探测器安放在绝缘台上，接通电源，使探测器处于正常监视状态20 min。

6.14.3.2 按图1布置试验设备，将发射天线置于中间，探测器与电磁干扰测量仪器分别置于发射天线两边各1 m处。

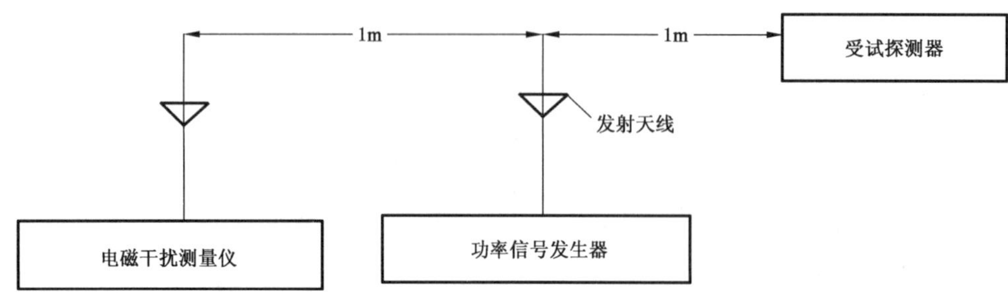

图1 试验设备布置图

6.14.3.3 调节1 MHz～1 000 MHz的功率信号发生器的输出使电磁干扰测量仪的读数为10 V/m，在试验过程中频率应在1 MHz～1 000 MHz的频率范围内以不大于0.005 oct/s的速率缓慢变化，同时应转动探测器，观察并记录探测器工作情况。如使用的发射天线具有方向性，则应先使发射天线反转，对准探测器进行试验。在1 MHz～1 000 MHz的频率范围内，应分别用天线的水平极化和垂直极化进行试验。

6.14.3.4 试验期间，观察并记录探测器的工作状态。

6.14.3.5 试验应在屏蔽室内进行，为避免产生较大的测量误差，天线的位置应符合图2的要求。

6.14.3.6 试验结束后，按6.4.3条方法测量探测器的报警动作值。

6.14.4 **试验设备**

试验设备应满足GB 16838—1997第4章规定。

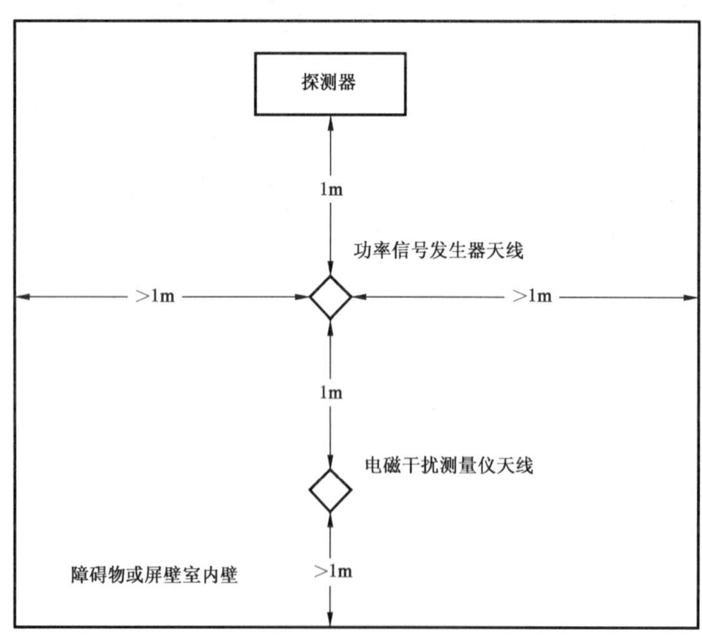

图2 天线位置图

6.15 静电放电试验

6.15.1 目的

检验探测器对带静电人员、物体造成的静电放电的适应性。

6.15.2 要求

探测器抗静电放电性能应满足 5.1.14 条要求。

6.15.3 方法

6.15.3.1 将探测器放在绝缘支架上,且距接地板四周距离不少于 100 mm。接通电源,使探测器处于正常监视状态 20 min。

6.15.3.2 调整静电发生器输出电压为 8 000 V,用球型放电头充电后尽快触及探测器表面,切实接触(但不能损伤探测器)。每次放电后,应将静电发生器移开并充电。对探测器表面共放电 8 次,对探测器周围 100 mm 处接地板放电 2 次,每次放电的时间间隔至少为 1 s,试验期间,观察并记录探测器的工作状态。

6.15.3.3 试验后,按 6.4.3 条方法测量探测器的报警动作值。

6.15.4 试验设备

试验设备应满足 GB 16838—1997 中第 4 章规定。

6.16 电瞬变脉冲试验

6.16.1 目的

检验探测器抗电瞬变脉冲干扰的能力。

6.16.2 要求

探测器抗电瞬变脉冲干扰的能力应满足 5.1.14 条要求。

6.16.3 方法

6.16.3.1 使探测器处于正常监视状态,对交流供电探测器的 AC 电源线施加 2 000 V±10%、频率 2.5 kHz±20%的正负极性瞬变脉冲电压(波形见图 3),每 300 ms 施加瞬变脉冲电压 15 ms(见图 4),每次施加瞬变脉冲电压时间为 60^{+10}_{0} s,试验期间,监视探测器是否发出报警信号或不可恢复的故障信号。

6.16.3.2 使探测器处于正常监视状态,对探测器的其他外接连线施加 1 000 V±10%,频率 5 kHz±20%的正负极性瞬变脉冲电压(波形见图 3),每 300 ms 施加瞬变脉冲电压 15 ms(见图 4),每次施加瞬变脉冲电压时间为 60^{+10}_{0} s,试验期间,观察并记录探测器的工作状态。

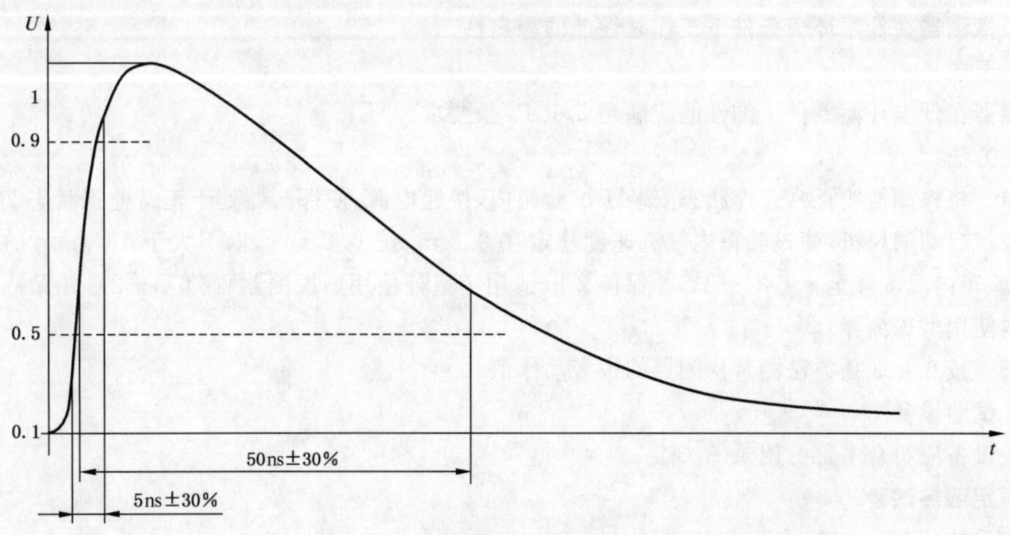

图 3 50 Ω 负载时单脉冲波形

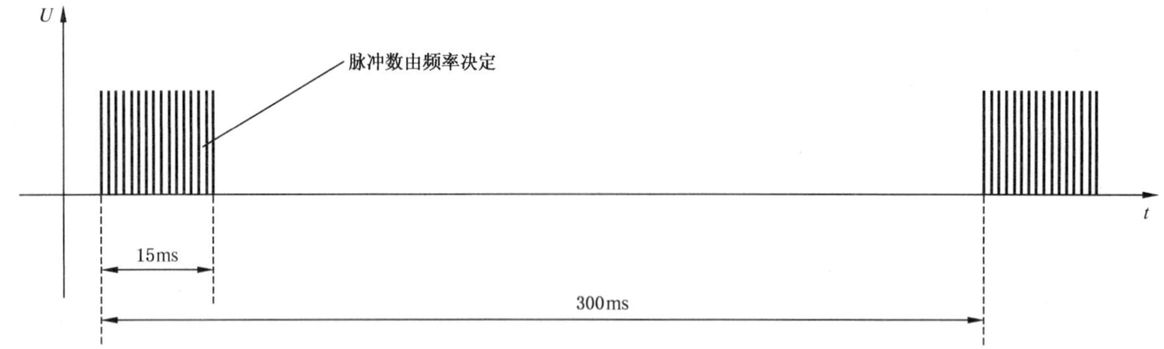

图 4 一组脉冲波形图

6.16.3.3 试验后，按 6.4.3 条方法测量探测器的报警动作值。

6.16.4 **试验设备**

试验设备应满足 GB 16838—1997 第 4 章规定。

6.17 **高温试验**

6.17.1 **目的**

检验探测器在高温环境条件下工作时性能的稳定性。

6.17.2 **要求**

探测器在高温环境条件下的性能应满足 5.1.15 条要求。

6.17.3 **方法**

6.17.3.1 将探测器按正常工作状态安装于试验箱内，接通电源，使探测器处于正常监视状态 20 min。

6.17.3.2 启动通风机，使试验箱内气流速度稳定在 0.8 m/s±0.2 m/s，以不大于 1℃/min 的升温速率使试验箱内温度升至 70℃±2℃(适用于室外使用型探测器)稳定 2 h 或 55℃±2℃(适用室内使用型探测器)稳定 2 h。

6.17.3.3 按 6.4.3 条方法测量探测器的报警动作值。

6.17.4 **试验设备**

试验设备符合本部分附录 A 规定。

6.18 **低温试验**

6.18.1 **目的**

检验探测器在低温环境条件下工作时性能的稳定性。

6.18.2 **要求**

探测器在低温环境条件下的性能应满足 5.1.15 条要求。

6.18.3 **方法**

6.18.3.1 将探测器按正常工作状态安装于试验箱内，接通电源，使探测器处于正常监视状态 20 min。

6.18.3.2 启动通风机，使试验箱内气流速度稳定在 0.8 m/s±0.2 m/s，以不大于 1℃/min 的降温速率，使试验箱内温度降至－40℃±2℃并保持 2 h(适用于室外使用型探测器)或 0℃±2℃并保持 2 h(适用于室内使用型探测器)。

6.18.3.3 按 6.4.3 条方法测量探测器的报警动作值。

6.18.4 **试验设备**

试验设备应符合本部分附录 A 规定。

6.19 **恒定湿热试验**

6.19.1 **目的**

检验探测器在恒定湿热条件下工作时性能的稳定性。

6.19.2 要求

探测器在恒定湿热条件下工作时性能应满足5.1.15条要求。

6.19.3 方法

6.19.3.1 将探测器按正常工作状态安装于试验箱内，接通电源，使探测器处于正常监视状态20 min。

6.19.3.2 启动通风机，使试验箱内的气流速度稳定在0.8 m/s±0.2 m/s，以不大于1℃/min的升温速率，使试验箱内的温度升至40℃±2℃，然后以不大于5%RH/min的速率将试验箱内的湿度增至93^{+2}_{-3}%RH，并稳定2 h。

6.19.3.3 按6.4.3条方法测量探测器的报警动作值。

6.19.4 试验设备

试验设备应符合本部分附录A规定。

6.20 振动试验

6.20.1 目的

检验探测器经受振动的适应性及结构的完好性。

6.20.2 要求

探测器的抗振性能满足5.1.16条要求。

6.20.3 方法

6.20.3.1 将探测器按其正常安装方式固定在振动台上，接通电源，使探测器处于正常监视状态。

6.20.3.2 启动振动试验台，使其在10 Hz～150 Hz频率范围内，以0.5 g 加速度，1 oct/min的速率，分别在 X、Y、Z 三个轴线上各扫频10次。

6.20.3.3 试验期间，监视探测器状态，试验后，检查外观和紧固部位情况。

6.20.3.4 试验后，按6.4.3条方法测量探测器的报警动作值。

6.20.4 试验设备

试验设备符合GB 16838—1997第4章规定。

6.21 跌落试验

6.21.1 目的

检验探测器经受跌落的适应性。

6.21.2 要求

探测器经受跌落的性能应满足5.1.16条要求。

6.21.3 方法

6.21.3.1 将非包装状态的探测器自由跌落在平滑、坚硬的混凝土面上。

跌落高度：

a) 质量小于1 kg的　　250 mm；

b) 质量在1 kg～10 kg之间　　100 mm；

c) 质量在10 kg以上　　50 mm。

6.21.3.2 试验后检查探测器外观和紧固部位情况。

6.21.3.3 试验后按6.4.3条方法测量探测器的报警动作值。

6.22 长期稳定性试验

6.22.1 目的

检验探测器在正常大气条件下长期运行的稳定性。

6.22.2 要求

探测器长期运行的稳定性应满足5.1.12条要求。

6.22.3 方法

6.22.3.1 接通电源，使探测器处于正常监视状态20 min，调准零点。

6.22.3.2 在正常环境条件下，使探测器连续运行 28 d。

6.22.3.3 试验结束后，按 6.4.3 条方法测量探测器的报警动作值。

6.23 气体干扰试验

6.23.1 目的

检验室内使用的探测器抗气体干扰的能力。

6.23.2 要求

室内使用的探测器抗气体干扰的能力应满足 5.1.17 条要求。

6.23.3 方法

6.23.3.1 将处于正常监视状态的探测器置于体积分数为 0.1% 的乙醇环境中工作 10 min 后，再将探测器置于正常环境条件下工作 10 min。

6.23.3.2 试验期间，观察并记录探测器是否发出报警信号或故障信号。

6.23.3.3 试验结束后，按 6.4.3 条方法测量探测器的报警动作值。

7 标志

7.1 产品标志

每只探测器均应有清晰、耐久的产品标志，产品标志应包括以下内容：

a) 制造厂名称、地址；

b) 产品名称；

c) 产品型号；

d) 产品主要技术参数(适合气体种类，报警设定值等)；

e) 防爆标志；

f) 商标；

g) 制造日期及产品编号；

h) 执行标准。

7.2 质量检验标志

每只探测器均应有清晰的质量检验标志，质量检验标志应包括下列内容：

a) 检验员；

b) 合格标志。

8 检验规则

8.1 产品出厂检验

企业在产品出厂前应对探测器进行下述试验项目的检验：

a) 外观检查；

b) 功能试验；

c) 报警动作值试验；

d) 报警重复性试验；

e) 绝缘电阻试验；

f) 耐压试验；

g) 恒定湿热试验；

h) 气体干扰试验。

探测器在出厂前均应进行 a)至 c)三项试验，d)至 h)项可进行抽样试验。其中 d)至 h)五项试验中任一项不合格，则判该批产品不合格，其他三项试验中任两项不合格，允许调整后补做，累计补做次数不超过两次。

8.2 型式检验

8.2.1 型式检验项目为本部分第6章规定的6.1.5、6.2～6.23。在出厂检验合格的产品中抽取检验样品。

8.2.2 有下列情况之一时,应进行型式检验:

a) 新产品或老产品转厂生产时的试制定型鉴定;

b) 正式生产后,产品的结构、主要部件或元器件、生产工艺等有较大的改变可能影响产品性能;

c) 产品停产一年以上,恢复生产;

d) 出厂检验结果与上次型式检验结果差异较大;

e) 发生重大质量事故;

f) 质量监督机构提出要求。

8.2.3 在型式检验中累计补做次数不允许超过四次,单项补做次数不超过两次。

9 使用说明书

每只探测器或每类探测器都应有相应的说明书。

说明书应有完整、清楚、准确的安全和使用说明,安装和服务说明,应包括下列内容:

a) 完整的安装和调试开通说明;

b) 操作说明;

c) 日常检查和校准说明;

d) 必要时,应包括下述使用条件限制:

1) 适合的气体(包括报警设定值);

2) 环境温度限制(室内使用型、室外使用型);

3) 湿度范围;

4) 电压范围;

5) 控制器到探测器间的电线相关特性和说明;

6) 需要屏蔽线;

7) 最高最低贮存温度限制;

8) 压力限制。

e) 详细说明查找可能出现故障源的方法和改正过程;

f) 说明输出控制接点的类型;

g) 电池的安装和维护说明;

h) 推荐的可更换元件一览表;

i) 贮存和使用寿命;

j) 允许使用场所。

附 录 A
（规范性附录）
点型可燃气体探测器试验设备

A.1 点型可燃气体探测器温湿试验箱

A.1.1 温湿试验箱风流筒示意图（见图 A.1）

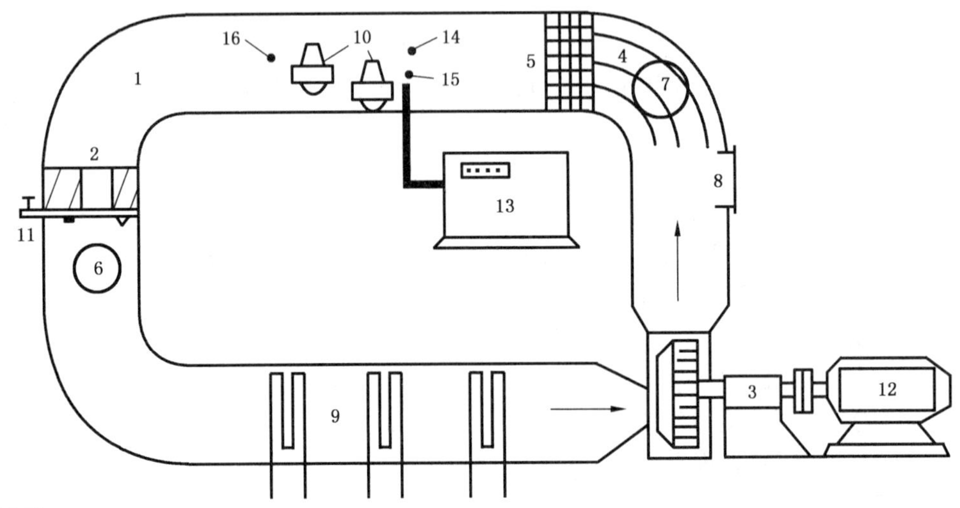

1——风筒；
2——涡流机；
3——通风机；
4——导流板；
5——整流栅；
6——加湿门；
7——进风门；
8——排气门；
9——加热器；
10——探测器；
11——可燃气体入口；
12——直流电机；
13——气体分析仪；
14——温度检测仪；
15——湿度检测仪；
16——风速计。

图 A.1

A.1.2 技术参数

a) 闭环风流筒

内部容积 1.1 m^3，横断面积 0.4 m×0.4 m，不锈钢板 1.5 mm，长度 2.4 m。

b) 通风机

风速范围 0 m/s～6.5 m/s 连续可调。

c) 加热器

表面温度＜300℃，温度控制范围：35℃～75℃连续可调，升温速率≤1℃/min。

d) 加湿器

湿度控制范围:90%RH~95%RH,加湿速率≤5%RH/min。

e) 气体浓度测量仪

甲烷测量范围(体积分数):0~5%;

丙烷测量范围(体积分数):0~3%;

氢气测量范围(体积分数):0~4%;

一氧化碳测量范围(体积分数):0~0.1%。

f) 温度测量仪

误差±0.5℃,分辨率≤0.1℃。

g) 湿度测量仪

误差±0.5%RH,分辨率≤0.1%RH。

h) 风速测量仪

测量范围 0.2 m/s~10 m/s,测量误差不大于±5%。

A.2 点型可燃气体探测器低温试验箱

A.2.1 低温试验箱风流筒示意图(见图 A.2)

1——风筒;
2——涡流机;
3——通风机;
4——直流电机;
5——导流板;
6——整流栅;
7——进风门;
8——排气门;
9——蒸发器;
10——加热器;
11——探测器;
12——可燃气体入口;
13——气体分析仪;
14——温度检测仪;
15——风速计。

图 A.2

A.2.2 技术参数

a) 闭环风流筒

同 A.1.2 a)。

b) 通风机

同 A.1.2 b)。

c) 蒸发器

温度控制范围:0℃～－40℃连续可调,降温速度≤1℃/min。

d) 加热器

3 相 1 组、380 V,9 kW。

e) 气体浓度测量仪

同 A.1.2 e)。

f) 温度测量仪

误差±0.5℃,分辨率 0.1℃。

g) 风速测量仪

同 A.1.2 h)。

ICS 13.220.20
C 84

中华人民共和国国家标准

GB 15322.5—2003
部分代替 GB 15322—1994

可燃气体探测器
第5部分:测量人工煤气的独立式可燃气体探测器

Combustible gas detectors—
Part 5:Self-contained detectors for combustible man-made gas

2003-02-21 发布　　　　2003-12-01 实施

中华人民共和国
国家质量监督检验检疫总局　发布

前　言

本部分的技术要求、试验方法、标志、检验规则、使用说明书为强制性。

GB 15322《可燃气体探测器》分为七部分：

——第1部分：测量范围为0～100%LEL的点型可燃气体探测器

——第2部分：测量范围为0～100%LEL的独立式可燃气体探测器

——第3部分：测量范围为0～100%LEL的便携式可燃气体探测器

——第4部分：测量人工煤气的点型可燃气体探测器

——第5部分：测量人工煤气的独立式可燃气体探测器

——第6部分：测量人工煤气的便携式可燃气体探测器

——第7部分：线型可燃气体探测器

本部分为GB 15322的第5部分，在修订过程中，编制组根据国家标准GB 15322—1994《可燃气体探测器技术要求及试验方法》多年的实施情况和我国的现状，参考了EN 50054、EN 50055、EN 50056、EN 50057、EN 50058(1999年版)欧洲标准，制定了本部分的技术要求，并进行了相应的试验、验证工作。

本部分的附录A为规范性附录。

本部分由中华人民共和国公安部提出。

本部分由全国消防标准化技术委员会第六分技术委员会归口。

本部分负责起草单位：公安部沈阳消防科学研究所。

本部分参加起草单位：北京科力恒安全设备有限责任公司、北京市迪安波科技开发有限责任公司、阜阳华信电子仪器有限公司、深圳市特安电子有限公司。

本部分主要起草人：王玉祥、郭春雷、赵英然、费春祥、康卫东、丁宏军、朱刚。

本部分所代替标准的历次版本发布情况为：

——GB 15322—1994。

可燃气体探测器
第5部分:测量人工煤气的独立式可燃气体探测器

1 范围

GB 15322的本部分规定了测量人工煤气的独立式可燃气体探测器的定义、分类、技术要求、试验方法、标志、检验规则和使用说明书。

本部分适用于一般工业与民用建筑中安装使用的测量人工煤气的独立式可燃气体探测器(以下简称探测器),其他环境中安装的具有特殊性能的探测器,除特殊要求应由有关标准另行规定外,亦应执行本部分。

2 规范性引用文件

下列文件中的条款通过GB 15322的本部分的引用而成为本部分的条款。凡是注日期的引用文件,其随后所有的修改单(不包括勘误的内容)或修订版均不适用于本部分,然而,鼓励根据本部分达成协议的各方研究是否可使用这些文件的最新版本。凡是不注日期的引用文件,其最新版本适用于本部分。

GB 16838—1997 消防电子产品环境试验方法及严酷等级

3 定义

本部分采用下列定义。

3.1

报警设定值 alarm setting value

预置的可燃气体报警浓度值。

3.2

报警动作值 alarm value

探测器报警时对应的最小可燃气体浓度值。

4 分类

4.1 按防爆要求可分:

a) 防爆型;

b) 非防爆型。

4.2 按使用环境条件分为:

a) 室内使用型;

b) 室外使用型。

4.3 按响应的气体种类分为:

a) 氢气敏感型;

b) 一氧化碳敏感型。

5 技术要求

5.1 性能

5.1.1 探测器在被监测区域内的可燃气体浓度达到报警设定值时，应能发出报警信号。

5.1.2 报警设定值

探测器具有低限、高限两个报警设定值时，其报警设定值应符合表1中低限报警设定值范围和高限报警设定值的规定；仅有一个报警设定值的探测器，其报警设定值应符合表1中低限报警设定值范围的要求。

表 1

试验气体	低限报警设定值范围(体积分数)	高限报警设定值(体积分数)
氢气	$125\times10^{-6}\sim750\times10^{-6}$	$1\ 250\times10^{-6}$
一氧化碳	$50\times10^{-6}\sim300\times10^{-6}$	500×10^{-6}

5.1.3 报警动作值

5.1.3.1 在本部分规定的所有试验项目中，探测器的报警动作值不应低于表1中低限报警设定值范围的下限值。

5.1.3.2 试验气体为氢气时，探测器的报警动作值与报警设定值之差不应超过$\pm125\times10^{-6}$；试验气体为一氧化碳时，探测器的报警动作值与报警设定值之差不应超过$\pm50\times10^{-6}$。

5.1.4 全量程指示偏差

具有可燃气体浓度显示功能的探测器，试验气体为氢气时，其显示值与真实值之差不应超过$\pm200\times10^{-6}$；试验气体为一氧化碳时，其显示值与真实值之差不应超过$\pm80\times10^{-6}$。

5.1.5 响应时间

具有可燃气体浓度显示功能的探测器，显示值达到真实值的90%时的响应时间(t_{90})不应超过30 s。不具有可燃气体浓度显示功能的探测器，其报警响应时间不应超过30 s。

5.1.6 探测器应满足下述功能：

5.1.6.1 当被监测区域内的可燃气体浓度达到报警设定值时，探测器应能发出声、光报警信号，再将探测器置于洁净空气中，30 s内应能自动(或手动)恢复到正常监视状态。

5.1.6.2 探测器在传感元件断路或短路时应发出与报警信号有明显区别的声、光故障信号。

5.1.6.3 探测器应对声、光警报装置设置手动自检功能。

5.1.6.4 对于有输出控制功能的探测器，当探测器发出报警信号时，应能启动输出控制功能。

5.1.7 使用电池供电的探测器，在电池电量低时，应能发出与报警信号有明显区别的声、光指示信号，其电池性能应符合下述要求：

5.1.7.1 探测器在指示电池电量低的情况下再工作24 h后，试验气体为氢气时，探测器的报警动作值与报警设定值之差不应超过$\pm200\times10^{-6}$；试验气体为一氧化碳时，探测器的报警动作值与报警设定值之差不应超过$\pm80\times10^{-6}$。

5.1.7.2 探测器的电池持续工作时间应不少于60 d。

5.1.8 不通电贮存

探测器首先在温度为$-25℃\pm2℃$环境下放置24 h，然后在正常环境条件下恢复至少24 h，再在温度为$55℃\pm2℃$环境下放置24 h，然后在正常环境条件下恢复至少24 h。试验后，探测器不应有破坏涂覆和腐蚀现象，功能应正常。试验气体为氢气时，探测器的报警动作值与报警设定值之差不应超过$\pm125\times10^{-6}$；试验气体为一氧化碳时，探测器的报警动作值与报警设定值之差不应超过$\pm50\times10^{-6}$。

5.1.9 方位(吸入式探测器除外)

分别在X、Y、Z三个相互垂直的轴线上每旋转45°测探测器的报警动作值，试验气体为氢气时，探测器的报警动作值与报警设定值之差不应超过$\pm200\times10^{-6}$；试验气体为一氧化碳时，探测器的报警动作值与报警设定值之差不应超过$\pm80\times10^{-6}$。

5.1.10 高浓度淹没性能(仅适用于防爆型探测器)

淹没期间，探测器应发出报警信号或故障信号或气体浓度超过测量范围的明显指示信号。淹没后，探测器应满足a)或b)条要求：

a) 探测器不能处于正常监视状态。

b) 如果探测器能够处于正常监视状态(可经手动操作)，则当试验气体为氢气时，探测器的报警动作值与报警设定值之差不应超过$\pm200\times10^{-6}$；试验气体为一氧化碳时，探测器的报警动作值与报警设定值之差不应超过$\pm80\times10^{-6}$。

5.1.11 报警重复性

在正常环境条件下，对同一只探测器实测6次报警动作值，试验气体为氢气时，探测器的报警动作值与报警设定值之差不应超过$\pm125\times10^{-6}$；试验气体为一氧化碳时，探测器的报警动作值与报警设定值之差不应超过$\pm50\times10^{-6}$。

5.1.12 高速气流

试验箱内气流速度为6 m/s，试验气体为氢气时，探测器的报警动作值与报警设定值之差不应超过$\pm200\times10^{-6}$；试验气体为一氧化碳时，探测器的报警动作值与报警设定值之差不应超过$\pm80\times10^{-6}$。

5.1.13 电压波动(采用电池供电的探测器除外)

探测器的供电电压为额定供电电压的±15%，试验气体为氢气时，探测器的报警动作值与报警设定值之差不应超过$\pm125\times10^{-6}$；试验气体为一氧化碳时，探测器的报警动作值与报警设定值之差不应超过$\pm50\times10^{-6}$。

5.1.14 长期稳定性性能

探测器应能在正常环境条件下连续运行28 d。试验期间，探测器不应发出报警信号或故障信号。试验后，试验气体为氢气时，探测器的报警动作值与报警设定值之差不应超过$\pm200\times10^{-6}$；试验气体为一氧化碳时，探测器的报警动作值与报警设定值之差不应超过$\pm80\times10^{-6}$。

5.1.15 绝缘耐压性能

探测器有绝缘要求的外部带电端子、电源插头分别与外壳间的绝缘电阻在正常环境条件下应不小于100 MΩ，在湿热环境下应不小于1 MΩ。上述部位还应根据额定电压耐受频率为50 Hz，有效值电压为1 500 V(额定电压超过50 V时)或有效值电压为500 V(额定电压不超过50 V时)的交流电压历时1 min的耐压试验，试验期间探测器不应发生放电或击穿现象，试验后探测器功能应正常。

5.1.16 探测器应能耐受表2所规定的电干扰条件下的各项试验，试验期间及试验后应满足下述要求：

a) 试验期间，探测器不应发出报警信号或不可恢复的故障信号；

b) 试验后，试验气体为氢气时，探测器的报警动作值与报警设定值之差不应超过$\pm200\times10^{-6}$；试验气体为一氧化碳时，探测器的报警动作值与报警设定值之差不应超过$\pm80\times10^{-6}$。

表2

试验名称	试验参数	试验条件	工作状态
辐射电磁场试验	场强/(V/m)	10	正常监视状态
	频率范围/MHz	1~1 000	
静电放电试验	放电电压/V	8 000	正常监视状态
	放电次数	10	
电瞬变脉冲试验[a]	瞬变脉冲电压/kV	2(AC电源线)	正常监视状态
		1(其他连接线)	
	极性	正、负	
	时间	每次1 min	

a 采用电池供电，且与外界无任何连接线的探测器不进行此项试验。

5.1.17 探测器应能耐受表3所规定气候环境条件下的各项试验，试验期间及试验后应满足下述要求：

a) 试验期间，探测器不应发出报警信号或故障信号；

b) 试验后，探测器应无破坏涂覆和腐蚀现象。试验气体为氢气时，探测器的报警动作值与报警设定值之差不应超过$\pm400\times10^{-6}$；试验气体为一氧化碳时，探测器的报警动作值与报警设定值之差不应超过$\pm160\times10^{-6}$。

表 3

试验名称	试验参数	试验条件		工作状态
		室内使用型	室外使用型	
高温试验	温度/℃	55	70	正常监视状态
	持续时间/h	2	2	
低温试验	温度/℃	0	−40	正常监视状态
	持续时间/h	2	2	
恒定湿热试验	温度/℃	40	40	正常监视状态
	相对湿度/%	93	93	
	持续时间/h	2	2	

5.1.18 探测器应能耐受表4所规定的各项试验，试验期间及试验后探测器应满足下述要求：

a) 试验期间，探测器不应发出报警信号或故障信号；

b) 试验后，探测器不应有机械损伤和紧固部位松动现象。试验气体为氢气时，探测器的报警动作值与报警设定值之差不应超过$\pm200\times10^{-6}$；试验气体为一氧化碳时，探测器的报警动作值与报警设定值之差不应超过$\pm80\times10^{-6}$。

表 4

试验名称	试验参数	试验条件	工作状态
振动试验	频率范围/Hz	10～150	正常监视状态
	加速度 g	0.5	
	扫频速率/(oct/min)	1	
	轴线数	3	
	每个轴线扫频次数	10	
跌落试验	跌落高度/mm	250(质量小于1 kg)	不通电状态
		100(质量在1 kg～10 kg间)	
		50(质量大于10 kg)	
	跌落次数	1	

5.1.19 气体干扰试验

探测器用于家庭报警时，在体积分数为0.1%的乙醇环境中工作10 min后，再将探测器置于正常环境条件下工作10 min。

a) 试验期间，探测器不应发出报警信号或故障信号；

b) 试验后，试验气体为氢气时，探测器的报警动作值与报警设定值之差不应超过$\pm200\times10^{-6}$；试验气体为一氧化碳时，探测器的报警动作值与报警设定值之差不应超过$\pm80\times10^{-6}$。

5.2 主要部件性能

5.2.1 指示灯

5.2.1.1 应采用发光二极管指示灯。

5.2.1.2 应以颜色标识，红色表示报警信号，黄色表示故障信号，绿色表示电源工作正常。

5.2.1.3 所有指示灯应清晰地标注出功能。在一般环境光线下，指示灯在距其正前方 3 m 远处应清晰可辨。

5.2.2 电磁继电器

5.2.2.1 接点宜采用双接点结构。

5.2.2.2 继电器应采用封闭式。

5.2.2.3 不得由同一接点同时控制探测器内部及外部电路。

5.2.3 电子元器件

应进行三防(防潮、防霉、防盐雾)处理。

5.2.4 音响器件

5.2.4.1 在额定工作电压下，音响器件在距其正前方 1 m 远处的声压级(A 计权)应不小于 70 dB，不大于 115 dB。

5.2.4.2 在 85% 额定工作电压条件下，音响器件应能发出声响。

5.2.5 开关和按键

开关和按键应坚固、耐用，并清晰地标注出其功能。

5.2.6 探测器的外壳应选用不燃材料或难燃材料(氧指数≥32)。

6 试验方法

6.1 试验纲要

6.1.1 试验程序见表 5。

表 5

序号	章条	试验项目	探测器编号											
			1	2	3	4	5	6	7	8	9	10	11	12
1	6.1.5	外观检查试验	√	√	√	√	√	√	√	√	√	√	√	√
2	6.2	主要部件检查试验	√	√	√	√	√	√	√	√	√	√	√	√
3	6.3	功能试验	√	√	√	√	√	√	√	√	√	√	√	√
4	6.4	电池性能试验									√			
5	6.5	不通电贮存试验	√	√	√	√	√	√	√	√	√	√	√	√
6	6.6	报警动作值试验	√	√	√	√	√	√	√	√	√	√	√	√
7	6.7	方位试验	√											
8	6.8	报警重复性试验		√										
9	6.9	高速气流试验	√											
10	6.10	电压波动试验		√										
11	6.11	全量程指示偏差试验			√	√								
12	6.12	响应时间试验			√	√								
13	6.13	高浓度淹没试验												√
14	6.14	绝缘电阻试验							√					
15	6.15	耐压试验							√					

表 5（续）

序号	章条	试验项目	探测器编号											
			1	2	3	4	5	6	7	8	9	10	11	12
16	6.16	辐射电磁场试验										√		
17	6.17	静电放电试验										√		
18	6.18	电瞬变脉冲试验									√			
19	6.19	高温试验	√											
20	6.20	低温试验				√								
21	6.21	恒定湿热试验		√										
22	6.22	振动试验								√				
23	6.23	跌落试验											√	
24	6.24	长期稳定性试验					√	√						
25	6.25	气体干扰试验			√									

6.1.2 试验样品为 12 只，并在试验前予以编号。

6.1.3 如在有关条文中没有说明，则各项试验均在下述大气条件下进行：

温度：15℃～35℃；

湿度：30%RH～70%RH 之间的某一恒定值±10%RH；

大气压力：86 kPa～106 kPa。

6.1.4 如在有关条文中没有说明时，各项试验数据的容差均为±5%。

6.1.5 探测器在试验前均应进行外观检查，符合下述要求时方可进行试验。

a) 文字、符号和标志清晰齐全；

b) 表面无腐蚀、涂覆层脱落和起泡现象，无明显划伤、裂痕、毛刺等机械损伤；

c) 紧固部位无松动。

6.1.6 试验气体配气精度

配制试验气体所用的可燃气体纯度应不低于 99.5%，配制试验气体所用空气应为不含灰尘、油质的新鲜空气，配气湿度应符合正常湿度条件，配气误差应不大于报警设定值的±2%。

6.1.7 探测器标定

试验前，应按产品说明书对探测器的报警点按报警设定值进行标定，并进行复验确认。此后不再进行标定。允许使用校验罩标定探测器。

6.1.8 探测器调零

试验前，首先对探测器预热 1 h(或按产品说明书规定时间进行)，然后再按说明书规定进行调零，试验开始后不再调零(个别试验有特殊要求时除外)。

6.2 主要部件检查试验

6.2.1 目的

检查探测器主要部件性能。

6.2.2 要求

探测器的主要部件性能应符合 5.2 条要求。

6.2.3 方法

6.2.3.1 检查并记录指示灯的用法、颜色标识、可见程度及功能标注情况。

6.2.3.2 检查并记录探测器各开关、按键功能标注情况。

6.2.3.3 检查并记录各继电器。

6.2.3.4 检查并记录三防情况。

6.2.3.5 使探测器处于报警状态,测量并记录探测器声报警信号的声压级,然后使探测器供电电压降至85%额定电压,观察并记录探测器声报警情况。

6.2.3.6 检查探测器的外壳,并测量难燃材料外壳的氧指数。

6.3 功能试验

6.3.1 目的

检验探测器的功能。

6.3.2 要求

探测器的功能应符合5.1.6条要求。

6.3.3 方法

6.3.3.1 在探测器处于正常监视状态10 min后,使探测器处于报警状态,观察并记录探测器声光报警情况,有输出控制功能的探测器还应检查输出控制功能的启动情况。

6.3.3.2 使处于报警状态的探测器脱离可燃气体环境(自动或手动恢复),观察并记录探测器声、光报警信号恢复情况。

6.3.3.3 使探测器的传感元件断路、短路,观察并记录探测器的工作状态。

6.3.3.4 操作探测器自检机构,观察并记录探测器声、光报警情况。

6.4 电池性能试验

6.4.1 目的

检验探测器的电池性能。

6.4.2 要求

探测器电池性能应满足5.1.7条要求。

6.4.3 方法

6.4.3.1 检查探测器电池低电量指示功能的设置情况。

6.4.3.2 使探测器连续工作至电池低电量指示时,再工作24 h,然后,按6.6.3条方法测量探测器的报警动作值。

6.4.3.3 将使用电池供电的探测器装入电量充足的电池,使其处于正常监视状态,60 d后,检查探测器工作情况。

6.5 不通电贮存试验

6.5.1 目的

检查探测器对贮存环境的适应能力。

6.5.2 要求

探测器应满足5.1.8条要求。

6.5.3 方法

6.5.3.1 将全部经标定、调零后功能正常的探测器置于低温试验箱内,以不大于1℃/min的降温速率使试验箱内温度降至-25℃±2℃,并保持24 h。

6.5.3.2 将探测器从低温试验箱中取出,放于室内正常环境条件下恢复至少24 h。

6.5.3.3 将探测器置于高温试验箱内,以不大于1℃/min的升温速率,使试验箱内温度升至55℃±2℃,并保持24 h。

6.5.3.4 将探测器从高温试验箱中取出,放于室内正常环境条件下恢复至少24 h。

6.5.3.5 试验结束后,在正常环境条件下,按6.6.3条方法测量探测器的报警动作值。

6.5.4 试验设备

满足GB 16838—1997第4章规定。

6.6 报警动作值试验

6.6.1 目的

检查探测器报警设定值的准确度。

6.6.2 要求

探测器的报警动作值应满足5.1.3条规定。

6.6.3 方法

6.6.3.1 将探测器按正常工作状态要求安装于试验箱中,接通电源,使探测器处于正常监视状态20 min。

6.6.3.2 启动通风机,使试验箱内气流速度稳定在0.8 m/s±0.2 m/s,再以体积分数不大于100×10^{-6}/min的速率增加试验气体浓度,直至探测器发出报警信号,测量探测器的报警动作值。

6.6.4 试验设备

试验设备应符合本部分附录A规定。

6.7 方位试验

6.7.1 目的

检验探测器方位对报警动作值的影响。

6.7.2 要求

探测器方位性能应满足5.1.9条规定。

6.7.3 方法

6.7.3.1 将探测器按正常工作状态要求安装于试验箱中,接通电源,使探测器处于正常监视状态20 min。

6.7.3.2 启动通风机,使气流速度稳定在0.8 m/s±0.2 m/s,再以体积分数不大于100×10^{-6}/min的速率增加试验气体浓度直至探测器发出报警信号,测量探测器在Z轴线上方位0°的报警动作值。以后每旋转45°方位进行一次试验,测量Z轴线上每个方位的报警动作值。

6.7.3.3 分别测量Y、X轴线上各个方位的报警动作值,如果在Y、X轴线上探测器的外部结构和内部部件结构对气流速度无影响时,可不进行Y、X轴的试验。

6.7.4 试验设备

试验设备应符合本部分附录A规定。

6.8 报警重复性试验

6.8.1 目的

检验探测器报警动作值的重复性。

6.8.2 要求

探测器报警重复性应满足5.1.11条要求。

6.8.3 方法

按6.6.3条方法重复6次试验,测量探测器每次报警动作值。

6.8.4 试验设备

试验设备应符合本部分附录A规定。

6.9 高速气流试验

6.9.1 目的

检验探测器对高速气流的适应性。

6.9.2 要求

探测器的高速气流性能应满足5.1.12条要求。

6.9.3 方法

6.9.3.1 将探测器按正常工作状态要求安装于试验箱中,接通电源,使探测器处于正常监视状态20 min。

6.9.3.2 启动通风机,使试验箱内气流速度稳定在6 m/s±0.5 m/s,再以体积分数不大于

100×10^{-6}/min的速率增加试验气体浓度直至探测器发出报警信号，测量探测器的报警动作值。

6.9.4 **试验设备**

试验设备应符合本部分附录A规定。

6.10 **电压波动试验**

6.10.1 **目的**

检验探测器对电网电压波动的适应能力。

6.10.2 **要求**

探测器的性能应满足5.1.13条要求。

6.10.3 **方法**

将探测器供电电压调至85%额定工作电压，并稳定20 min，按6.6.3条方法测量探测器的报警动作值。然后将试验箱内的可燃气体排除，使探测器恢复到正常监视状态，将探测器供电电压调至115%额定工作电压，并稳定20 min，再按6.6.3条方法测量探测器的报警动作值。

6.10.4 **试验设备**

试验设备应符合本部分附录A规定。

6.11 **全量程指示偏差试验**

6.11.1 **目的**

检验探测器全量程指示偏差。

6.11.2 **要求**

探测器的全量程指示偏差应满足5.1.4条要求。

6.11.3 **方法**

6.11.3.1 将探测器接通电源，使其处于正常监视状态20 min。

6.11.3.2 分别调节进入气体稀释器的可燃气体和洁净空气的流量，配制出流量为500 mL/min并分别达到探测器满度10%、25%、50%、75%、90%浓度的试验气体。然后经校验罩分别将配制好的试验气体输送到探测器的传感元件上至少1 min，记录探测器在每一种情况下的指示情况。

6.11.4 **试验设备**

a) 气体分析仪；

b) 气体稀释器。

6.12 **响应时间试验**

6.12.1 **目的**

检验探测器的响应时间。

6.12.2 **要求**

探测器的响应时间应满足5.1.5条要求。

6.12.3 **方法**

6.12.3.1 将探测器接通电源，使其处于正常监视状态20 min。

6.12.3.2 对于具有可燃气体浓度显示功能的探测器，调节进入气体稀释器的可燃气体和洁净空气的流量，配制出流量为500 mL/min，浓度为探测器满量程的60%的试验气体，并经校验罩将配制好的试验气体输送到探测器的传感元件上，同时启动计时装置，待探测器显示到真实值的90%时，停止计时，记录探测器的响应时间(t_{90})。

6.12.3.3 对于不具有可燃气体浓度显示功能的探测器，调节进入气体稀释器的可燃气体和洁净空气的流量，配制出流量为500 mL/min，浓度为探测器报警动作值的1.6倍的试验气体，并经校验罩将配制好的试验气体输送到探测器的传感元件上，同时启动计时装置，待探测器发出报警信号时，停止计时，记录探测器的报警响应时间。

6.12.4 **试验设备**

a) 气体分析仪;

b) 气体稀释器;

c) 计时器。

6.13 高浓度淹没试验

6.13.1 目的

检验探测器对高浓度淹没的适应性。

6.13.2 要求

探测器的高浓度淹没性能应满足5.1.10条要求。

6.13.3 方法

6.13.3.1 将探测器安装于防爆试验箱内,使其处于正常监视状态20 min。

6.13.3.2 将体积分数为100%的可燃气体以500 mL/min的流量经校验罩输送到探测器的传感元件上,保持2 min,将试验箱内可燃气体抽出,然后将探测器置于洁净空气中30 min。试验期间,观察并记录探测器的工作状态;试验后,若探测器能处于正常监视状态,则按6.6.3条方法测量探测器的报警动作值。

6.13.4 试验设备

防爆试验箱。

6.14 绝缘电阻试验

6.14.1 目的

检验探测器的绝缘性能。

6.14.2 要求

探测器的绝缘性能应满足5.1.15条要求。

6.14.3 方法

6.14.3.1 在正常环境条件下,用绝缘电阻测试装置,分别对探测器下述部位施加500 V±50 V直流电压,持续60 s±5 s,测量其绝缘电阻。

a) 有绝缘要求的外部带电端子与外壳间;

b) 电源插头与外壳间(电源开关置于开位置,不接通电源)。

6.14.3.2 将探测器放置到温度为40℃±5℃的干燥箱中干燥6 h,再放置到温度为40℃±2℃、相对湿度为90%~95%的湿热试验箱中,保持96 h,然后在正常环境条件下放置60 min,按上述方法测量其绝缘电阻。

6.14.4 试验设备

满足下述技术要求的绝缘电阻试验装置(也可用兆欧表或摇表测试)

试验电压:500 V±50 V;

测量范围:0 MΩ~500 MΩ;

最小分度:0.1 MΩ;

记时:60 s±5 s。

6.15 耐压试验

6.15.1 目的

检验探测器的耐压性能。

6.15.2 要求

探测器的耐压性能应满足5.1.15条要求。

6.15.3 方法

6.15.3.1 用耐压试验装置，以 100 V/s～500 V/s 的升压速率，分别对探测器下述部位施加 50 Hz、1 500 V±10%(额定电压超过 50 V)，或 50 Hz±1%、500 V±10%(额定电压不超过 50 V)的交流电压，持续 60 s±5 s，观察并记录试验中所发生的现象。

a) 有绝缘要求的外部带电端子与外壳间；

b) 电源插头与外壳间(电源开关置于开位置，不接通电源)。

6.15.3.2 试验后，按 5.1.1 条规定对探测器进行功能检查。

6.15.4 试验设备

满足下述技术要求的耐压试验装置：

试验电源：电压 0 V～1 500 V(有效值)连续可调，频率 50 Hz±1%、升(降)压速率 100 V/s～500 V/s。

记时：60 s±5 s。

6.16 辐射电磁场试验

6.16.1 目的

检验探测器在辐射电磁场环境下工作的适应性。

6.16.2 要求

探测器的抗辐射电磁场性能应满足 5.1.16 条要求。

6.16.3 方法

6.16.3.1 将探测器安放在绝缘台上，接通电源，使探测器处于正常监视状态 20 min。

6.16.3.2 按图 1 布置试验设备，将发射天线置于中间，探测器与电磁干扰测量仪器分别置于发射天线两边各 1 m 处。

6.16.3.3 调节 1 MHz～1 000 MHz 的功率信号发生器的输出使电磁干扰测量仪的读数为 10 V/m，在试验过程中频率应在 1 MHz～1 000 MHz 的频率范围内以不大于 0.005 oct/s 的速率缓慢变化，同时应转动探测器，观察并记录探测器工作情况。如使用的发射天线具有方向性，则应先使发射天线反转，对准探测器进行试验。在 1 MHz～1 000 MHz 的频率范围内，应分别用天线的水平极化和垂直极化进行试验。

6.16.3.4 试验期间，观察并记录探测器的工作状态。

6.16.3.5 试验应在屏蔽室内进行，为避免产生较大的测量误差，天线的位置应符合图 2 的要求。

6.16.3.6 试验结束后，按 6.6.3 条方法测量探测器的报警动作值。

6.16.4 试验设备

试验设备应满足 GB 16838—1997 第 4 章规定。

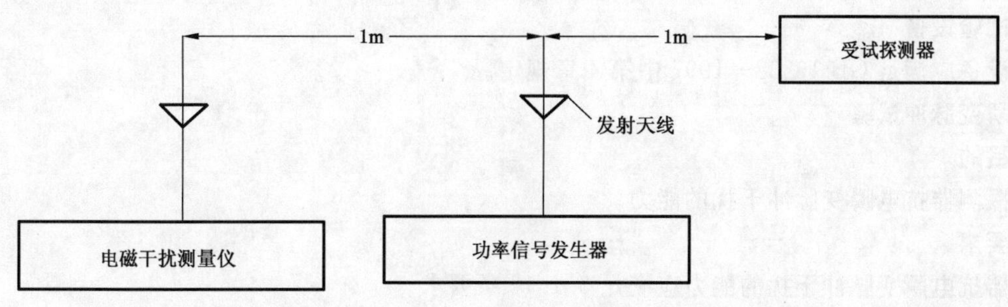

图 1 试验设备布置图

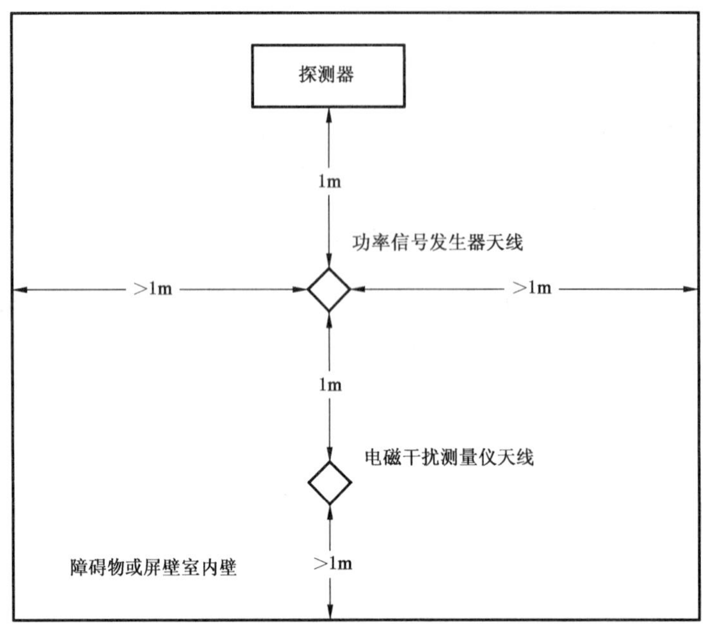

图 2 天线位置图

6.17 **静电放电试验**

6.17.1 **目的**

检验探测器对带静电人员、物体造成的静电放电的适应性。

6.17.2 **要求**

探测器抗静电放电性能应满足 5.1.16 条要求。

6.17.3 **方法**

6.17.3.1 将探测器放在绝缘支架上，且距接地板四周距离不少于 100 mm。接通电源，使探测器处于正常监视状态 20 min。

6.17.3.2 调整静电发生器输出电压为 8 000 V，用球型放电头充电后尽快触及探测器表面，切实接触（但不能损伤探测器）。每次放电后，应将静电发生器移开并充电。对探测器表面共放电 8 次，对探测器周围 100 mm 处接地板放电 2 次，每次放电的时间间隔至少为 1 s，试验期间，观察并记录探测器的工作状态。

6.17.3.3 试验后，按 6.6.3 条方法测量探测器的报警动作值。

6.17.4 **试验设备**

试验设备应满足 GB 16838—1997 中第 4 章规定。

6.18 **电瞬变脉冲试验**

6.18.1 **目的**

检验探测器抗电瞬变脉冲干扰的能力。

6.18.2 **要求**

探测器抗电瞬变脉冲干扰的能力应满足 5.1.16 条要求。

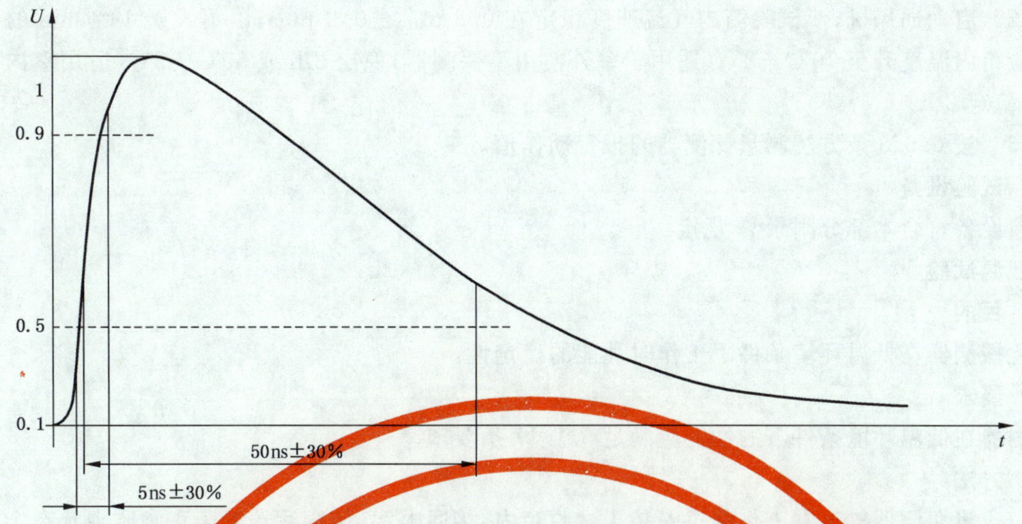

图 3 50 Ω 负载时单脉冲波形

6.18.3 方法

6.18.3.1 使探测器处于正常监视状态，对交流供电探测器的 AC 电源线施加 2 000 V±10%、频率 2.5 kHz±20%的正负极性瞬变脉冲电压（波形见图 3），每 300 ms 施加瞬变脉冲电压 15 ms（见图 4），每次施加瞬变脉冲电压时间为 60^{+10}_{0} s，试验期间，监视探测器是否发出报警信号或不可恢复的故障信号。

6.18.3.2 使探测器处于正常监视状态，对探测器的其他外接连线施加 1 000 V±10%，频率 5 kHz±20%的正负极性瞬变脉冲电压（波形见图 3），每 300 ms 施加瞬变脉冲电压 15 ms（见图 4），每次施加瞬变脉冲电压时间为 60^{+10}_{0} s，试验期间，观察并记录探测器的工作状态。

图 4 一组脉冲波形图

6.18.3.3 试验后，按 6.6.3 条方法测量探测器的报警动作值。

6.18.4 试验设备

试验设备应满足 GB 16838—1997 第 4 章规定。

6.19 高温试验

6.19.1 目的

检验探测器在高温环境条件下工作时性能的稳定性。

6.19.2 要求

探测器在高温环境条件下的性能应满足 5.1.17 条要求。

6.19.3 方法

6.19.3.1 将探测器按正常工作状态安装于试验箱内，接通电源，使探测器处于正常监视状态 20 min。

6.19.3.2 启动通风机，使试验箱内气流速度稳定在 0.8 m/s±0.2 m/s，以不大于 1℃/min 的升温速率使试验箱内温度升至 70℃±2℃(适用于室外使用型探测器)稳定 2 h 或 55℃±2℃(适用室内使用型探测器)稳定 2 h。

6.19.3.3 按 6.6.3 条方法测量探测器的报警动作值。

6.19.4 试验设备

试验设备符合本部分附录 A 规定。

6.20 低温试验

6.20.1 目的

检验探测器在低温环境条件下工作时性能的稳定性。

6.20.2 要求

探测器在低温环境条件下的性能应满足 5.1.17 条要求。

6.20.3 方法

6.20.3.1 将探测器按正常工作状态安装于试验箱内，接通电源，使探测器处于正常监视状态 20 min。

6.20.3.2 启动通风机，使试验箱内气流速度稳定在 0.8 m/s±0.2 m/s，以不大于 1℃/min 的降温速率，使试验箱内温度降至−40℃±2℃并保持 2 h(适用于室外使用型探测器)或 0℃±2℃并保持 2 h(适用于室内使用型探测器)。

6.20.3.3 按 6.6.3 条方法测量探测器的报警动作值。

6.20.4 试验设备

试验设备应符合本部分附录 A 规定。

6.21 恒定湿热试验

6.21.1 目的

检验探测器在恒定湿热条件下工作时性能的稳定性。

6.21.2 要求

探测器在恒定湿热条件下工作时性能应满足 5.1.17 条要求。

6.21.3 方法

6.21.3.1 将探测器按正常工作状态安装于试验箱内，接通电源，使探测器处于正常监视状态 20 min。

6.21.3.2 启动通风机，使试验箱内的气流速度稳定在 0.8 m/s±0.2 m/s，以不大于 1℃/min 的升温速率，使试验箱内的温度升至 40℃±2℃，然后以不大于 5%RH/min 的速率将试验箱内的湿度增至 93^{+2}_{-3}%RH，并稳定 2 h。

6.21.3.3 按 6.6.3 条方法测量探测器的报警动作值。

6.21.4 试验设备

试验设备应符合本部分附录 A 规定。

6.22 振动试验

6.22.1 目的

检验探测器经受振动的适应性及结构的完好性。

6.22.2 要求

探测器的抗振性能满足 5.1.18 条要求。

6.22.3 方法

6.22.3.1 将探测器按其正常安装方式固定在振动台上，接通电源，使探测器处于正常监视状态。

6.22.3.2 启动振动试验台，使其在 10 Hz～150 Hz 频率范围内，以 0.5 g 加速度，1 oct/min 的速率，分别在 X、Y、Z 三个轴线上各扫频 10 次。

6.22.3.3 试验期间，监视探测器状态，试验后，检查外观和紧固部位情况。

6.22.3.4 试验后，按 6.6.3 条方法测量探测器的报警动作值。

6.22.4 **试验设备**

试验设备符合 GB 16838—1997 第 4 章规定。

6.23 **跌落试验**

6.23.1 **目的**

检验探测器经受跌落的适应性。

6.23.2 **要求**

探测器经受跌落的性能应满足 5.1.18 条要求。

6.23.3 **方法**

6.23.3.1 将非包装状态的探测器自由跌落在平滑、坚硬的混凝土面上。

跌落高度：

a) 质量小于 1 kg 的　　250 mm；

b) 质量在 1 kg～10 kg 之间　　100 mm；

c) 质量在 10 kg 以上　　50 mm。

6.23.3.2 试验后检查探测器外观和紧固部位情况。

6.23.3.3 试验后按 6.6.3 条方法测量探测器的报警动作值。

6.24 **长期稳定性试验**

6.24.1 **目的**

检验探测器在正常大气条件下长期运行的稳定性。

6.24.2 **要求**

探测器长期运行的稳定性应满足 5.1.14 条要求。

6.24.3 **方法**

6.24.3.1 接通电源，使探测器处于正常监视状态 20 min，调准零点。

6.24.3.2 在正常环境条件下，使探测器连续运行 28 d。

6.24.3.3 试验结束后，按 6.6.3 条方法测量探测器的报警动作值。

6.25 **气体干扰试验**

6.25.1 **目的**

检验室内使用的探测器抗气体干扰的能力。

6.25.2 **要求**

室内使用的探测器抗气体干扰的能力应满足 5.1.19 条要求。

6.25.3 **方法**

6.25.3.1 将处于正常监视状态的探测器置于体积分数为 0.1％的乙醇环境中工作 10 min 后，再将探测器置于正常环境条件下工作 10 min。

6.25.3.2 试验期间，观察并记录探测器是否发出报警信号或故障信号。

6.25.3.3 试验结束后，按 6.6.3 条方法测量探测器的报警动作值。

7 标志

7.1 产品标志

每只探测器均应有清晰、耐久的产品标志，产品标志应包括以下内容：

a) 制造厂名称、地址；

b) 产品名称；

c) 产品型号；

d) 产品主要技术参数(适合气体种类，报警设定值等)；

e) 防爆标志；

f) 商标；

g) 制造日期及产品编号；

h) 执行标准。

7.2 质量检验标志

每只探测器均应有清晰的质量检验标志，质量检验标志应包括下列内容：

a) 检验员；

b) 合格标志。

8 检验规则

8.1 产品出厂检验

企业在产品出厂前应对探测器进行下述试验项目的检验：

a) 外观检查；

b) 功能试验；

c) 报警动作值试验；

d) 报警重复性试验；

e) 绝缘电阻试验；

f) 耐压试验；

g) 恒定湿热试验；

h) 气体干扰试验。

探测器在出厂前均应进行 a)至 c)三项试验，d)至 h)项可进行抽样试验。其中 d)至 h)五项试验中任一项不合格，则判该批产品不合格，其他三项试验中任两项不合格，允许调整后补做，累计补做次数不超过两次。

8.2 型式检验

8.2.1 型式检验项目为本部分第 6 章规定的 6.1.5、6.2～6.25。在出厂检验合格的产品中抽取检验样品。

8.2.2 有下列情况之一时，应进行型式检验：

a) 新产品或老产品转厂生产时的试制定型鉴定；

b) 正式生产后，产品的结构、主要部件或元器件、生产工艺等有较大的改变可能影响产品性能；

c) 产品停产一年以上，恢复生产；

d) 出厂检验结果与上次型式检验结果差异较大；

e) 发生重大质量事故；

f) 质量监督机构提出要求。

8.2.3 在型式检验中累计补做次数不允许超过四次，单项补做次数不超过两次。

9 使用说明书

每只探测器或每类探测器都应有相应的说明书。

说明书应有完整、清楚、准确的安全和使用说明，安装和服务说明，应包括下列内容：

a) 完整的安装和调试开通说明；

b) 操作说明；

c) 日常检查和校准说明；

d) 必要时，应包括下述使用条件限制：

1) 适合的气体(包括报警设定值)；

2) 环境温度限制(室内使用型、室外使用型)；

3） 湿度范围；

4） 电压范围；

5） 需要屏蔽线；

6） 电池特性；

7） 最高最低贮存温度限制；

8） 压力限制。

e） 详细说明查找可能出现故障源的方法和改正过程；

f） 说明输出控制接点的类型；

g） 电池的安装和维护说明；

h） 推荐的可更换元件一览表；

i） 贮存和使用寿命；

j） 允许使用场所。

附　录　A
（规范性附录）
点型可燃气体探测器试验设备

A.1　点型可燃气体探测器温湿试验箱

A.1.1　温湿试验箱风流筒示意图（见图 A.1）

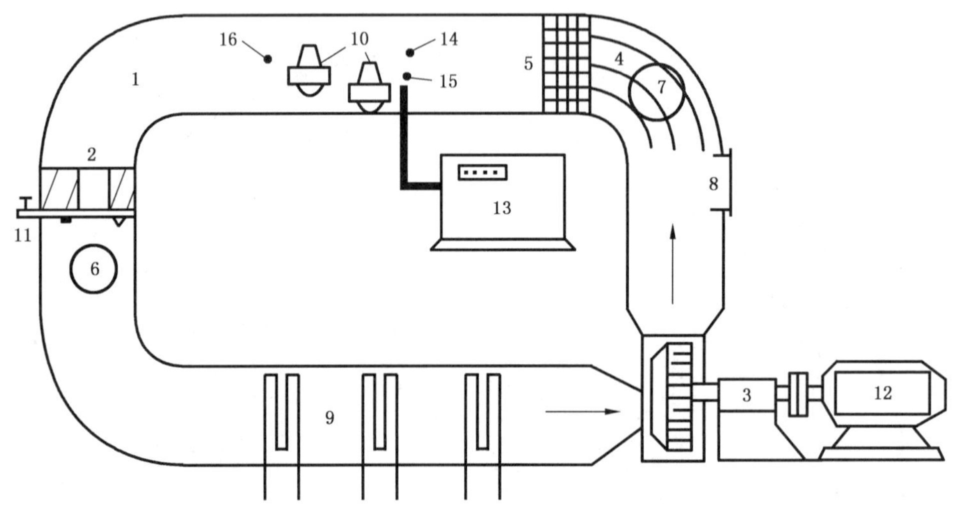

1——风筒；
2——涡流机；
3——通风机；
4——导流板；
5——整流栅；
6——加湿门；
7——进风门；
8——排气门；
9——加热器；
10——探测器；
11——可燃气体入口；
12——直流电机；
13——气体分析仪；
14——温度检测仪；
15——湿度检测仪；
16——风速计。

图 A.1

A.1.2　技术参数

a）闭环风流筒

内部容积 1.1 m^3，横断面积 0.4 m×0.4 m，不锈钢板 1.5 mm，长度 2.4 m。

b）通风机

风速范围 0 m/s～6.5 m/s 连续可调。

c）加热器

表面温度＜300℃，温度控制范围：35℃～75℃连续可调，升温速率≤1℃/min。

d）加湿器

湿度控制范围:90%RH～95%RH,加湿速率≤5%RH/min。

e) 气体浓度测量仪

甲烷测量范围(体积分数):0～5%;

丙烷测量范围(体积分数):0～3%;

氢气测量范围(体积分数):0～4%;

一氧化碳测量范围(体积分数):0～0.1%。

f) 温度测量仪

误差±0.5℃,分辨率≤0.1℃。

g) 湿度测量仪

误差±0.5%RH,分辨率≤0.1%RH。

h) 风速测量仪

测量范围 0.2 m/s～10 m/s,测量误差不大于±5%。

A.2 点型可燃气体探测器低温试验箱

A.2.1 低温试验箱风流筒示意图(见图 A.2)

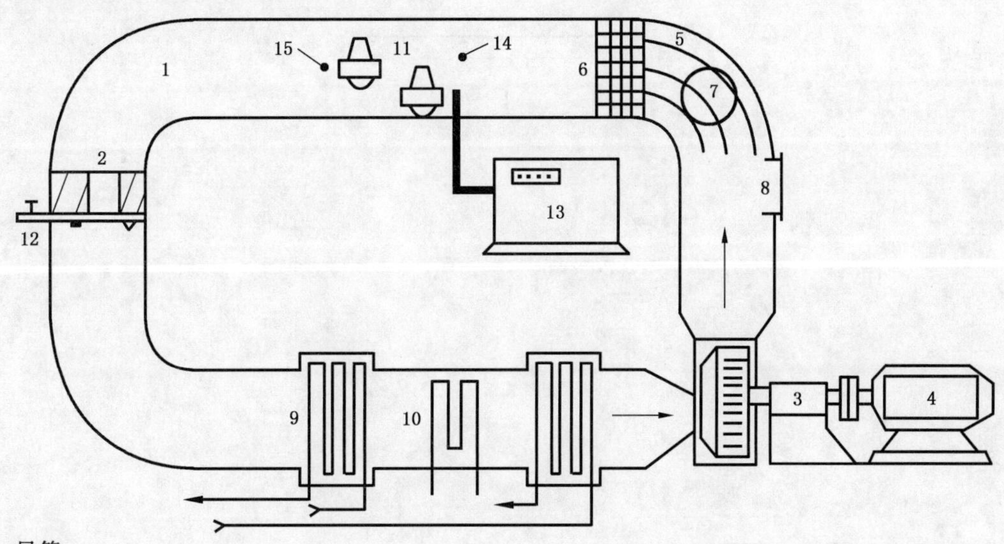

1——风筒;

2——涡流机;

3——通风机;

4——直流电机;

5——导流板;

6——整流栅;

7——进风门;

8——排气门;

9——蒸发器;

10——加热器;

11——探测器;

12——可燃气体入口;

13——气体分析仪;

14——温度检测仪;

15——风速计。

图 A.2

A.2.2 技术参数

a) 闭环风流筒

同 A.1.2 a)。

b) 通风机

同 A.1.2 b)。

c) 蒸发器

温度控制范围:0℃～－40℃连续可调,降温速度≤1℃/min。

d) 加热器

3 相 1 组、380 V,9 kW。

e) 气体浓度测量仪

同 A.1.2 e)。

f) 温度测量仪

误差±0.5℃,分辨率 0.1℃。

g) 风速测量仪

同 A.1.2 h)。

ICS 13.220.20
C 84

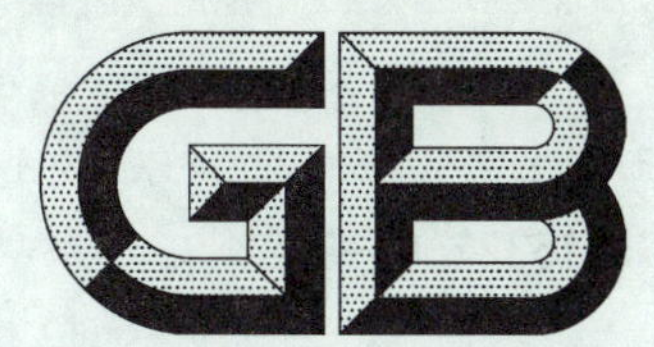

中华人民共和国国家标准

GB 15322.6—2003
部分代替 GB 15322—1994

可燃气体探测器
第6部分:测量人工煤气的便携式可燃气体探测器

Combustible gas detectors—
Part 6:Portable detectors for combustible man-made gas

2003-02-21 发布 2003-12-01 实施

中华人民共和国
国家质量监督检验检疫总局 发布

前　言

本部分的技术要求、试验方法、标志、检验规则、使用说明书为强制性。

GB 15322《可燃气体探测器》分为七部分：

——第1部分：测量范围为0～100%LEL的点型可燃气体探测器

——第2部分：测量范围为0～100%LEL的独立式可燃气体探测器

——第3部分：测量范围为0～100%LEL的便携式可燃气体探测器

——第4部分：测量人工煤气的点型可燃气体探测器

——第5部分：测量人工煤气的独立式可燃气体探测器

——第6部分：测量人工煤气的便携式可燃气体探测器

——第7部分：线型可燃气体探测器

本部分为GB 15322的第6部分，在修订过程中，编制组根据国家标准GB 15322—1994《可燃气体探测器技术要求及试验方法》多年的实施情况和我国的现状，参考了EN 50054、EN 50055、EN 50056、EN 50057、EN 50058（1999年版）欧洲标准，制定了本部分的技术要求，并进行了相应的试验、验证工作。

本部分的附录A为规范性附录。

本部分由中华人民共和国公安部提出。

本部分由全国消防标准化技术委员会第六分技术委员会归口。

本部分负责起草单位：公安部沈阳消防科学研究所。

本部分参加起草单位：北京科力恒安全设备有限责任公司；北京市迪安波科技开发有限责任公司；阜阳华信电子仪器有限公司；深圳市特安电子有限公司。

本部分主要起草人：丁宏军、费春祥、王玉祥、康卫东、屈励、王立平、苏怡华。

本部分所代替标准的历次版本发布情况为：

——GB 15322—1994。

可燃气体探测器
第6部分:测量人工煤气的便携式可燃气体探测器

1 范围

本部分规定了测量人工煤气环境下的便携式可燃气体探测器的定义、分类、技术要求、试验方法、标志、检验规则和使用说明书。

本部分适用于一般工业与民用场所使用的测量人工煤气的便携式可燃气体探测器(以下简称探测器),其他环境中使用的具有特殊性能的探测器,除特殊要求应由有关标准另行规定外,亦应执行本部分。

2 规范性引用文件

下列文件中的条款通过 GB 15322 的本部分的引用而成为本部分的条款。凡是注日期的引用文件,其随后所有的修改单(不包括勘误的内容)或修订版均不适用于本部分,然而,鼓励根据本部分达成协议的各方研究是否可使用这些文件的最新版本。凡是不注日期的引用文件,其最新版本适用于本部分。

GB 16838—1997 消防电子产品环境试验方法及严酷等级

3 定义

本部分采用下列定义。

3.1

报警设定值 alarm setting value

预置的可燃气体报警浓度值。

3.2

报警动作值 alarm value

探测器报警时对应的最小可燃气体浓度值。

4 分类

按防爆要求分为:

a) 防爆型;

b) 非防爆型。

5 技术要求

5.1 性能

5.1.1 探测器在被监测区域内的可燃气体浓度达到报警设定值时,应能发出报警信号。

5.1.2 报警设定值

探测器具有低限、高限两个报警设定值时,其报警设定值应符合表1中低限报警设定值范围和高限报警设定值的规定;仅有一个报警设定值的探测器,其报警设定值应符合表1中低限报警设定值范围的要求。

5.1.3 报警动作值

5.1.3.1 在本部分规定的所有试验项目中,探测器的报警动作值不应低于表1中低限报警设定值范围的下限值。

表 1

试验气体	低限报警设定值范围(体积分数)	高限报警设定值(体积分数)
氢气	$125\times10^{-6}\sim750\times10^{-6}$	$1\ 250\times10^{-6}$
一氧化碳	$50\times10^{-6}\sim300\times10^{-6}$	500×10^{-6}

5.1.3.2 试验气体为氢气时,探测器的报警动作值与报警设定值之差不应超过$\pm125\times10^{-6}$;试验气体为一氧化碳时,探测器的报警动作值与报警设定值之差不应超过$\pm50\times10^{-6}$。

5.1.4 全量程指示偏差

具有可燃气体浓度显示功能的探测器,试验气体为氢气时,其显示值与真实值之差不应超过$\pm200\times10^{-6}$;试验气体为一氧化碳时,其显示值与真实值之差不应超过$\pm80\times10^{-6}$。

5.1.5 响应时间

具有可燃气体浓度显示功能的探测器,显示值达到真实值的90%时的响应时间(t_{90})不应超过30 s。不具有可燃气体浓度显示功能的探测器,其报警响应时间不应超过30 s。

5.1.6 探测器应满足下述功能:

5.1.6.1 当被监测区域内的可燃气体浓度达到报警设定值时,探测器应能发出声、光报警信号,再将探测器置于洁净空气中,30 s内应能自动(或手动)恢复到正常监视状态。

5.1.6.2 探测器在传感元件断路或短路时应发出与报警信号有明显区别的声、光故障信号。

5.1.6.3 探测器应对声、光警报装置设置手动自检功能。

5.1.7 探测器应设置电池低电量显示功能。在电池电量低时,应能发出与报警信号有明显区别的声、光信号,其电池性能应符合下述要求:

5.1.7.1 探测器在指示电池电量低的情况下,连续工作的探测器再工作15 min,单次工作的探测器再操作10次,试验气体为氢气时,探测器的报警动作值与报警设定值之差不应超过$\pm200\times10^{-6}$;试验气体为一氧化碳时,探测器的报警动作值与报警设定值之差不应超过$\pm80\times10^{-6}$。

5.1.7.2 连续工作的探测器的电池持续工作时间应不少于8 h,单次工作的探测器的电池持续工作时间应能保证其完整工作200次。

5.1.8 不通电贮存

探测器首先在温度为$-25℃\pm2℃$环境下放置24 h,然后在正常环境条件下恢复至少24 h,再在温度为$55℃\pm2℃$环境下放置24 h,然后在正常环境条件下恢复至少24 h。试验后,探测器不应有破坏涂覆和腐蚀现象,功能应正常。试验气体为氢气时,探测器的报警动作值与报警设定值之差不应超过$\pm125\times10^{-6}$;试验气体为一氧化碳时,探测器的报警动作值与报警设定值之差不应超过$\pm50\times10^{-6}$。

5.1.9 方位(吸入式探测器除外)

分别在X、Y、Z三个相互垂直的轴线上每旋转45°测探测器的报警动作值,试验气体为氢气时,探测器的报警动作值与报警设定值之差不应超过$\pm200\times10^{-6}$;试验气体为一氧化碳时,探测器的报警动作值与报警设定值之差不应超过$\pm80\times10^{-6}$。

5.1.10 高浓度淹没性能(仅适用于防爆型探测器)

淹没期间，探测器应发出报警信号或故障信号或气体浓度超过测量范围的明显指示信号。淹没后，探测器应满足 a)或 b)条要求：

a) 探测器不能处于正常监视状态。

b) 如果探测器能够处于正常监视状态(可经手动操作)，则当试验气体为氢气时，探测器的报警动作值与报警设定值之差不应超过$\pm 200\times 10^{-6}$；试验气体为一氧化碳时，探测器的报警动作值与报警设定值之差不应超过$\pm 80\times 10^{-6}$。

5.1.11 报警重复性

在正常环境条件下，对同一只探测器实测 6 次报警动作值，试验气体为氢气时，探测器的报警动作值与报警设定值之差不应超过$\pm 125\times 10^{-6}$；试验气体为一氧化碳时，探测器的报警动作值与报警设定值之差不应超过$\pm 50\times 10^{-6}$。

5.1.12 高速气流

试验箱内气流速度为 6 m/s，试验气体为氢气时，探测器的报警动作值与报警设定值之差不应超过$\pm 200\times 10^{-6}$；试验气体为一氧化碳时，探测器的报警动作值与报警设定值之差不应超过$\pm 80\times 10^{-6}$。

5.1.13 探测器应能耐受表 2 所规定的电干扰条件下的各项试验，试验期间及试验后应满足下述要求：

a) 试验期间，探测器不应发出报警信号或不可恢复的故障信号；

b) 试验后，试验气体为氢气时，探测器的报警动作值与报警设定值之差不应超过$\pm 200\times 10^{-6}$；试验气体为一氧化碳时，探测器的报警动作值与报警设定值之差不应超过$\pm 80\times 10^{-6}$。

表 2

试验名称	试验参数	试验条件	工作状态
辐射电磁场试验	场强/(V/m)	10	正常监视状态
	频率范围/MHz	1～1 000	
静电放电试验	放电电压/V	8 000	正常监视状态
	放电次数	10	

5.1.14 探测器应能耐受表 3 所规定气候环境条件下的各项试验，试验期间及试验后应满足下述要求：

a) 试验期间，探测器不应发出报警信号或故障信号；

b) 试验后，探测器应无破坏涂覆和腐蚀现象。试验气体为氢气时，探测器的报警动作值与报警设定值之差不应超过$\pm 400\times 10^{-6}$；试验气体为一氧化碳时，探测器的报警动作值与报警设定值之差不应超过$\pm 160\times 10^{-6}$。

表 3

试验名称	试验参数	试验条件	工作状态
高温试验	温度/℃	70	正常监视状态
	持续时间/h	2	
低温试验	温度/℃	−40	正常监视状态
	持续时间/h	2	
恒定湿热试验	温度/℃	40	正常监视状态
	相对湿度/%	93	
	持续时间/h	2	

5.1.15 探测器应能耐受表 4 所规定的各项试验，试验期间及试验后探测器应满足下述要求：

a) 试验期间，探测器不应发出报警信号或故障信号；

b) 试验后，探测器不应有机械损伤和紧固部位松动现象。试验气体为氢气时，探测器的报警动作值与报警设定值之差不应超过$\pm 200\times 10^{-6}$；试验气体为一氧化碳时，探测器的报警动作值与报警设定值之差不应超过$\pm 80\times 10^{-6}$。

表 4

试验名称	试验参数	试验条件	工作状态
振动试验	频率范围/Hz	10～150	正常监视状态
	加速度 g	0.5	
	扫频速率/(oct/min)	1	
	轴线数	3	
	每个轴线扫频次数	10	
跌落试验	跌落高度/mm	250(质量小于 1 kg)	不通电状态
		100(质量在 1 kg～10 kg 间)	
		50(质量大于 10 kg)	
	跌落次数	1	

5.2 主要部件性能

5.2.1 指示灯

5.2.1.1 应采用发光二极管指示灯。

5.2.1.2 应以颜色标识,红色表示报警信号,黄色表示故障信号,绿色表示电源工作正常。

5.2.1.3 所有指示灯应清晰地标注出功能。在一般环境光线下,指示灯在距其正前方 3 m 远处应清晰可辨。

5.2.2 电子元器件

应进行三防(防潮、防霉、防盐雾)处理。

5.2.3 音响器件

5.2.3.1 在额定工作电压下,音响器件在距其正前方 1 m 远处的声压级(A 计权)应不小于 70 dB,不大于 115 dB。

5.2.3.2 在 85%额定工作电压条件下,音响器件应能发出声响。

5.2.4 开关和按键

开关和按键应坚固、耐用,并清晰地标注出其功能。

5.2.5 探测器的外壳应选用不燃材料或难燃材料(氧指数≥32)。

6 试验方法

6.1 试验纲要

6.1.1 试验程序见表 5。

6.1.2 试验样品为 12 只,并在试验前予以编号。

6.1.3 如在有关条文中没有说明,则各项试验均在下述大气条件下进行:

温度:15℃～35℃;

湿度:30%RH～70%RH 之间的某一恒定值±10%RH;

大气压力:86 kPa～106 kPa。

6.1.4 如在有关条文中没有说明时,各项试验数据的容差均为±5%。

6.1.5 探测器在试验前均应进行外观检查,符合下述要求时方可进行试验。

a) 文字、符号和标志清晰齐全;

b) 表面无腐蚀、涂覆层脱落和起泡现象,无明显划伤、裂痕、毛刺等机械损伤;

c) 紧固部位无松动。

6.1.6 试验气体配气精度

配制试验气体所用的可燃气体纯度应不低于 99.5%,配制试验气体所用空气应为不含灰尘、油质的新鲜空气，配气湿度应符合正常湿度条件，配气误差应不大于报警设定值的±2%。

表 5

序号	章条	试验项目	探测器编号											
			1	2	3	4	5	6	7	8	9	10	11	12
1	6.1.5	外观检查试验	√	√	√	√	√	√	√	√	√	√	√	√
2	6.2	主要部件检查试验	√	√	√	√	√	√	√	√	√	√	√	√
3	6.3	功能试验	√	√	√	√	√	√	√	√	√	√	√	√
4	6.4	电池性能试验									√			
5	6.5	不通电贮存试验	√	√	√	√	√	√	√	√	√	√	√	√
6	6.6	报警动作值试验	√	√	√	√	√	√	√	√	√	√	√	√
7	6.7	方位试验	√											
8	6.8	报警重复性试验		√										
9	6.9	高速气流试验	√											
10	6.10	全量程指示偏差试验			√	√								
11	6.11	响应时间试验			√	√								
12	6.12	高浓度淹没试验												√
13	6.13	辐射电磁场试验										√		
14	6.14	静电放电试验										√		
15	6.15	高温试验						√						
16	6.16	低温试验							√					
17	6.17	恒定湿热试验		√										
18	6.18	振动试验								√				
19	6.19	跌落试验											√	

6.1.7 探测器标定

试验前，应按产品说明书对探测器的报警点按报警设定值进行标定，并进行复验确认。此后不再进行标定。允许使用校验罩标定探测器。

6.1.8 探测器调零

试验前，首先对探测器预热 1 h(或按产品说明书规定时间进行)，然后再按说明书规定进行调零，试验开始后不再调零(个别试验有特殊要求时除外)。

6.2 主要部件检查试验

6.2.1 目的

检查探测器主要部件性能。

6.2.2 要求

探测器的主要部件性能应符合 5.2 条要求。

6.2.3 方法

6.2.3.1 检查并记录指示灯的用法、颜色标识、可见程度及功能标注情况。

6.2.3.2 检查并记录探测器各开关、按键功能标注情况。

6.2.3.3 检查并记录三防情况。

6.2.3.4 使探测器处于报警状态，测量并记录探测器声报警信号的声压级，然后使探测器供电电压降至85%额定电压,观察并记录探测器声报警情况。

6.2.3.5 检查探测器的外壳,并测量难燃材料外壳的氧指数。

6.3 功能试验

6.3.1 目的

检验探测器的功能。

6.3.2 要求

探测器的功能应符合5.1.6条要求。

6.3.3 方法

6.3.3.1 在探测器处于正常监视状态10 min后,使探测器处于报警状态,观察并记录探测器声、光报警情况。

6.3.3.2 使处于报警状态的探测器脱离可燃气体环境(自动或手动恢复),观察并记录探测器声、光报警信号恢复情况。

6.3.3.3 使探测器的传感元件断路、短路,观察并记录探测器的工作状态。

6.3.3.4 操作探测器自检机构,观察并记录探测器声、光报警情况。

6.4 电池性能试验

6.4.1 目的

检验探测器的电池性能。

6.4.2 要求

探测器电池性能应满足5.1.7条要求。

6.4.3 方法

6.4.3.1 检查探测器电池低电量指示功能的设置情况。

6.4.3.2 使探测器连续工作至电池低电量指示时,连续工作的探测器再工作15 min,单次工作的探测器再操作10次。然后,按6.6.3条方法测量探测器的报警动作值。

6.4.3.3 将连续工作的探测器装入电量充足的电池,使其处于正常监视状态,8 h后,检查探测器工作情况;将单次工作的探测器装入电量充足的电池,使其完整操作200次,检查探测器工作情况。

6.5 不通电贮存试验

6.5.1 目的

检查探测器对贮存环境的适应能力。

6.5.2 要求

探测器应满足5.1.8条要求。

6.5.3 方法

6.5.3.1 将全部经标定、调零后功能正常的探测器置于低温试验箱内,以不大于1℃/min的降温速率使试验箱内温度降至−25℃±2℃,并保持24 h。

6.5.3.2 将探测器从低温试验箱中取出,放于室内正常环境条件下恢复至少24 h。

6.5.3.3 将探测器置于高温试验箱内,以不大于1℃/min的升温速率,使试验箱内温度升至55℃±2℃,并保持24 h。

6.5.3.4 将探测器从高温试验箱中取出,放于室内正常环境条件下恢复至少24 h。

6.5.3.5 试验结束后,在正常环境条件下,按6.6.3条方法测量探测器的报警动作值。

6.5.4 试验设备

满足国家标准GB 16838—1997第4章规定。

6.6 报警动作值试验

6.6.1 目的

检查探测器报警设定值的准确度。

6.6.2 要求

探测器的报警动作值应满足5.1.3条规定。

6.6.3 方法

6.6.3.1 将探测器按正常工作状态要求安装于试验箱中，接通电源，使探测器处于正常监视状态20 min。

6.6.3.2 启动通风机，使试验箱内气流速度稳定在0.8 m/s±0.2 m/s，再以体积分数不大于100×10^{-6}/min的速率增加试验气体浓度，直至探测器发出报警信号，测量探测器的报警动作值。

6.6.4 试验设备

试验设备应符合本部分附录A规定。

6.7 方位试验

6.7.1 目的

检验探测器方位对报警动作值的影响。

6.7.2 要求

探测器方位性能应满足5.1.9条规定。

6.7.3 方法

6.7.3.1 将探测器按正常工作状态要求安装于试验箱中，接通电源，使探测器处于正常监视状态20 min。

6.7.3.2 启动通风机，使气流速度稳定在0.8 m/s±0.2 m/s，再以体积分数不大于100×10^{-6}/min的速率增加试验气体浓度直至探测器发出报警信号，测量探测器在Z轴线上方位0°的报警动作值。以后每旋转45°方位进行一次试验，测量Z轴线上每个方位的报警动作值。

6.7.3.3 分别测量Y、X轴线上各个方位的报警动作值，如果在Y、X轴线上探测器的外部结构和内部部件结构对气流速度无影响时，可不进行Y、X轴的试验。

6.7.4 试验设备

试验设备应符合本部分附录A规定。

6.8 报警重复性试验

6.8.1 目的

检验探测器报警动作值的重复性。

6.8.2 要求

探测器报警重复性应满足5.1.11条要求。

6.8.3 方法

按6.6.3条方法重复6次试验，测量探测器每次报警动作值。

6.8.4 试验设备

试验设备应符合本部分附录A规定。

6.9 高速气流试验

6.9.1 目的

检验探测器对高速气流的适应性。

6.9.2 要求

探测器的高速气流性能应满足5.1.12条要求。

6.9.3 方法

6.9.3.1 将探测器按正常工作状态要求安装于试验箱中，接通电源，使探测器处于正常监视状态20 min。

6.9.3.2 启动通风机，使试验箱内气流速度稳定在6 m/s±0.5 m/s，再以体积分数不大于100×10^{-6}/min的速率增加试验气体浓度直至探测器发出报警信号，测量探测器的报警动作值。

6.9.4 试验设备

试验设备应符合本部分附录A规定。

6.10 **全量程指示偏差试验**

6.10.1 **目的**

检验探测器全量程指示偏差。

6.10.2 **要求**

探测器的全量程指示偏差应满足5.1.4条要求。

6.10.3 **方法**

6.10.3.1 将探测器接通电源，使其处于正常监视状态20 min。

6.10.3.2 分别调节进入气体稀释器的可燃气体和洁净空气的流量，配制出流量为500 mL/min并分别达到探测器满度10%、25%、50%、75%、90%浓度的试验气体。然后经校验罩分别将配制好的试验气体输送到探测器的传感元件上至少1 min，记录探测器在每一种情况下的指示情况。

6.10.4 **试验设备**

a) 气体分析仪；

b) 气体稀释器。

6.11 **响应时间试验**

6.11.1 **目的**

检验探测器的响应时间。

6.11.2 **要求**

探测器的响应时间应满足5.1.5条要求。

6.11.3 **方法**

6.11.3.1 将探测器接通电源，使其处于正常监视状态20 min。

6.11.3.2 对于具有可燃气体浓度显示功能的探测器，调节进入气体稀释器的可燃气体和洁净空气的流量，配制出流量为500 mL/min，浓度为探测器满量程的60%的试验气体，并经校验罩将配制好的试验气体输送到探测器的传感元件上，同时启动计时装置，待探测器显示到真实值的90%时，停止计时，记录探测器的响应时间(t_{90})。

6.11.3.3 对于不具有可燃气体浓度显示功能的探测器，调节进入气体稀释器的可燃气体和洁净空气的流量，配制出流量为500 mL/min，浓度为探测器报警动作值的1.6倍的试验气体，并经校验罩将配制好的试验气体输送到探测器的传感元件上，同时启动计时装置，待探测器发出报警信号时，停止计时，记录探测器的报警响应时间。

6.11.4 **试验设备**

a) 气体分析仪；

b) 气体稀释器；

c) 计时器。

6.12 **高浓度淹没试验**

6.12.1 **目的**

检验探测器对高浓度淹没的适应性。

6.12.2 **要求**

探测器的高浓度淹没性能应满足5.1.10条要求。

6.12.3 **方法**

6.12.3.1 将探测器安装于防爆试验箱内，使其处于正常监视状态20 min。

6.12.3.2 将体积分数为100%的可燃气体以500 mL/min的流量经校验罩输送到探测器的传感元件上，保持2 min，将试验箱内可燃气体抽出，然后将探测器置于洁净空气中30 min。试验期间，观察并记录探测器的工作状态；试验后，若探测器能处于正常监视状态，则按6.6.3条方法测量探测器的报警动作值。

6.12.4 **试验设备**

防爆试验箱。

6.13 辐射电磁场试验

6.13.1 **目的**

检验探测器在辐射电磁场环境下工作的适应性。

6.13.2 **要求**

探测器的抗辐射电磁场性能应满足5.1.13条要求。

6.13.3 **方法**

6.13.3.1 将探测器安放在绝缘台上，接通电源，使探测器处于正常监视状态20 min。

6.13.3.2 按图1布置试验设备，将发射天线置于中间，探测器与电磁干扰测量仪器分别置于发射天线两边各1 m处。

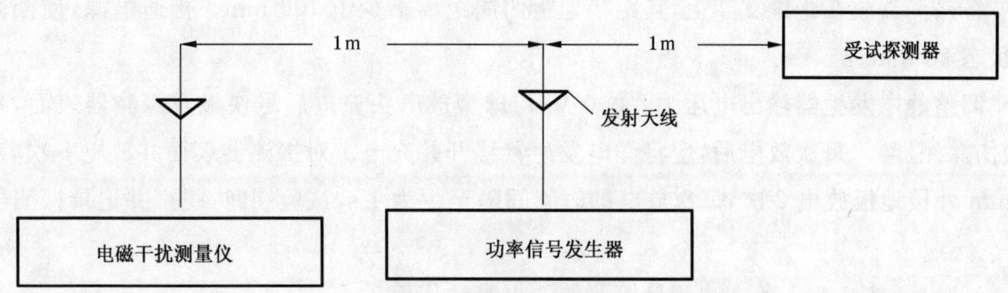

图1 试验设备布置图

6.13.3.3 调节1 MHz～1 000 MHz的功率信号发生器的输出使电磁干扰测量仪的读数为10 V/m，在试验过程中频率应在1 MHz～1 000 MHz的频率范围内以不大于0.005倍频程每秒的速率缓慢变化，同时应转动探测器，观察并记录探测器工作情况。如使用的发射天线具有方向性，则应先使发射天线反转，对准探测器进行试验。在1 MHz～1 000 MHz的频率范围内，应分别用天线的水平极化和垂直极化进行试验。

6.13.3.4 试验期间，观察并记录探测器的工作状态。

6.13.3.5 试验应在屏蔽室内进行，为避免产生较大的测量误差，天线的位置应符合图2的要求。

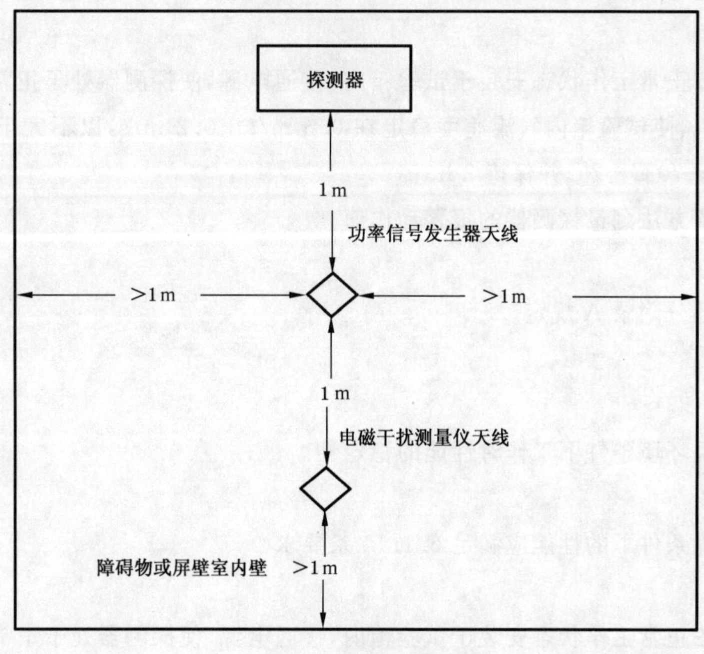

图2 天线位置图

6.13.3.6　试验结束后，按6.6.3条方法测量探测器的报警动作值。

6.13.4　试验设备

试验设备应满足GB 16838—1997第4章规定。

6.14　静电放电试验

6.14.1　目的

检验探测器对带静电人员、物体造成的静电放电的适应性。

6.14.2　要求

探测器抗静电放电性能应满足5.1.13条要求。

6.14.3　方法

6.14.3.1　将探测器放在绝缘支架上，且距接地板四周距离不少于100 mm。接通电源，使探测器处于正常监视状态20 min。

6.14.3.2　调整静电发生器输出电压为8 000 V，用球型放电头充电后尽快触及探测器表面，切实接触（但不能损伤探测器）。每次放电后，应将静电发生器移开并充电。对探测器表面共放电8次，对探测器周围100 mm处接地板放电2次，每次放电的时间间隔至少为1 s，试验期间，观察并记录探测器的工作状态。

6.14.3.3　试验后，按6.6.3条方法测量探测器的报警动作值。

6.14.4　试验设备

试验设备应满足GB 16838—1997中第4章规定。

6.15　高温试验

6.15.1　目的

检验探测器在高温环境条件下工作时性能的稳定性。

6.15.2　要求

探测器在高温环境条件下的性能应满足5.1.14条要求。

6.15.3　方法

6.15.3.1　将探测器按正常工作状态安装于试验箱内，接通电源，使探测器处于正常监视状态20 min。

6.15.3.2　启动通风机，使试验箱内气流速度稳定在0.8 m/s±0.2 m/s，以不大于1℃/min的升温速率使试验箱内温度升至70℃±2℃并保持2 h。

6.15.3.3　按6.6.3条方法测量探测器的报警动作值。

6.15.4　试验设备

试验设备符合本部分附录A规定。

6.16　低温试验

6.16.1　目的

检验探测器在低温环境条件下工作时性能的稳定性。

6.16.2　要求

探测器在低温环境条件下的性能应满足5.1.14条要求。

6.16.3　方法

6.16.3.1　将探测器按正常工作状态安装于试验箱内，接通电源，使探测器处于正常监视状态20 min。

6.16.3.2　启动通风机，使试验箱内气流速度稳定在0.8 m/s±0.2 m/s，以不大于1℃/min的降温速率，使试验箱内温度降至－40℃±2℃并保持2 h。

6.16.3.3 按6.6.3条方法测量探测器的报警动作值。

6.16.4 试验设备

试验设备应符合本部分附录A规定。

6.17 恒定湿热试验

6.17.1 目的

检验探测器在恒定湿热条件下工作时性能的稳定性。

6.17.2 要求

探测器在恒定湿热条件下工作时性能应满足5.1.14条要求。

6.17.3 方法

6.17.3.1 将探测器按正常工作状态安装于试验箱内，接通电源，使探测器处于正常监视状态20 min。

6.17.3.2 启动通风机，使试验箱内的气流速度稳定在0.8 m/s±0.2 m/s，以不大于1℃/min的升温速率，使试验箱内的温度升至40℃±2℃，然后以不大于5%RH/min的速率将试验箱内的湿度增至93^{+2}_{-3}% RH，并稳定2 h。

6.17.3.3 按6.6.3条方法测量探测器的报警动作值。

6.17.4 试验设备

试验设备应符合本部分附录A规定。

6.18 振动试验

6.18.1 目的

检验探测器经受振动的适应性及结构的完好性。

6.18.2 要求

探测器的抗振性能应满足5.1.15条要求。

6.18.3 方法

6.18.3.1 将探测器按其正常安装方式固定在振动台上，接通电源，使探测器处于正常监视状态。

6.18.3.2 启动振动试验台，使其在10 Hz～150 Hz频率范围内，以0.5 g加速度，1 oct/min的速率，分别在X、Y、Z三个轴线上各扫频10次。

6.18.3.3 试验期间，监视探测器状态，试验后，检查外观和紧固部位情况。

6.18.3.4 试验后，按6.6.3条方法测量探测器的报警动作值。

6.18.4 试验设备

试验设备符合GB 16838—1997第4章规定。

6.19 跌落试验

6.19.1 目的

检验探测器经受跌落的适应性。

6.19.2 要求

探测器经受跌落的性能应满足5.1.15条要求。

6.19.3 方法

6.19.3.1 将非包装状态的探测器自由跌落在平滑、坚硬的混凝土面上。

跌落高度：

a) 质量小于1 kg的　　250 mm；

b) 质量在1 kg～10 kg之间　　100 mm；

c) 质量在10 kg以上　　50 mm。

6.19.3.2 试验后检查探测器外观和紧固部位情况。

6.19.3.3 试验后按6.6.3条方法测量探测器的报警动作值。

7 标志

7.1 产品标志

每只探测器均应有清晰、耐久的产品标志，产品标志应包括以下内容：

a) 制造厂名称、地址；

b) 产品名称；

c) 产品型号；

d) 产品主要技术参数(适合气体种类，报警设定值等)；

e) 防爆标志；

f) 商标；

g) 制造日期及产品编号；

h) 执行标准。

7.2 质量检验标志

每只探测器均应有清晰的质量检验标志，质量检验标志应包括下列内容：

a) 检验员；

b) 合格标志。

8 检验规则

8.1 产品出厂检验

企业在产品出厂前应对探测器进行下述试验项目的检验：

a) 外观检查；

b) 功能试验；

c) 报警动作值试验；

d) 报警重复性试验；

e) 恒定湿热试验。

探测器在出厂前均应进行a)至c)三项试验，d)和e)项可进行抽样试验。其中d)和e)项试验中任一项不合格，则判该批产品不合格，其他三项试验中任两项不合格，允许调整后补做，累计补做次数不超过两次。

8.2 型式检验

8.2.1 型式检验项目为本部分第6章规定的6.1.5、6.2～6.19。在出厂检验合格的产品中抽取检验样品。

8.2.2 有下列情况之一时，应进行型式检验：

a) 新产品或老产品转厂生产时的试制定型鉴定；

b) 正式生产后，产品的结构、主要部件或元器件、生产工艺等有较大的改变可能影响产品性能时；

c) 产品停产一年以上，恢复生产；

d) 出厂检验结果与上次型式检验结果差异较大；

e) 发生重大质量事故；

f) 质量监督机构提出要求。

8.2.3 在型式检验中累计补做次数不允许超过四次，单项补做次数不超过两次。

9 使用说明书

每只探测器或每类探测器都应有相应的说明书。

说明书应有完整、清楚、准确的安全和使用说明，安装和服务说明，应包括下列内容：

a） 完整的安装和调试开通说明；

b） 操作说明；

c） 日常检查和校准说明；

d） 必要时，应包括下述使用条件限制：

 1） 适合的气体（包括报警设定值）；

 2） 环境温度限制；

 3） 湿度范围；

 4） 电压范围；

 5） 需要屏蔽线；

 6） 电池特性；

 7） 最高最低贮存温度限制；

 8） 压力限制。

e） 详细说明查找可能出现故障源的方法和改正过程；

f） 电池的安装和维护说明；

g） 推荐的可更换元件一览表；

h） 贮存和使用寿命；

i） 允许使用场所。

附　录　A
（规范性附录）
点型可燃气体探测器试验设备

A.1　点型可燃气体探测器温湿试验箱

A.1.1　温湿试验箱风流筒示意图(见图 A.1)

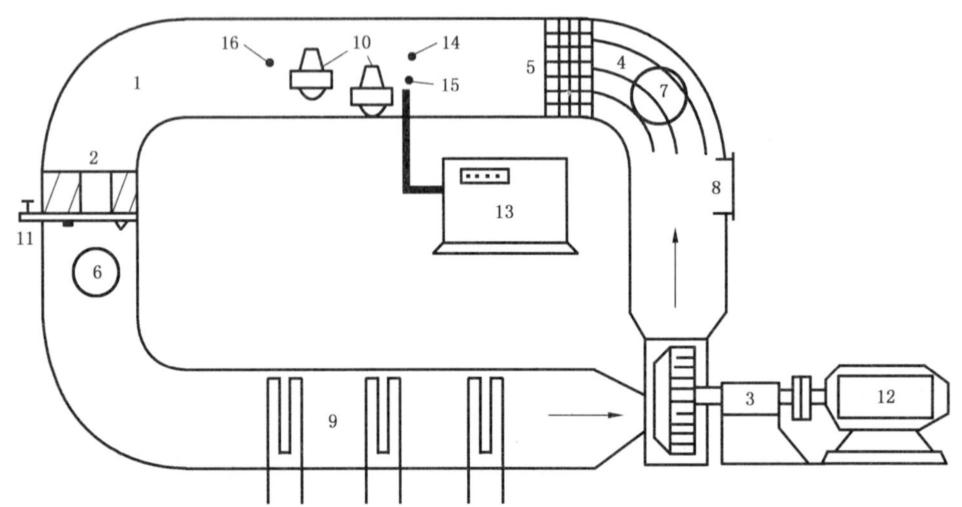

1——风筒；
2——涡流机；
3——通风机；
4——导流板；
5——整流栅；
6——加湿门；
7——进风门；
8——排气门；
9——加热器；
10——探测器；
11——可燃气体入口；
12——直流电机；
13——气体分析仪；
14——温度检测仪；
15——湿度检测仪；
16——风速计。

图 A.1

A.1.2　技术参数

a)　闭环风流筒

内部容积 1.1 m^3，横断面积 0.4 m×0.4 m，不锈钢板 1.5 mm，长度 2.4 m。

b)　通风机

风速范围 0 m/s～6.5 m/s 连续可调。

c)　加热器

表面温度＜300℃，温度控制范围：35℃～75℃连续可调，升温速率≤1℃/min。

d) 加湿器

湿度控制范围:90%RH～95%RH,加湿速率≤5%RH/min。

e) 气体浓度测量仪

甲烷测量范围(体积分数):0～5%;

丙烷测量范围(体积分数):0～3%;

氢气测量范围(体积分数):0～4%;

一氧化碳测量范围(体积分数):0～0.1%。

f) 温度测量仪

误差±0.5℃,分辨率≤0.1℃。

g) 湿度测量仪

误差±0.5%RH,分辨率≤0.1%RH。

h) 风速测量仪

测量范围 0.2 m/s～10 m/s,测量误差不大于±5%。

A.2 点型可燃气体探测器低温试验箱

A.2.1 低温试验箱风流筒示意图(见图 A.2)

A.2.2 技术参数

a) 闭环风流筒

同 A.1.2a)。

b) 通风机

同 A.1.2b)。

c) 蒸发器

温度控制范围:0℃～-40℃连续可调,降温速度≤1℃/min。

d) 加热器

3 相 1 组、380 V,9 kW。

e) 气体浓度测量仪

同 A.1.2e)。

f) 温度测量仪

误差±0.5℃,分辨率 0.1℃。

g) 风速测量仪

同 A.1.2h)。

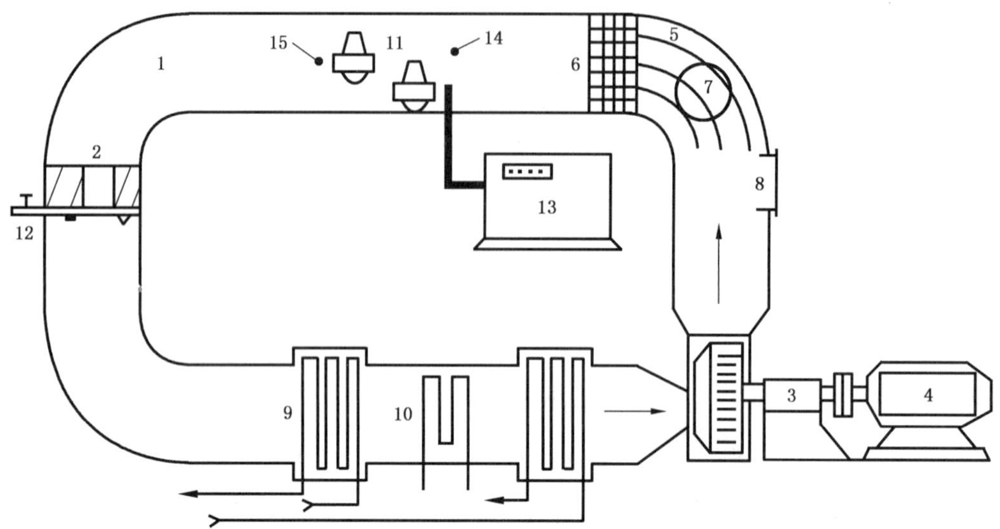

1——风筒；

2——涡流机；

3——通风机；

4——直流电机；

5——导流板；

6——整流栅；

7——进风门；

8——排气门；

9——蒸发器；

10——加热器；

11——探测器；

12——可燃气体入口；

13——气体分析仪；

14——温度检测仪；

15——风速计。

图 A.2

ICS 13.220.20
C 81

中华人民共和国国家标准

GB 15631—2008
代替 GB 15631—1995

特种火灾探测器

Special type fire detectors

2008-09-01 发布　　2009-05-01 实施

中华人民共和国国家质量监督检验检疫总局
中国国家标准化管理委员会　发布

前　言

本标准的第4、5、6、7章内容为强制性，其余为推荐性。

本标准代替GB 15631—1995《点型红外火焰探测器性能要求及试验方法》，与GB 15631—1995相比较主要变化如下：

——本标准在技术要求方面增加了吸气式感烟火灾探测器、图像型火灾探测器、点型一氧化碳火灾探测器的要求；

——本标准采用了最新版本的电磁兼容要求，选择了适当的严酷等级，便于与国际接轨。

本标准的附录A、附录B为规范性附录。

本标准由中华人民共和国公安部提出。

本标准由全国消防标准化技术委员会第六分技术委员会归口。

本标准负责起草单位：公安部沈阳消防研究所。

本标准参加起草单位：安徽省消防局、西安博康电子有限公司、深圳市赋安安全系统有限公司、科大立安安全技术有限责任公司。

本标准主要起草人：丁宏军、屈励、窦保东、郭春雷、袁宏永、张颖琮、张学军、费春祥、王文青、宋立巍、梅志斌、李海涛、李宁宁、孙爽、李瑞、邓丽红。

本标准所代替标准的历次版本发布情况为：

——GB 15631—1995。

特种火灾探测器

1 范围

本标准规定了特种火灾探测器(以下简称探测器)的分类、技术要求、试验方法、检验规则、标志和使用说明书。

本标准适用于一般工业与民用建筑中安装使用的特种火灾探测器。其他环境中安装使用的具有特殊要求的特种火灾探测器,除特殊要求由有关标准另行规定外,亦应执行本标准。

2 规范性引用文件

下列文件中的条款通过本标准的引用而成为本标准的条款。凡是注日期的引用文件,其随后所有的修改单(不包括勘误的内容)或修订版均不适用于本标准,然而,鼓励根据本标准达成协议的各方研究是否可使用这些文件的最新版本。凡是不注日期的引用文件,其最新版本适用于本标准。

GB 4706.1—1998 家用和类似用途电器的安全 第一部分:通用要求(eqv IEC 335-1:1991)

GB 4715 点型感烟火灾探测器

GB 9969.1 工业产品使用说明书 总则

GB 12978 消防电子产品检验规则

GB 16838 消防电子产品环境试验方法及严酷等级

3 分类

3.1 特种火灾探测器按探测原理可分为:

a) 点型红外火焰探测器;

b) 吸气式感烟火灾探测器;

c) 图像型火灾探测器;

d) 点型一氧化碳火灾探测器。

3.2 点型一氧化碳火灾探测器按使用方式可分为:

a) 独立式;

b) 系统式。

3.3 吸气式感烟火灾探测器按其响应阈值范围可分为:

a) 普通型;

b) 灵敏型;

c) 高灵敏型。

3.4 吸气式感烟火灾探测器按其功能构成方式可分为:

a) 探测型;

b) 探测报警型。

3.5 吸气式感烟火灾探测器按其采样方式可分为:

a) 管路采样式;

b) 点型采样式。

4 技术要求

4.1 通用要求

4.1.1 报警确认灯

探测器应具有红色报警确认灯。当被监视区域火灾参数符合报警条件时，探测器报警确认灯应点亮，并保持至被复位。通过报警确认灯显示探测器其他工作状态时，被显示状态应与火灾报警状态有明显区别。可拆卸探测器的报警确认灯可安装在探头或其底座上。确认灯点亮时在其正前方 6 m 处，照度不超过 500 lx 的环境条件下，应清晰可见。

4.1.2 辅助设备连接

探测器连接其他辅助设备(例如远程确认灯，控制继电器等)时，与辅助设备间连接线的开路和短路不应影响探测器的正常工作。

4.1.3 出厂设置

除非使用特殊手段(如专用工具或密码)或破坏封条，否则探测器的出厂设置不应被改变。

4.1.4 响应性能现场设置

探测器的响应性能如果可在探测器或在与其相连的控制和指示设备上进行现场设置，则应满足以下要求：

a) 当制造商声明所有设置均满足本标准的要求时，探测器在任意设置的条件下均应满足本标准的要求，且对于现场设置应只能通过专用工具、密码或探头与底座的分离等手段实现；

b) 当制造商声明某一设置不满足本标准的要求时，该设置应只能通过专用工具、密码手段实现，且应在探测器上或有关文件中明确标明该项设置不能满足本标准的要求。

4.1.5 防止外界物体侵入性能

探测器应能防止直径为(1.3±0.05)mm 的球形物体侵入探测室。

4.1.6 使用说明书

探测器应有相应的中文说明书。说明书的内容应满足 GB 9969.1 要求，并与产品性能一致。

4.1.7 气候环境试验

4.1.7.1 运行试验

探测器应能耐受表 1 所规定气候环境条件下的各项试验。试验期间及试验后应满足下列要求。

a) 试验期间，探测器不应发出火灾报警信号或故障信号；

b) 试验后，探测器应能正常工作；点型红外火焰探测器的响应阈值与其在一致性试验中的响应阈值相比较，最大响应阈值与最小响应阈值之比应不大于 1.3；吸气式感烟火灾探测器和点型一氧化碳火灾探测器的响应阈值与其在一致性试验中的响应阈值相比较，最大响应阈值与最小响应阈值之比应不大于 1.6；图像型火灾探测器的响应阈值应满足 4.4.1 要求。

表 1 运行试验的气候环境条件要求

试验名称	试验参数	试验条件	工作状态
高温(运行)试验	温度/℃	55±2	正常监视状态
	持续时间/h	2	
低温(运行)试验	温度/℃	−10±3	正常监视状态
	持续时间/h	2	
恒定湿热(运行)试验	温度/℃	40±2	正常监视状态
	相对湿度/%	93±3	
	持续时间/d	4	

4.1.7.2 耐久试验

探测器应能耐受表2所规定的气候环境条件下的各项试验，试验后应满足下列要求。

a) 试验后恢复到正常监视状态时，探测器不应发出火灾报警信号或故障信号；

b) 试验后，探测器应能正常工作；点型红外火焰探测器的响应阈值与其在一致性试验中的响应阈值相比较，最大响应阈值与最小响应阈值之比应不大于1.3；吸气式感烟火灾探测器和点型一氧化碳火灾探测器的响应阈值与其在一致性试验中的响应阈值相比较，最大响应阈值与最小响应阈值之比应不大于1.6；图像型火灾探测器的响应阈值应满足4.4.1要求。

表2 耐久试验的气候环境条件要求

试验名称	试验参数	试验条件	工作状态
恒定湿热（耐久）试验	温度/℃	40±2	不通电状态
	相对湿度/%	93±3	
	持续时间/d	21	
腐蚀试验	温度/℃	25±2	不通电状态
	相对湿度/%	93±3	
	持续时间/d	21	
	SO_2 浓度/10^{-6}	25±5	

4.1.8 机械环境试验

4.1.8.1 运行试验

探测器应能耐受表3所规定的机械环境条件下的各项试验，试验期间及试验后探测器应满足下列要求。

a) 试验期间，探测器不应发出火灾报警信号或故障信号；

b) 试验后，探测器不应有机械损伤和紧固部位松动现象；

c) 试验后，探测器基本性能正常；点型红外火焰探测器的响应阈值与其在一致性试验中的响应阈值相比较，最大响应阈值与最小响应阈值之比应不大于1.3；吸气式感烟火灾探测器和点型一氧化碳火灾探测器的响应阈值与其在一致性试验中的响应阈值相比较，最大响应阈值与最小响应阈值之比应不大于1.6；图像型火灾探测器的响应阈值应满足4.4.1要求。

表3 运行试验的机械环境条件要求

试验名称	试验参数	试验条件	工作状态
振动试验（正弦）（运行）	频率范围/Hz	10～150～10	正常监视状态
	加速度/(m/s^2)	9.8	
	扫频速率/(oct/min)	1	
	轴线数	3	
	每个轴线扫频次数	20	
冲击试验	峰值加速度/(m/s^2)	(100－20m)×10（质量 $m \leqslant 4.75$ kg 时）	正常监视状态
		0（质量 $m > 4.75$ kg 时）	
	脉冲时间/ms	6	
	冲击方向	6	
碰撞试验	锤头速度/(m/s)	1.5±0.125	正常监视状态
	碰撞动能/J	1.9±0.1	
	碰撞次数	1	

4.1.8.2 耐久试验

探测器应能耐受表4所规定的机械环境条件下的各项试验，试验后应满足下列要求。

a) 试验后恢复到正常监视状态时，探测器不应发出火灾报警信号或故障信号；

b) 试验后，探测器应能正常工作；点型红外火焰探测器的响应阈值与其在一致性试验中的响应阈值相比较，最大响应阈值与最小响应阈值之比应不大于1.3；吸气式感烟火灾探测器和点型一氧化碳火灾探测器的响应阈值与其在一致性试验中的响应阈值相比较，最大响应阈值与最小响应阈值之比应不大于1.6；图像型火灾探测器的响应阈值应满足4.4.1要求。

表4 耐久试验的机械环境条件要求

试验名称	试验参数	试验条件	工作状态
振动试验（正弦）（耐久）	频率范围/Hz	10～150～10	不通电状态
	加速度/(m/s^2)	10	
	扫频速率/(oct/min)	1	
	轴线数	3	
	每个轴线扫频次数	20	

4.1.9 电磁兼容试验

探测器应能耐受表5所规定的电磁兼容性试验，试验期间及试验后应满足下列要求。

a) 试验期间，探测器不应发出火灾报警信号或故障信号；

b) 试验后，探测器应能正常工作；点型红外火焰探测器的响应阈值与其在一致性试验中的响应阈值相比较，最大响应阈值与最小响应阈值之比应不大于1.3；吸气式感烟火灾探测器和点型一氧化碳火灾探测器的响应阈值与其在一致性试验中的响应阈值相比较，最大响应阈值与最小响应阈值之比应不大于1.6；图像型火灾探测器的响应阈值应满足4.4.1要求。

表5 电磁兼容性试验条件要求

试验名称	试验参数	试验条件	工作状态
射频电磁场辐射抗扰度试验	场强/(V/m)	10	正常监视状态
	频率范围/MHz	80～1 000	
	调制幅度	80%(1 Hz,正弦)	
	扫频速率/(10 oct/s)	$\leqslant 1.5\times10^{-3}$	
射频场感应的传导骚扰抗扰度试验	电压/dBμV	140	正常监视状态
	频率范围/MHz	0.15～100	
	调制幅度	80%(1 Hz,正弦)	
	扫频速率/(10 oct/s)	$\leqslant 1.5\times10^{-3}$	
静电放电抗扰度试验	放电电压/kV	空气放电(外壳为绝缘体试样)8	正常监视状态
		接触放电(外壳为导体试样和耦合板)6	
	每点放电次数	10	
	放电极性	正、负	
	时间间隔/s	$\geqslant 1$	

表 5（续）

试验名称	试验参数	试验条件	工作状态
电快速瞬变脉冲群抗扰度试验	电压峰值/kV	1×（1±0.1）	正常监视状态
	重复频率/kHz	5×（1±0.2）	
	极性	正、负	
	时间	每次 1 min	
浪涌（冲击）抗扰度试验	浪涌冲击电压/kV	线－地 1×（1±0.1）	正常监视状态
	极性	正、负	
	试验次数	5	

4.2 点型红外火焰探测器

4.2.1 响应阈值分布的一致性

在正常环境条件下，测量每只探测器的响应阈值，其最大响应阈值与最小响应阈值的比应不大于2.0。

4.2.2 重复性

在正常环境条件下，任意一方位上连续 6 次测量同一只探测器的响应阈值，其最大响应阈值与最小响应阈值的比应不大于 1.3。

4.2.3 方位

使探测器的轴线与光轴的夹角分别为 0°、15°、30°、45°，各测量一次响应阈值，探测器的视锥角应不小于 45°，其最大响应阈值与最小响应阈值的比应不大于 2.0。

4.2.4 通电

探测器应能在正常监视状态下连续运行 7 d。试验期间，试样不应发出火灾报警信号或故障信号。试验后，其响应阈值与该探测器在一致性试验中的响应阈值相比较，最大响应阈值与最小响应阈值之比应不大于 1.3。

4.2.5 电源参数波动

探测器的供电电压为额定工作电压的－15％和＋10％，测量探测器的响应阈值，与一致性试验中的响应阈值相比较，其最大响应阈值与最小响应阈值的比应不大于 1.6。

4.2.6 环境光线干扰

探测器在以下环境光线作用期间，不应发出火灾报警信号或故障信号。环境光线干扰结束后，在白炽灯和荧光灯同时点亮的条件下测量探测器响应阈值，其响应阈值与该探测器在一致性试验中的响应阈值相比较，最大响应阈值与最小响应阈值之比应不大于 1.6。试验后，试样响应阈值比 S_{max} ∶ S_{min} 应不大于 1.3。

a) 用两只 25 W 的白炽灯（色温为 2 850 K±100 K），亮 1 s 熄 1 s，共 20 次。

b) 用一只直径 308 mm、30 W 的环形荧光灯，亮 1 s 熄 1 s，共 20 次。

c) 用上述白炽灯和荧光灯，亮 2 h。

4.2.7 火灾灵敏度

在表 6 规定的试验火灾条件下，探测器应在 30 s 内发出火灾报警信号。发出火灾报警信号时试样与试验火中心距离为 25 m 时为Ⅰ级灵敏度，17 m 时为Ⅱ级灵敏度，12 m 时为Ⅲ级灵敏度。

表6 火灾灵敏度试验火条件要求

试验火名称	试验火条件	
正庚烷火	燃料	正庚烷(分析纯级),加3%(体积分数)甲苯
	质量	650 g
	布置	将燃料放置于用2 mm厚钢板制成、底面尺寸为33 cm×33 cm、高为5 cm的容器中
	点火方式	火焰或电火花
乙醇明火	燃料	工业乙醇(乙醇含量90%以上,含少量甲醇)
	质量	2 000 g
	布置	将燃料放置于用2 mm厚钢板制成、底面尺寸为33 cm×33 cm、高为5 cm的容器中
	点火方式	火焰或电火花

4.3 吸气式感烟火灾探测器

4.3.1 管路采样式吸气感烟火灾探测器主要部件性能

4.3.1.1 指示灯

4.3.1.1.1 探测器上应有黄色故障指示灯。当探测器发生故障信号时,该指示灯应点亮,并保持至故障排除。该指示灯点亮时,在其正前方3 m处,周围环境光照度在5 lx～500 lx的条件下,应清晰可见。

4.3.1.1.2 探测器上应有绿色电源指示灯。当探测器接通电源时,该指示灯应点亮,并保持。该指示灯点亮时,在其正前方3m处,周围环境光照度在5 lx～500 lx的条件下,应清晰可见。

4.3.1.1.3 指示灯功能应有标注,使用文字标注时应有中文。

4.3.1.2 字母(符)-数字显示器

当探测器有字母(符)-数字显示器时,该显示器处于显示状态时,在其正前方0.8 m处,环境光照度为5 lx～500 lx条件下应可读。

4.3.1.3 熔断器

用于电源线路的熔断器或其他过流保护器件,其额定电流值一般应不大于探测器最大工作电流的2倍。当最大工作电流大于6 A时,熔断器电流值可取其1.5倍。在靠近熔断器或其他过流保护器件处应清楚地标注其参数值。

4.3.1.4 接线端子

每一接线端子上都应清晰、牢固地标注上其编号或符号,相应用途应在有关文件中说明。

4.3.1.5 开关和按键

探测器的开关和按键应在其上或靠近的位置至少用中文清楚地标注出其功能。

4.3.1.6 吸气管路

吸气管路应坚固耐用,并应涂成红色或沿管路涂有不小于2 mm宽的红色标记,并在其两端1 m内标有探测器吸气管路字样,字高不超过5 mm。吸气管路上的吸气孔的直径不小于2 mm。

4.3.1.7 音响器件

探测报警型吸气式感烟火灾探测器应设指示火灾报警和故障的音响器件。在正常工作条件下,音响器件在其正前方1 m处的声压级(A计权)应大于65 dB,小于115 dB。在85%额定工作电压条件应能工作。

4.3.2 基本性能

4.3.2.1 故障报警功能

探测器吸气管路破漏和堵塞时,导致探测器吸气流量大于正常吸气流量的150%或小于正常吸气流量的50%时,应在100 s内发出故障信号。

4.3.2.2 火灾报警功能

探测器在任一采样孔获取的火灾烟参数符合报警条件时,应在120 s内发出火灾报警信号。

4.3.2.3 **探测报警型探测器特殊性能**

4.3.2.3.1 **火灾报警功能**

探测器应能发出火灾报警声、光信号，指示火灾发生部位，记录火灾报警时间(探测器时钟的日计时误差不应超过 30 s)，并予以保持，直至复位；报警声信号应能手动消除。对于有多路火灾报警功能的探测器，当有新的火灾发生时，应能再次发出火灾报警声、光信号。火灾报警信号应优先于故障报警信号。

4.3.2.3.2 **故障报警功能**

探测器与其连接的部件间发生故障时，应能在 100 s 内发出与火灾报警信号有明显区别的故障声、光信号，故障光信号应保持至故障排除。探测器的声信号应能手动消除，当有新的故障信号时声信号发生时应能再启动。探测器应能显示下述故障的类型：

a) 主电源断电或欠压；

b) 给备用电源充电的充电器与备用电源之间连接线断线、短路；

c) 备用电源与其负载之间连接线断线、短路或由备用电源单独供电时其电压不足以保障探测器正常工作。

4.3.2.3.3 **电源功能**

a) 交流供电

探测器采用交流供电时，在 110%和 85%额定工作电压条件下，应能正常工作，并具有主、备电源转换功能。当主电源断电时，应能自动转换到备用电源；当主电源恢复时，应能自动转换到主电源；应有主、备电源的工作状态指示，主电源应有过流保护措施。主、备电源的转换不应使探测器发出火灾报警信号。

b) 备用电源

备用电源在放电至终止电压条件下，充电 24 h，其容量应能保证探测器在正常监视状态下工作 8 h 后，在报警状态条件下工作 30 min。

4.3.2.3.4 **自检**

探测器应具有手动检查其面板所有指示灯、显示器的功能。在执行自检期间，受其控制的输出接点均不应动作。探测器自检时间超过 1 min 或其不能自动停止自检功能时，探测器的自检功能应不影响非自检部位和探测器本身的火灾报警功能。

4.3.2.3.5 **复位**

探测器的复位应仅能通过专用工具、密码等手段实现。

4.3.2.3.6 **开、关电源**

开、关探测器的电源应仅能通过专用工具、密码等手段实现。

4.3.3 **响应阈值**

4.3.3.1 探测器的响应阈值应符合表 7 的要求。

表 7 响应阈值要求

探测器类型	响应阈值 m(用减光率表示)
高灵敏	$m \leqslant 0.8$ %obs/m
灵敏	0.8%obs/m $< m \leqslant 2$ %obs/m
普通	$m > 2$%obs/m

当探测器的响应阈值在表 1 中两个及两个以上区间可调时，应有响应阈值所在区间指示，并满足相应要求。

4.3.3.2 探测器的响应阈值的测量方法应按下述方法进行：

4.3.3.2.1 试验的正常监视状态

若在试验方法中要求探测器在正常监视状态下工作时，应将试样与制造商提供的控制和指示设备连接；在有关条文中没有特殊要求时，应保证探测器的工作电压为额定工作电压，并在试验期间保持工作电压稳定。

注：探测器的检测报告应注明试验期间探测器配接的控制和指示设备的型号、制造商等内容。

4.3.3.2.2 探测器安装

管路采样式探测器应按制造商规定的最大管路长度的正常安装方式安装，如果说明书给出多种安装方式，试验中应采用对探测器工作最不利的安装方式，在最不利采样孔测量响应阈值。点型采样式探测器应按制造商规定的正常安装方式安装。如果说明书给出多种安装方式，试验中应采用对探测器工作最不利的安装方式。

4.3.3.3 对具有可调响应阈值的探测器，应按制造商规定的可调阈值级别上分别进行测量。

4.3.4 重复性

在试样正常工作位置的任意一个采样孔上连续测量6次响应阈值。其最大响应阈值与最小响应阈值的比应不大于1.6。

4.3.5 响应阈值分布的一致性

在正常环境条件下，测量每只探测器的响应阈值，其最大响应阈值与响应阈值的平均值的比应不大于1.33，响应阈值的平均值与最小响应阈值的比应不大于1.5。

4.3.6 电源参数波动

探测器的供电电压为额定工作电压的－15％和＋10％，测量探测器的响应阈值，与一致性试验中的响应阈值相比较，其最大响应阈值与最小响应阈值的比应不大于1.6。

4.3.7 绝缘性能

探测器有绝缘要求的外部带电端子与机壳间的绝缘电阻值应不小于20 MΩ；试样的电源输入端与机壳间的绝缘电阻值应不小于50 MΩ。

4.3.8 泄漏电流

探测器在1.06倍额定电压工作时，泄漏电流应不超过0.5 mA。

4.3.9 电源瞬变

使探测器主电源按"通电(9 s)～断电(1 s)"的固定程序连续通断500次，探测器在试验期间应保持正常监视状态；试验后，探测器基本性能正常；其响应阈值与该探测器在一致性试验中的响应阈值相比较，最大响应阈值与最小响应阈值之比应不大于1.6。

4.3.10 电压跌落

使探测器主电压下滑60％，持续20 ms，重复进行10次；再将使主电压下滑100％，持续10 ms，重复进行10次。探测器在试验期间应保持正常监视状态；试验后，探测器基本性能正常；其响应阈值与该探测器在一致性试验中的响应阈值相比较，最大响应阈值与最小响应阈值之比应不大于1.6。

4.3.11 火灾灵敏度

按GB 4715要求将2只试样按最不利方式安装在燃烧试验室的顶棚表面上，其余探测管路安装在燃烧试验室外侧，按要求使试样处于正常监视状态。应依据制造商的说明书对试样进行安装和调试，对具有可调响应阈值的试样，应将其阈值设在最大极限值上。

探测器在每种试验火结束前均应发出火灾报警信号。

4.4 图像型火灾探测器

4.4.1 响应阈值

4.4.1.1 试样在一级防火和二级防火监测状态下可发现的最小火焰尺寸、定位精度，应符合表8的要求。

4.4.1.2 从发生火灾到发出火灾报警信号的响应时间应不大于20 s。

表 8 一级、二级防火监测参数表

距离 D/m	镜头/mm	视场角		燃烧盘尺寸/m×m		定位精度/m	
		水平 α	垂直 β	一级防火	二级防火	ΔX	ΔY
5	4	64°	50°	0.020×0.020	0.060×0.060	±0.100	±0.147
	6	42°	32°	0.020×0.020	0.040×0.040	±0.100	±0.142
	8	32°	24°	0.020×0.020	0.030×0.030	±0.100	±0.142
	12	22°	17°	0.020×0.020	0.020×0.020	±0.100	±0.142
25	4	64°	50°	0.090×0.090	0.400×0.400	±0.488	±0.806
	6	42°	32°	0.060×0.060	0.250×0.250	±0.300	±0.754
	8	32°	24°	0.040×0.040	0.150×0.150	±0.225	±0.727
	12	22°	17°	0.030×0.030	0.090×0.090	±0.153	±0.723
50	6	42°	32°	0.150×0.150	0.550×0.550	±0.600	±1.931
	8	32°	24°	0.090×0.090	0.400×0.400	±0.450	±1.643
	12	22°	17°	0.060×0.060	0.250×0.250	±0.306	±1.494
100	12	22°	17°	0.150×0.150	0.600×0.600	±0.612	±3.360

4.4.2 重复性

连续 3 次测量同一只探测器的响应阈值，通电 7 d 后再连续 3 次测量同一只探测器的响应阈值，通电期间，探测器不应发出火灾报警信号或故障信号，其响应阈值应满足 4.4.1 要求。

4.4.3 电源参数波动

探测器的供电电压为额定工作电压的－15%和＋10%，测量探测器的响应阈值，其响应阈值应满足 4.4.1 要求。

4.4.4 环境光线干扰

探测器在以下环境光线作用期间，不应发出火灾报警信号或故障信号；试验后，探测器响应阈值应满足 4.4.1 要求。

a) 用两只 25 W 的白炽灯(色温为 2 850 K±100 K)，亮 1 s 熄 1 s，共 20 次。

b) 用一只直径 308 mm、30 W 的环形荧光灯，亮 1 s 熄 1 s，共 20 次。

c) 用上述白炽灯和荧光灯，亮 2 h。

4.5 点型一氧化碳火灾探测器

4.5.1 固定响应阈值的测量

4.5.1.1 探测器的响应阈值应在表 9 规定的范围内选择。

4.5.1.2 探测器响应阈值的测量应在气体检验装置中进行，气体检验装置应符合附录 A 的规定，并满足方位、电压波动、气流、高温等试验的要求。检验装置安装的气体传感器应符合附录 B 的规定。

4.5.1.3 探测器按 5.1.2 要求安装在气体检验装置中。在有关条文中没有特殊要求时，探测器的方位应为最不利方位，探测器周围的气流应为(0.2±0.04)m/s，气流温度应为(23±5)℃。

4.5.1.4 气体的浓度用体积比的百万分之几表示(以下称 μL/L)。

4.5.1.5 试验前，气体试验装置和探测器内部一氧化碳的浓度应低于 5 μL/L。在有关条文中没有特殊要求时，探测器应在正常监视状态下稳定工作 15 min。

4.5.1.6 按(5 μL/L)/min 的速率将气体检验装置中一氧化碳浓度增加至 15 μL/L，保持 10 min。探测器不应发出火灾报警或故障信号。

4.5.1.7 继续按(5 μL/L)/min 的速率向气体检验装置中加入一氧化碳，直至探测器发出火灾报警信号或一氧化碳的浓度达到 100 μL/L。记录探测器发出报警信号时的一氧化碳浓度值。这一浓度值即为探测器的响应阈值(S)。

4.5.1.8 探测器响应阈值(S)应符合表 9 的规定。应能通过探测器或其连接的控制和指示设备查询探测器的设定的响应阈值(S_0)。

表 9　固定响应阈值

响应阈值	设定的响应阈值(S_0)	最小响应阈值	最大响应阈值
μL/L	26～45	0.7 S_0	1.5 S_0

4.5.2　可调响应阈值的测量

4.5.2.1　探测器的响应阈值应在表 10 规定 S_0 的范围内连续可调。

4.5.2.2　将探测器分别调整为最大和最小设定响应阈值,按 4.5.1.1～4.5.1.7 进行响应阈值试验。

4.5.2.3　探测器响应阈值(S)应符合表 10 的规定。应能通过探测器或其连接的控制和指示设备查询探测器的设定的响应阈值。

4.5.2.4　除试验要求有特殊规定外,探测器的响应阈值可在规定的任一设定值上进行试验。

表 10　可调响应阈值

响应阈值	设定的响应阈值(S_0)	最小响应阈值	最大响应阈值
μL/L	23～66	0.7 S_0	1.5 S_0

4.5.3　独立式探测器的基本性能

4.5.3.1　当被监视区域发生火灾,其参数达到报警条件时,探测器应发出声、光火灾报警信号。

4.5.3.2　在距探测器 3 m 远处,火灾报警信号声压级应大于 60 dB(A 计权)。

4.5.3.3　探测器应具有自检功能,自检时探测器应发出声、光火灾报警信号。

4.5.3.4　具有多个指示灯的探测器,指示灯应以颜色标识。火警指示灯应为红色,故障指示灯应为黄色,采用交流电源供电的探测器,应具有交流电源工作指示灯,交流电源工作指示灯应为绿色。

4.5.3.5　探测器的电源应满足如下要求:

4.5.3.5.1　对内部电池供电的探测器和外部电池供电的探测器,电池的容量应能保证探测器正常工作不少于 6 个月;在电池不能使探测器处于报警状态前,应发出与火灾报警声信号有明显区别的声音故障信号;声音故障信号至少在 7 d 连续每分钟至少提示一次,在此之后,探测器应能发出火灾报警信号,火灾报警信号应至少持续 4 min。

4.5.3.5.2　对外部电源供电且配有内部备用电池的探测器,当外部电源不能正常工作时,应自动切换至备用电池供电,备用电池应能保证探测器处于正常监视状态至少 72 h,在电池将不能使探测器处于报警状态前,应发出与火灾声报警信号有明显区别的声音故障信号。

4.5.3.5.3　探测器电源极性反接不应造成探测器损坏。

4.5.4　气体干扰

探测器在表 11 规定的浓度的气体中保持暴露 1h。试验期间,探测器不应发出火灾报警信号或故障信号。

表 11　干扰气体浓度

气体种类	浓度值/(μL/L)
甲烷	500
丁烷	300
庚烷	500
乙酸乙酯	200
异丙醇	200
二氧化碳	1 000

4.5.5　重复性

在探测器正常工作位置的任意一方位上连续 6 次测量同一只探测器的响应阈值,其最大响应阈值与最小响应阈值的比应不大于 1.6,最小响应阈值不应小于响应阈值设定值的 0.8 倍。

4.5.6 方位

使探测器按同一方向绕其垂直轴线旋转45°,共旋转8次,各测量一次响应阈值,其最大响应阈值与最小响应阈值的比应不大于1.6,最小响应阈值不应小于响应阈值设定值的0.8倍。最大响应阈值和最小响应阈值对应的方位在以后的试验中分别称为"最不利"和"最有利"方位。

4.5.7 响应阈值分布的一致性

分别测量每只探测器的响应阈值,其最大响应阈值与响应阈值的平均值的比应不大于1.33,响应阈值的平均值与最小响应阈值的比应不大于1.5。最小响应阈值不应小于响应阈值设定值的0.7倍,最大响应阈值不应大于响应阈值设定值的1.5倍。

4.5.8 长期稳定性

使探测器处于正常监视状态,保持3个月。试验期间,探测器不应发出故障信号。试验后,其响应阈值与该探测器在一致性试验中的响应阈值相比较,最大响应阈值与最小响应阈值之比应不大于1.6。

4.5.9 高浓度淹没

探测器在以(5 μL/L)/min的速率增加至浓度为500 μL/L的一氧化碳气体中保持2h后,在正常大气条件下恢复4h,试验后,其响应阈值与该探测器在一致性试验中的响应阈值相比较,最大响应阈值与最小响应阈值之比应不大于1.6。

4.5.10 一氧化碳响应敏感度

探测器在一氧化碳浓度为70 μL/L,其他干扰气体浓度分别为表12给定浓度的环境下保持1 h。试验期间,试样应保持火灾报警信号。

表12 气体浓度

气体种类	气体浓度/(μL/L)
氢气	20
一氧化氮	10

4.5.11 电源参数波动

探测器的供电电压为额定工作电压的-15%和+10%,测量探测器的响应阈值,与一致性试验中的响应阈值相比较,其最大响应阈值与最小响应阈值的比应不大于1.6,最小响应阈值不应小于响应阈值设定值的0.8倍。

4.5.12 气流

探测器在周围气流速度为(0.2±0.04)m/s和(1.0±0.2)m/s条件下,分别测量"最不利"和"最有利"方位上的响应阈值,分别用$S_{(0.2)\max}$[1]、$S_{(0.2)\min}$和$S_{(1.0)\max}$[2]和$S_{(1.0)\min}$表示。

探测器响应阈值应满足:$0.625 \leqslant (S_{(0.2)\max}+S_{(0.2)\min})/(S_{(1.0)\max}+S_{(1.0)\min}) \leqslant 1.6$。

5 试验方法

5.1 总则

5.1.1 试验的大气条件

除在有关条文另有说明外,则各项试验均在下述大气条件下进行:

——温度:15 ℃~35 ℃;

——湿度:25%RH~75%RH;

——大气压力:86 kPa~106 kPa。

5.1.2 试验的正常监视状态

若在试验方法中要求探测器(以下简称试样)在正常监视状态下工作时,应将试样与制造商提供的控制和指示设备连接;在有关条文中没有特殊要求时,应保证探测器的工作电压为额定工作电压,并在

1) 下标0.2表示气流速度为(0.2±0.04)m/s。

2) 下标1.0表示气流速度为(1.0±0.2)m/s。

试验期间保持工作电压稳定。

注：探测器的检测报告应注明试验期间探测器配接的控制和指示设备的型号、制造商等内容。

5.1.3　容差

除在有关条文另有说明外，各项试验数据的容差均为±5%；环境条件参数偏差应符合 GB 16838 要求。

5.1.4　试验前检查

5.1.4.1　试样在试验前进行外观检查，应符合下述要求：

a)　表面无腐蚀、涂覆层脱落和起泡现象，无明显划伤、裂痕、毛刺等机械损伤；

b)　紧固部位无松动。

5.1.4.2　试样在试验前应按 4.1.1～4.1.6 要求对试样进行检查，符合要求后方可进行试验。

5.1.5　试验样品(以下称试样)

5.1.5.1　点型红外火焰探测器

10 套探测器，并在试验前予以编号。

5.1.5.2　吸气式感烟火灾探测器

4 只探测器(由探测器的所有部分组成，包括需要配接的控制和指示设备)，并在试验前予以编号。

5.1.5.3　图像型火灾探测器

4 套探测器，并在试验前予以编号。

5.1.5.4　点型一氧化碳火灾探测器

16 套探测器，并在试验前予以编号。

5.1.6　探测器的安装

探测器应按制造商规定的正常安装方式安装。如果说明书给出多种安装方式，试验中应采用对探测器工作最不利的安装方式。

5.1.7　试验程序

按表 13 规定的程序进行试验。

表 13　试验程序

序号	条目	试验项目	点型红外火焰探测器	吸气式感烟火灾探测器	图像型火灾探测器	点型一氧化碳火灾探测器
1	5.2～5.5	探测器基本性能试验	1～10	1～4	1～4	1～16
2	5.6	高温(运行)试验	2	3[a]	1	4
3	5.7	低温(运行)试验	3	4	2	5
4	5.8	恒定湿热(运行)试验	4	1	3	6
5	5.9	恒定湿热(耐久)试验	5	2	4	7
6	5.10	腐蚀试验	6	1[a]	1	8
7	5.11	振动(正弦)(运行)试验	7	2	2	9
8	5.12	冲击试验	8	2	3	10
9	5.13	碰撞试验	9	2	4	11
10	5.14	振动(正弦)(耐久)试验	10	2	2	11
11	5.15	射频电磁场辐射抗扰度试验	2	1	3	12
12	5.16	射频场感应的传导骚扰抗扰度试验	3	1	4	13
13	5.17	静电放电抗扰度试验	4	1	2	14
14	5.18	电快速瞬变脉冲群抗扰度试验	5	1	3	15
15	5.19	浪涌(冲击)抗扰度试验	6	1	4	16
16	5.20	火灾灵敏度试验	7～10	3～4	—	

[a] 适用于点型采样式。

5.2 点型红外火焰探测器基本性能试验

5.2.1 响应阈值测量

5.2.1.1 目的

测量探测器的响应阈值。

5.2.1.2 设备

红外火焰探测器检测装置是一台专用设备，它由光学轨道、红外光源、减光片、快门、调制器、试样支架和其他有关部件组成(如图1所示)。该设备应满足5.2.1、5.2.3～5.2.7的试验要求。

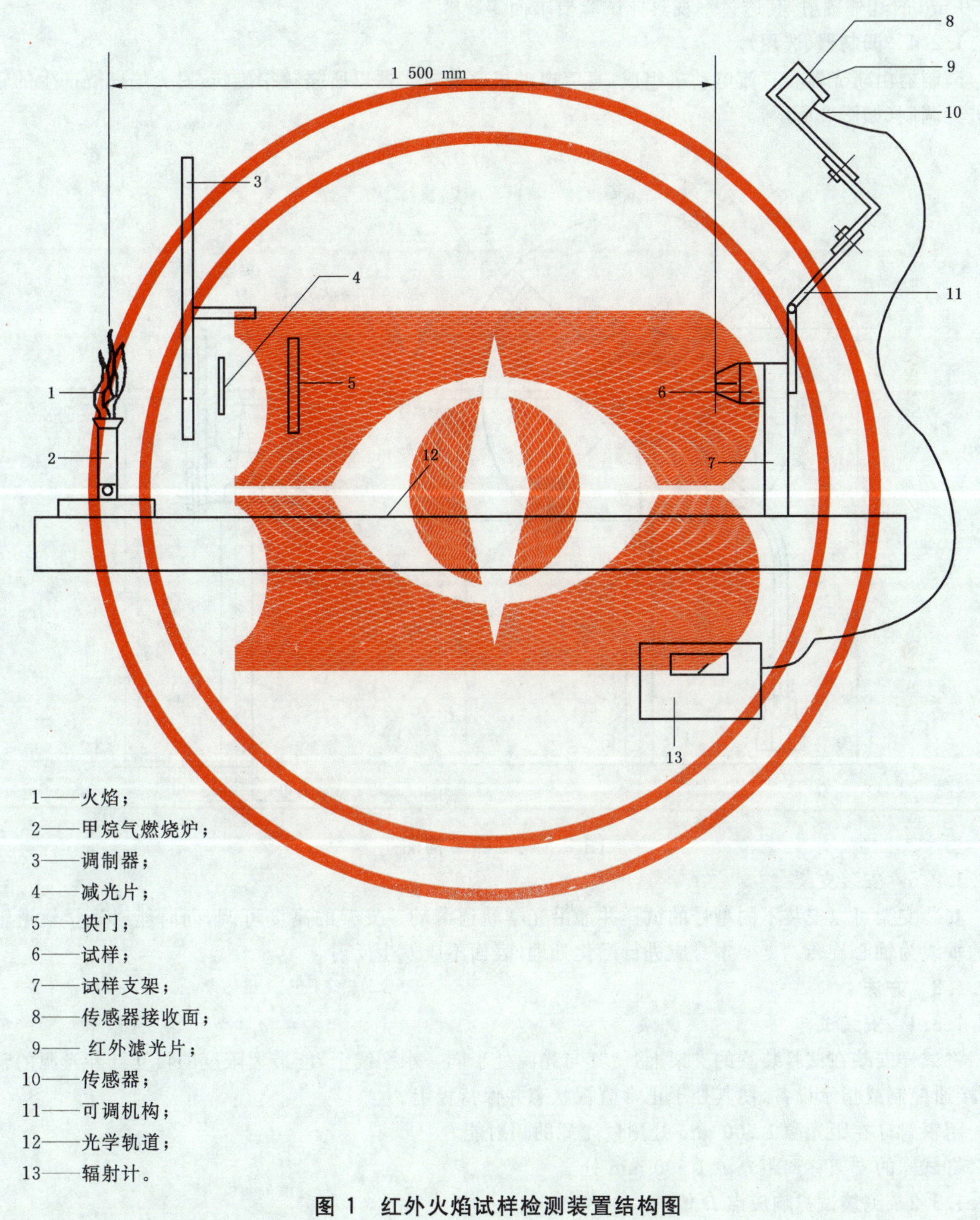

1——火焰；
2——甲烷气燃烧炉；
3——调制器；
4——减光片；
5——快门；
6——试样；
7——试样支架；
8——传感器接收面；
9——红外滤光片；
10——传感器；
11——可调机构；
12——光学轨道；
13——辐射计。

图1 红外火焰试样检测装置结构图

5.2.1.2.1 光学轨道

主要技术参数：

——长度:2 m;

——平直度:小于 0.04 mm。

5.2.1.2.2 **红外光源**

红外光源采用纯度不低于 99.9%的甲烷燃烧产生的火焰。在试验过程中,光源辐射能的变化量不应大于±5%。

5.2.1.2.3 **减光片**

减光片起衰减红外辐射作用,本检测装置中采用中性红外减光片,可通过波长大于 850 nm、小于 1 050 nm 的红外辐射,其透过率视具体试验要求而定。

5.2.1.2.4 **调制器(选用)**

调制器由斩光器和直流电动机组成,直流电动机驱动斩光器以所需频率旋转,对火焰燃烧产生的辐射进行调制(如图 2 所示)。

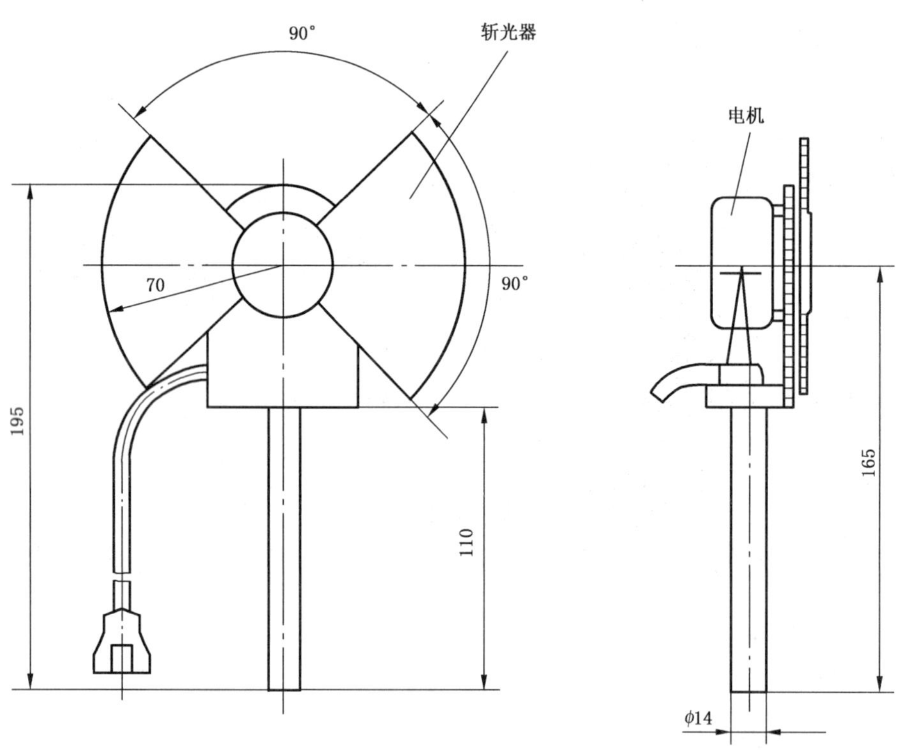

图 2 调制器结构图

5.2.1.2.5 **安装支架**

安装支架可以安装不同型号的试样并能沿光学轨道滑动。支架的高度可调,同时能以光学轨道轴心的垂线为轴心旋转。支架本身应进行黑化处理,表面不应发生反射。

5.2.1.3 **方法**

5.2.1.3.1 **安装试样**

将试样安装在试验装置的支架上,使其与光源处于同一水平线上,能最大限度的接受红外光源的辐射,接通控制或指示设备,使其处于正常监视状态并保持稳定。

用辐射计在距光源 1 500 mm 处测量光源的辐射能。

将试样的支架移到距光源 1 500 mm 处。

5.2.1.3.2 **测量试样响应点 *D* 值**

沿着光学轨道反复移动试样的安装支架,确定试样在 30 s 内可靠响应且距光源距离最大时的位置,即试样响应点。测量该点与光源的距离,即试样响应点 D 值。

根据光学原理,试样响应点与光源之间的距离 D 的平方与光源对试样传感面辐射的有效功率 S 成反比关系,即:

$$S = K/D^2 (K \text{ 为变换常数})$$

对于随机响应特性的试样,必须先反复测量其响应阈值至少 6 次,直至下一次的响应阈值的变化不超出前几次测量的响应阈值平均值的 10%。

对于有闪烁频率要求的试样,必须将调制器调在厂方给定的闪烁频率上(包括 0)。

5.2.1.3.3 **计算响应阈值比**

比较两次测量的响应阈值,大者为 S_{max},小者为 S_{min},分别对应 D_{max} 和 D_{min},响应阈值比 $S_{max} : S_{min} = D_{max}^2 : D_{min}^2$。

5.2.2 **一致性试验**

5.2.2.1 **目的**

检验探测器的响应阈值分布的一致性。

5.2.2.2 **方法**

按 5.2.1.3 规定方法,分别测量 10 只试样响应点 D 值,其中最大值为 D_{max},最小值为 D_{min},计算响应阈值比 $S_{max} : S_{min}$。

5.2.2.3 **要求**

探测器应满足 4.2.1 规定。

5.2.2.4 **设备**

红外火焰试样检测装置。

5.2.3 **重复性试验**

5.2.3.1 **目的**

检验探测器连续工作的稳定性。

5.2.3.2 **方法**

按 5.2.5.3 规定方法,在试样正常工作的任意一方位上连续测量 6 次响应点 D 值,其中最大值为 D_{max},最小值为 D_{min},计算响应阈值比 $S_{max} : S_{min}$。

5.2.3.3 **要求**

探测器应满足 4.2.2 规定。

5.2.3.4 **试验设备**

红外火焰试样检测装置。

5.2.4 **方位试验**

5.2.4.1 **目的**

确定探测器视锥角,检验试样在视锥角内不同角度的响应性能。

5.2.4.2 **方法**

按 5.2.1.3 规定方法测量试样响应点 D 值。每测量一次后,将试样转动一个角度,使试样的轴线与光轴的夹角分别为 0°、15°、30°、45°。其中最大值为 D_{max},最小值为 D_{min},计算响应阈值比 $S_{max} : S_{min}$。

5.2.4.3 **要求**

探测器应满足 4.2.3 规定。

5.2.4.4 **设备**

红外火焰试样检测装置。

5.2.5 **通电试验**

5.2.5.1 **目的**

检验探测器在正常大气条件下工作的稳定性。

5.2.5.2 方法

使试样在正常监视状态下连续运行 7 d。试验后，按 5.2.1.3 规定方法测量试样响应点 D 值，与该试样在一致性试验中的响应点 D 值相比较，大者为 D_{max}，小者为 D_{min}，计算响应阈值比 $S_{max}:S_{min}$。

5.2.5.3 要求

探测器应满足 4.2.4 规定。

5.2.5.4 试验设备

红外火焰试样检测装置。

5.2.6 电源参数波动试验

5.2.6.1 目的

检验探测器对电源参数变化的适应性。

5.2.6.2 方法

分别使试样工作电压比额定电压降低 15% 和升高 10%，按 5.2.1.3 规定方法测量响应点 D 值。与该试样在一致性试验中的响应点 D 值相比较，三者中最大值为 D_{max}，最小值为 D_{min}，计算响应阈值比 $S_{max}:S_{min}$。

5.2.6.3 要求

探测器应满足 4.2.5 规定。

5.2.6.4 设备

红外火焰试样检测装置。

5.2.7 环境光线干扰试验

5.2.7.1 目的

检验探测器在环境光线作用下性能的稳定性。

5.2.7.2 方法

5.2.7.2.1 安装试样

将环境光线干扰模拟装置放置在紫外火焰试样检测装置光源与试样之间(如图 3 所示)，使其与试样的距离为 500 mm。

单位为毫米

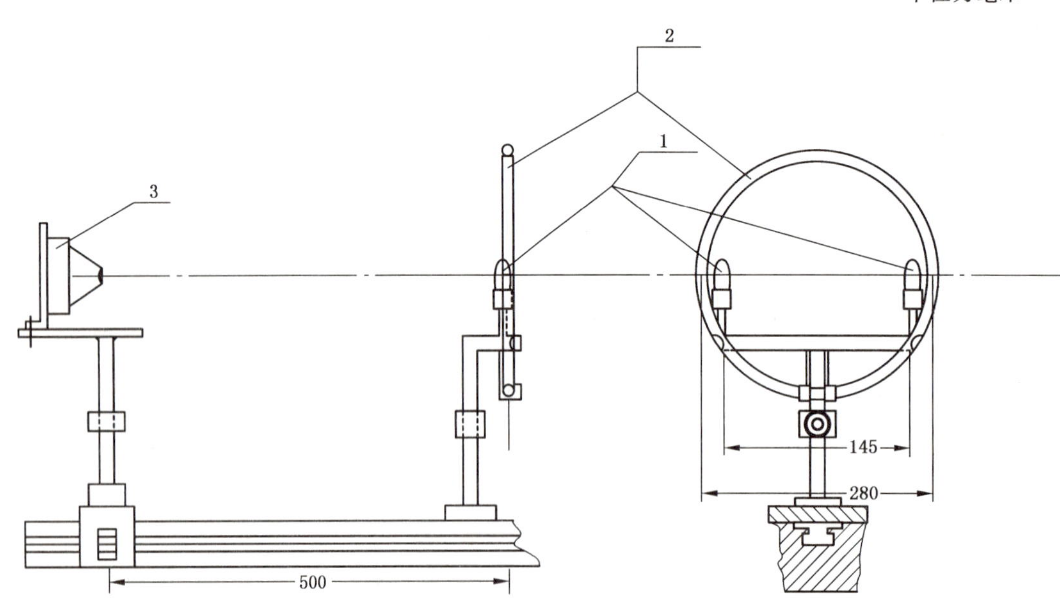

1——白炽灯；

2——环形荧光灯；

3——试样。

图 3 环境光线干扰模拟装置结构图

5.2.7.2.2 试验步骤

a) 所有灯不亮。

b) 用两只 25 W 的白炽灯(色温为 2 850 K±100 K),亮 1 s 熄 1 s,共 20 次。

c) 用一只直径 308 mm、30 W 的环形荧光灯,亮 1 s 熄 1 s,共 20 次。

d) 用上述白炽灯和荧光灯,亮 2 h。按 5.2.1.3 规定方法测量响应点 D 值。

e) 所有灯不亮。

f) 按 5.2.1.3 规定方法测量响应点 D 值。

5.2.7.2.3 计算响应阈值比

按 5.2.1.3 规定方法测量试样响应点 D 值,与该试样在一致性试验中的 D 值相比较,大者为 D_{max},小者为 D_{min} 值,计算响应阈值比 $S_{max}:S_{min}$。

5.2.7.3 要求

探测器应满足 4.2.6 规定。

5.2.7.4 试验设备

红外火焰试样检测装置、环境光线干扰模拟装置。

5.3 吸气式感烟火灾探测器基本性能试验

5.3.1 主要部件性能试验

5.3.1.1 目的

检查探测器主要部件的性能。

5.3.1.2 方法

5.3.1.2.1 检查并记录试样指示灯、显示器的颜色标识、可见程度及功能标注等情况。

5.3.1.2.2 检查并记录试样熔断器的参数标注情况及其实际容量值。

5.3.1.2.3 检查并记录试样各开关和按键功能标注情况。

5.3.1.2.4 检查并记录试样接线端子标注情况。

5.3.1.2.5 检查并记录试样吸气管路标记情况。

5.3.1.2.6 使试样处于火灾报警状态,测量并记录试样声报警信号的声压级,然后使电源电压降至 85%额定电压,观察并记录试样声报警信号情况。

5.3.1.3 要求

探测器应满足 4.3.1 规定。

5.3.2 基本性能试验

5.3.2.1 目的

检查探测器的基本性能。

5.3.2.2 方法

5.3.2.2.1 使试样在任一采样孔获取的烟参数样本达到报警时的浓度,观察并记录试样显示变化、火灾报警情况和时间间隔。

5.3.2.2.2 分别使试样吸气管路的器吸气流量大于正常吸气流量的 150%和小于正常吸气流量的 50%,观察并记录试样故障声、光信号、故障时间间隔。

5.3.2.2.3 在试样正前方 1 m 处,分别测量火灾报警声信号和故障声信号的声压级(A 计权)。

5.3.2.2.4 使试样发出火灾报警信号,测量试样发出火灾报警信号的时间间隔,观察并记录试样发出火灾报警声、光信号情况及计时情况。手动消除火灾报警声信号,有多路火灾报警功能的探测器的另一路发出火灾报警信号,检查试样消音功能和再次火灾报警功能。

5.3.2.2.5 按 4.3.2.3.2 的要求,对试样各项故障功能进行测试,观察并记录试样故障声、光信号、故障时间间隔和类型区分情况。手动消除故障声信号,并使另一部件发出故障信号,检查试样消音功能和故障声信号再启动功能。

5.3.2.2.6 使试样先处于故障状态，再处于火灾报警状态，观察并记录试样报警优先情况。

5.3.2.2.7 在试样处于正常监视状态下，切断试样的主电源，使试样由备用电源供电，再恢复主电源，检查并记录试样主、备电源的转换、状态的指示情况及其主电源过流保护情况。

5.3.2.2.8 将试样的备用电源放电至终止电压，再对其进行 24 h 充电。关闭试样主电源，8 h 后，在使试样处于火灾报警状态 30 min，分别观察并记录试样的状态。

5.3.2.2.9 手动操作试样自检机构，观察并记录试样火灾报警声、光信号及输出接点动作情况；对于自检时间超过 1 min 或不能自动停止自检功能的试样，在自检期间，使任一非自检部位处于火灾报警状态，观察并记录试样火灾报警情况。

5.3.2.2.10 观察并记录试样复位操作情况。

5.3.2.2.11 观察并记录试样的开、关电源情况。

5.3.2.3 要求

试样的基本性能应能满足 4.3.2 的要求。

5.3.3 重复性试验

5.3.3.1 目的

检验单只探测器多次报警时响应阈值的一致性。

5.3.3.2 方法

5.3.3.2.1 按要求，在试样正常工作位置的任意一个采样孔上连续测量 6 次响应阈值。

5.3.3.2.2 6 个响应阈值中的最大值用 m_{max} 表示，最小值用 m_{min} 表示。

5.3.3.3 要求

探测器应满足 4.3.4 规定。

5.3.3.4 设备

响应阈值的检验装置测量范围在 0.01%obs/m～20%obs/m，测量误差小于±5%。

5.3.4 一致性试验

5.3.4.1 目的

检验探测器响应阈值的一致性。

5.3.4.2 方法

5.3.4.2.1 按 5.1.2 和 5.1.6 要求，依次测量 4 只试样的响应阈值。

5.3.4.2.2 计算出 4 只试样响应阈值的平均值，用 m_{rep} 表示。

5.3.4.2.3 4 只试样中，最大响应阈值用 m_{max} 表示，最小响应阈值用 m_{min} 表示。

5.3.4.3 要求

探测器应满足 4.3.5 规定。

5.3.4.4 设备

响应阈值的检验装置测量范围在 0.01%obs/m～20%obs/m，测量误差小于±5%。

5.3.5 电源参数波动试验

5.3.5.1 目的

检验探测器在电源参数波动条件下响应阈值的稳定性。

5.3.5.2 方法

5.3.5.2.1 探测型的探测器

按制造商规定的供电参数上、下限值（如未规定，则上、下限参数分别为额定参数 110% 和 85%）给试样供电，分别测量响应阈值。与该试样在一致性试验中的响应阈值相比较，三者中最大响应阈值用 m_{max} 表示，最小响应阈值用 m_{min} 表示。

5.3.5.2.2 探测报警型的探测器

调节试验装置，使试样的输入电压分别为 187 V(50 Hz)、242 V(50 Hz)或按制造厂规定的额定工作电压上、下限值测量响应阈值，分别测量响应阈值。与该试样在一致性试验中的响应阈值相比较，三者中最大响应阈值用 m_{max} 表示，最小响应阈值用 m_{min} 表示。

5.3.5.3 要求

探测器应满足 4.3.6 规定。

5.3.5.4 设备

响应阈值的检验装置测量范围在 0.01%obs/m～20%obs/m，测量误差小于±5%。

5.3.6 绝缘电阻试验

5.3.6.1 目的

检验探测器的绝缘性能。

5.3.6.2 方法

分别对试样的下述部分施加 500 V±50 V 直流电压，持续 60 s±5 s 后，测量其绝缘电阻值。

a) 有绝缘要求的外部带电端子与机壳之间；

b) 电源插头（或电源接线端子）与机壳之间（电源开关置于接通位置，但电源插头不接入电网）。

5.3.6.3 要求

探测器应满足 4.3.7 规定。

5.3.6.4 试验设备

绝缘电阻试验设备要满足下列技术要求：

——试验电压：直流 500 V±50 V（地端为金属板）；

——测量范围：0 MΩ～500 MΩ；最小分度：0.1 MΩ；记时：60 s±5 s。

5.3.7 泄漏电流试验

5.3.7.1 目的

检验探测器的抗泄漏电流能力。

5.3.7.2 方法

将试样处于正常监视状态，调节主电供电电压为试样额定电压的 1.06 倍，测量并记录其总泄漏电流值。

5.3.7.3 要求

探测器应满足 4.3.8 规定。

5.3.7.4 试验设备

符合 GB 4706.1—1998 附录 G 中规定的测量泄漏电流的电路。

5.3.8 电源瞬变试验

5.3.8.1 目的

检验探测器抗电源瞬变干扰的能力。

5.3.8.2 方法

5.3.8.2.1 按正常监视状态要求，将试样与等效负载连接，连接试样到电源瞬变试验装置上，使其处于正常监视状态。

5.3.8.2.2 开启试验装置，使试样主电源按"通电（9 s）～断电（1 s）"的固定程序连续通断 500 次，试验期间，观察并记录试样的工作状态；试验后，按 5.2 进行功能试验。

5.3.8.2.3 按要求测量响应阈值。将测得的响应阈值与该试样在一致性试验中的响应阈值相比较，其中大的响应阈值用 m_{max} 表示，小的响应阈值用 m_{min} 表示。

5.3.8.3 要求

探测器应满足 4.3.9 规定。

5.3.8.4 试验设备

能产生满足 5.3.8.2 的要求试验条件的电源装置。

5.3.9 电压暂降、短时中断和电压变化的抗扰度试验

5.3.9.1 目的

检验探测器在电压暂降、短时中断和电压变化(如主配电网络上,由于负载切换和保护元件的动作等)情况下的抗干扰能力。

5.3.9.2 方法

5.3.9.2.1 按正常监视状态要求,将试样与等效负载连接,连接试样到主电压下滑和中断试验装置上,使其处于正常监视状态。

5.3.9.2.2 使主电压下滑60%,持续20 ms,重复进行10次;再将使主电压下滑100%,持续10 ms,重复进行10次。试验期间,观察并记录试样的工作状态;试验后,按5.3.2进行功能试验。

5.3.9.2.3 按要求测量响应阈值。将测得的响应阈值与该试样在一致性试验中的响应阈值相比较,其中大的响应阈值用 m_{max} 表示,小的响应阈值用 m_{min} 表示。

5.3.9.3 要求

探测器应满足4.3.2规定。

5.3.9.4 试验设备

试验设备应满足GB 16838的相关规定。

5.4 图像型火灾探测器基本性能试验

5.4.1 响应阈值试验

5.4.1.1 目的

检查探测器对规定试验火的响应时间和定位精度。

5.4.1.2 方法

5.4.1.2.1 采用一套试样和四套不同焦距的镜头(4 mm,6 mm,8 mm 和 12 mm)进行试验。

5.4.1.2.2 使用4 mm焦距的镜头,将试样与配套的控制和指示设备连接,使系统处于监视状态。

5.4.1.2.3 在距离试样前端25 m处放置试验燃烧盘,试验燃烧盘处于摄像机视场内;点燃燃烧液,待火焰高度稳定后,进行一级防火操作;观察并记录声、光报警情况、报警响应时间和火灾坐标值。

5.4.1.2.4 在距离试样前端25 m处放置试验燃烧盘,试验燃烧盘处于摄像机视场内;点燃燃烧液,待火焰高度稳定后,进行二级防火操作;观察并记录声、光报警情况、报警响应时间和火灾坐标值。

5.4.1.2.5 使用不同焦距的镜头(6 mm、8 mm 、12 mm),并查取表8中对应的燃烧盘尺寸,重复5.4.1.2.2～5.4.1.2.4的试验过程。

5.4.1.2.6 定位精度

$$|\Delta X| = |x_1 - x_2|, \quad |\Delta Y| = |y_1 - y_2|$$

式中,(x_1, y_1)为燃烧盘中心坐标,(x_2, y_2)为报警时控制主机显示的火灾坐标值。

5.4.1.3 要求

探测器的响应阈值应满足4.4.1规定。

5.4.1.4 试验设备

试验设备如图4所示,由试验燃烧盘、计时器、标尺、安装支架等设备组成:

a) 试验火焰

试验火焰采用煤油与汽油混和液的燃烧火焰,混和比为(10∶1)。

b) 试验燃烧盘

试验燃烧盘的尺寸见表8;燃烧盘的深度大于0.02 m。

c) 安装高度

试样的安装高度为4 m;同时应保证试样能以上下90°和左右180°的角度转动。

d) 试验场所

试验场所是一个长度不小于25 m、宽度不小于5 m、高度不小于6 m的空间,如图4所示。

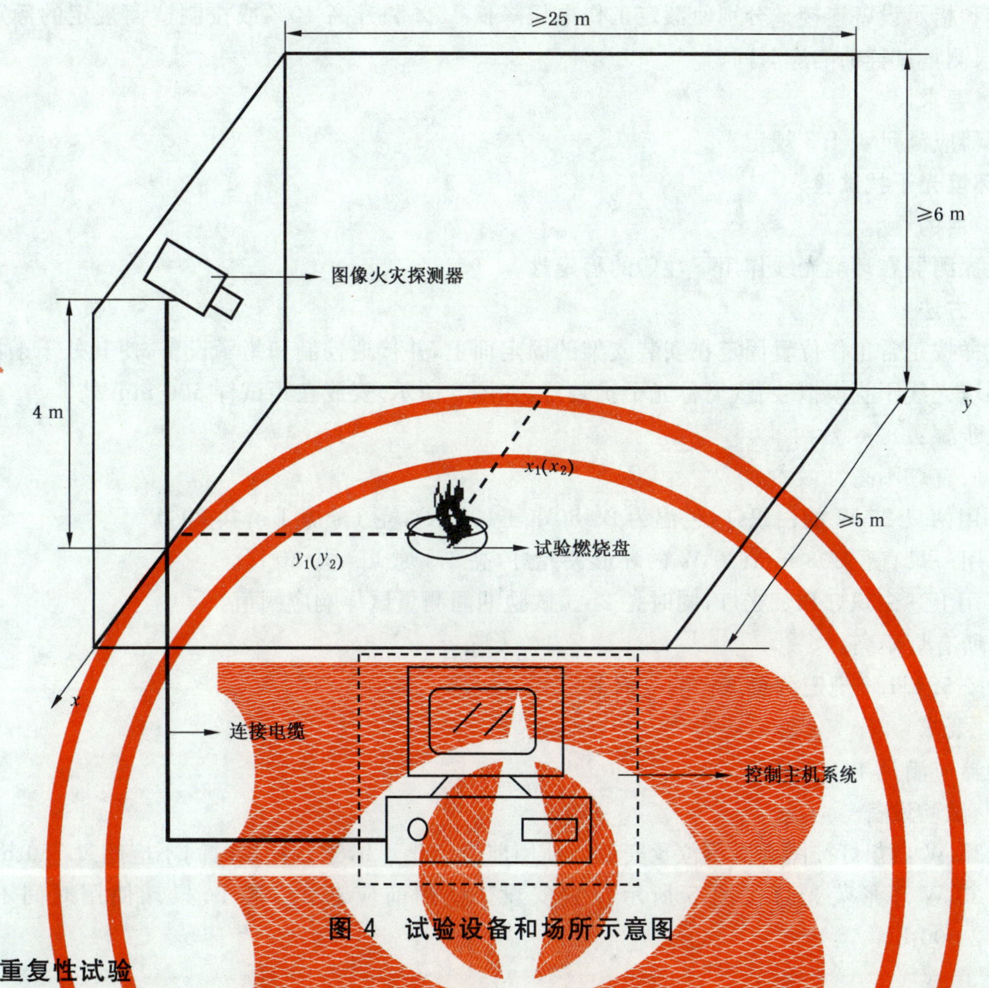

图 4 试验设备和场所示意图

5.4.2 **重复性试验**

5.4.2.1 **目的**

检验探测器连续工作的稳定性。

5.4.2.2 **方法**

5.4.2.2.1 将试样与配套的控制和指示设备连接。

5.4.2.2.2 按 5.4.1.2 规定测量 3 次响应时间,两次测量的时间间隔不应小于 10 min,但不大于 1 h。最后一次测量后,保持试样状态不变。

5.4.2.2.3 将试样不间断通电 7 d,然后按 5.4.1.2 规定测量 3 次响应时间,两次测量的时间间隔不应小于 10 min,但不大于 1 h。

5.4.2.3 **要求**

探测器应满足 4.4.2 规定。

5.4.3 **电源参数波动试验**

5.4.3.1 **目的**

检验探测器对电源参数变化的适应性。

5.4.3.2 **试验方法**

5.4.3.2.1 **供电电源为直流恒压的试样**

将试样与配套的控制和指示设备连接。分别使额定工作电压降低 15%和升高 10%或按制造商规定的额定工作电压上、下限按 5.4.1.2 规定测量试样的响应时间。

5.4.3.2.2 **供电电源为脉动电压的试样**

将试样通过长度为 1 000 m,截面积为 1.0 mm^2 的铜质双绞导线(或按照制造商提供的条件)与配套的控制和指示设备连接。分别使额定工作电压降低15%和升高10%或按制造商规定的额定工作电压上、下限测量试样的响应时间。

5.4.3.3 要求

探测器应满足4.4.3规定。

5.4.4 环境光干扰试验

5.4.4.1 目的

检验探测器在环境光线作用下性能的稳定性。

5.4.4.2 方法

将试样按正常工作位置固定在安装支架的固定面上，并接通控制和指示设备，使其处于正常监视状态。将环境光线干扰模拟装置(简称光干扰装置，如图5所示)安放在距试样500 mm处。

试验步骤：

a) 所有灯不亮。

b) 用两只25 W的白炽灯(色温为2 850 K±100 K)，亮1 s熄1 s，共20次。

c) 用一只直径308 mm、30 W的环形荧光灯，亮1 s熄1 s，共20次。

d) 用上述白炽灯和荧光灯，同时亮2h。试验期间测量试样响应阈值。

e) 所有灯不亮。

f) 按5.4.1.2规定测量试样响应阈值。

5.4.4.3 要求

探测器应满足4.4.4规定。

5.4.4.4 试验设备

a) 25 W白炽灯按图5所示位置安设。使用前应老化1 h，累计使用时间不应超过750 h。

b) 30 W环形荧光灯按图5所示位置安设。使用前应老化100 h，累计使用时间不应超过2 000 h。

单位为毫米

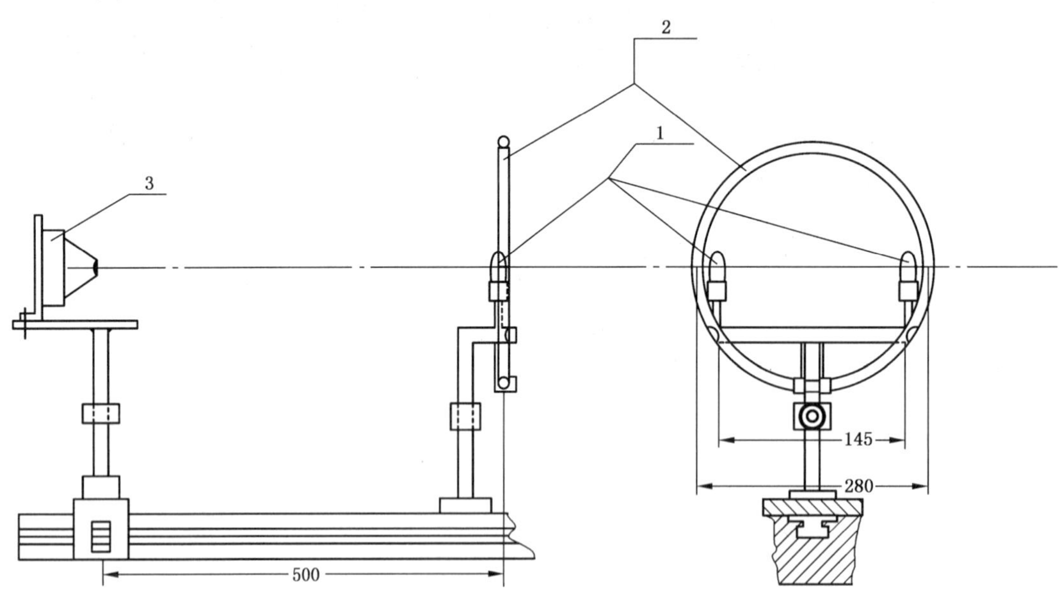

1——白炽灯；

2——环形荧光灯；

3——试样。

图5 环境光干扰试验装置结构图

5.5 点型一氧化碳火灾探测器基本性能试验

5.5.1 独立式探测器的基本性能试验

5.5.1.1 目的

检查独立式探测器的基本性能。

5.5.1.2 方法

5.5.1.2.1 使试样处于火灾报警状态,观察并记录试样声、光报警信号情况。

5.5.1.2.2 在试样正前方 1 m 处,测量声报警信号的声压级(A 计权)。

5.5.1.2.3 操作试样自检,观察并记录试样声、光报警信号情况。

5.5.1.2.4 检查并记录试样指示灯的颜色标识情况。

5.5.1.2.5 对非内部电池供电的报警器,将其外部供电电源线的极性反接,除非报警器发出故障或火灾报警信号,这种状态要保持 2 h。如果报警器使用时是互联式,那么,他们之间的连接线也必须进行反接。

5.5.1.2.6 对于电池供电的报警器(包括备用电池),如报警器的结构允许,将电池与报警器上的电池连接端子之间互相反接,除非报警器发出故障或火灾报警信号,这种状态要保持 2 h。

5.5.1.2.7 电池供电的报警器(包括备用电池),以故障电压供电,观察报警器是否发出故障信号。

5.5.1.2.8 进行上述操作后,重新连接报警器供电电源,并且按 5.5.1.2.1～5.5.1.2.6 的要求检查试样的基本功能。

5.5.1.3 要求

探测器应满足 4.5.3 规定。

5.5.2 气体干扰试验

5.5.2.1 目的

检验探测器暴露在特定浓度的非一氧化碳气体中的防误报能力。

5.5.2.2 方法

5.5.2.2.1 按 4.5.1.2～4.5.1.3 要求,使试样处于正常监视状态稳定工作至少 15 min。如果试样响应阈值可调,应将试样的响应阈值设定为最小。

5.5.2.2.2 按表 11 规定,将试样暴露在规定浓度的气体中保持 1 h。

5.5.2.3 要求

探测器应满足 4.5.4 规定。

5.5.3 重复性试验

5.5.3.1 目的

检验单只探测器多次报警时响应阈值的一致性。

5.5.3.2 方法

5.5.3.2.1 按 4.5.1 或 4.5.2 要求,在试样正常工作位置的任意一个方位上连续 6 次测量试样的响应阈值。

5.5.3.2.2 6 个响应阈值中的最大值用 S_{max} 表示,最小值用 S_{min} 表示。

5.5.3.3 要求

探测器应满足 4.5.5 规定。

5.5.4 方位试验

5.5.4.1 目的

检验探测器在不同方位上的进气性能,并确定探测器响应的“最有利”和“最不利”方位。

5.5.4.2 方法

5.5.4.2.1 按 4.5.1 或 4.5.2 要求测量响应阈值。每测完 1 次,试样应按同一方向绕其垂直轴线旋转 45°,共测量 8 次。

5.5.4.2.2 记录试样最大响应阈值和最小响应阈值对应的方位。在以后的试验中,这两个方位分别称为“最不利”和“最有利”方位。

5.5.4.3 最大响应阈值用 S_{max} 表示，最小响应阈值用 S_{min} 表示。

5.5.4.4 要求

探测器应满足 4.5.6 规定。

5.5.5 一致性试验

5.5.5.1 目的

检验多只探测器响应阈值的一致性。

5.5.5.2 方法

5.5.5.2.1 按 4.5.1 或 4.5.2 要求，依次测量 16 只试样的响应阈值。

5.5.5.2.2 计算出 16 只试样响应阈值的平均值，用 S_{rep} 表示。

5.5.5.2.3 16 只试样中，最大响应阈值用 S_{max} 表示，最小响应阈值用 S_{min} 表示。

5.5.5.3 要求

探测器应满足 4.5.7 规定。

5.5.6 长期稳定性

5.5.6.1 目的

检验探测器在正常大气条件下长期运行的稳定性。

5.5.6.2 方法

5.5.6.2.1 在 5.1.1 规定的大气条件下，按 5.1.2 要求使试样处于正常监视状态，保持 3 个月。

5.5.6.2.2 按 4.5.1 或 4.5.2 要求，测量试样的响应阈值，并与该试样在一致性试验中的响应阈值相比较，其中大的响应阈值用 S_{max} 表示，小的响应阈值用 S_{min} 表示。

5.5.6.3 要求

探测器应满足 4.5.8 规定。

5.5.7 高浓度淹没试验

5.5.7.1 目的

检验探测器在高浓度一氧化碳气体工作的适应性。

5.5.7.2 方法

5.5.7.2.1 试样按 5.1.2 要求安装在气体检验装置中。

5.5.7.2.2 试验前，气体试验装置和试样内部一氧化碳的浓度应低于 5 μL/L。使试样在正常监视状态下稳定工作至少 15 min。

5.5.7.2.3 按(5 μL/L)/min 的速率将气体检验装置中一氧化碳浓度增加至 500 μL/L，保持 2 h。

5.5.7.2.4 将试样在正常大气条件下恢复 4 h 后，按 4.5.1 或 4.5.2 要求，测量试样的响应阈值，并与该试样在一致性试验中的响应阈值相比较，其中大的响应阈值用 S_{max} 表示，小的响应阈值用 S_{min} 表示。

5.5.7.3 要求

探测器应满足 4.5.9 规定。

5.5.8 一氧化碳响应敏感度试验

5.5.8.1 目的

检验探测器在一氧化碳气体与其他气体共存时的响应敏感度。

5.5.8.2 方法

5.5.8.2.1 试样按 5.1.2 要求安装在气体检验装置中。

5.5.8.2.2 试验前，气体试验装置和试样内部一氧化碳的浓度应低于 5 μL/L。使试样在正常监视状态下稳定工作至少 15 min。

5.5.8.2.3 将气体检验装置中一氧化碳浓度增至 70 μL/L，其他干扰气体浓度分别按表 10 给定的浓度，保持 1 h。

5.5.8.3 要求

探测器应满足 4.5.10 规定。

5.5.9 电源参数波动试验

5.5.9.1 目的

检验探测器在电源参数波动条件下响应阈值的稳定性。

5.5.9.2 方法

5.5.9.2.1 供电电源为恒压的探测器

按制造商规定的供电参数上、下限值(如未规定,则上、下限参数分别为额定参数 110%和 85%)给试样供电,按 4.5.1 或 4.5.2 要求分别测量响应阈值。与该试样在一致性试验中的响应阈值相比较,三者中最大响应阈值用 S_{max} 表示,最小响应阈值用 S_{min} 表示。

5.5.9.2.2 供电电源为脉动电压的探测器

将试样通过长度为 1 000 m,截面积为 1.0 mm^2 的铜质双绞导线(或按照制造商提供的条件)与配套的控制和指示设备连接,使其处于正常监视状态。调节试验装置,使控制和指示设备的输入电压分别为 187 V(50 Hz)、242 V(50 Hz),按 4.5.1 或 4.5.2 要求分别测量试样响应阈值。与该试样在一致性试验中的响应阈值相比较,三者中最大响应阈值用 S_{max} 表示,最小响应阈值用 S_{min} 表示。

5.5.9.3 要求

探测器应满足 4.5.11 规定。

5.5.10 气流试验

5.5.10.1 目的

检验探测器抗气流干扰的能力和在气流干扰条件下响应阈值的稳定性。

5.5.10.2 试验方法

在试样周围气流速度为(0.2±0.04)m/s 条件下,按 4.5.1 或 4.5.2 要求,分别在试样的"最不利"和"最有利"方位上测量响应阈值,并分别用 $S_{(0.2)max}$[3] 和 $S_{(0.2)min}$ 表示。在试样周围气流速度为(1.0±0.2)m/s 条件下,重做上述试验,响应阈值分别用 $S_{(1.0)max}$[4] 和 $S_{(1.0)min}$ 表示。

5.5.10.3 要求

探测器应满足 4.5.12 规定。

5.6 高温(运行)试验

5.6.1 目的

检验探测器在高温条件下使用的适应性。

5.6.2 方法

5.6.2.1 将试样及其底座放在高温试验箱中,接通控制和指示设备,使其处于正常监视状态。

5.6.2.2 在温度 23 ℃±5 ℃的条件下,以不大于 0.5 ℃/min 的升温速率,将温度升至 55 ℃±2 ℃,在此条件下保持 2 h。试验期间,观察并记录试样的工作状态。

5.6.2.3 试验后,取出试样,在正常大气条件下放置 1 h。然后按相应的 5.2.1.3、4.3.3.2、5.4.1.2、4.5.1、4.5.2 规定方法测量响应阈值。

5.6.3 要求

探测器应满足 4.1.7.1 规定。

5.6.4 试验设备

试验设备应符合 GB 16838 的有关规定。

5.7 低温(运行)试验

5.7.1 目的

检验探测器在低温条件下使用的适应性。

---

3) 下标 0.2 表示气流速度为(0.2±0.04)m/s。

4) 下标 1.0 表示气流速度为(1.0±0.2)m/s。

5.7.2 方法

5.7.2.1 将试样及其底座放在低温试验箱中，接通控制和指示设备，使其处于正常监视状态。

5.7.2.2 在温度 15 ℃～20 ℃、相对湿度不大于 70%的条件下保持 1 h，然后以不大于 0.5 ℃/min 的降温速率，将温度降至－10 ℃±3 ℃，在此条件下保持 2h(试样不应有结冰现象)。试验期间，观察并记录试样的工作状态。

5.7.2.3 试验后，取出试样，在正常大气条件下放置 1 h。然后按相应的 5.2.1.3、4.3.3.2、5.4.1.2、4.5.1、4.5.2 规定方法测量响应阈值。

5.7.3 要求

探测器应满足 4.1.7.1 规定。

5.7.4 试验设备

试验设备应符合 GB 16838 的有关规定。

5.8 恒定湿热(运行)试验

5.8.1 目的

检验探测器在高湿度环境中使用的适应性。

5.8.2 方法

5.8.2.1 将试样及其底座放在湿热试验箱中，接通控制和指示设备，使其处于正常监视状态。

5.8.2.2 调节湿热试验箱，使试样在温度为 40 ℃±2 ℃、相对湿度为 93%±3%的条件下持续 4 d。试验期间，观察并记录试样的工作状态。

5.8.2.3 试验后，取出试样，在正常大气条件下放置 1 h。然后按相应的 5.2.1.3、4.3.3.2、5.4.1.2、4.5.1、4.5.2 规定方法测量响应阈值。

5.8.3 要求

探测器应满足 4.1.7.1 规定。

5.8.4 试验设备

试验设备应符合 GB 16838 的有关规定。

5.9 恒定湿热(耐久)试验

5.9.1 目的

检验探测器耐受高湿度环境的能力。

5.9.2 方法

5.9.2.1 将试样及其底座放在湿热试验箱中。

5.9.2.2 调节湿热试验箱，使试样在温度为 40 ℃±2 ℃、相对湿度为 93%±3%的条件下持续 21 d。

5.9.2.3 试验后，取出试样，在正常大气条件下放置 1 h。然后按相应的 5.2.1.3、4.3.3.2、5.4.1.2、4.5.1、4.5.2 规定方法测量响应阈值。

5.9.3 要求

探测器应满足 4.1.7.2 规定。

5.9.4 试验设备

试验设备应符合 GB 16838 的有关规定。

5.10 腐蚀试验

5.10.1 目的

检验探测器抗腐蚀的能力。

5.10.2 方法

5.10.2.1 将试样及其底座放入腐蚀试验箱中。

5.10.2.2 对试样施加下述严酷等级的试验：

a) 温度：25 ℃±2 ℃；

b) 相对湿度:90%～96%;

c) SO_2 浓度:(25+5)×10^{-6}(体积比);

d) 试验周期:21 d。

5.10.2.3 试验后,取出试样,在正常大气条件下放置 16 h。然后按相应的 5.2.1.3、4.3.3.2、5.4.1.2、4.5.1、4.5.2 规定方法测量响应阈值。

5.10.3 要求

探测器应满足 4.1.7.2 规定。

5.10.4 试验设备

试验设备应符合 GB 16838 的有关规定。

5.11 振动(正弦)(运行)试验

5.11.1 目的

检验探测器长时间承受振动影响的能力。

5.11.2 方法

5.11.2.1 将试样及其底座固定在振动试验台上,接通控制和指示设备,使其处于正常监视状态。

5.11.2.2 依次在三个互相垂直的轴线上,在 10 Hz～150 Hz 的频率循环范围内,以 5 m/s^2 的加速度幅值,1 倍频程每分的扫频速率,各进行 1 次扫频循环。

5.11.2.3 振动结束后,按相应的 5.2.1.3、4.3.3.2、5.4.1.2、4.5.1、4.5.2 规定方法测量响应阈值。

5.11.3 要求

探测器应满足 4.1.8.1 规定。

5.11.4 试验设备

试验设备应符合 GB 16838 的规定。

5.12 冲击试验

5.12.1 目的

检验探测器对非经常性机械冲击的抗干扰性。

5.12.2 试验方法

5.12.2.1 将试样及其底座固定在冲击试验台上,接通控制和指示设备,使其处于正常监视状态。

5.12.2.2 对质量为 m(kg)的试样,当 $m \leqslant 4.75$ 时,峰值加速度为$(100-20m)\times 10\ m/s^2$;当 $m>4.75$ 时,峰值加速度为 0,脉冲时间为 6 ms。启动冲击试验台,对试样的 6 个方向进行冲击。

5.12.2.3 试验后,按相应的 5.2.1.3、4.3.3.2、5.4.1.2、4.5.1、4.5.2 规定方法测量响应阈值。

5.12.3 要求

探测器应满足 4.1.8.1 规定。

5.12.4 试验设备

试验设备应符合 GB 16838 的规定。

5.13 碰撞试验

5.13.1 目的

检验管路采样式探测器表面部件在经受碰撞时的可靠性和其他类型探测器承受机械碰撞的适应性。

5.13.2 试验方法

5.13.2.1 对于管路采样式探测器按要求使其处于正常监视状态,对试样表面上的每个易损部件(如指示灯、显示器等)施加 3 次能量为 0.5 J±0.04 J 的碰撞。在进行试验时应小心进行,以确保上一组(3 次)碰撞的结果不对后续各组碰撞的结果产生影响,在认为可能产生影响时,应不考虑发现的缺陷,取一新的试样,在同一位置重新进行碰撞试验。试验期间,观察并记录试样的工作状态。

5.13.2.2 对于其他类型探测器按要求将试样及其底座按正常的工作位置固定在碰撞试验台的水平安

装板上，接通控制和指示设备，使其处于正常监视状态。试样在试验前应至少通电 15 min。

调整碰撞试验设备，使锤头碰撞面的中心能够从水平方向碰撞试样，并对准使试样最易遭受破坏的部位。然后以 1.5 m/s±0.125 m/s 的锤头速度、1.9 J±0.1 J 的碰撞动能碰撞试样 1 次。试验期间，观察并记录试样的工作状态。

5.13.2.3 试验后，按相应的 5.2.1.3、4.3.3.2、5.4.1.2、4.5.1、4.5.2 规定方法测量响应阈值。

5.13.3 要求

探测器应满足 4.1.8.1 规定。

5.13.4 试验设备

管路采样式吸气式感烟火灾探测器碰撞试验设备应符合国家标准 GB 16838 的相关规定。

其他类型探测器试验装置(如图 6 所示)主体是一个摆锤机构，摆锤的锤头由硬质铝合金 $AlCu_4SiMg$(经固溶、时效处理)制成，外形为具有一个斜的碰撞面的六面体。锤头的摆杆固定在带球轴承的钢轮毂上，球轴承装在硬钢架的固定钢轴上。硬钢架的结构应保证在未安装试样时能够使摆锤自由旋转。

单位为毫米

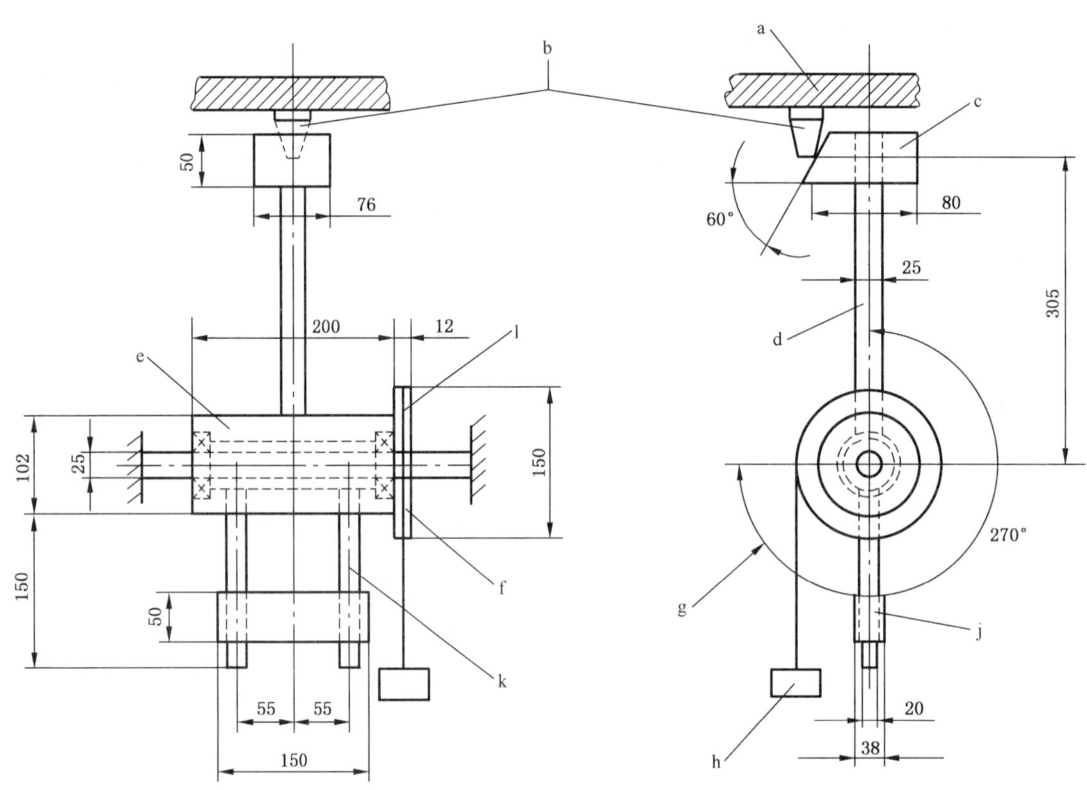

a——安装板；
b——试样；
c——锤头；
d——摆杆；
e——钢轮毂；
f——球轴承；
g——转动 270°；
h——工作重锤；
j——配重块：
k——配重臂；
l——滑轮。

图 6 碰撞试验装置结构图

锤头的外形尺寸为长 94 mm、宽 76 mm、高 50 mm，质量约为 0.79 kg。锤头的斜切面与纵轴之间的夹角为60°±1°。锤头的摆杆外径为25 mm±0.1mm,壁厚为1.6 mm±0.1 mm。

锤头的纵轴距旋转轴线的径向距离为305 mm,锤头的摆杆轴线要保证与旋转轴线垂直。外径为102 mm,长为200 mm的钢轮毂同心组装在直径为25 mm的钢轴上。钢轴直径的精度取决于所用轴承尺寸公差。

在钢轮毂与摆杆相对的方向上装有两个外径为20 mm、长为185 mm的钢质配重臂,其伸出长度为150 mm。在两个配重臂上装一个位置可调的配重块,以便使锤头与配重臂平衡。在钢轮毂的一端上装一个厚12 mm、直径为150 mm的铝合金滑轮,在滑轮上缠绕一条缆绳,缆绳的一端固定在滑轮上,另一端系上工作重锤,工作重锤的质量约为0.55 kg。

安装试样的水平安装板由钢架支撑,安装板可以上下调整,以便使锤头的碰撞面中心从水平方向碰撞试样。

在使用试验设备时,首先要按图6调整试样和安装板的位置。调好后,把安装板固定在钢架上,然后摘下工作重锤,通过调整配重块平衡摆锤机构。调整平衡后,把摆杆拉到水平位置上,系上工作重锤,当摆锤机构释放时,工作重锤使锤头旋转270°碰撞试样。

5.14 振动(正弦)(耐久)试验

5.14.1 目的

检验探测器长时间承受振动影响的能力。

5.14.2 方法

5.14.2.1 将试样及其底座固定在振动试验台上。

5.14.2.2 依次在三个互相垂直的轴线上,在10 Hz~150 Hz的频率循环范围内,以10 m/s^2 的加速度幅值,1倍频程每分的扫频速率,各进行20次扫频循环。

5.14.2.3 试验后,按相应的5.2.1.3、4.3.3.2、5.4.1.2、4.5.1、4.5.2规定方法测量响应阈值。

5.14.3 要求

探测器应满足4.1.8.2规定。

5.14.4 试验设备

试验设备应符合GB 16838的规定。

5.15 射频电磁场辐射抗扰度试验

5.15.1 目的

检验探测器在射频电磁场辐射环境下工作的适应性。

5.15.2 方法

5.15.2.1 将试样安放在不导电支座上,接通电源,使试样处于正常监视状态15 min。

5.15.2.2 按GB 16838中的要求,对试样施加表5所示条件的电磁干扰。

5.15.2.3 干扰期间,观察并记录试样工作状态。

5.15.2.4 干扰环境结束后,按相应的5.2.1.3、4.3.3.2、5.4.1.2、4.5.1、4.5.2规定方法测量响应阈值。

5.15.3 要求

探测器应满足4.1.9规定。

5.15.4 试验设备

试验设备应满足GB 16838的有关要求。

5.16 射频场感应的传导骚扰抗扰度试验

5.16.1 目的

检验探测器在来自射频发射机产生的电磁骚扰环境下工作的适应性。

5.16.2 方法

5.16.2.1 将试样安放在绝缘台上,接通电源,使试样处于正常监视状态,保持15 min。

5.16.2.2 按 GB 16838 中的要求，对试样施加表 5 所示条件的电磁干扰。

5.16.2.3 干扰期间，观察并记录试样工作状态。

5.16.2.4 干扰结束后，按相应的 5.2.1.3、4.3.3.2、5.4.1.2、4.5.1、4.5.2 规定方法测量响应阈值。

5.16.3 **要求**

探测器应满足 4.1.9 规定。

5.16.4 **试验设备**

试验设备应满足 GB 16838 的规定。

5.17 静电放电抗扰度试验

5.17.1 **目的**

检验探测器对带静电人员、物体造成的静电放电的适应性。

5.17.2 **方法**

5.17.2.1 将试样放在距接地参考平面 0.8 m 的支架上。接通电源，使试样处于正常监视状态，保持 15 min。

5.17.2.2 对绝缘体外壳的试样，实施空气放电；对导体外壳的试样，实施接触放电。

5.17.2.3 按 GB 16838 中的要求，对试样施加表 5 所示条件的电磁干扰。

5.17.2.4 干扰期间，观察并记录试样的工作状态。

5.17.2.5 干扰结束后，按相应的 5.2.1.3、4.3.3.2、5.4.1.2、4.5.1、4.5.2 规定方法测量响应阈值。

5.17.3 **要求**

探测器应满足 4.1.9 规定。

5.17.4 **试验设备**

试验设备应满足 GB 16838 的规定。

5.18 电快速瞬变脉冲群抗扰度试验

5.18.1 **目的**

检验探测器抗电快速瞬变脉冲群干扰的能力。

5.18.2 **方法**

5.18.2.1 将试样安放在绝缘台上，接通电源，使试样处于正常监视状态，保持 15 min。

5.18.2.2 按 GB 16838 中的要求，对试样施加表 5 所示条件的电磁干扰。

5.18.2.3 干扰期间，观察并记录试样工作状态。

5.18.2.4 干扰结束后，按相应的 5.2.1.3、4.3.3.2、5.4.1.2、4.5.1、4.5.2 规定方法测量响应阈值。

5.18.3 **要求**

探测器应满足 4.1.9 规定。

5.18.4 **试验设备**

试验设备应满足 GB 16838 的有关要求。

5.19 浪涌(冲击)抗扰度试验

5.19.1 **目的**

检验探测器对附近闪电或供电系统的电源切换及低电压网络、包括大容性负载切换等产生的电压瞬变(电浪涌)干扰的适应性。

5.19.2 **方法**

5.19.2.1 将试样安放在绝缘台上，接通电源，使试样处于正常监视状态，保持 15 min。

5.19.2.2 按 GB 16838 中的要求，对试样施加表 5 所示条件的电磁干扰。

5.19.2.3 干扰期间，观察并记录试样工作状态。

5.19.2.4 干扰结束后，按相应的 5.2.1.3、4.3.3.2、5.4.1.2、4.5.1、4.5.2 规定方法测量响应阈值。

5.19.3 要求

探测器应满足 4.1.9 规定。

5.19.4 试验设备

试验设备应满足 GB 16838 的有关要求。

5.20 火灾灵敏度试验

5.20.1 目的

检验探测器在试验火条件下的响应性能。

5.20.2 方法

5.20.2.1 点型红外火焰探测器

5.20.2.1.1 将 4 只试样平行固定在 1.5 m±0.1 m 的高处并与试验火隔离，接通控制和指示设备，使其处于正常监视状态。

点燃试验火，经过一段时间辐射稳定后，除去隔离物并开始计时。

试验中试样与试验火中心的距离分别为 12 m、17 m 和 25 m。

5.20.2.1.2 正庚烷火

a) 燃料：正庚烷(分析纯级)，加体积分数为 3%的甲苯；

b) 质量：650 g；

c) 布置：将燃料放置于用 2 mm 厚钢板制成、底面尺寸为 33 cm×33 cm、高为 5 cm 的容器中；

d) 点火方式：火焰或电火花。

5.20.2.1.3 乙醇明火：

a) 燃料：工业乙醇(乙醇含量 90%以上，含少量甲醇)；

b) 质量：2 000 g；

c) 布置：将燃料放置于用 2 mm 厚钢板制成、底面尺寸为 33 cm×33 cm、高为 5 cm 的容器中；

d) 点火方式：火焰或电火花。

5.20.2.2 吸气式感烟火灾探测器

5.20.2.2.1 按 GB 4715 要求，将 2 只试样按最不利方式安装在燃烧试验室的顶棚表面上，按要求使试样处于正常监视状态。对具有可调响应阈值的试样，应将其阈值设在最大极限值上。

5.20.2.2.2 按 GB 4715 要求，在试验前，使试样处于洁净空气中，并使试样稳定工作 30 min。

5.20.2.2.3 按 GB 4715 要求对每种试验火进行点火。点火后，试验人员应立即离开试验室，并要注意防止空气流动影响试验火。所有门、窗或其他开口均应关闭。试验期间应随时测量 ΔT、m、y 等火灾参数。

5.20.3 要求

点型红外火焰探测器应满足 4.2.7 规定；吸气式感烟火灾探测器应满足 4.3.11 规定。

6 检验规则

6.1 产品出厂检验

6.1.1 点型红外火焰探测器产品出厂检验

企业在产品出厂前应对探测器进行下述试验项目的检验：

a) 一致性试验；

b) 方位试验；

c) 重复性试验；

d) 低温(运行)试验。

制造商应规定抽样方法、检验和判定规则。

6.1.2 吸气式感烟火灾探测器产品出厂检验

企业在产品出厂前应对探测器进行下述试验项目的检验：

a) 探测报警型探测器的功能试验；

b) 重复性试验；

c) 一致性试验；

d) 绝缘电阻试验；

e) 泄漏电流试验。

制造商应规定抽样方法、检验和判定规则。

6.1.3 图像型火灾探测器产品出厂检验

企业在产品出厂前应对探测器进行下述试验项目的检验：

a) 响应阈值试验；

b) 重复性试验；

c) 高温试验；

d) 环境光线干扰试验。

制造商应规定抽样方法、检验和判定规则。

6.1.4 点型一氧化碳火灾探测器产品出厂检验

企业在产品出厂前应对探测器进行下述试验项目的检验：

a) 一致性试验；

b) 重复性试验；

c) 碰撞试验；

d) 低温(运行)试验；

e) 恒定湿热(运行)试验；

f) 电源参数波动试验。

制造商应规定抽样方法、检验和判定规则。

6.2 型式检验

6.2.1 型式检验项目为本标准第5章规定的试验项目。检验样品在出厂检验合格的产品中抽取。

6.2.2 有下列情况之一时，应进行型式检验：

a) 新产品或老产品转厂生产时的试制定型鉴定；

b) 正式生产后，产品的结构、主要部件或元器件、生产工艺等有较大的改变，可能影响产品性能或正式投产满4年；

c) 产品停产一年以上，恢复生产；

d) 出厂检验结果与上次型式检验结果差异较大；

e) 发生重大质量事故。

6.2.3 检验结果按GB 12978中规定的型式检验结果判定方法进行判定。

7 标志

7.1 总则

7.1.1 产品标志应在探测器安装维护过程中清晰可见。

7.1.2 产品标志不应贴在螺丝或其他易被拆卸的部件上。

7.2 标志

7.2.1 点型红外火焰探测器产品标志

7.2.1.1 每只探测器均应清晰地标注下列信息：

a) 产品名称；

b) 执行标准；

c) 制造商名称或商标；

d) 型号；

e) 接线柱标注；

f) 制造日期、产品编号、产地和探测器内软件版本号；

g) 产品主要技术参数(包括试样响应的火焰辐射光谱范围、试样的灵敏度)。

7.2.1.2 对于可拆卸探测器，探头上的标志内容应包括上述 a)、b)、c)、d)、f)、g)的内容，底座的标志内容应至少包括 d)和 e)的内容。

7.2.1.3 产品标志信息中如使用不常用符号或缩写时，应在探测器使用说明书中说明。

7.2.2 吸气式感烟火灾探测器产品标志

每只探测器应有清晰、耐久的产品标志，产品标志应包括以下内容：

a) 制造商名称、地址；

b) 产品名称；

c) 产品型号；

d) 产品主要技术参数；

e) 制造日期及产品编号；

f) 执行标准。

7.2.3 图像型火灾探测器产品标志

7.2.3.1 每只探测器均应清晰地标注下列信息：

a) 产品名称、型号；

b) 制造商名称、地址；

c) 执行标准；

d) 接线柱的标注；

e) 制造日期及产品编号和试样内软件的版本号；

f) 产品主要技术参数(包括最小火焰尺寸、定位精度、视场角)。

7.2.3.2 对于可拆卸探测器，探头上的标志内容应包括上述 a)、b)、c)、e)和 f)的内容，底座的标志内容应至少包括 d)的内容。

7.2.3.3 产品标志中有不常用的符号和缩写时，应在与探测器相关的说明书中详细说明。

7.2.4 点型一氧化碳火灾探测器产品标志

7.2.4.1 每只探测器均应清晰地标注下列信息：

a) 产品名称；

b) 型号；

c) 制造商名称或商标；

d) 执行标准；

e) 接线柱标注；

f) 制造日期、产品编号、产地和探测器内软件版本号。

对于可拆卸探测器，探头上的标志应包括上述 a)、b)、c)、d)和 f)，底座上的标志应至少包括 b)和 e)。

7.2.4.2 产品标志信息中使用不常用符号或缩写时，应在与探测器一起提供的使用说明书中说明。

7.3 质量检验标志

每只探测器均应有质量检验合格标志。

附 录 A
（规范性附录）
气体检验装置

A.1 试验设备

A.1.1 测量区、试验仪器及探测器的布置见图 A.1。

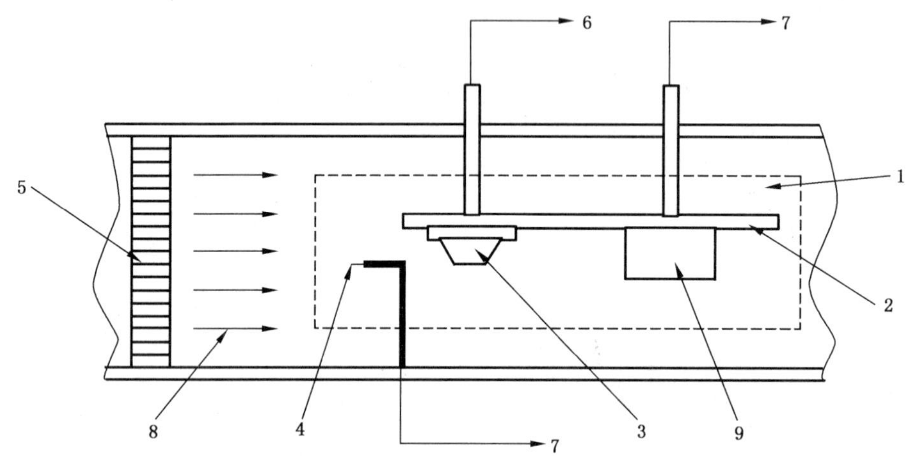

1——测量工作区；

2——测量平台；

3——探测器；

4——温度传感器；

5——整流栅；

6——控制和指示设备连接处；

7——气体检验装置控制指示设备连接处；

8——气流；

9——气体传感器。

图 A.1 探测器、试验仪器布置图

A.1.2 气体检验装置应能保证测量工作区内的气流速度满足试验要求。

A.1.3 气体检验装置应能以不大于 1 ℃/min 的升温速率将测量工作区内的温度升到 55 ℃±2 ℃。

附 录 B
（规范性附录）
气体传感器

B.1.1 气体检验装置测量用传感器应能测量氧气、一氧化碳、甲烷、丁烷、庚烷、乙酸乙脂、异丙醇、二氧化碳、氢气、一氧化氮等气体的浓度。

B.1.2 传感器的测量精度至少应为 5 μL/L。

ICS 13.220.20
C 81

中华人民共和国国家标准

GB 16280—2014
代替 GB 16280—2005、GB/T 21197—2007

线型感温火灾探测器

Line type heat fire detectors

2014-06-24 发布　　　　2015-06-01 实施

中华人民共和国国家质量监督检验检疫总局
中国国家标准化管理委员会　发布

前　言

本标准的第4章和第6章为强制性的，其余为推荐性的。

本标准按照GB/T 1.1—2009给出的规则起草。

本标准代替GB 16280—2005《线型感温火灾探测器》和GB/T 21197—2007《线型光纤感温火灾探测器》。本标准以GB 16280—2005为主，整合了GB/T 21197—2007的内容，与GB 16280—2005相比，除编辑性修改外主要技术变化如下：

——增加了敏感部件形式、定位功能及探测报警功能分类方式(见3.1、3.4、3.5)；

——增加了外观要求(见4.2.1)；

——增加了标准报警长度和敏感部件长度的要求(见4.2.2、4.2.3)；

——增加了分布式光纤线型感温火灾探测器、光纤光栅线型感温火灾探测器、线式多点型感温火灾探测器的技术要求(见第4章)；

——增加了高温运行动作性能和低温运行动作性能要求(见4.10、4.11)；

——修改了探测器响应时间的测量方法(见5.8,2005版的5.6)；

——增加了工频磁场抗扰度性能要求(见5.26)。

本标准在修订过程中参考了ISO 7240-5《火灾探测报警系统　第5部分：点型感温火灾探测器》和UL-521《消防报警系统中的感温火灾探测器》。

本标准由中华人民共和国公安部提出。

本标准由全国消防标准化技术委员会火灾探测与报警分技术委员会(SAC/TC 113/SC 6)归口。

本标准负责起草单位：公安部沈阳消防研究所。

本标准参加起草单位：首安工业消防有限公司、武汉理工光科股份有限公司、无锡圣敏传感科技有限公司、宁波振东光电有限公司、沈阳消防电子设备厂、西安盛赛尔电子有限公司、中山大学、上海波汇通信科技有限公司、北京品傲光电科技有限公司。

本标准主要起草人：丁宏军、刘凯、黄军团、王文青、刘作利、姜德生、张颖琮、宋珍、唐晓亮、杜魏青、刘忠顺、严洪、宋立巍、杨颖、李宁宁、李伟刚、姚浩伟、秦一涛、张雄飞、叶晓平、林宗强。

本标准所代替标准的历次版本发布情况为：

—— GB 16280—1996、GB 16280—2005；

—— GB/T 21197—2007。

线型感温火灾探测器

1 范围

本标准规定了线型感温火灾探测器的产品分类、技术要求、试验方法、检验规则和标志。

本标准适用于工业与民用建筑中安装使用的缆式线型感温火灾探测器、空气管式线型感温火灾探测器、分布式光纤线型感温火灾探测器、光纤光栅线型感温火灾探测器、线式多点型感温火灾探测器等。

2 规范性引用文件

下列文件对于本文件的应用是必不可少的。凡是注日期的引用文件，仅注日期的版本适用于本文件。凡是不注日期的引用文件，其最新版本(包括所有的修改单)适用于本文件。

GB/T 2423.4 电工电子产品环境试验 第2部分:试验方法 试验Db:交变湿热(12 h+12 h循环)

GB/T 2423.18 环境试验 第2部分:试验方法 试验Kb:盐雾，交变(氯化钠溶液)

GB 4716 点型感温火灾探测器

GB/T 9969 工业产品使用说明书 总则

GB 12978 消防电子产品检验规则

GB 16838 消防电子产品 环境试验方法及严酷等级

GB/T 17626.2 电磁兼容 试验和测量技术 静电放电抗扰度试验

GB/T 17626.3 电磁兼容 试验和测量技术 射频电磁场辐射抗扰度试验

GB/T 17626.4 电磁兼容 试验和测量技术 电快速瞬变脉冲群抗扰度试验

GB/T 17626.5 电磁兼容 试验和测量技术 浪涌(冲击)抗扰度试验

GB/T 17626.6 电磁兼容 试验和测量技术 射频场感应的传导骚扰抗扰度

GB/T 17626.8 电磁兼容 试验和测量技术 工频磁场抗扰度试验

GB 23757—2009 消防电子产品防护要求

3 产品分类

3.1 按敏感部件形式分类:

a) 缆式；

b) 空气管式；

c) 分布式光纤；

d) 光纤光栅；

e) 线式多点型。

3.2 按动作性能分类:

a) 定温；

b) 差温；

c) 差定温。

3.3 按可恢复性能分类：

a) 可恢复式；

b) 不可恢复式。

3.4 按定位方式分类：

a) 分布定位；

b) 分区定位。

3.5 按探测报警功能分类：

a) 探测型；

b) 探测报警型。

4 技术要求

4.1 总则

线型感温火灾探测器(以下统称时简称探测器)应符合本章要求，并按第5章的规定进行试验。

4.2 通用要求

4.2.1 外观要求

探测器表面应无腐蚀、涂覆层脱落和起泡现象，无明显划伤、裂痕、毛刺等机械损伤，紧固部位无松动。

4.2.2 探测器组成及标准报警长度

4.2.2.1 探测器应由敏感部件和与其相连的信号处理单元等部分组成。敏感部件可分为感温电缆、空气管、感温光纤、光纤光栅及其接续部件、点式感温元件及其接续部件等。

4.2.2.2 探测器的拆装以及部件的连接应仅能使用专用工具方可进行。

4.2.2.3 探测器的标准报警长度不应大于制造商标称的标准报警长度，且应符合下列要求：

a) 缆式线型感温火灾探测器的标准报警长度不应大于1 m。

b) 空气管式线型感温火灾探测器的标准报警长度不应大于最大使用长度的10%，且不大于10 m。

c) 分布式光纤线型感温火灾探测器的标准报警长度不应大于3 m。

d) 光纤光栅线型感温火灾探测器和线式多点型感温火灾探测器的标准报警长度不应大于10 m，每个标准报警长度应至少包含一个完整的感温元件，并应符合下列要求之一：

——不大于1 m；

——大于1 m，且不大于3 m；

——大于3 m时，分布定位式探测器的每个感温元件应能按部位识别，分区定位式探测器的每个感温元件应能按分区识别，且每一分区敏感部件的长度不应大于100 m。

注：标准报警长度是指探测器符合本标准探测器动作性能要求所需的最短受热长度。

4.2.3 探测器敏感部件

4.2.3.1 每只探测器敏感部件长度应符合下列要求：

a) 分布式光纤线型感温火灾探测器和光纤光栅线型感温火灾探测器敏感部件总长度不大于10 km；

b) 空气管式线型感温火灾探测器单个敏感部件长度应在20 m～100 m之间，总长度不大于

800 m；

c) 缆式线型感温火灾探测器和线式多点型感温火灾探测器敏感部件总长度不大于 2 km。

4.2.3.2 光纤光栅线型感温火灾探测器和线式多点型感温火灾探测器，感温元件的间距 L 应符合下列要求之一：

a) 标准报警长度不大于 1 m，L 不能改变；

b) 标准报警长度大于 1 m，且不大于 3 m，L 可在 1 m～3 m 范围内变化；

c) 标准报警长度大于 3 m，L 可在 3 m～10 m 范围内变化。

4.2.3.3 光纤光栅线型感温火灾探测器和线式多点型感温火灾探测器在感温元件处应有明显的非粘贴性标识或在敏感部件外护套设有以 1 m 为间隔的标示，标示的间隔误差不大于 10 mm，每隔 50 m 应有可以标识敏感部件实际长度的以米为单位的长度标示。

4.2.3.4 缆式线型感温火灾探测器和分布式光纤线型感温火灾探测器的敏感部件外护套应设有以1 m 为间隔的标示，标示的间隔误差不大于 10 mm，每隔 50 m 应有可以标识敏感部件实际长度的以米为单位的长度标示。

4.2.4 探测器信号处理单元

4.2.4.1 分布式光纤线型感温火灾探测器和线式多点型感温火灾探测器信号处理单元的通道数不应大于 4 个。

4.2.4.2 应设独立的火灾报警、故障和运行状态指示灯，火灾报警状态用红色指示灯表示，故障状态用黄色指示灯表示，运行状态用绿色指示灯表示。

4.2.5 主要部件性能

4.2.5.1 一般要求

探测器的主要部件应采用符合国家有关标准要求的定型产品，同时应符合下述要求。

4.2.5.2 指示灯

4.2.5.2.1 所有指示灯都应采用中文清晰地标注其功能。

4.2.5.2.2 各指示灯处于点亮状态时，在其正前方 3 m 处、在光照度不超过 500 lx 的环境条件下，应清晰可见。

4.2.5.3 显示屏(器)

4.2.5.3.1 显示屏(器)均应至少采用中文显示信息。

4.2.5.3.2 显示屏(器)处于显示状态时，在光照度不超过 500 lx 的环境条件下，显示的信息应在其正前方 0.8 m 处、22.5 °视角范围内清晰可读。

4.2.5.4 音响器件

在正常工作条件下，在探测器音响器件正前方 1 m 处的声压级(A 计权)应大于 65 dB，小于 115 dB。

4.2.5.5 开关和按键

开关和按键(钮)应操作灵活、可靠，功能标注清晰。

4.2.5.6 辅助设备连接

探测器连接其他辅助设备(远程确认灯、控制继电器等)时，与辅助设备间连接线的开路和短路不应影响探测器的正常工作。

4.2.5.7 接线端子

4.2.5.7.1 接线端子应设在探测器内部。

4.2.5.7.2 接线端子的功能应标注清晰。

4.2.5.7.3 不同电压等级的接线端子应分开设置。

4.2.5.8 电源过流保护器件

探测器电源过流保护器件，其额定保护动作电流值一般不应大于探测器最大工作电流的 2 倍；当最大工作电流大于 6 A 时，额定保护动作电流值可取其 1.5 倍。在靠近该器件处应清楚标注其参数值。

4.2.6 防护性能

探测器的防护性能应符合 GB 23757—2009 中 3.2 的要求。

4.2.7 使用说明书

探测器应有相应的中文使用说明书，且使用说明书的内容应满足 GB/T 9969 的要求。

4.3 基本功能

4.3.1 一般要求

4.3.1.1 当探测器监视区域温度参数符合标准规定的报警条件时，探测器应输出火灾报警信号，点亮火灾报警指示灯；具有多通道的探测器应指示出报警通道，并保持至复位；具有定位功能的探测器应能指示报警定位信息，并将上述报警信息上传至火灾报警控制器。

4.3.1.2 探测器在发生下列故障时，应在 100 s 内输出故障信号，点亮故障指示灯，具有多通道的探测器应指示出故障通道，具有定位功能的探测器应能指示故障定位信息，并将上述故障信息上传至火灾报警控制器，标准报警长度大于 3 m 的光纤光栅线型感温火灾探测器和线式多点型感温火灾探测器应能指示故障感温元件的部位或分区：

a) 空气管式线型感温火灾探测器在管路发生泄漏时；

b) 探测器线路在开路或短路条件下；

c) 光纤光栅线型感温火灾探测器和线式多点型感温火灾探测器在任一感温元件故障条件下；

d) 具有多通道的探测器，在任一通道断开的状态下。

4.3.1.3 具有多通道的探测器，探测器的故障通道不应影响非故障通道的正常工作，探测器火灾报警信号的输出与指示应优先于故障信号的输出与指示。

4.3.1.4 探测器供电电源故障时，应在 100 s 内输出故障信号，输出接口性能应符合制造商标称的要求。

4.3.2 探测报警型探测器附加要求

4.3.2.1 探测器的指示功能应符合下列要求：

a) 探测器火灾报警时，应能发出火灾报警声、光信号，用文字信息显示火灾发生部位，记录火灾报警时间(日计时误差不应超过 30 s)，并应保持至复位；

b) 探测器应有专用火警指示灯(器)，探测器处于火灾报警状态时，火警指示灯(器)应点亮，探测器的火灾报警声信号应能手动消除，当有新的火灾报警发生时，声信号应能再启动；

c) 探测器应能显示报警部位，具有多通道的探测器应能显示每一通道的信息；多个通道的信息不能同时显示时，可通过自动或手动切换进行查询显示，且手动操作优先；

d) 对当前报警信息的查询，不应影响探测器的火灾报警功能；

e) 报警信息至少记录999条，且在探测器断电后至少能保持14 d；

f) 探测器发生故障时，应能发出与火灾报警信号有明显区别的故障声、光信号，指示故障类型和/或部位，故障光信号应保持至故障排除，探测器的故障声信号应能手动消除，当有新的故障发生时，声信号应能再启动。

4.3.2.2 探测器的自检功能应符合下列要求：

a) 探测器应具有手动检查其声、光指示的功能；

b) 在执行自检期间，受探测器控制的输出接点状态均不应改变；

c) 探测器的自检功能应不影响探测器的正常工作。

4.3.2.3 探测器的复位应仅能通过使用专用工具或密码等手段实现。

4.3.3 出厂设置

探测器的出厂设置应仅能通过使用专用工具或密码等手段改变。

4.4 探测器的供电要求

4.4.1 直流供电的探测器

4.4.1.1 探测器应优先采用DC24 V供电，在制造商标称的额定工作电压范围内(额定工作电压的上限不低于正常工作电压的110%，额定工作电压下限不高于正常工作电压的85%)，应能正常工作。

4.4.1.2 探测器电源应有过流保护措施。

4.4.1.3 有绝缘要求的外部带电端子与机壳间的绝缘电阻应不小于20 MΩ。

4.4.2 交流供电的探测器

4.4.2.1 探测器在制造商标称的额定工作电压范围内(额定工作电压的上限不低于正常工作电压的110%，额定工作电压下限不高于正常工作电压的85%)，应能正常工作。

4.4.2.2 探测器应具有主、备电源转换功能。当主电源断电时，应能自动转换到备用电源；当主电源恢复时，应能自动转换到主电源；主、备电源的转换不应使探测器发出火灾报警信号。

4.4.2.3 探测器备用电源在放电至终止电压条件下充电24 h，其容量应能保证探测器在正常监视状态下工作8 h后，在报警状态条件下工作30 min。

4.4.2.4 探测器应有电源过流保护措施，并应指示下述故障：

a) 主电源断电或欠压；

b) 给备用电源充电的充电器与备用电源之间连接线断线、短路；

c) 备用电源与其负载之间连接线断线、短路或由备用电源单独供电时其电压不足以保障探测器正常工作。

4.4.2.5 有绝缘要求的外部带电端子与机壳间的绝缘电阻应不小于20 MΩ，主电源输入端与机壳间的绝缘电阻应不小于50 MΩ。

4.4.2.6 主电源接线端子与机壳间应能耐受频率为50×(1±0.01) Hz、有效值1 250×(1±0.1) V的交流电压、历时60 s±5 s的电气强度试验，试验期间，不应发生闪络或击穿现象；试验后接通电源，探测器应能正常工作。

4.5 标准温度动作性能

4.5.1 定温探测器

4.5.1.1 在25 ℃±2 ℃的起始温度(对于动作温度设定值不小于138 ℃的试样，起始温度为50 ℃±2 ℃)、气流速率为 0.8 m/s±0.1 m/s 的条件下，对探测器任一段标准报警长度的敏感部件，以1 ℃/min的升温速率升温，定温和差定温探测器设定的动作温度和不动作温度应符合表 1 规定。

表 1　定温和差定温探测器设定动作温度和不动作温度要求

单位为摄氏度

探测器动作温度	探测器不动作温度
60	40
70	45
85	60
105	75
138	85
180	108
注：产品的允许使用环境最高温度不超过不动作温度。	

4.5.1.2　探测器动作温度误差不应大于设定值的 10%，且不大于制造商标称的最小误差。

4.5.1.3　具有多个报警温度点的探测器，探测器设定的动作温度和不动作温度值应在表 1 中给出的数值内对应选取，且每一个报警温度点均应满足 4.5.1.2 的规定。

4.5.1.4　定温和差定温探测器的响应时间应满足表 2 的规定。

表 2　定温和差定温探测器的响应时间要求

探测器动作温度(T) ℃	探测器响应时间 s
$60 \leqslant T < 85$	$\leqslant 15$
$85 \leqslant T < 100$	$\leqslant 30$
$T \geqslant 100$	$\leqslant 45$

4.5.2　差温探测器

在 25 ℃±2 ℃的起始温度、气流速率为 0.8 m/s±0.1 m/s 的条件下，对探测器任一段标准报警长度的敏感部件，分别以 10 ℃/min、20 ℃/min、30 ℃/min 的升温速率升温，探测器的响应时间应满足表 3 的规定。

表 3　差温探测器的响应时间要求

升温速率 ℃/min	响应时间下限值 s	响应时间上限值 s
10	30	180
20	22.5	95
30	15	70

4.5.3　差定温探测器

差定温探测器应同时满足 4.5.1 和 4.5.2 的要求。

4.6 定温报警不动作性能

对探测器任一段表 4 中要求长度的敏感部件，在 25 ℃±2 ℃的起始温度条件下，分别以 1 ℃/min 的升温速率升温至表 1 规定的不动作温度，保持 4 h。升温和保持期间，探测器不应发出火灾报警或故障信号。

表 4 不动作试验要求敏感部件的长度

探测器类别	敏感部件长度 1	敏感部件长度 2	敏感部件长度 3
缆式线型感温火灾探测器	0.1 倍制造商标称最大使用长度	0.4 倍制造商标称最大使用长度	0.9 倍制造商标称最大使用长度
空气管式线型感温火灾探测器			
线式多点型感温火灾探测器			
分布式光纤线型感温火灾探测器	3 倍标准报警长度		
光纤光栅线型感温火灾探测器			

具有多通道的探测器，敏感部件最大使用长度按式(1)计算：

$$L_{max}=L_{dmax}/N_{chn} \quad \cdots\cdots(1)$$

式中：

L_{max}——敏感部件最大使用长度；

L_{dmax}——制造商标称的探测器敏感部件的最大使用长度；

N_{chn}——通道数。

4.7 差温报警不动作性能

对探测器任一段表 4 要求长度的敏感部件，在 25 ℃±2 ℃的起始温度条件下，以 2 ℃/min 的升温速率升温，按下列要求升温，探测器不应发出火灾报警或故障信号：

a) 设定的动作温度不大于 70 ℃的差定温探测器，升温至对应的不动作温度；

b) 设定的动作温度大于 70 ℃的差定温探测器和差温探测器，升温 15 min。

4.8 响应时间及一致性

在正常大气条件下，将探测器任一段标准报警长度的敏感部件立即置于温度为 T_1±2 ℃的环境温度中，探测器的响应时间应满足表 2 的要求，且任意两只探测器的响应时间相差不应大于 5 s。

T_1 按式(2)计算：

$$T_1=1.4\times T_a \quad \cdots\cdots(2)$$

式中：

T_a——定温或差定温探测器设定动作温度。

4.9 定位性能

4.9.1 分布定位式探测器应能准确指示出任一标准报警长度敏感部件的部位，其中以感温元件部位号标示时，部位号应准确无误；以敏感部件长度标示时，其定位偏差不应大于探测器标准报警长度值且不大于制造商标称的定位偏差值。

4.9.2 分区定位式探测器应能准确指示出任一标准报警长度敏感部件所在的分区。

4.10 高温运行动作性能

4.10.1 环境温度条件

表5规定了制造商标称的敏感部件和信号处理器单元适用环境温度范围对应的高温运行、低温运行动作性能的环境温度条件。

表5 高温运行、低温运行动作性能环境温度要求

适用环境温度范围	环境温度条件 ℃	
	低温	高温
A	−10±3	$(T_{na}-2)\pm2$
B	−40±3	$(T_{na}-2)\pm2$
C	−10±3	50±2
D	−40±3	50±2
E	−10±3	70±2
F	−40±3	70±2

注：A、B ——设定动作温度不大于70 ℃的定温、差定温探测器；
C、D ——差温探测器，设定动作温度为85 ℃的定温、差定温探测器；
E、F ——差温探测器，设定动作温度不小于105 ℃的定温、差定温探测器；
T_{na} ——不动作温度。

4.10.2 定温探测器

根据制造商标称的适用环境温度等级，在25 ℃±2 ℃的起始温度条件下，将敏感部件和信号处理器单元以不大于1 ℃/min的升温速率升温至表5要求的高温环境温度条件下，并保持4 h(具有多通道的探测器，任意选取一个通道配接的敏感部件进行高温运行动作性能试验，其余通道配接的敏感部件置于正常大气条件下)，升温和保持期间，探测器不应发出火灾报警或故障信号。在保持试验环境温度不变的条件下，对探测器任一段标准报警长度的敏感部件(具有多通道的探测器，选定试验通道配接的任一段标准报警长度的敏感部件)，以5 ℃/min的升温速率升温至T_2±5 ℃并保持恒定30 s，期间探测器应发出火灾报警信号。

T_2按式(3)计算：

$$T_2=1.2\times T_a \qquad \cdots\cdots(3)$$

4.10.3 差温探测器

在25 ℃±2 ℃的条件下，根据制造商标称的适用环境温度等级，将敏感部件和信号处理器单元以不大于1 ℃/min的升温速率升温至表5要求的高温环境温度条件下，并保持4 h(具有多通道的探测器，任意选取一个通道配接的敏感部件进行高温运行动作性能试验，其余通道配接的敏感部件置于正常大气条件下)，升温和保持期间，探测器不应发出火灾报警或故障信号。在保持试验环境温度不变的条件下，对探测器任一段标准报警长度的敏感部件(具有多通道的探测器，选定试验通道配接的任一段标准报警长度的敏感部件)，以10 ℃/min的升温速率升温，探测器应在5 min内发出火灾报警信号。

4.10.4 差定温探测器

满足 4.10.2 或 4.10.3 的要求。

4.11 低温运行动作性能

4.11.1 定温探测器

在 25 ℃±2 ℃的条件下，根据制造商标称的适用环境温度等级将敏感部件和信号处理器单元以不大于 1 ℃/min 的降温速率降温至表 5 要求的低温环境温度条件下，并保持 4 h(具有多通道的探测器，任意选取一个通道配接的敏感部件进行低温运行动作性能试验，其余通道配接的敏感部件置于正常大气条件下)，降温和保持期间，探测器不应发出火灾报警或故障信号。在保持试验环境温度不变的条件下，对探测器任一段标准报警长度的敏感部件(具有多通道的探测器，选定试验通道配接的任一段标准报警长度的敏感部件)，以 5 ℃/min 的升温速率升温至 T_2±5 ℃并保持恒定 30 s，期间探测器应发出火灾报警信号。T_2 按式(3)计算。

4.11.2 差温探测器

在 25 ℃±2 ℃的条件下，根据制造商标称的适用环境温度等级将敏感部件和信号处理器单元以不大于 1 ℃/min 的降温速率降温至表 5 要求的低温环境温度条件下，并保持 4 h(具有多通道的探测器，任意选取一个通道配接的敏感部件进行低温运行动作性能试验，其余通道配接的敏感部件置于正常大气条件下)，降温和保持期间，探测器不应发出火灾报警或故障信号。在保持试验环境温度不变的条件下，对探测器任一段标准报警长度的敏感部件(具有多通道的探测器，选定试验通道配接的任一段标准报警长度的敏感部件)，以 10 ℃/min 的升温速率升温，探测器应在 5 min 内发出火灾报警信号。

4.11.3 差定温探测器

满足 4.11.1 或 4.11.2 的要求。

4.12 环境温度变化条件下的响应性能

对探测器任一段标准报警长度的敏感部件，在 25 ℃±2 ℃的起始温度、气流速率为 0.8 m/s±0.1 m/s的条件下，以 2 ℃/min 的升温速率升温；同时对探测器剩余的敏感部件，在 25 ℃±2 ℃的起始温度条件下，以 1 ℃/min 的升温速率升温至探测器的不动作温度并保持恒温。探测器的动作温度应满足 4.5.1.2 的要求。

4.13 抗拉性能

在不通电的条件下，对探测器任一段长度为 5 m 的敏感部件(光纤光栅线型感温火灾探测器和线式多点型感温火灾探测器应至少包含一个完整的感温元件)施加 100 N 的拉力保持 1 min，敏感部件不应有机械损伤；试验后接通电源，探测器不应发出火灾报警或故障信号。

4.14 冷弯性能

在−10 ℃±2 ℃、不通电的条件下，连续 3 次将探测器任一段长度为 1.5 倍标准报警长度的敏感部件，弯成直径为 300 mm 的圆圈，然后自然释放；试验后接通电源，探测器不应发出火灾报警或故障信号。

4.15 交变湿热(运行)适应性能

使探测器的敏感部件和信号处理器单元[具有多通道的探测器，任意选取一个通道配接的敏感部件进行交变湿热(运行)试验，其余通道配接的敏感部件置于正常大气条件下]处于温度为 40 ℃±2 ℃、2 个循环周期的交变湿热试验条件下，试验期间探测器不应发出火灾报警或故障信号；在正常大气条件下恢复 2 h 后，受试验段任一段标准报警长度的敏感部件的标准温度动作性能应满足 4.5 的要求。

4.16 高温暴露耐受性能

将探测器任一段标准报警长度的敏感部件置于表 6 要求的环境温度中通电运行 15 d(剩余敏感器件置于正常大气条件下；具有多通道的探测器，任意选取一个通道配接的任一段标准报警长度的敏感部件进行高温暴露试验，剩余敏感器件和其余通道配接的敏感部件置于正常大气条件下)，探测器不应发出火灾报警或故障信号；在正常大气条件下恢复 24 h 后，受试验段敏感部件的标准温度动作性能应满足 4.5 的要求。

表 6 高温暴露耐受试验环境温度要求

探测器类别及敏感部件		环境温度 ℃
定温和差定温		$(T_{Low}-4)\pm2$
差温	C、D	50±2
	E、F	70±2

注：C、D——差温探测器，设定动作温度为 85 ℃的定温、差定温探测器。
E、F——差温探测器，设定动作温度不小于 105 ℃的定温、差定温探测器。
T_{Low}——设定动作温度下限。

4.17 电磁兼容性能

探测器应能适应表 7 所规定条件下的各项试验要求。试验期间，探测器不应发出火灾报警或故障信号；试验后，任一段标准报警长度的敏感部件的标准温度动作性能应满足 4.5 的要求。

表 7 电磁兼容性试验条件

试验名称	试验参数	试验条件	工作状态
射频电磁场辐射抗扰度试验	场强/(V/m)	10	正常监视状态
	频率范围/MHz	80～1 000	
	扫描速率/(10 oct/s)	$\leqslant1.5\times10^{-3}$	
	调制幅度	80%(1 kHz，正弦)	
射频场感应的传导骚扰抗扰度试验	频率范围/MHz	0.15～80	正常监视状态
	电压/dBμV	140	
	调制幅度	80%(1 kHz，正弦)	
静电放电抗扰度试验	放电电压/kV	空气放电(外壳为绝缘体试样)8	正常监视状态
		接触放电(外壳为导体试样和耦合板)6	
	放电极性	正、负	
	放电间隔/s	≥1	
	每点放电次数	10	

表 7（续）

试验名称	试验参数	试验条件		工作状态
电快速瞬变脉冲群抗扰度试验	瞬变脉冲电压/kV	AC 电源线	2×(1±0.1)	正常监视状态
		其他连接线	1×(1±0.1)	
	重复频率/kHz	AC 电源线	2.5×(1±0.2)	
		其他连接线	5×(1±0.2)	
	极性	正、负		
	时间	每次 1 min		
浪涌(冲击)抗扰度试验	浪涌(冲击)电压/kV	AC 电源线	线-线 1×(1±0.1)	正常监视状态
			线-地 2×(1±0.1)	
		其他连接线	线-地 1×(1±0.1)	
	极性	正、负		
	试验次数	5		
工频磁场抗扰度试验	稳定持续磁场强度/(A/m)	30		正常监视状态

4.18 小尺寸高温响应性能

在正常大气条件下，将探测器任一段长度为 100 mm 的敏感部件，立即置于温度为 280 ℃的温度环境中，探测器的响应时间应满足表 2 的规定。

4.19 SO_2 腐蚀(耐久)耐受性能

将任一段长度为 1.5 倍标准报警长度的敏感部件，在表 8 中所示的试验条件下进行试验，试验后，敏感部件应无明显破坏涂覆和腐蚀现象；在正常大气条件下恢复 7 d 后，连续 3 次将受试验段敏感部件弯成直径为 300 mm 的圆圈，然后自然释放，敏感部件不应有机械损伤。

表 8 SO_2 腐蚀(耐久)试验条件

试验名称	试验条件				
SO_2 腐蚀(耐久)试验	温度 ℃	SO_2 体积分数	相对湿度 %	持续时间 d	工作状态
	25±2	$(25\pm5)\times10^{-6}$	90～96	21	不通电

4.20 盐雾腐蚀(耐久)耐受性能

将任一段长度为 1.5 倍标准报警长度的敏感部件，在表 9 中所示的试验条件下进行试验，试验后，敏感部件应无明显破坏涂覆和腐蚀现象；在正常大气条件下恢复 7 d 后，连续 3 次将受试验段敏感部件弯成直径为 300 mm 的圆圈，然后自然释放，敏感部件不应有机械损伤。

表 9 盐雾腐蚀(耐久)试验条件

试验名称	试验条件				
盐雾腐蚀 (耐久)试验	温度 ℃	氯化钠质量分数	相对湿度 %	持续时间 h	工作状态
	40±2	$(5\pm1)\times10^{-2}$	90～96	(2+22)×3	不通电

5 试验方法

5.1 试验纲要

5.1.1 如在有关条文中没有说明时,各项试验均应在下述大气条件下进行:

——温度:15 ℃～35 ℃;

——相对湿度:25%～75%;

——大气压力:86 kPa～106 kPa。

5.1.2 在有关条文中没有特殊要求时,应保证探测器的工作电压为额定工作电压,并在试验期间保持工作电压稳定。试验时,应将探测器与制造商提供的配接的火灾报警控制器连接,使其处于正常工作状态。

5.1.3 试验时,应按制造商规定的正常安装方式安装。如使用说明书给出多种安装方式,试验中应采用对探测器工作最不利的安装方式。

5.1.4 除在有关条文另有说明外,各项试验数据的容差均为±5%;环境条件参数偏差应符合 GB 16838 的要求。

5.1.5 除在有关条文另有说明的情况下,具有多通道的探测器,任意选取一个通道按第 4 章要求进行各项试验。

5.1.6 具有多个报警温度点的探测器,应设定不同的动作温度,按照 4.5、4.6、4.8 的要求分别进行试验;选取最低设定动作温度按照 4.15 的要求进行试验;选取最高设定动作温度按照 4.16 的要求进行试验;任选一个设定温度进行其他试验。

5.1.7 试验前,制造商应提供符合下列要求的探测器作为试验样品(以下简称试样),同时提供配接的火灾报警控制器:

a) 应按标称的满负荷要求提供探测器作为试验样品。样品的满负荷应满足下列要求:

——缆式线型感温火灾探测器、空气管式线型感温火灾探测器和分布式光纤线型感温火灾探测器的信号处理单元应配接制造商标称的最大使用长度的敏感部件,缆式线型感温火灾探测器单个敏感部件长度不小于 150 m;

——光纤光栅线型感温火灾探测器和线式多点型感温火灾探测器的信号处理单元应配接制造商标称的最大数量的感温元件;

——具有多通道的探测器,每个通道均应平均配接敏感部件按第 4 章要求进行各项试验;同时提供一段制造商标称单通道能够配接最大使用长度的敏感部件及用于其余通道配接的有效负载,按 4.8 要求进行试验。

b) 光纤光栅线型感温火灾探测器和线式多点型感温火灾探测器的感温元件具有多种间距时,应按 4.2.3.2 规定的最大和最小间距要求分别提供试验样品,最小间距的样品按第 4 章的要求进行各项试验,最大间距的样品应按 4.5、4.9 的要求进行试验;

c) 探测器数量要求:

——可恢复式探测器:3只;

——不可恢复式探测器:24只。

5.1.8 试验前检查

探测器在试验前应按下列要求进行检查,符合要求后方可进行试验:

a) 按4.2的要求对试样进行检查;

b) 将可恢复式探测器任一长度为1.5倍标准报警长度的敏感部件1段,放置于制造商标称的探测器设定动作温度上限温度环境中,恒温2 h。恒温期间,探测器不通电;恒温结束后,探测器在标准大气环境下恢复2 h,接通电源后探测器不应发出火灾报警信号或故障信号。

5.1.9 试验前应对试样予以编号,可恢复式差、定温探测器的试验程序见表10,不可恢复式定温探测器的试验程序见表11。

5.2 基本功能试验

5.2.1 使试样处于正常监视状态,采用实际加温或手动模拟报警的方式使试样报火警,观察火警指示灯的状态。

5.2.2 使试样处于下述状态,观察试样故障报警情况:

a) 信号处理单元与敏感部件之间的任一连接线路开路;

b) 敏感部件之间的任一连接线路开路;

c) 信号处理单元与敏感部件之间的连接线路两两短路;

d) 敏感部件之间的连接线路两两短路;

e) 感温元件故障;

f) 空气管式敏感部件末端泄漏。

5.2.3 使多通道探测器处于正常监视状态,断开其中任一通道的敏感部件,待探测器报故障后,使另一通道报火警,观察探测器的状态。

5.2.4 使试样处于正常监视状态,断开信号处理单元的供电电源,按照制造商标称的要求检查输出接口性能。

表10 可恢复式差、定温探测器试验程序

序号	章条	试验项目	探测器编号		
			1	2	3
1	5.1.8	试验前检查试验	√	√	√
2	5.2	基本功能试验	√	√	√
3	5.3	电源性能试验	√		
4	5.4	标准温度的定温报警动作温度试验[a]	√	√	√
5	5.5	标准温度的差温报警动作性能试验[b]	√	√	√
6	5.6	定温报警不动作试验[a]	√	√	√
7	5.7	差温报警不动作试验[b]	√	√	√
8	5.8	响应时间及一致性试验[a]	√	√	√
9	5.9	定位性能试验[c]		√	
10	5.10	高温运行定温报警动作温度试验[a]	√		
11	5.11	高温运行差温报警动作性能试验[b]	√		

表 10（续）

序号	章条	试验项目	探测器编号		
			1	2	3
12	5.12	低温运行定温报警动作温度试验[a]	√		
13	5.13	低温运行差温报警动作性能试验[b]	√		
14	5.14	环境温度变化条件下的响应性能试验[a,c]	√		
15	5.15	抗拉试验			√
16	5.16	冷弯试验			√
17	5.17	交变湿热(运行)试验	√		
18	5.18	高温暴露耐受试验			√
19	5.19	绝缘电阻试验		√	
20	5.20	电气强度试验		√	
21	5.21	射频电磁场辐射抗扰度试验		√	
22	5.22	射频场感应的传导骚扰抗扰度试验		√	
23	5.23	静电放电抗扰度试验		√	
24	5.24	电快速瞬变脉冲群抗扰度试验		√	
25	5.25	浪涌(冲击)抗扰度试验		√	
26	5.26	工频磁场抗扰度试验		√	
27	5.27	小尺寸高温响应性能试验[d]	√		
28	5.28	SO_2 腐蚀(耐久)试验	√		
29	5.29	盐雾腐蚀(耐久)试验	√		

注 1：缆式线型感温火灾探测器、空气管式线型感温火灾探测器、线式多点型感温火灾探测器 1 号试样按表 4 中要求随机选取长度为“敏感部件长度 1”的敏感部件，2 号试样按表 4 要求随机选取长度为“敏感部件长度 2”的敏感部件，3 号试样按表 4 要求随机选取长度为“敏感部件长度 3”的敏感部件进行 5.6、5.7 试验。

注 2：在 1 号试样的敏感部件中随机抽取长度为 1.5 倍标准报警长度的敏感部件作为试样 1-1 进行 SO_2 腐蚀(耐久)试验。

注 3：在 1 号试样的敏感部件中另外随机抽取长度为 1.5 倍标准报警长度的敏感部件作为试样 1-2 进行盐雾腐蚀(耐久)试验。

注 4：“√“表示进行该项试验。

[a] 适用于定温、差定温探测器。

[b] 适用于差温、差定温探测器。

[c] 适用于缆式线型感温火灾探测器、空气管式线型感温火灾探测器、线式多点型感温火灾探测器。

[d] 适用于标准报警长度不大于 1 m 的探测器。

[e] 适用于分布定位探测器和分区定位探测器。

表 11　不可恢复式定温探测器试验程序

序号	章条	试验项目	探测器编号
1	5.1.8	试验前检查试验	1～24
2	5.2	基本功能试验	1～24
3	5.3	电源性能试验	1
4	5.4	标准温度的定温报警动作温度试验	1～3
5	5.6	定温报警不动作试验	4～6
6	5.8	响应时间及一致性试验	4～6
7	5.9	定位性能试验[a]	7
8	5.10	高温运行定温报警动作温度试验	8
9	5.12	低温运行定温报警动作温度试验	9
10	5.15	抗拉试验	10
11	5.16	冷弯试验	11
12	5.17	交变湿热(运行)试验	12
13	5.18	高温暴露耐受试验	13
14	5.19	绝缘电阻试验	14
15	5.20	电气强度试验	15
16	5.21	射频电磁场辐射抗扰度试验	16
17	5.22	射频场感应的传导骚扰抗扰度试验	17
18	5.23	静电放电抗扰度试验	18
19	5.24	电快速瞬变脉冲群抗扰度试验	19
20	5.25	浪涌(冲击)抗扰度试验	20
21	5.26	工频磁场抗扰度试验	21
22	5.27	小尺寸高温响应性能试验[b]	22
23	5.28	SO_2 腐蚀(耐久)试验	23
24	5.29	盐雾腐蚀(耐久)试验	24

[a] 适用于分布定位探测器和分区定位探测器。

[b] 适用于标准报警长度不大于 1 m 的探测器。

5.2.5　探测报警型探测器附加功能试验应满足下列要求：

a)　使试样处于火灾报警状态，观察并记录显示情况，手动消音，使试样再次发生火灾报警，观察并记录显示情况，复位火警，手动复位试样，观察并记录试样状态；

b)　使多于两个通道处于报警状态，观察并记录信息显示情况和多个报警通道信息的切换操作情况；

c)　手动操作查询当前报警信息，并使其他通道发出火灾报警信号，观察并记录试样状态，查询报警信息记录情况；

d)　使试样处于故障报警状态，观察并记录显示情况，手动消音，使试样再次发生故障，观察并记录显示情况，复位故障，观察并记录试样状态；

e) 使试样处于正常监视状态，手动操作试样自检机构，观察并记录试样及输出接点状态；

f) 使试样处于正常监视状态，手动复位试样，记录试样手动复位手段。

5.3 电源性能试验

5.3.1 直流供电的探测器电源功能试验

5.3.1.1 接通电源，使试样处于正常工作状态，调节试验装置，使电源分别工作在制造商标称的额定工作电压上、下限(制造商未标称探测器的额定工作电压，额定电压的上限为正常工作电压的 110%，额定电压的下限为正常工作电压的 85%)，观察并记录试样的状态。

5.3.1.2 检查并记录试样保险丝的规格。

5.3.2 交流供电的探测器电源功能试验

5.3.2.1 接通主、备电源，使试样处于正常工作状态，调节试验装置，使电源分别工作在制造商标称的额定工作电压上、下限(制造商未标称探测器的额定工作电压，额定电压的上限为正常工作电压的 110%，额定电压的下限为正常工作电压的 85%)，观察并记录试样的状态。

5.3.2.2 切断试样的主电源，然后再接通主电源检查试样主、备电源的转换和电源状态的指示情况，再使试样处于备电供电状态下工作 8 h，然后处于报警状态下直至备电不足以保证试样正常工作，记录备电工作时间。

5.3.2.3 调节试验装置，使试样的主电源电压降低到转入备电源工作，检查故障情况；将试样的备用电源与其充电器之间的连接线开路、短路，检查试样的故障情况；将试样与为其供电的备用电源之间的连接线开路、短路，检查试样的故障情况。

5.4 标准温度的定温报警动作温度试验

5.4.1 试验步骤

5.4.1.1 随机选取 4.5.1 要求长度的敏感部件 3 段，分别按 5.1.3 中的规定安装在温箱中，按 5.1.2 中的规定使其处于正常监视状态。

5.4.1.2 调节温箱使温箱处于 4.5.1 要求的工作状态，稳定 10 min(或制造商标称时间)。

5.4.1.3 按 4.5.1 的要求的升温速率升温至试样动作，记录试样不同部位的动作温度。

5.4.2 试验设备

温箱性能应满足 GB 4716 的要求。

5.5 标准温度的差温报警动作性能试验

5.5.1 试验步骤

5.5.1.1 随机选取 4.5.2 要求长度的敏感部件 3 段，分别按 5.1.3 中的规定安装在温箱中，按 5.1.2 中的规定使其处于正常监视状态。

5.5.1.2 调节温箱使温箱处于 4.5.2 要求的工作状态，稳定 10 min(或制造商标称时间)。

5.5.1.3 分别按 4.5.2 的要求的升温速率升温至试样动作，记录试样不同部位的响应时间。

5.5.2 试验设备

温箱性能应满足 GB 4716 的要求。

5.6 定温报警不动作试验

5.6.1 试验步骤

5.6.1.1 随机选取表4要求长度的敏感部件1段,分别按5.1.3中的规定安装在环境试验箱内,按5.1.2中的规定使其处于正常监视状态。

5.6.1.2 调节环境试验箱使环境试验箱处于4.6要求的工作状态,稳定10 min(或制造商标称时间)。

5.6.1.3 环境试验箱按4.6要求的升温速率升温至4.6要求的温度,保持4 h。试验期间,观察并记录试样的工作情况。

5.6.2 试验设备

环境试验性能应满足GB 16838的要求。

5.7 差温报警不动作试验

5.7.1 试验步骤

5.7.1.1 随机选取表4要求长度的敏感部件1段,分别按5.1.3中的规定安装在环境试验箱中,按5.1.2中的规定使其处于正常监视状态。

5.7.1.2 调节环境试验箱使环境试验箱处于4.7要求的工作状态,稳定10 min(或制造商标称时间)。

5.7.1.3 分别按4.7要求的升温速率升温。试验期间,观察并记录试样的工作情况。

5.7.2 试验设备

环境试验箱性能应满足GB 16838的要求。

5.8 响应时间及一致性试验

5.8.1 按5.1.2中的规定使探测器处于正常监视状态。

5.8.2 随机选取4.8要求长度的敏感部件1段,放入一定温度的油槽中(油槽温度按4.8要求设定),同时开始计时,直到试样动作发出报警信号,记录各试样的响应时间(具有多通道的探测器,在每个通道随机选取4.8要求长度的敏感部件1段,一同放入一定温度的油槽中,当通道数大于4个时,随机选取4个通道进行试验)。

5.8.3 具有多通道的分布式光纤线型感温火灾探测器,依次将每个通道连接制造商标称单通道能够配接最大使用长度的敏感部件,其他通道连接有效负载,重复5.8.1和5.8.2。

5.9 定位性能试验

5.9.1 按5.1.2中的规定使探测器处于正常监视状态。

5.9.2 在敏感部件上随机选取长度为标准报警长度的区段,记录其定位标识。

5.9.3 将选取的试样处于报警温度条件下,使试样动作发出火灾报警信号,记录报警部位指示。

5.9.4 分布式光纤线型感温火灾探测器,继续重复5.9.3试验不少于6次后,根据记录的报警部位值或部位区间起始值(以m为单位)按式(4)计算标准偏差σ(四舍五入至小数点后1位)。

$$\sigma=\sqrt{\frac{1}{n-1}\sum_{i=1}^{n}\left[x_i-M(x)\right]^2} \qquad \cdots\cdots\cdots\cdots\cdots\cdots (4)$$

式中:

x_i ——报警位置值或位置区间起始值;

n ——试验重复次数;

$M(x)$——x_i 的算术平均值。

5.10 高温运行定温报警动作温度试验

5.10.1 试验步骤

5.10.1.1 根据表 5 中对探测器敏感部件和信号处理单元要求的试验环境条件，将敏感部件和信号处理单元同时置于环境试验箱 A 中(敏感部件和信号处理单元的试验环境相同)，或分别置于环境试验箱 A 和环境试验箱 B 中(敏感部件和信号处理单元的试验环境不同)，随机选取长度为标准报警长度的敏感部件 1 段，置于快速加热装置中(快速加热装置和敏感部件一同置于环境试验箱 A 中)，按 5.1.2 规定使其处于正常监视状态。

5.10.1.2 稳定 10 min(或制造商标称时间)。

5.10.1.3 各环境试验箱以不大于 1 ℃/min 的升温速率升温至表 5 要求的环境温度，恒定 4 h，观察并记录试样的工作情况。

5.10.1.4 保持环境试验箱温度不变，接通快速加热装置的电源，快速加热装置按照 4.10.2 要求的升温要求升温，观察并记录试样的工作情况。

5.10.2 试验设备

5.10.2.1 各环境试验箱的性能应满足 GB 16838 的要求。

5.10.2.2 快速加热装置：升温速率不大于 5 ℃/min，温度误差为±5 ℃。

5.11 高温运行差温报警动作性能试验

5.11.1 试验步骤

5.11.1.1 根据表 5 中对探测器敏感部件和信号处理单元要求的试验环境条件，将敏感部件和信号处理单元同时置于环境试验箱 A 中(敏感部件和信号处理单元的试验环境相同)，或分别置于环境试验箱 A 和环境试验箱 B 中(敏感部件和信号处理单元的试验环境不同)，随机选取长度为标准报警长度的敏感部件 1 段，置于快速加热装置中(快速加热装置和敏感部件一同置于环境试验箱 A 中)，按 5.1.2 中的规定使其处于正常监视状态。

5.11.1.2 稳定 10 min(或制造商标称时间)。

5.11.1.3 各环境试验箱以不大于 1 ℃/min 的升温速率升温至表 5 要求的环境温度，恒定 4 h，观察并记录试样的工作情况。

5.11.1.4 保持环境试验箱温度不变，接通快速加热装置的电源，快速加热装置按照 4.10.3 要求的升温要求升温，观察并记录试样的工作情况。

5.11.2 试验设备

5.11.2.1 各环境试验箱的性能应满足 GB 16838 的要求。

5.11.2.2 快速加热装置：升温速率不小于 10 ℃/min。

5.12 低温运行定温报警动作温度试验

5.12.1 试验步骤

5.12.1.1 根据表 5 中对探测器敏感部件和信号处理单元要求的试验环境条件，将敏感部件和信号处理同时置于环境试验箱 A 中(敏感部件和信号处理单元的试验环境相同)，或分别置于环境试验箱 A 和环境试验箱 B 中(敏感部件和信号处理单元的试验环境不同)，随机选取长度为标准报警长度的敏感部件

1 段，置于快速加热装置中(快速加热装置和敏感部件一同置于环境试验箱 A 中)，按 5.1.2 规定使其处于正常监视状态。

5.12.1.2　稳定 10 min(或制造商标称时间)。

5.12.1.3　各环境试验箱以不大于 1 ℃/min 的降温速率降温至表 5 要求的环境温度，恒定 4 h，观察并记录试样的工作情况。

5.12.1.4　保持环境试验箱温度不变，接通快速加热装置的电源，快速加热装置按照 4.11.1 要求的升温要求升温，观察并记录试样的工作情况。

5.12.2　试验设备

5.12.2.1　各环境试验箱的性能应满足 GB 16838 的要求。

5.12.2.2　快速加热装置：升温速率不大于 5 ℃/min，温度误差±5 ℃。

5.13　低温运行差温报警动作性能试验

5.13.1　试验步骤

5.13.1.1　根据表 5 中对探测器敏感部件和信号处理单元要求的试验环境条件，将敏感部件和信号处理同时置于环境试验箱 A 中(敏感部件和信号处理单元的试验环境相同)，或分别置于环境试验箱 A 和环境试验箱 B 中(敏感部件和信号处理单元的试验环境不同)，随机选取长度为标准报警长度的敏感部件 1 段，置于快速加热装置中(快速加热装置和敏感部件一同置于环境试验箱 A 中)，按 5.1.2 中的规定使其处于正常监视状态。

5.13.1.2　稳定 10 min(或制造商标称时间)。

5.13.1.3　各环境试验箱以不大于 1 ℃/min 的降温速率降温至表 5 要求的环境温度，恒定 4 h，观察并记录试样的工作情况。

5.13.1.4　保持环境试验箱温度不变，接通快速加热装置的电源，快速加热装置按照 4.11.2 要求的升温要求升温，观察并记录试样的工作情况。

5.13.2　试验设备

5.13.2.1　各环境试验箱的性能应满足 GB 16838 的要求。

5.13.2.2　快速加热装置：升温速率不小于 10 ℃/min。

5.14　环境温度变化条件下的响应性能试验

5.14.1　试验步骤

5.14.1.1　随机选取长度为标准报警长度的敏感部件 1 段，按 5.1.3 中的规定安装在温箱 A 中，调节温箱使温箱处于 4.12 要求的工作状态；剩余敏感部件放入另一环境试验箱 B 中，调节环境试验箱使环境试验箱处于 4.12 要求的工作状态，按 5.1.2 中的规定使试样处于正常监视状态。

5.14.1.2　按 10 min 或制造商标称的时间进行稳定。

5.14.1.3　环境试验箱 B 按照 4.12 要求的升温速率开始升温至 4.12 要求的温度并保持恒温；温箱 A 按照 4.12 要求的升温速率升温至试样定温报警动作温度上限值并保持恒温 5 min。观察并记录试样的工作情况。

5.14.2　试验设备

5.14.2.1　温箱应满足 GB 4716 的要求。

5.14.2.2　环境试验箱应满足 GB 16838 的要求。

5.15 抗拉试验

5.15.1 随机选取 4.13 要求长度的敏感部件 1 段，施加 100 N 的拉力，保持 1 min。试验期间，试样不通电。

5.15.2 试验后，检查试样外观，按 5.1.2 中的规定接通电源，观察并记录试样的工作情况。

5.16 冷弯试验

5.16.1 随机选取 4.14 要求长度的敏感部件 1 段，放入温度为 -10 ℃±2 ℃的环境试验箱中，持续 1h，低温期间试样不通电。

5.16.2 取出试样后立即将其弯成直径为 300 mm 的圆圈，然后自然释放；连续重复 3 次。

5.16.3 试验后，检查试样外观，按 5.1.2 中的规定接通电源，观察并记录试样的工作情况。

5.17 交变湿热(运行)试验

5.17.1 试验步骤

5.17.1.1 按 4.15 的要求将试样放入试验箱内，按 5.1.2 规定使试样处于正常监视状态。

5.17.1.2 按 GB/T 2423.4 中规定的试验方法对试样施加高温温度为 40 ℃±2 ℃、2 个循环周期的交变湿热试验，期间观察并记录试样状态。

5.17.1.3 取出试样，在正常大气条件下恢复 2 h，期间探测器不通电。

5.17.1.4 接通电源，按 5.1.2 中的规定使试样处于正常监视状态，按 4.14 要求随机选取长度为标准报警长度的敏感部件 1 段，按 5.4 和/或 5.5 的规定进行试验。

5.17.2 试验设备

试验设备应满足 GB/T 2423.4 的要求。

5.18 高温暴露耐受试验

5.18.1 试验步骤

5.18.1.1 随机选取 4.16 要求长度的敏感部件 1 段放入温度为 25 ℃±2 ℃的环境试验箱中，剩余敏感部件按 4.16 要求放置，按 5.1.2 中的规定使试样处于正常监视状态。

5.18.1.2 环境试验箱以不大于 1 ℃/min 的升温速率升温至表 6 要求的环境温度，恒定 15 d，观察并记录试样的工作情况。

5.18.1.3 取出试样，在正常大气条件下恢复 24 h，期间探测器不通电。

5.18.1.4 接通电源，按 5.1.2 中的规定使试样处于正常监视状态，按 4.16 要求随机选取长度为标准报警长度的敏感部件 1 段，按 5.4 和/或 5.5 的规定进行试验。

5.18.2 试验设备

试验设备应满足 GB 16838 的要求。

5.19 绝缘电阻试验

5.19.1 试验步骤

通过绝缘电阻试验装置，分别对试样的下述部分施加 500(1±0.1) V 直流电压，持续 60 s±5 s，测量其绝缘电阻值。

a) 试样的外部带电端子与壳体之间；

b) 电源接线端子与外壳之间(电源开关置于开位置,不接通电源)。

试验时,应保证接触点有可靠的接触。

5.19.2 试验设备

绝缘电阻试验装置应满足下述技术要求：

——试验电压:500(1±0.1) V；

——测量范围:0 MΩ～500 MΩ；

——最小分度:0.1 MΩ；

——计时:60 s±5 s。

5.20 电气强度试验

5.20.1 试验步骤

5.20.1.1 通过试验装置,以 100 V/s～500 V/s 的升压速率,对试样电源线与机壳间施加 50(1±0.01)Hz、1 250(1±0.1) V(有效值)的试验电压,持续 60 s±5 s,观察并记录试验中所发生的现象。

5.20.1.2 以 100 V/s～500 V/s 的降压速率使电压降至低于试样额定工作电压值后,切断试验装置的电压输出。

5.20.1.3 试验后,按 5.1.2 规定接通电源,观察并记录试样的工作情况。

5.20.2 试验设备

试验装置应满足下述技术条件：

——试验电源:电压 0 V～1 250 V(有效值)连续可调,频率 50(1±0.01) Hz；

——升(降)压速率:100 V/s～500 V/s；

——计时:60 s±5 s。

5.21 射频电磁场辐射抗扰度试验

5.21.1 试验步骤

5.21.1.1 将试样按 GB/T 17626.3 中规定进行试验布置,按 5.1.2 中的规定接通电源,使其处于正常监视状态 20 min。

5.21.1.2 按 GB/T 17626.3 中规定的试验方法对试样施加表 7 所示条件的干扰试验。试验期间,观察并记录试样的工作情况。

5.21.1.3 试验后,随机选取长度为标准报警长度的敏感部件 1 段,按 5.4 和/或 5.5 的规定进行试验。

5.21.2 试验设备

试验设备应满足 GB/T 17626.3 的要求。

5.22 射频场感应的传导骚扰抗扰度试验

5.22.1 试验步骤

5.22.1.1 将试样按 GB/T 17626.6 中规定进行试验布置,按 5.1.2 中的规定接通电源,使其处于正常监视状态 20 min。

5.22.1.2 按 GB/T 17626.6 中规定的试验方法对试样施加表 7 所示条件的干扰试验。试验期间,观察并记录试样的工作情况。

5.22.1.3 试验后，随机选取长度为标准报警长度的敏感部件1段，按5.4和/或5.5的规定进行试验。

5.22.2 试验设备

试验设备应满足GB/T 17626.6的相关规定。

5.23 静电放电抗扰度试验

5.23.1 试验步骤

5.23.1.1 将试样按GB/T 17626.2中规定进行试验布置，按5.1.2中的规定接通电源，使其处于正常监视状态20 min。

5.23.1.2 按GB/T 17626.2中规定的试验方法对试样及耦合板施加表7所示条件的干扰试验。试验期间，观察并记录试样的工作情况。

5.23.1.3 试验后，随机选取长度为标准报警长度的敏感部件1段，按5.4和/或5.5的规定进行试验。

5.23.2 试验设备

试验设备应满足GB/T 17626.2的要求。

5.24 电快速瞬变脉冲群抗扰度试验

5.24.1 试验步骤

5.24.1.1 将试样按GB/T 17626.4中规定进行试验布置，按5.1.2中的规定接通电源，使其处于正常监视状态20 min。

5.24.1.2 按GB/T 17626.4中规定的试验方法对试样施加表7所示条件的干扰试验。试验期间，观察并记录试样的工作情况。

5.24.1.3 试验后，随机选取长度为标准报警长度的敏感部件1段，按5.4和/或5.5的规定进行试验。

5.24.2 试验设备

试验设备应满足GB/T 17626.4的要求。

5.25 浪涌(冲击)抗扰度试验

5.25.1 试验步骤

5.25.1.1 将试样按GB/T 17626.5中规定进行试验布置，按5.1.2中的规定接通电源，使其处于正常监视状态20 min。

5.25.1.2 按GB/T 17626.5中规定的试验方法对试样施加表7所示条件的干扰试验。试验期间，观察并记录试样的工作情况。

5.25.1.3 试验后，随机选取长度为标准报警长度的敏感部件1段，按5.4和/或5.5的规定进行试验。

5.25.2 试验设备

试验设备应满足GB/T 17626.5的要求。

5.26 工频磁场抗扰度试验

5.26.1 试验步骤

5.26.1.1 将试样按 GB/T 17626.8 中规定进行试验布置，按 5.1.2 中的规定接通电源，使其处于正常监视状态 20 min。

5.26.1.2 按 GB/T 17626.8 中规定的试验方法对试样施加表 7 所示条件的干扰试验。试验期间，观察并记录试样的工作情况。

5.26.1.3 试验后，随机选取长度为标准报警长度的敏感部件 1 段，按 5.4 和/或 5.5 的规定进行试验。

5.26.2 试验设备

试验设备应满足 GB/T 17626.8 的要求。

5.27 小尺寸高温响应性能试验

5.27.1 试验步骤

5.27.1.1 按 5.1.2 中的规定使探测器处于正常监视状态。

5.27.1.2 随机选取 4.18 要求长度的敏感部件 1 段，放入小尺寸高温模拟装置，设定温度为 280 ℃，同时开始计时，直到试样动作发出报警信号，记录各试样的响应时间。

5.27.2 试验设备

小尺寸高温模拟装置：加热长度 100 mm，温度误差±10 ℃，最高加热温度 300 ℃。

5.28 SO_2 腐蚀(耐久)试验

5.28.1 试验步骤

5.28.1.1 随机抽取 4.19 要求长度的敏感部件 1 段，按 4.19 的要求将试样放入表 8 所示条件的试验箱中，持续 21 d。

5.28.1.2 腐蚀环境后，将试样放置在温度为 40 ℃±2 ℃、相对湿度低于 50%的试验箱中干燥 16 h 后，再将试样取出，在正常大气条件下恢复 7 d，检查试样的外观。

5.28.1.3 将试样弯成直径为 300 mm 的圆圈，然后自然释放，连续重复 3 次，检查试样外观。

5.28.2 试验设备

试验设备应满足 GB 16838 的要求。

5.29 盐雾腐蚀(耐久)试验

5.29.1 试验步骤

5.29.1.1 随机抽取 4.20 要求长度的敏感部件 1 段，按 4.20 的要求将试样放入表 9 所示条件的盐雾箱内，在 15 ℃～35 ℃温度下连续喷雾 2 h，喷雾结束后，将试样放入温度为 40 ℃±2 ℃、相对湿度为 90%～96%的湿热箱中，持续 22 h，连续 3 个周期。

5.29.1.2 试验结束后，将试样取出，在正常大气条件下恢复 7 d，检查试样的外观。

5.29.1.3 将试样弯成直径为 300 mm 的圆圈，然后自然释放，连续重复 3 次，检查试样外观。

5.29.2 试验设备

试验设备应满足 GB/T 2423.18 的要求。

6 检验规则

6.1 产品出厂检验

出厂检验项目为：

a) 试验前检查试验；

b) 标准温度的定温报警动作温度试验；

c) 定温报警不动作试验；

d) 标准温度的差温报警动作性能试验；

e) 差温报警不动作试验；

f) 响应时间及一致性试验；

g) 抗拉试验。

6.2 型式检验

6.2.1 型式检验项目为第 5 章规定的全部试验项目。型式检验样品在出厂检验合格的产品中随机抽取。

6.2.2 有下列情况之一时，应进行型式检验：

a) 新产品或老产品转厂生产时的试制定型鉴定；

b) 正式生产后，产品的结构、主要部件或元器件、生产工艺等有较大的改变可能影响产品性能；

c) 产品停产一年以上，恢复生产；

d) 出厂检验结果与上次型式检验结果差异较大；

e) 发生重大质量事故；

f) 质量监督部门依法提出要求。

6.2.3 型式检验结果按 GB 12978 规定的判定方法进行判定。

7 标志

7.1 总则

标志应清晰可见，且不应贴在螺丝或其他易被拆卸的部件上。

7.2 产品标志

7.2.1 探测器的敏感部件应在每隔不大于 10 m 处清晰地标注下列信息（空气管式线型感温火灾探测器除外）：

a) 产品型号；

b) 执行标准编号；

c) 制造商名称或商标。

7.2.2 探测器的信号处理单元应清晰地标注下列信息：

a) 产品名称和型号；

b) 执行标准编号；

c) 探测器的类别(定温、差定温还应标注动作温度参数);

d) 探测器适用环境温度范围;

e) 制造商名称或商标;

f) 制造日期和产品编号。

7.3 质量检验标志

探测器应有质量检验合格标志。